Das Gesamtwerk

Assmann, Technische Mechanik

umfaßt folgende Bände:

Band 1: Statik

Band 2: Festigkeitslehre
Aufgaben zur Festigkeitslehre

Band 3: Kinematik und Kinetik
Aufgaben zur Kinematik und Kinetik

Technische Mechanik

Lehr- und Übungsbuch

Band 3 · Kinematik und Kinetik

Von
Bruno Assmann
Fachhochschule Frankfurt/Main

Mit 365 Abbildungen, 1 Tabelle
und 135 Beispielen

9., verbesserte Auflage

R. Oldenbourg Verlag München Wien 1990

CIP-Titelaufnahme der Deutschen Bibliothek

Assmann, Bruno:
Technische Mechanik : Lehr- u. Übungsbuch / von Bruno
Assmann. - München ; Wien : Oldenbourg.
Teilw. mit Erscheinungsort München
Bd. 3. Kinematik und Kinetik. - 9., verb. u. erw. Aufl. - 1990
ISBN 3-486-21752-6

Gesamtherstellung: R. Oldenbourg Graphische Betriebe GmbH, München

ISBN 3-486-21752-6

Inhaltsverzeichnis

Teil B. KINETIK

Vorwort

Dieser 3. Band der Technischen Mechanik befaßt sich mit der Kinematik und Kinetik.

Die Kinematik ist die Lehre von der Bewegung. Es werden Bewegungsvorgänge eines Punktes, bzw. eines starren Körpers beschrieben, ohne nach den Ursachen dieser Bewegung zu fragen. Ich habe mich entschlossen, diesen Teil geschlossen zu behandeln (Teil A, Kap. 2–4). Es wird zunächst die geradlinige und die krummlinige Bewegung eines Punktes erläutert. Dann folgt die Darstellung der Bewegung eines starren Körpers in der Ebene. Hier ist es besonders wichtig, zu erkennen, daß jede allgemeine Bewegung in die „Elemente" Schiebung und Drehung zerlegbar ist, bzw. aus ihnen zusammengesetzt gedacht werden kann. Das macht eine Erfassung komplizierter Bewegungsabläufe erst möglich.

Wenn man in der Lage ist, einen Bewegungsvorgang mathematisch zu formulieren, ist es auch möglich, die diese Bewegung verursachenden Kräfte zu bestimmen. Die Kinetik ist die Lehre von den bei einer Bewegung wirkenden Kräften. Auch sie wird geschlossen in den Kapiteln 5 bis 8 behandelt. An den Anfang gestellt ist das von Newton aufgestellte Dynamische Grundgesetz (Kapitel 5). Die drei Umformungen des Dynamischen Grundgesetzes sind der Impulssatz, das d'Alembertsche Prinzip und der Energiesatz. Diese drei Lösungsmethoden werden in den Kapiteln 6, 7 und 8 jeweils auf den Massenpunkt, den kontinuierlichen Massenstrom und auf den starren Körper bei Schiebung, Drehung und allgemeiner Bewegung angewendet.

Schon der Aufbau des Buches soll die Erkenntnis vermitteln, daß es für eine Aufgabe aus dem Gebiet der Kinetik nicht „den" richtigen Ansatz gibt, sondern grundsätzlich die Lösung mit dem Impulssatz, dem d'Alembertschen Prinzip und dem Energiesatz möglich ist. Das wird an Beispielen demonstriert, die nach den drei Verfahren durchgearbeitet werden. Es ist jedoch möglich, daß der eine oder andere Ansatz besonders schnell oder auch aufwendiger zum Ziel führt. Das hängt von der Fragestellung ab. Allgemeine Hinweise sind in den einzelnen Kapiteln gegeben. Eine Sonderstellung nimmt jedoch der Impulssatz ein. Der Stoß und einige unter Verlusten verlaufende Strömungsvorgänge sind nur mit seiner Hilfe berechenbar.

Die Mechanischen Schwingungen werden in einem eigenen Kapitel (9) behandelt. Um dieses wichtige Gebiet ausführlich darstellen zu können, habe ich mich bewußt im Stoff beschränkt. Ich habe im wesentlichen das Einmassensystem mit einem Freiheitsgrad in freier und erzwungener Schwingung gebracht. In Zusammenhang mit der kritischen Drehzahl ist die Grundschwingung des Mehrmassensystems besonders wichtig. Deshalb befaßt sich ein Abschnitt des Kapitels 9 mit diesem Gebiet.

Das Buch ist als Lehrbuch vor allem für Fachhochschulen konzipiert. Es soll dem Studenten helfen, sich die grundlegenden Arbeitsprinzipien und Lösungsansätze der Mechanik klar zu machen, um sie auf die verschiedensten Anwendungsbereiche übertragen zu können. Dies ist nach meiner Erfahrung nur möglich, wenn man sich die

Zusammenhänge an einfachen Modellen wie z.B. Rolle, Seil, Stab usw. klar macht und nicht versucht, für verschiedene Aufgabentypen „richtige“ Formeln zu finden. Aus dieser Überlegung heraus sind die Beispiele gewählt worden. Der Student sollte später in der Lage sein, Aufgaben, die sich in der Praxis stellen, auf die einfachen Grundelemente der Mechanik zu reduzieren. Da eine Eigenkontrolle nur durch das unabhängige Lösen von Aufgaben möglich ist, habe ich eine auf dieses Buch zugeschnittene Aufgabensammlung zusammengestellt.

In der Kinematik habe ich das vorwiegend in der Festigkeitslehre angewendete Verfahren von FÖPPL eingeführt. Dieser Rechenformalismus vermeidet das abschnittsweise Schreiben von Gleichungen für unstetige Vorgänge. Die Integration ist ohne Übergangsbedingungen möglich. Die dadurch mögliche Vereinfachung ist oft verblüffend. Das Verfahren wird parallel zur konventionellen Methode durchgeführt und ist im Anhang erläutert.

Dem Verlag danke ich für jahrelange gute Zusammenarbeit.

Frankfurt am Main, im Mai 1990 *Bruno Assmann*

Verwendete Bezeichnungen
(Auswahl)

A	Fläche
a	Beschleunigung
c	Federkonstante
D	Drall
E	Energie
E	Elastizitätsmodul
F	Kraft, allgemein
f	Frequenz
G	Gewichtskraft
G	Gleitmodul
g	Fallbeschleunigung
H, h	Höhen, allgemein
I	Flächenträgheitsmoment
i	Trägheitsradius
i	Übersetzungsverhältnis
J	Massenträgheitsmoment
k	Stoßzahl
L, l	Längen, allgemein
M	Drehmoment
m	Masse
n	Drehzahl
P	Leistung
p	Druck
R, r	Radien, allgemein
S	Seilkraft, Stabkraft
s	Weglänge, Ortskoordinate
T	Schwingungsdauer
t	Zeit
v	Geschwindigkeit
W	Arbeit
Z	Zentrifugalkraft
α	Winkelbeschleunigung
β, δ, γ	Winkel, allgemein
δ	Abklingkonstante
η	Wirkungsgrad
φ	Winkel bei Drehbewegung
ϑ	Dämpfungsgrad
Λ	Logarithmisches Dekrement
λ	Schubstangenverhältnis
μ	Reibungszahl
ω	Winkelgeschwindigkeit, Eigenkreisfrequenz
ρ	Dichte

Indizes

0	Ruhezustand; ohne Berücksichtigung der Dämpfung
1, 2, 3 ...	zeitliche Reihenfolge
A B D ...	verschiedene Massen, Punkte usw.
Cor	CORIOLIS
d	gedämpft
e	erregt
el	elastisch
f	Führung
kin	kinetisch
m	Mittelwert
n	Normalrichtung
pot	potentiell
R	Reibung
r	radiale Richtung
red	reduziert
rel	relativ
S	Schwerpunkt
St	Stoß
T	Drehung, Torsion
t	Tangentialrichtung
x, y, z	bezogen auf die so bezeichneten Achsen.
φ	Umfangsrichtung
ξ, η	bezogen auf die so bezeichneten Achsen.

1. Einführung

1.1 Begriffsbestimmung

Im ersten Band der vorliegenden Technischen Mechanik wird die Statik behandelt. Das ist die Lehre von der Wirkung von Kräften auf starre Körper im Gleichgewicht. Mit Hilfe der Gleichgewichtsbedingungen der Statik werden z.B. Auflager- und Gelenkkräfte statisch bestimmt gelagerter Systeme ermittelt. Um Aussagen über die Beanspruchung des Werkstoffes durch die vorher ermittelten Kräfte machen zu können, ist es in der Festigkeitslehre (Band 2) notwendig, den idealisierten Begriff „starrer Körper“ zu verlassen. Die Festigkeitslehre befaßt sich mit den auftretenden Deformationen an Bauteilen und den so verursachten Spannungen.

Diese beiden zunächst behandelten Gebiete befassen sich im wesentlichen mit Systemen, die in Ruhe sind. Die Zeit, als eine der Grundgrößen der Mechanik, kommt deshalb in der Statik und Festigkeitslehre nicht vor (Ausnahme: Dauerfestigkeit). Jedoch wird bereits im 1. Band darauf hingewiesen, daß alle für die Statik abgeleiteten Beziehungen auch für geradlinige Bewegung mit konstanter Geschwindigkeit gelten, d.h. der Ruhezustand eigentlich der Sonderfall der Bewegung mit $v = 0$ ist.

Der hier vorliegende 3. Band behandelt (beschleunigt) bewegte Systeme. Aussagen über die die Bewegung verursachenden Kräfte sind erst möglich, wenn die Geometrie der Bewegung selbst erfaßt ist. Deshalb ist es notwendig, zunächst ohne nach den Ursachen zu fragen, sich mit den verschiedenen Bewegungsarten eines Punktes bzw. eines starren Körpers zu befassen. Dieses Teilgebiet nennt man Kinematik (Kapitel 2 bis 4 dieses Bandes). Nach diesen Ausführungen arbeitet die *Kinematik* als *Lehre von den Bewegungen* mit den Grundgrößen Länge und Zeit.

Erst die Vereinigung von Statik und Kinematik gestattet es, Beziehungen zwischen der Bewegung eines Systems mit den die Bewegung verursachenden Kräften aufzustellen. *Die Lehre von den Kräften und Bewegungen nennt man Kinetik* (Kapitel 5 bis 9 dieses Bandes). Sie arbeitet mit allen Grundgrößen der Mechanik, d.h. mit der Länge, der Kraft und der Zeit. Die Vereinigung von Statik und Kinematik ist nur möglich, wenn eine Beziehung bekannt ist, die eine Größe der Statik in Abhängigkeit zu einer Größe der Kinematik bringt. Diese Beziehung ist das von NEWTON aufgestellte *Dynamische Grundgesetz.* Für den starren Körper heißt es in der einfachsten Form $F = m \cdot a$. Dieses Gesetz stellt demnach eine Verknüpfung der Größe Kraft F (Statik) mit der Größe Beschleunigung a (Kinematik) dar.

Der Begriff *Dynamik* wird in der Fachliteratur verschieden definiert. Es sollen ohne Stellungnahme die verschiedenen Auffassungen dargestellt werden.

Zunächst wird die Dynamik in dem Sinne festgelegt, wie es hier mit dem Begriff Kinetik geschehen ist. Eine zweite Auffassung bezieht in die Dynamik auch die Lehre von der Bewegung ein. Das entspräche einem Oberbegriff für Kinetik und Kinematik. Wenn man nur vom Wortstamm ausgeht (griechisch = Kraft), dann ist die Dynamik die Lehre von den Kräften. So gesehen wäre sie ein Oberbegriff für Statik und Kinetik. Die Kinematik stände dann als selbständiger Zweig der Mechanik daneben.

1.2 Abriß der Geschichte der Mechanik

In diesem Abschnitt soll versucht werden, die Gedankengänge nachzuzeichnen, die zu unserem heutigen Bild der Mechanik geführt haben. Natürlich kann das nur soweit geschehen, wie es dem Umfang dieser Technischen Mechanik entspricht. Die Frage nach dem Grund für einen solchen Rückblick liegt nahe.

Entscheidende Durchbrüche zu neuen allgemeingültigen Erkenntnissen sind durch exakte Beobachtung einfacher Naturvorgänge und die daraus gezogenen Schlußfolgerungen gelungen. In diesem Zusammenhang müssen der frei fallende Körper, das mathematische Pendel und die schiefe Ebene genannt werden. Das kann geradezu als ein Beweis dafür gelten, daß man als Lernender neue Erkenntnisse nur gewinnen kann, wenn man sich physikalische Prinzipien an einfachen Modellen klar macht. Für die Technische Mechanik sind das z.B. die bewegte Punktmasse, der Balken, die Rolle, das Seil usw. Aus diesen Überlegungen und nicht nur aus Interesse für die Geschichte wurde dieser Abschnitt geschrieben.

Schon sehr frühzeitig hat man versucht, Naturvorgänge, die nach der heutigen Gliederung in das Gebiet der Mechanik fallen, zu erklären und in Gesetze zu fassen. Mechanische Vorgänge boten sich besonders an, da sie einen großen Teil der unmittelbaren Erfahrung des Menschen ausmachen. Jedes Werkzeug war zunächst ein mechanisches Werkzeug, das in irgendeiner Form Gesetze der Mechanik anwendet (Keil, Rolle, Hebel usw.). Die unmittelbare Berührung mit elementaren mechanischen Vorgängen hat im Laufe der Zeit das gesamte Denken so durchdrungen, daß man noch verhältnismäßig spät alle Vorgänge in der Natur an mechanischen Prinzipien zu erklären versucht hat (Beispiel: Korpuskulartheorie des Lichts).

Die Ägypter müssen schon in der Zeit 3000 bis 2000 vor unserer Zeitrechnung viele Einzelkenntnisse der Mechanik gehabt haben. Das beweisen zahlreiche Darstellungen mechanischer Geräte und Bauwerke wie die Pyramiden. Die Griechen der Antike versuchten neben exakten Einzeluntersuchungen zu einer Erklärung der Weltentstehung und einem einheitlichen Denksystem zu gelangen (Naturphilosophie). Es konnten jedoch nur Einzelprobleme gelöst werden, da die allgemeine Entwicklung noch nicht genügend weit fortgeschritten war.

ARISTOTELES (384 bis 322 v.Chr.) prägte den Namen Physik. Er erkannte unter anderem, daß alle Körper beschleunigt fallen, war jedoch der Meinung, daß ein schwerer Körper schneller falle als ein leichter. Da die Schriften des ARISTOTELES bis in das 15. Jahrhundert als unumstößliches Gesetz galten, war dieser Fehler für die Weiterentwicklung der Mechanik sehr folgenschwer.

ARCHIMEDES von Syrakus (287 bis 212 v.Chr.) entwickelte nicht nur viele mathematische Gesetze, sondern konstruierte unter anderem den Flaschenzug, die Schraube zur Wasserförderung und formulierte das nach ihm benannte hydrostatische Prinzip.

Er kannte das Hebelgesetz und berechnete Flächenschwerpunkte. Auch befaßte er sich mit der schiefen Ebene.

HERON von Alexandria (2. Jahrhundert v.Chr.) verfaßte einige physikalische Werke. Er baute unter Verwendung von Mikrometerschraube, Zahnrad und Zahnstange Meßgeräte.

Die ersten eineinhalb Jahrtausende unserer Zeitrechnung waren für die Entwicklung der Wissenschaften sehr steril. Man ist ganz allgemein über den Stand dessen, was die Griechen und Römer geschaffen haben, nicht hinausgekommen.

LEONARDO da VINCI (1452 - 1519) hat eine Vielzahl von mechanischen Einzelproblemen gelöst, die sich vor allem aus technischen Anwendungen ergaben (Kriegsmaschinen, Wasserbau, Bauwesen usw.). Er hat viele Aufzeichnungen hinterlassen, aus denen u.a. hervorgeht, daß er sich über die Reaktionswirkung einer Kraft im klaren war (Rückstoß an einer Kanone). Auch spricht er bereits von der Kraft als der Ursache der Bewegung. Der Kraftbegriff, so geläufig er jetzt ist, hat erst einen sehr langwierigen Entwicklungsprozeß durchmachen müssen. Zunächst wurden ohne scharfe Trennung Begriffe wie Kraft, Stoß, Schlag, Druck, Zug verwendet. LEONARDO da VINCI nennt die Kraft ein „geistiges, unkörperliches und unsichtbares Wirkungsvermögen".

Da der Begriff „Masse" noch nicht definiert war, fehlte auch die Klarheit über einen für uns so alltäglichen Begriff wie „Gewicht", bzw. Gewichtskraft. LEONARDO da VINCI war der Meinung, diese würde kleiner wenn der betreffende Gegenstand horizontal bewegt wird. Er führte als Beweis an, daß ein galoppierendes Pferd sich mit dem Reiter kurzfristig auf einem Bein nur halten könne, weil Pferd und Reiter leichter geworden seien. Das wirft ein Schlaglicht auf die Art der damaligen Argumentation. Vor allem war es damals nicht möglich, den Einfluß der Reibung zu eliminieren. Das gilt sowohl für das Experiment als auch für die Überlegungen. Aus diesem Grunde herrschte damals ganz allgemein die Vorstellung, die Bewegung wäre ein Vorgang, der sich selbst aufzehre. Eine Weiterentwicklung war in diesem Stadium nicht möglich, da man von der falschen Aussage über den freien Fall ausging (ARISTOTELES) und noch keine Klarheit über die Rolle der Reibung für die Bewegung und über den Begriff „Kraft" hatte.

Es bedurfte der Genialität eines GALILEO GALILEI (1564 - 1642), um diesen Kreis zu sprengen. Er verlangte das Experiment als Beweisgrundlage und kann wohl deshalb als der Schöpfer der modernen Physik gelten. Zunächst entwickelte er die kinematischen Grundlagen. Für eine Bewegung mit konstanter Geschwindigkeit fand er den Zusammenhang $s = v \cdot t$ und deutete den Weg s graphisch als die Fläche im v-t-Diagramm (Er spricht von der Summe der Höhen). Die Zunahme der Geschwindigkeit beim freien Fall versuchte er zunächst durch den Ansatz

$v \sim s,$ (Geschwindigkeit proportional zum
$v = k \cdot s$ zurückgelegten Weg)

zu lösen. Da diese Beziehung experimentell nicht bestätigt wurde, versuchte er den uns bekannten Ansatz

$$v \sim t, \qquad v = g \cdot t\,.$$

Die Geschwindigkeit nimmt proportional mit der Zeit zu. In Schlußfolgerung aus der vorher gewonnenen Erkenntnis, daß die Fläche im v-t-Diagramm (Dreieck) dem zurückgelegten Weg entspricht, erhält er das Gesetz

$$s = \frac{1}{2}\,(g \cdot t) \cdot t = \frac{g}{2}\,t^2.$$

GALILEI war hier schon auf dem Wege zur Differential- und Integralrechnung. Mit der Erkenntnis, daß alle Körper gleich schnell fallen, war es GALILEI endlich gelungen, die Physik von den falschen Vorstellungen des Altertums zu lösen. Für die Weiterentwicklung war die Definition des Beschleunigungsbegriffes besonders wichtig.

Die Experimente GALILEIS an schiefer Ebene und am Pendel zum Beweis der Fallgesetze können hier nicht ausführlich behandelt werden. Nur auf einen kleinen Versuch sei kurz eingegangen. Um die quadratische Abhängigkeit des Weges von der Zeit zu demonstrieren, schnitzte er in eine schiefe Ebene Kerben in Abständen ein, die sich im Verhältnis wie 1; 4; 9; 16; 25 verhalten. Läßt man eine Kugel herunterrollen, dann hört man die Kugeln in gleichen Zeitabständen die Kerben passieren. Man vergleiche diese Arbeitsmethode mit der „Beweis"-führung des LEONARDO da VINCI zur horizontal bewegten Masse. Das kann ohne Schmälerung der Verdienste dieses genialen Mannes gesagt werden. Die von GALILEI stammende Arbeitsmethode der Wechselwirkung von Idee und Experiment wirkte bahnbrechend für die Weiterentwicklung der Physik.

Seine zweite große Tat auf dem Gebiet der Mechanik war die Formulierung des Beharrungsprinzips: ohne Einwirkung von Kräften verharren die Körper in Ruhe oder in gleichförmig geradliniger Bewegung. Damit war grundsätzlich der Begriff „Trägheit" geschaffen, ohne den die Arbeiten NEWTONS nicht denkbar sind.

CHRISTIAN HUYGENS (1629 - 1695) hat schon auf die Bestimmbarkeit der Kraft durch die Beschleunigung hingewiesen, jedoch blieb es ihm versagt, den Begriff Masse zu definieren. Er hat aber u.a. die Kinematik der Bewegung auf der Kreisbahn entwickelt (Normalbeschleunigung) und damit wichtige Vorarbeit für NEWTON geleistet.

In diesem Zusammenhang muß auch der Astronom JOHANNES KEPLER (1571 - 1630) genannt werden, der auf Grund langjähriger Beobachtungen, die größtenteils auf TYCHO DE BRAHE (1546 - 1601) zurückgehen, die nach ihm benannten Planetengesetze aufgestellt hat.

ISAAC NEWTON (1642 - 1727) hat als erster versucht, die Physik systematisch aufzubauen. Er geht in seinem Hauptwerk von vier Definitionen aus. In der ersten legt er den Begriff Masse fest. Dabei nennt er die Masse die „multiplikative Vereinigung von Volumen und Dichte", stellt also die uns geläufige Beziehung $m = \rho \cdot V$ auf. Nach der Definition der Begriffe stellt NEWTON 3 Gesetze auf (ausführlicher im Kapitel 5). An erster Stelle steht das Beharrungsprinzip, das auf GALILEI zurückgeht. Das zweite Gesetz wird Dynamisches Grundgesetz genannt. In der einfachsten Form lautet es: Kraft gleich Masse mal Beschleunigung. Da eine Definition der Masse vorliegt, kann man mit seiner Hilfe die Kraft definieren. Das führt zu der Krafteinheit NEWTON. Das dritte Gesetzt sagt aus, daß Kräfte paarweise auftreten (actio = reactio). Aus die-

sen 3 Gesetzen läßt sich die gesamte Mechanik entwickeln*). NEWTON selbst stellt im gleichen Werk, von den Planetengesetzen KEPLERS ausgehend, das Gravitationsgesetz auf und begründet damit die in unserer Zeit so aktuelle Himmelsmechanik.
An dieser Stelle lohnt es sich, einige Gedanken NEWTONS nachzuzeichnen. Die grundlegenden Überlegungen wurden dem einfachen Naturvorgang der Wurfbewegung entnommen. NEWTON schreibt: „Daß durch die Zentralkräfte die Planeten in ihren Bahnen gehalten werden können, ersieht man aus der Bewegung der Wurfgeschosse." Er vergleicht dann die durch die Gewichtskraft erzwungene Wurfparabel mit der gekrümmten Bahn eines Planeten und fährt fort: „So würden die von einer Bergspitze mit steigender (horizontaler) Geschwindigkeit fortgeworfenen Steine immer weitere Parabelbögen beschreiben und zum Schluß – bei einer bestimmten Geschwindigkeit – zur Bergspitze zurückkehren und auf diese Weise sich um die Erde bewegen." Diese Geschwindigkeit gibt NEWTON selbst aus der Bedingung Fliehkraft = Gewichtskraft mit $v = \sqrt{R \cdot g} \approx 7900$ m/s an. Das ist die Geschwindigkeit eines erdnahen Satelliten!

NEWTON hat mit seinen Definitionen und Gesetzen der Mechanik ein einheitliches System gegeben. Damit ist die Mechanik nicht mehr eine Sammlung von Einzelgesetzen und -erfahrungen, sondern eine exakte Wissenschaft.

Eine Weiterentwicklung der Mechanik und mit den neuen Erkenntnissen möglich gewordene Behandlung vieler Einzelprobleme bedingte einen weiteren Ausbau der Mathematik. Auch auf diesem Gebiet hat NEWTON entscheidende Impulse gegeben. Auf ihn und GOTTFRIED von LEIBNITZ (1646 - 1716) geht die Infinitisimalrechnung (Differential- und Integralrechnung) zurück.

Im Rahmen der Stoffauswahl der Technischen Mechanik müssen noch folgende Gelehrte genannt werden. ROBERT HOOKE (1635 - 1703) entwickelte die Elastizitätstheorie auf der im wesentlichen die Festigkeitslehre basiert. Von JAKOB BERNOULLI (1654 - 1705) stammt u.a. die Biegetheorie des Balkens (Grundgleichung der Biegung). DANIEL BERNOULLI (1700 - 1782) begründete die Hydromechanik. LEONHARD EULER (1707 - 1783) nimmt hier einen besonders breiten Raum ein. Er untersuchte erschöpfend die allgemeine Bewegung des starren Körpers und leitete die nach ihm benannten Gleichungen für den Kreisel ab. Aus der Anwendung des Dynamischen Grundgesetzes auf einen Massenstrom entwickelte er die (EULERsche) Turbinengleichung. EULER löste das Problem der Knickung eines elastischen Stabes und damit als erster ein Eigenwertproblem aus der Elastizitätstheorie. Die Arbeiten auf dem Gebiet der Differentialgleichung und komplexen Zahlen ermöglichen die Lösung von Schwingungsproblemen.

Mit Hilfe des von d'ALEMBERT (1717 - 1783) formulierten Prinzips (Kapitel 7 dieses Bandes) werden Probleme der Kinetik auf die Statik zurückgeführt. Das geschieht durch Einführung von Trägheitskräften und Trägheitskräftepaaren.

Ab etwa 1800 entwickelt sich als eigener Zweig eine auf die Bedürfnisse der Technik zugeschnittene Mechanik, die Gegenstand dieser Bücher ist. Die hier zu nennenden Namen werden bzw. wurden bei der Behandlung der einzelnen Stoffgebiete angeführt.

---

*) Die klassische oder NEWTONsche Mechanik gilt nicht mehr für Massen, die sich mit Geschwindigkeiten nahe der Lichtgeschwindigkeit bewegen (Relativitätstheorie – EINSTEIN 1879 - 1955).

1.3 Einiges zur Lösung von Aufgaben

Der angehende Ingenieur sollte sich möglichst früh das exakte und systematische Arbeiten beim Lösen einer technischen Aufgabe aneignen. Dadurch werden Fehler vermieden und Kontrollen werden viel leichter, auch von anderen Personen durchführbar. Nachfolgend sollen dafür einige Hinweise gegeben werden, die, sinngemäß angewendet, für alle technischen Aufgaben gelten.

Es ist zunächst zweckmäßig, die gegebenen und gesuchten Werte zusammenzustellen. Danach richtet sich die Wahl des günstigsten Lösungsweges (z.B. Impulssatz oder Energiesatz usw). Nach diesen Überlegungen soll eine dem Lösungsverfahren angepaßte Skizze angefertigt werden. Diese sollte in den Proportionen möglichst genau und genügend groß sein. Kräfte, Momente, Geschwindigkeiten und Beschleunigungen werden möglichst im richtigen Wirkungssinn eingetragen. Die Verwendung mehrerer Farben wird empfohlen. Auf die Bedeutung einer guten Skizze für die Lösung einer Aufgabe wird besonders dringend hingewiesen.

Die verwendeten Gleichungen sollen auf jeden Fall zunächst in allgemeiner Form hingeschrieben werden. Zur besseren Kontrolle wird, ohne Zusammenfassung, jeder einzelne Wert eingesetzt, z.B.

$$v = \sqrt{2g \cdot H + v_0^2}$$

$$= \sqrt{2 \cdot 9{,}81 \cdot 2 \frac{\mathrm{m}^2}{\mathrm{s}^2} + 5{,}0^2 \frac{\mathrm{m}^2}{\mathrm{s}^2}}$$

$$v = 8{,}01 \frac{\mathrm{m}}{\mathrm{s}}.$$

Es sollte, so weit wie möglich, mit allgemeinen Größen gearbeitet werden. Zahlenwerte sollen erst eingesetzt werden, wenn die Ausgangsgleichung nach der gesuchten Größe aufgelöst ist.

Beispiel anstatt

$$v = \sqrt{2g \cdot H}$$

$$20{,}0 = \sqrt{19{,}62 \cdot H}$$

$$400 = 19{,}62 \cdot H$$

$$H = \frac{400}{19{,}62}$$

$$H = 20{,}4 \text{ m}$$

besser

$$v = \sqrt{2g \cdot H},$$

$$H = \frac{v^2}{2g},$$

$$H = \frac{20^2}{2 \cdot 9{,}81} \frac{\mathrm{m}^2 \cdot \mathrm{s}^2}{\mathrm{s}^2 \cdot \mathrm{m}},$$

$$H = 20{,}4 \text{ m}.$$

Bei dem links gezeigten Weg ist bereits in der zweiten Zeile eine Dimensionskontrolle nicht mehr möglich. Diese soll unbedingt vor Einsetzen der Zahlenwerte durchgeführt werden. Es sollte bei der Ausarbeitung der Lösung kein Schritt übersprungen werden, einzelne Schritte sind u.U. durch kurze Bemerkung zu erläutern.

Werden z.B. komplizierte Bewegungsabläufe durch Gleichungen dargestellt, dann ist es weder zweckmäßig noch üblich, alle Einheiten mitzuschreiben. Die Einheiten müssen aber am besten in Form einer Tabelle sowohl im Ansatz als auch bei Ergebnissen in allgemeiner Form aufgeführt sein (zugeschnittene Größengleichungen).

Beispiel

$$s = 2{,}5\,t^3 - 11{,}0\,t^2 + 5\,t,$$

s	t
m	s

daraus z.B.

$$v = \frac{\mathrm{d}s}{\mathrm{d}t} = 7{,}5 \cdot t^2 - 22{,}0\,t + 5$$

v	t
m/s	s

Zur eindeutigen Angabe von Ergebnissen, sollte bei Geschwindigkeiten, Beschleunigungen und Kräften neben dem Betrag auch die Richtung angegeben werden,

$$v_x = -\,12{,}5\,\frac{\mathrm{m}}{\mathrm{s}}\;(\leftarrow)\,.$$

Für Vektoren senkrecht zur Zeichenebene benutzt man

$\odot$ aus der Ebene herausragend,

$\oplus$ in die Ebene hineinragend.

Oft führen einfache Umrechnungen der Einheiten zu Dezimalstellenfehlern. Deshalb soll dazu etwas ausgeführt werden.

Beispiel

$$\omega^2 = \frac{G \cdot I}{l \cdot J}$$

G Gleitmodul, nach Normen empfohlene Einheiten $\mathrm{MN/m^2 = N/mm^2}$

I Flächenträgheitsmoment, lt. Normen in $\mathrm{cm^4}$ gegeben

J Massenträgheitsmoment in $\mathrm{kg\,m^2}$

l Länge je nach Arbeitsgebiet m, cm, mm

$$G = 8 \cdot 10^4\ \mathrm{N/mm^2} \qquad J = 10\ \mathrm{kgm^2}$$

$$I = 100\ \mathrm{cm^4} \qquad l = 1\ \mathrm{m}$$

$$\omega^2 = \frac{8 \cdot 10^4\ \mathrm{N}}{\mathrm{mm^2}} \cdot \frac{10^2\ \mathrm{cm^4}}{1\ \mathrm{m} \cdot 10\ \mathrm{kgm^2}}$$

Für unübersichtliche Ausdrücke empfiehlt es sich, die Einheiten zusammenzufassen, wobei N auf die Grundeinheiten zurückgeführt wird.

$$\omega^2 = 8 \cdot 10^5\ \frac{\mathrm{kgm\ cm^4}}{\mathrm{s^2\ mm^2 \cdot m \cdot kgm^2}}$$

Für die weitere Zahlenrechnung muß auf eine gemeinsame Längeneinheit umgerechnet werden. Vorher können kgm gekürzt werden. Es soll hier alles auf cm umgerechnet werden. Im Nenner stehen $\mathrm{mm^2}$, es sollen $\mathrm{cm^2}$ stehen. Man multipliziert deshalb mit $\mathrm{mm^2}$ und dividiert durch $\mathrm{cm^2}$. Das Verhältnis $\mathrm{mm^2/cm^2}$ ist nicht 1, sondern

$100\ \mathrm{mm}^2 = 1\ \mathrm{cm}^2$ oder $100\ \mathrm{mm}^2/1\ \mathrm{cm}^2 = 1$. Entsprechend verfährt man mit m. Man erhält so

$$\omega^2 = 8 \cdot 10^5 \frac{\mathrm{cm}^4}{\mathrm{s}^2 \cdot \mathrm{mm}^2 \cdot \mathrm{m}^2} \cdot \frac{100\ \mathrm{mm}^2}{1\ \mathrm{cm}^2} \cdot \frac{1\ \mathrm{m}^2}{100\ \mathrm{cm}^2}$$

$$\omega^2 = 8 \cdot 10^5\ \mathrm{s}^{-1}$$

Bei einer graphischen Lösung soll die Zeichnung wegen der notwendigen Genauigkeit nicht zu klein ausgeführt werden. Die Maßstäbe müssen eindeutig angegeben sein. Die Ergebnisse sollen getrennt herausgeschrieben werden.

Ein Ergebnis muß immer kritisch und mit gesundem Menschenverstand daraufhin untersucht werden, ob es überhaupt technisch möglich ist. Zur Kontrolle sollten nach Möglichkeit die errechneten Werte in noch nicht benutzte Gleichungen eingesetzt werden. Auch ist manchmal eine Kontrolle durch eine andere Lösungsmethode möglich.

Die *Genauigkeit einer technischen Berechnung* hängt von zwei Faktoren ab, erstens von der Genauigkeit der Ausgangsdaten, zweitens von der Genauigkeit der Rechnung. Bei Verwendung eines elektronischen Rechners – und davon kann man jetzt ausgehen –, darf man den zweiten Faktor vernachlässigen.

Das Ergebnis einer technischen Berechnung wird demnach nur von den Toleranzen beeinflußt, mit denen die Ausgangswerte gegeben sind. Ausgangswerte für eine technische Berechnung haben selten Toleranzen von 1 % oder sogar weniger. Man denke z.B. an die Schwierigkeiten, Belastungen genau festzustellen oder an die Streuungen, denen die Festigkeitswerte eines Werkstoffs unterliegen.

Welche Konsequenzen ergeben sich für eine Berechnung? Der in der Materie Mitdenkende sollte nicht sinnlos die Ergebnisse des Rechners übernehmen, sondern sie kritisch auf ihre mögliche Genauigkeit untersuchen und sinnvoll runden. Dies sollte schon bei eventuellen Zwischenergebnissen erfolgen.

TEIL A. KINEMATIK

2. Die geradlinige Bewegung des Punktes

2.1 Ortskoordinate, Geschwindigkeit und Beschleunigung

Ein Punkt bewegt sich auf einer geraden Linie. Im Zeitpunkt t befindet er sich an einer bestimmten Stelle auf dieser Linie. Will man den Vorgang beschreiben, so ist es notwendig, einen Bezugspunkt festzulegen (0-Punkt), von dem aus die Lage des Punktes, d.h. die Ortskoordinate s gemessen werden kann. (Abb. 2-1). Eine Tabelle, in der die zugeordneten Werte s und t aufgeführt sind, würde den Bewegungsablauf beschreiben. Die Abhängigkeit könnte auch in einer Gleichung $s = f(t)$ gegeben sein.

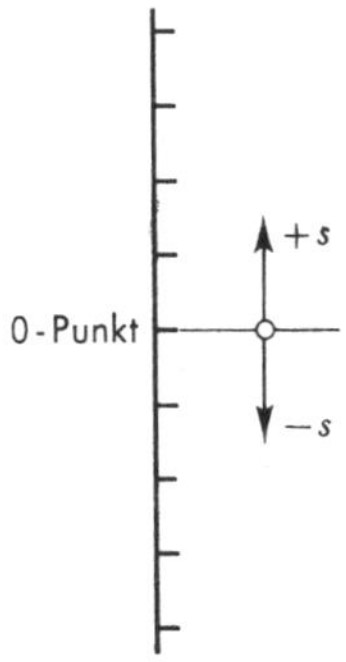

Abb. 2-1

Graphisch wird der Vorgang im s-t-Diagramm dargestellt (Abb. 2-2). Die Änderung der Ortskoordinate entspricht nur dann dem zurückgelegten Weg, wenn die Bewegung ohne Richtungsumkehr erfolgt.

In dem Zeitintervall $\Delta t = t_2 - t_1$ verändert der Punkt seine Lage um Δs. Er hat in diesem Zeitintervall eine *mittlere Geschwindigkeit*

$$v_m = \frac{\Delta s}{\Delta t}.$$

Die Dimension der Geschwindigkeit ist Länge/Zeit, die Einheiten z.B. m/s, m/min, km/h.

Geometrisch kann die mittlere Geschwindigkeit als der Tangens des Steigungswinkels der Sekante gedeutet werden, die die Kurve in den Punkten 1 und 2 schneidet.

Je ungleichmäßiger die Bewegung des Punktes war, um so weniger wird die über ein Zeitintervall Δt gemessene mittlere Geschwindigkeit mit der momentanten, tatsächlichen Geschwindigkeit übereinstimmen. Diese *momentane Geschwindigkeit,* deren Größe sich von Punkt zu Punkt ändern kann, beschreibt demnach einen Bewegungszustand während eines beliebig kleinen Zeitintervalls Δt, für den naturgemäß Δs auch beliebig klein wird. Das betrachtete Zeitintervall Δt wird deshalb stetig kleiner, bis beim Grenzübergang $\Delta t \to 0$ geht. Geometrisch kann man diesen Vorgang als Annäherung des Punktes 2 an den Punkt 1 deuten. Im Grenzübergang wird aus der Sekante die Tangente im Punkt 1. Es gilt

$$v = \lim_{\Delta t \to 0} \frac{\Delta s}{\Delta t}, \qquad \mathrm{v} = \frac{\mathrm{ds}}{\mathrm{dt}} = \dot{\mathrm{s}}. \qquad \text{Gl. 2-1}$$

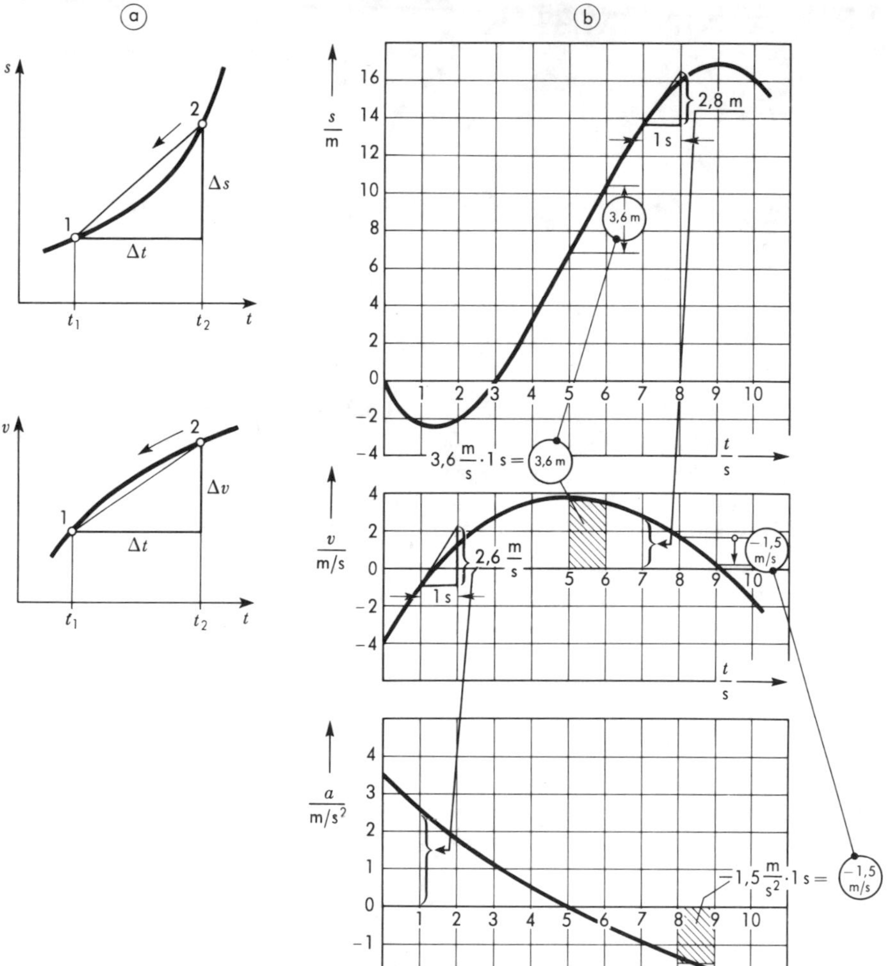

Abb. 2-2

Die Geschwindigkeit ist die Änderung der Ortskoordinate bezogen auf die Zeit.

Geometrisch wird sie durch die Steigung der Tangente im *s*-*t*-Diagramm dargestellt. Die Geschwindigkeit-Zeit (*v*-*t*)-Funktion ist demnach gleich der ersten Ableitung der *s*-*t*-Funktion (Abb. 2-2).

Im Zeitintervall Δt hat sich die Geschwindigkeit von v_1 nach v_2, d.h. um den Betrag Δv geändert. Die *mittlere Beschleunigung* ist dabei

$$a_m = \frac{\Delta v}{\Delta t}\ .$$

Die Dimension ist Länge/Zeit^2, die Einheit z.B. m/s^2; m/min^2. Die *Momentanbeschleunigung,* die für die Beschreibung des augenblicklichen Bewegungszustandes notwendig ist, erhält man bei der Betrachtung eines beliebig kleinen Zeitintervalls $\Delta t \to 0$, d.h.

$$a = \lim_{\Delta t \to 0} \frac{\Delta v}{\Delta t}, \qquad a = \frac{dv}{dt} = \dot{v} = \ddot{s}. \qquad \text{Gl. 2-2}$$

Die Beschleunigung ist die Änderung der Geschwindigkeit bezogen auf die Zeit.

Geometrisch wird sie durch die Steigung der Tangente im v-t-Diagramm dargestellt. Die Beschleunigung-Zeit (a-t)-Funktion stellt demnach die erste Ableitung der v-t-Funktion und die 2. Ableitung der s-t-Funktion dar. Die Umkehrung der Gleichungen 2-1/2 ergibt

$$s = \int v \cdot dt, \qquad \text{Gl. 2-3}$$

$$v = \int a \cdot dt. \qquad \text{Gl. 2-4}$$

Diese Gleichungen können geometrisch folgendermaßen gedeutet werden:

Im Zeitintervall Δt ändert sich die Geschwindigkeit um den Betrag Δv. Die mittlere Beschleunigung ist $a_m = \frac{\Delta v}{\Delta t}$. Die Umstellung dieser Beziehung liefert $a_m \cdot \Delta t = \Delta v$. Das Produkt $a_m \cdot \Delta t$ kann man als Flächenelement im a-t-Diagramm deuten. In der Abb. 2-2 ist eine solche Fläche schraffiert eingezeichnet. Zwischen der 8. und 9. Sekunde schließt das a-t-Diagramm einen Flächenstreifen $-1{,}5 \frac{m}{s^2} \cdot 1\,s = -1{,}5 \frac{m}{s}$ ein. Um diesen Betrag nimmt die Geschwindigkeit im v-t-Diagramm von 1,7 m/s nach 0,2 m/s ab. Analoges gilt für das v-t- und s-t-Diagramm. Auch dafür ist ein Beispiel eingezeichnet. Allgemein kann man formulieren:

Die im Zeitintervall von t_1 nach t_2 vom v-t-Diagramm eingeschlossene Fläche entspricht der Änderung der Ortskoordinate Δs zwischen t_1 und t_2.

Die im Zeitintervall von t_1 nach t_2 vom a-t-Diagramm eingeschlossene Fläche entspricht der Geschwindigkeitsänderung zwischen t_1 und t_2.

Ein Koordinatensystem ist frei wählbar. Die Vorzeichen beziehen sich demnach immer auf das gewählte System. Wählt man für s v a die gleiche Richtung als positiv, dann kann zur *Deutung der Vorzeichen* folgendes gesagt werden:

s: Das Vorzeichen gibt die Lage in bezug auf den Nullpunkt an.
v: Das Vorzeichen gibt die Bewegungsrichtung an.

Daraus folgt:
Bei gleichen Vorzeichen von s und v bewegt sich der Punkt vom Nullpunkt weg, bei verschiedenen Vorzeichen bewegt er sich auf den Nullpunkt zu. Bei beschleunigter Bewegung haben a und v gleiches, bei verzögerter Bewegung verschiedenes Vorzeichen.

Sind die positiven Richtungen für s v a verschieden gewählt, dann gilt für den Richtungssinn der Größen s v a sinngemäß, was oben für die Vorzeichen gesagt wurde.

2.2 Die Bewegung mit konstanter Geschwindigkeit

In die Gleichungen des vorigen Abschnittes wird die Bedingung

$v = \text{konst.} \qquad dv = 0$

eingesetzt. Man erhält

aus Gl. 2-2 $\qquad a = 0,$

aus Gl. 2-3 $\qquad s = v \cdot t + s_0 .$ Gl. 2-5

Wie vorausgesetzt, erfolgt die Bewegung ohne Beschleunigung und Verzögerung. In gleichen Zeitabschnitten werden gleiche Wege zurückgelegt. Im v-t-Diagramm erhält man eine Parallele zur Abszisse, im s-t-Diagramm eine Gerade (Abb. 2-3).

Der Weg setzt sich zusammen aus dem zu Beginn der Zeitzählung schon zurückgelegten Weg s_0 und dem im Zeitabschnitt Δt mit der Geschwindigkeit v durchlaufenen Weg $v \cdot \Delta t$ (Rechteckfläche im v-t-Diagramm).

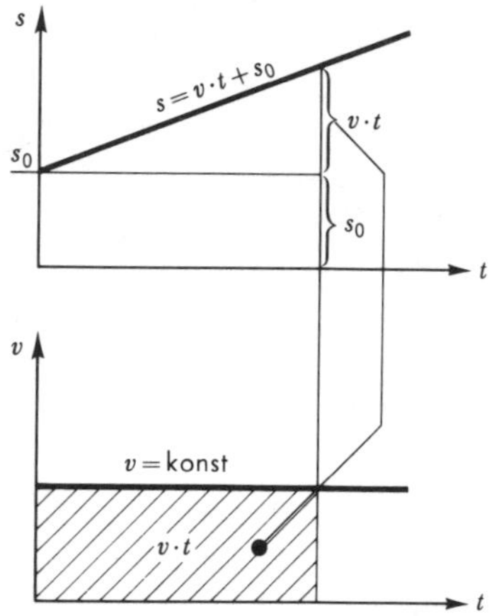

Abb. 2-3

Beispiel 1

Eine lineare Bewegung besteht aus folgenden Phasen

1.	0 s	bis	5,0 s	$v =$	0,060 m/s
2.	5,0 s	bis	15,0 s	$v =$	0,090 m/s
3.	15,0 s	bis	25,0 s	$v =$	– 0,120 m/s

Das könnte die Bewegung eines Werkzeuges sein, das von der Maschine wieder auf den Ausgangspunkt zurückgeführt wird. Die Übergänge von einer Phase zur anderen erfolgen so schnell, daß diese Effekte vernachlässigbar seien.

Für einen einheitlichen Zeitmaßstab sind Ort- und Zeitabhängigkeit analytisch und graphisch darzustellen.

Lösung

Vorgänge dieser Art (z.B. Steuerung eines Werkzeuges) werden von Rechenprogrammen erfaßt. Deshalb soll hier mit zugeschnittenen Größengleichungen gearbeitet werden. Dazu werden folgende Einheiten festgelegt.

t	s	v
s	m	m/s

Methode 1

Für jeden Abschnitt muß eine Gleichung aufgestellt werden.

1\. Abschnitt $\quad 0 < t \leqslant 5{,}0$

$$v = 0{,}06$$

$$s = \int v \cdot \mathrm{d}t = 0{,}060 \cdot t \tag{1}$$

wegen $t = 0$; $s = 0$ ist $s_0 = 0$.

Am Ende dieser Phase befindet sich der Punkt bei $s_{1E} = 0{,}06 \cdot 5{,}0 = 0{,}30$ m

2\. Abschnitt $\quad 5{,}0 < t \leqslant 15{,}0$.

Dieser Abschnitt beginnt bei $t = 5{,}0$ s, deshalb muß die Zeitkoordinate t um diesen Betrag verschoben werden. Da die Bewegung von $s = 0{,}30$ m ausgeht (s.o.) ist dieser Wert gleichzeitig die Integrationskonstante s_0 (Position zu Beginn dieses Zeitabschnitts).

$$\begin{aligned} v &= 0{,}090 \\ s &= 0{,}090 \cdot (t - 5{,}0) + 0{,}30 \end{aligned} \tag{2}$$

Kontrolle: $t = 5{,}0$ s; $s = 0{,}30$ m. Am Ende dieser Phase befindet sich der Punkt bei

$$s_{2E} = 0{,}090\,(15{,}0 - 5{,}0) + 0{,}30 = 1{,}20 \text{ m}.$$

3\. Abschnitt $\quad 15{,}0 < t \leqslant 25{,}0$

Zeitverschiebung $\Delta t = 15{,}0$ s; Integrationskonstante $s_0 = 1{,}20$ m.

$$\begin{aligned} v &= -0{,}12 \\ s &= -0{,}12 \cdot (t - 15{,}0) + 1{,}20\,. \end{aligned} \tag{3}$$

Am Ende ist das Objekt wieder am Ausgangspunkt.

$$s_{3E} = -0{,}12 \cdot (25{,}0 - 15{,}0) + 1{,}20 = 0\,.$$

Die Gleichungen (1) bis (3) stellen analytisch die Abhängigkeit Ort-Zeit dar. In einem Rechenprogramm muß durch Verzweigungsstellen sichergestellt sein, daß eine vorgegebene Zeit in die richtige Gleichung eingesetzt wird.

Die graphische Darstellung zeigt die Abb. 2-4

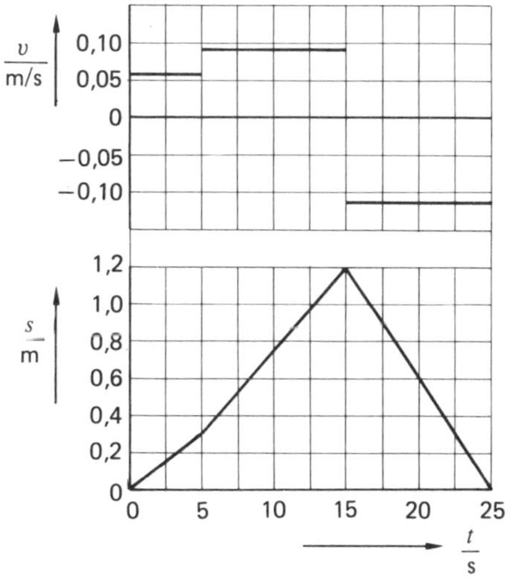

Abb. 2-4

Methode 2

Mit Hilfe der im Anhang erläuterten FÖPPL-Symbolik kann das unstetige v-t-Diagramm in einer einzigen Gleichung dargestellt werden

$$v = \langle t\rangle^0 \cdot 0{,}06 + \langle t-5\rangle^0 \cdot (0{,}09 - 0{,}06) + \langle t-15\rangle^0 \cdot (-0{,}12 - 0{,}09)\,.$$

Wegen $\langle t-25\rangle = 0$ für den betrachteten Zeitabschnitt braucht der letzte Sprung nicht eingeführt zu werden.

$$v = \langle t\rangle^0 \cdot 0{,}06 + \langle t-5\rangle^0 \cdot 0{,}03 - \langle t-15\rangle^0 \cdot 0{,}21\,.$$

Die Integration liefert mit $s_0 = 0$

$$s = t \cdot 0{,}06 + \langle t-5\rangle \cdot 0{,}03 - \langle t-15\rangle \cdot 0{,}21\,.$$

Diese Gleichung stellt die Ort-Zeit-Abhängigkeit für den ganzen Vorgang dar. Die Programmierung ist einfach, die FÖPPL-Klammern werden durch Verzweigungen erfaßt.

Als Beispiel soll die Lage nach 10,0 s und am Ende bestimmt werden.

$$s_{10} = 10 \cdot 0{,}06 + (10-5) \cdot 0{,}03 - 0 = 0{,}75\text{ m}$$
$$s_{25} = 25 \cdot 0{,}06 + (25-5) \cdot 0{,}03 - (25-15) \cdot 0{,}21 = 0$$

Besonders zu beachten ist, daß die obige Gleichung in einem Zug aufgestellt wurde. Es war nicht notwendig, für die Unstetigkeiten (Abschnittsgrenzen) die Lage des Punktes bzw. die Integrationskonstanten zu bestimmen. Das ist gerade für komplizierte Vorgänge eine wesentliche Erleichterung.

Beispiel 2 (Abb. 2-5)

Abgebildet ist eine Seiltrommel, die mit der Umfangsgeschwindigkeit $u = 3{,}0$ m/s umläuft. Dabei wird die Masse A gehoben, die Masse B gesenkt. Zu bestimmen sind:

a) die Bewegungsgleichungen für beide Massen,

b) der Zeitpunkt, wenn beide Massen 5 m voneinander entfernt sind,

c) die Relativgeschwindigkeit zwischen beiden Massen.

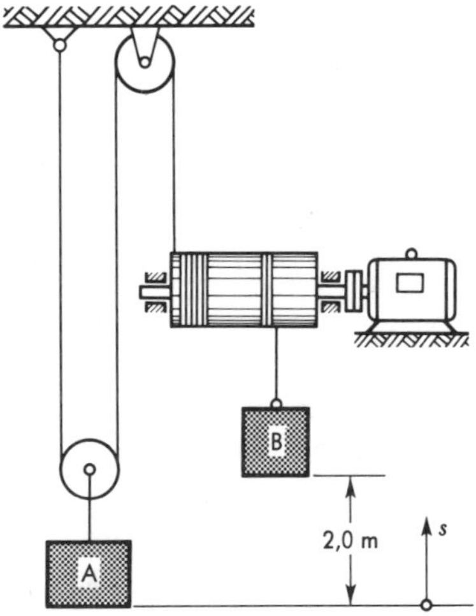

Abb. 2-5

Lösung

a) Da die Rolle auf dem Seil zurückrollt, wird die Masse A mit $\frac{1}{2}\,u$ gehoben, d.h.

$$s_A = +\frac{1}{2}\,u \cdot t = +\frac{1}{2} \cdot 3{,}0\,\frac{\text{m}}{\text{s}} \cdot t$$

$$\mathbf{s_A = 1{,}5 \cdot t}. \qquad \begin{array}{c|c} t & s \\ \hline \text{s} & \text{m} \end{array}\,.$$

Entsprechend gilt für B

$$s_B = -u \cdot t + 2\,\text{m}$$

$$s_B = -3{,}0 \cdot t + 2. \qquad \frac{t \mid s}{s \mid m}.$$

b) Die Bedingung lautet:

$$s_A - s_B = 5\,\text{m}$$
$$1{,}5 \cdot t_0 + 3{,}0 \cdot t_0 - 2 = 5$$
$$4{,}5 \cdot t_0 = 7. \qquad t_0 = 1{,}56\,\text{s}.$$

c) Die Relativgeschwindigkeit ist

$$\Delta v = v_A - v_B = \frac{1}{2}\,u - (-u) = \frac{3}{2}\,u$$

$$\Delta v = 4{,}5\,\frac{\text{m}}{\text{s}}.$$

2.3 Die Bewegung mit konstanter Beschleunigung

Für die gleichförmig beschleunigte Bewegung gilt a = konst. und damit nach Gleichung 2-4

$$v = \int a \cdot \mathrm{d}t\,,$$

$$v = a \cdot t + v_0\,. \qquad \text{Gl. 2-6}$$

und nach Gleichung 2-3

$$s = \int v \cdot \mathrm{d}t$$

$$= \int (a \cdot t + v_0)\,\mathrm{d}t\,,$$

$$s = \frac{a}{2} \cdot t^2 + v_0 \cdot t + s_0\,. \qquad \text{Gl. 2-7}$$

Die Ortskoordinate ändert sich quadratisch mit der Zeit, die Geschwindigkeit linear. Im s-t-Diagramm (Abb. 2-6) erhält man eine Parabel, im v-t-Diagramm eine Gerade. Die Integrationskonstanten v_0 und s_0 entsprechen der bei Beginn der Zeitzählung ($t = 0$) schon vorhandenen Geschwindigkeit und dem Abstand vom 0-Punkt.

Auch hier ist es zweckmäßig, sich die geometrischen Zusammenhänge klar zu machen. Die Geschwindigkeit setzt sich aus der Anfangsgeschwindigkeit v_0 und der durch die Beschleunigung verursachten Geschwindigkeitszunahme $a \cdot t$ (Rechteck im a-t-Diagramm) zusammen. Die vom v-t-Diagramm eingeschlossene Fläche besteht aus dem Dreieck

$\frac{1}{2} \cdot a \cdot t \cdot t$ und dem Rechteck $v_0 \cdot t$. Das entspricht der Verlagerung während der Zeit t.

Der Abstand der Ausgangslage s_0 muß hinzugezählt werden. Umgekehrt erhält man von dem s-t-Diagramm ausgehend das v-t-Diagramm als erste und das a-t-Diagramm als zweite Ableitung.

Die Gleichungen 2-6/7 sind für die Berechnung aller Geschwindigkeiten, Orte und Zeiten ausreichend. In vielen Fällen ist es zweckmäßig, mit einer Beziehung zwischen Geschwindigkeit, Beschleunigung und der Ortskoordinate zu arbeiten, d.h. die Zeit t zu eliminieren

$$v = \frac{ds}{dt}, \qquad a = \frac{dv}{dt},$$

$$dt = \frac{ds}{v}, \qquad dt = \frac{dv}{a}.$$

Nach Gleichsetzung und Trennung der Variablen

$$\mathbf{v \cdot dv = a \cdot ds}, \qquad \textbf{Gl. 2-8}$$

$$\int_{v_0}^{v} v \cdot dv = a \cdot \int_{s_0}^{s} ds,$$

$$\frac{1}{2} \cdot (v^2 - v_0^2) = a \cdot (s - s_0),$$

$$\mathbf{v = \sqrt{2 \cdot a \cdot (s - s_0) + v_0^2}}. \qquad \textbf{Gl. 2-9}$$

Diese Beziehung gestattet es, z.B. die Geschwindigkeit für eine bestimmte Lage des Punktes zu berechnen, ohne vorher die Zeit zu bestimmen. Für $a = g$ (Erdbeschleunigung), $v_0 = 0$ und $s_0 = 0$ liefert die Gleichung 2-9 die bekannte Beziehung für die Fallgeschwindigkeit $v = \sqrt{2gH}$. Im v-s-Diagramm erhält man einen Parabelast nach Abb. 2-6. Man kann diesen durch Auftragen von v und s für den gleichen Zeitpunkt t konstruieren.

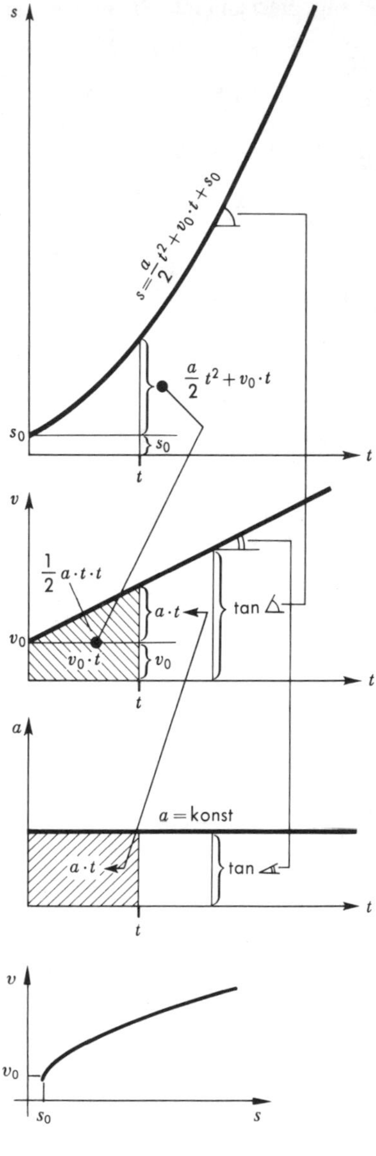

Abb. 2-6

Beispiel 1

Eine Last wird von Ruhe aus nach folgendem Programm abgesenkt:

0 m bis 1,0 m		konstante Beschleunigung auf $v = 0{,}60$ m/s
1,0 m bis 10,0 m		$v =$ konst
10,0 m bis 12,0 m		konstante Verzögerung bis zur Aufsetzgeschwindigkeit von 0,01 m/s

Aufzustellen sind die Bewegungsgleichungen $s(t)$; $v(t)$; $a(t)$ für die Last. Der Vorgang ist im s-t; v-t; a-t; v-s; a-s-Diagramm darzustellen.

Lösung

Es müssen drei Bewegungsabschnitte im gleichen Zeitmaßstab dargestellt werden. Im vorliegenden Falle ist es am einfachsten, mit zugeschnittenen Größengleichungen zu arbeiten. Es soll gelten

t	s	v	a
s	m	m/s	m/s²

Die Richtungen von $s\,v\,a$ sollen psoitiv nach unten angenommen werden.

1. Abschnitt (0 bis 1,0 m)

Die Geschwindigkeit ist nicht in Abhängigkeit von der Zeit, sondern von der Lage gegeben. Deshalb empfiehlt es sich, zunächst aus der Gleichung 2-9 die Beschleunigung auszurechnen. Man könnte auch Gl. 2-6 nach t auflösen und in Gl. 2-7 einsetzen.

$$v^2 = 2 \cdot a \cdot s + v_0^2 \quad \text{mit} \quad v_0 = 0 \quad \text{und} \quad s_0 = 0$$

$$a = \frac{v^2}{2\,s} = \frac{0{,}60^2}{2 \cdot 1}\,\frac{\text{m}}{\text{s}^2} = 0{,}18\,\text{m/s}^2 = \text{konst} \quad .$$

Die Integration ergibt

$$v = 0{,}18 \cdot t \qquad (v_0 = 0) \qquad (1)$$

$$s = 0{,}090 \cdot t^2 \qquad (s_0 = 0) \qquad (2)$$

Es muß berechnet werden, wann der erste Abschnitt beendet ist. Das kann aus der Beziehung (2) erfolgen

$$t = \sqrt{\frac{s}{0{,}09}} \qquad t_{1\text{m}} = \sqrt{\frac{1{,}0}{0{,}09}}\ \text{s} = 3{,}33\,\text{s}$$

Kontrolle: $v_{1\text{m}} = 0{,}18 \cdot 3{,}33\,\text{m/s} = 0{,}60\,\text{m/s}$.

Die Gleichungen (1) und (2) gelten für $0 < t < 3{,}33$ s.

2. Abschnitt (1,0 m bis 10,0 m)

Es handelt sich um eine Bewegung mit $a = 0$ und

$$v = \text{konst} = 0{,}60\,\text{m/s} \qquad (3)$$

Dieser Bewegungsabschnitt beginnt bei $t_{1\text{m}} = 3{,}33$ s. Zu diesem Zeitpunkt ist die Last bereits 1,0 m abgesenkt.

Das führt zu folgender Gleichung für s (Koordinatenverschiebung)

$$s = 0{,}60 \cdot (t - 3{,}33) + 1{,}0 \qquad (4)$$

Vereinfacht erhält man

$$s = 0{,}60 \cdot t - 1{,}0 \qquad (5)$$

Der zweite Abschnitt ist beendet, wenn die Last sich bei 10,0 m befindet. Aus (5) ergibt sich

$$t = \frac{s + 1{,}0}{0{,}6} \qquad t_{10\text{m}} = \frac{10{,}0 + 1{,}0}{0{,}6}\,\text{s} = 18{,}33\,\text{s}\,.$$

Die Gleichungen (3) bis (5) gelten für $3{,}33\,\text{s} < t < 18{,}33\,\text{s}$.

3. Abschnitt

Die Verzögerung wird mit Hilfe der Gleichung 2-9 berechnet

$$a = \frac{v^2 - v_0^2}{2\cdot(s - s_0)} = \frac{0{,}01^2 - 0{,}60^2}{2\cdot 2}\,\frac{\text{m}}{\text{s}^2} = -\,0{,}090\,\text{m/s}^2$$

$$a = -\,0{,}090 \tag{6}$$

Die Integration ergibt mit Berücksichtigung der Zeitverschiebung und der Randbedingung (v zu Beginn des Zeitabschnitts)

$$v = -\,0{,}090\cdot(t - 18{,}33) + 0{,}60 \tag{7}$$

vereinfacht:

$$v = -\,0{,}090\cdot t + 2{,}25 \tag{8}$$

Aus einer weiteren Integration erhält man die s-t-Gleichung. Es ist zweckmäßig, von der Gl. (7) auszugehen, da die Randbedingung aus der Aufgabenstellung ersichtlich ist: zu Beginn dieses Abschnittes befindet sich die Last an der Stelle $s = 10\,\text{m}$.

$$s = -\,0{,}045\ (t - 18{,}33)^2 + 0{,}60\cdot(t - 18{,}33) + 10 \tag{9}$$

Würde man von der Gleichung (8) ausgehen, müßte die Integrationskonstante s_0 neu bestimmt werden. Das sei dem Leser überlassen.

Dieser Abschnitt endet, wenn $v = 0{,}01$ m/s erreicht ist. Aus der Gl. (8) erhält man

$$t = \frac{2{,}25 - v}{0{,}09} \qquad t_{0{,}01\,\text{m/s}} = \frac{2{,}25 - 0{,}01}{0{,}09}\,\text{s} = 24{,}88\,\text{s}$$

Kontrolle:

mit $t = 24{,}88$ s ergibt $s = 12{,}0$ m (Gl. 9.)

Die Gleichungen (6) bis (9) gelten für $18{,}33 < t < 24{,}88$ s.

Die Auswertung der oben abgeleiteten Gleichungen für die angegebenen Zeitabschnitte liefert die a-t, v-t und s-t Diagramme (Abb. 2-7).

Das v-s-Diagramm kann man durch Auftragen zugeordneter Werte aus dem v-t und s-t-Diagramm konstruieren. Es ist auch möglich, entsprechende Gleichungen aufzustellen.

Die Aufgabe soll zusätzlich nach dem FÖPPL-Verfahren*) gelöst werden. Zunächst könnte man von dem a-t-Diagramm nach Abb. 2-7 ausgehen. Dazu müßte man, wie

*) siehe Anhang.

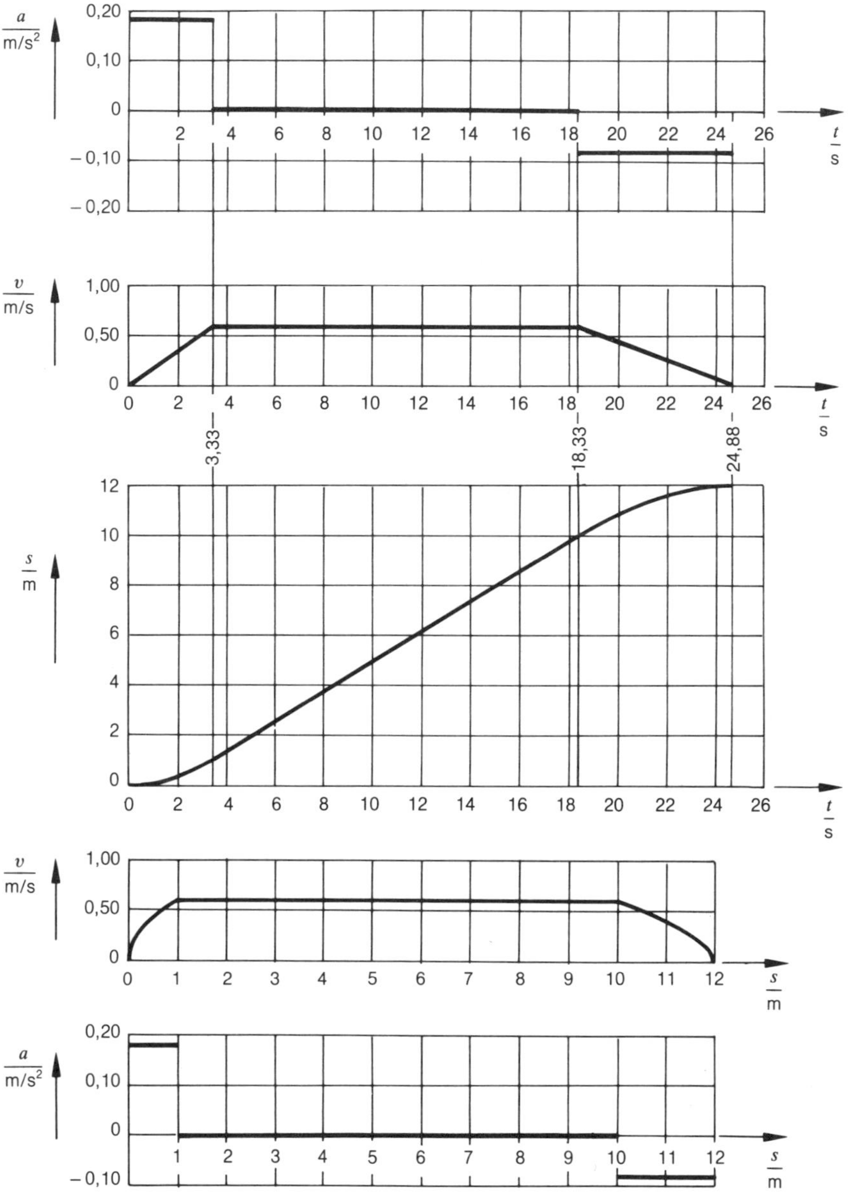

Abb. 2-7

oben geschehen, Beschleunigungen und Zeitabschnitte aus Beziehungen der Kinematik berechnen. Es ist auch möglich, eine a-t-Funktion mit allgemeinen Größen aufzustellen und aus den gegebenen Randbedingungen, die Größe der Beschleunigungen und die Dauer der Zeitabschnitte zu bestimmen. Zur Demonstration soll ein

Zwischenweg vorgeführt werden. Die Beschleunigungen seien aus der Gleichung 2-9 bestimmt worden. Aus den Randbedingungen sollen die Zeitabschnitte berechnet werden. In diesem Fall erhält man mit Abb. 2-7

$$a = \langle t \rangle^0 \cdot 0{,}180 + \langle t - t_1 \rangle^0 \cdot (0 - 0{,}180) + \langle t - t_2 \rangle^0 \cdot (-0{,}90 - 0)$$

$$a = \langle t \rangle^0 \cdot 0{,}180 - \langle t - t_1 \rangle^0 \cdot 0{,}18 - \langle t - t_2 \rangle^0 \cdot 0{,}09 \,. \tag{10}$$

Die Integration liefert mit $v_0 = 0$ (Bewegung von Ruhe ausgehend)

$$v = t \cdot 0{,}18 - \langle t - t_1 \rangle \cdot 0{,}18 - \langle t - t_2 \rangle \cdot 0{,}09 \,. \tag{11}$$

Die zweite Integration gibt

$$s = t^2 \cdot 0{,}090 - \langle t - t_1 \rangle^2 \cdot 0{,}090 - \langle t - t_2 \rangle^2 \cdot 0{,}045 \,. \tag{12}$$

Für $t = t_1$ ist $v = 0{,}60$ m/s (Ende des 1. Abschnitts). Das wird in Gleichung (11) eingesetzt

$$0{,}60 = t_1 \cdot 0{,}18 - 0 \qquad t_1 = \frac{0{,}60}{0{,}18} = 3{,}33 \text{ s} \,.$$

Für $t = t_2$ ist $v = 0{,}60$ m/s erfüllt, da $a = 0$ vorgegeben ist. Man kann zur Kontrolle rechnen (Gl. 11):

$$v = \mathrm{t}_2 \cdot 0{,}18 - (t_2 - t_1) \cdot 0{,}18$$

$$v = t_2 \cdot 0{,}18 - t_2 \cdot 0{,}18 + 3{,}33 \cdot 0{,}18 = 0{,}60 \text{ m/s} \,.$$

Mit Gleichung (12) erhält man für $t = t_2$ und $s = 10{,}0$ m

$$10 = t_2^2 \cdot 0{,}09 - (t_2 - 3{,}33)^2 \cdot 0{,}09 - 0 \,.$$

Nach einfacher Umformung: $t_2 = 18{,}33$ s. Das ist das Ende des zweiten Abschnitts. Der Vorgang ist beendet z.Z. $t = t_3$ mit $v_3 = 0{,}01$ m/s (Gl. 11):

$$0{,}01 = t_3 \cdot 0{,}18 - (t_3 - 3{,}33) \cdot 0{,}18 - (t_3 - 18{,}33) \cdot 0{,}09$$

$$t_3 = 24{,}88 \text{ s} \,.$$

Das führt zu (Gl. 11 und 12)

$$v = t \cdot 0{,}180 - \langle t - 3{,}33 \rangle \cdot 0{,}18 - \langle t - 18{,}33 \rangle \cdot 0{,}09 \tag{13}$$

$$s = t^2 \cdot 0{,}090 - \langle t - 3{,}33 \rangle^2 \cdot 0{,}090 - \langle t - 18{,}33 \rangle^2 \cdot 0{,}045 \,. \tag{14}$$

Die Gleichungen (13) und (14) stellen die Abhängigkeit der Geschwindigkeit und der Lage von der Zeit für den gesamten Vorgang dar. Die FÖPPL-Klammern entsprechen Verzweigungen in einem Rechenprogramm. Als Beispiel sollen v und s für $t = 10$ s und 20 s berechnet werden.

$$v_{10} = 10 \cdot 0{,}18 - (10 - 3{,}33) \cdot 0{,}18 - 0 = 0{,}60 \text{ m/s}$$

$$s_{10} = 10^2 \cdot 0{,}09 - (10 - 3{,}33)^2 \cdot 0{,}09 - 0 = 5{,}00 \text{ m}$$

$$v_{20} = 20 \cdot 0{,}18 - (20 - 3{,}33) \cdot 0{,}18 - (20 - 18{,}33) \cdot 0{,}09 = 0{,}45 \text{ m/s}$$

$$s_{20} = 20^2 \cdot 0{,}09 - (20 - 3{,}33)^2 \cdot 0{,}09 - (20 - 18{,}33)^2 \cdot 0{,}045 = 10{,}86 \text{ m}.$$

Es wäre weniger aufwendig, die Zeitdauer der einzelnen Abschnitte über kinematische Beziehungen auszurechnen und aufzuaddieren. Hier sollte aber vorgeführt werden, daß man mit dem Verfahren nach FÖPPL nicht nur Zahlenwertgleichungen auswerten kann, sondern verschiedene Randbedingungen vorgeben und erfüllen.

Beispiel 2 (Abb. 2-8)

Das skizzierte System ist zunächst in Ruhe. Das Seil A wird von einer Winde mit $a_A = 1{,}0\ \mathrm{m/s^2}$ nach unten 3,0 Sekunden lang beschleunigt. 2,0 Sekunden nachdem die Bewegung von A begonnen hat, beschleunigt D mit $a_D = 2{,}0\ \mathrm{m/s^2}$ 2,0 Sekunden lang auch nach unten. Zu bestimmen sind die Bewegungsgleichungen von B und der Bewegungszustand von B z.Z. $t = 2{,}5$ s und $t = 8{,}0$ s.

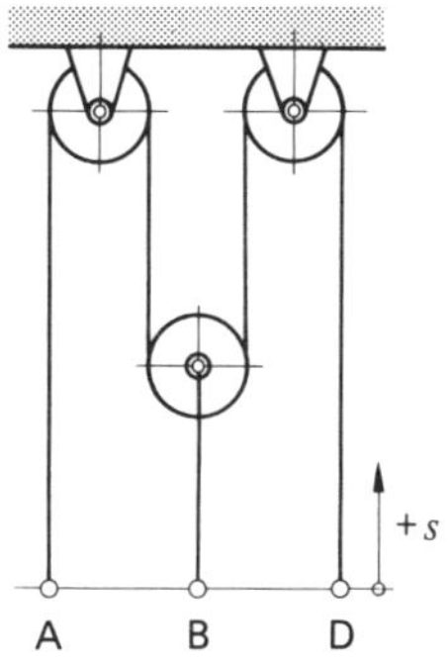

Abb. 2-8

Lösung

Es muß eine Beziehung zwischen den zurückgelegten Wegen von A; B; D aufgestellt werden. Wird z.B. D festgehalten und A um h nach unten gezogen, dann hebt sich B um $h/2$. Das führt zu

$$s_B = -\frac{1}{2} s_A \qquad \text{für } s_D = 0$$

analog

$$s_B = -\frac{1}{2} s_D \qquad \text{für } s_A = 0\,.$$

Die Überlagerung beider Fälle ergibt $s_B = -\frac{1}{2}(s_A + s_D)$ (1)

und daraus folgend

$$v_B = -\frac{1}{2}(v_A + v_D) \qquad (2)$$

$$a_B = -\frac{1}{2}(a_A + a_D)\,. \qquad (3)$$

Die vorgegebenen Bedingungen werden im Diagramm dargestellt (Abb. 2-9). Die obige Gleichung (3) ergibt das dritte Diagramm, wobei $s; v; a$ nach oben positiv festgelegt wurden.

Mit Hilfe des FÖPPL-Verfahrens kann eine Lösung ohne Bestimmung der Übergangsbedingungen an den Grenzen der einzelnen Zeitabschnitte erfolgen. Deshalb soll die Lösung so durchgeführt werden.

$$a_B = \langle t\rangle^0 \cdot 0{,}5 + \langle t-2\rangle^0 \cdot (1{,}5 - 0{,}5) + \langle t-3\rangle^0 \cdot (1{,}0 - 1{,}5) + \langle t-4\rangle^0 \cdot (0 - 1)$$

$$a_B = \langle t\rangle^0 \cdot 0{,}5 + \langle t-2\rangle^0 \cdot 1 - \langle t-3\rangle^0 \cdot 0{,}5 - \langle t-4\rangle^0 \cdot 1 \qquad (1)$$

$$v_B = t \cdot 0{,}5 + \langle t-2\rangle \cdot 1 - \langle t-3\rangle \cdot 0{,}5 - \langle t-4\rangle \cdot 1\,. \qquad (2)$$

Bewegung von Ruhe ausgehend: $v_0 = 0$

$$s = t^2 \cdot 0{,}25 + \langle t-2\rangle^2 \cdot 0{,}50 - \langle t-3\rangle^2 \cdot 0{,}25 - \langle t-4\rangle^2 \cdot 0{,}50 + 0\,. \qquad (3)$$

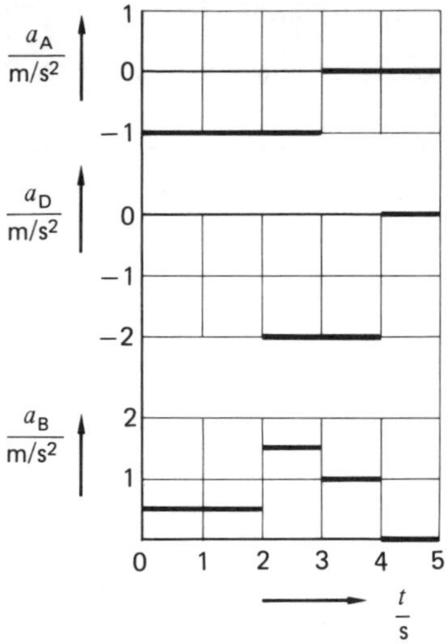

Abb. 2-9

Die Gleichungen (1) (2) (3) beschreiben den Bewegungsablauf von B. Sie werden für 2,5 und 8,0 Sekunden ausgewertet.

$$a_{B2,5} = 2{,}5^0 \cdot 0{,}5 + (2{,}5 - 2)^0 \cdot 1 = 1 \cdot 0{,}5 + 1 \cdot 1 - 0 = \mathbf{1{,}5\ m/s^2}$$
$$v_{B2,5} = 2{,}5 \cdot 0{,}5 + (2{,}5 - 2) \cdot 1 - 0 = \mathbf{1{,}75\ m/s^2}$$
$$s_{B2,5} = 2{,}5^2 \cdot 0{,}25 + (2{,}5 - 2)^2 \cdot 0{,}5 - 0 = \mathbf{1{,}688\ m}\ .$$

Der Punkt B befindet sich über der Nullmarke und bewegt sich beschleunigt weiter nach oben.

$$a_{B8} = 1 \cdot 0{,}5 + 1 \cdot 1 - 1 \cdot 0{,}5 - 1 \cdot 1 = \mathbf{0}$$
$$v_{B8} = 8 \cdot 0{,}5 + 6 - 5 \cdot 0{,}5 - 4 = \mathbf{3{,}50\ m/s}$$
$$s_{B8} = 8^2 \cdot 0{,}25 + 6^2 \cdot 0{,}5 - 5^2 \cdot 0{,}25 - 4^2 \cdot 0{,}50 = \mathbf{19{,}75\ m}\ .$$

Der Punkt B bewegt sich mit konstanter Geschwindigkeit weiter nach oben.

2.4 Die ungleichförmig beschleunigte Bewegung

2.4.1 Analytische Verfahren

Die Anwendung des analytischen Verfahrens bedingt, daß die Abhängigkeiten von Beschleunigung, Geschwindigkeit, Ortskoordinate und Zeit sich durch differentierbare bzw. integrierbare Funktionen darstellen lassen. Es werden für die wichtigsten Fälle die Lösungswege bzw. Ansätze angegeben.

1. Die Beschleunigung ist in Abhängigkeit von der Zeit gegeben.

   $$a = f(t).$$

   Die Geschwindigkeiten erhält man aus Gleichung 2-4,

   $$v = \int a \cdot \mathrm{d}t = \int f(t) \cdot \mathrm{d}t,$$

die Ortskoordinate aus Gleichung 2-3,

$$s = \int v \cdot \mathrm{d}t .$$

2. Die Geschwindigkeit ist in Abhängigkeit von der Zeit gegeben,

$$v = f(t).$$

Die Lage des Punktes kann man aus Gleichung 2-3 berechnen,

$$s = \int v \cdot \mathrm{d}t = \int f(t) \cdot \mathrm{d}t.$$

Die Beschleunigung ergibt sich aus Gleichung 2-2,

$$a = \frac{\mathrm{d}v}{\mathrm{d}t} = \dot{v} .$$

3. Die Ortskoordinate ist in Abhängigkeit von der Zeit gegeben,

$$s = f(t).$$

Mit den Gleichungen 2-1/2 erhält man

$$v = \frac{\mathrm{d}s}{\mathrm{d}t} = \dot{s}, \qquad a = \frac{\mathrm{d}v}{\mathrm{d}t} = \dot{v} = \ddot{s}.$$

4. Die Geschwindigkeit ist in Abhängigkeit von der Ortskoordinate gegeben,

$$v = f(s).$$

Mit

$$v = \frac{\mathrm{d}s}{\mathrm{d}t}$$

erhält man

$$t = \int \frac{\mathrm{d}s}{v} = \int \frac{\mathrm{d}s}{f(s)} .$$

Nach Durchführung der Integration und Umstellung erhält man eine Ort-Zeit-Gleichung (Fall 3).

5. Die Beschleunigung ist in Abhängigkeit von der Lage des Punktes gegeben:

$$a = f(s).$$

Nach Gleichung 2-8 ist

$$v \cdot \mathrm{d}v = a \cdot \mathrm{d}s = f(s) \cdot \mathrm{d}s .$$

Es wird beidseitig integriert,

$$\frac{1}{2} (v^2 - v_0^2) = \int f(s) \cdot \mathrm{d}s.$$

Nach Durchführung der Integration erhält man $v = f(s)$ und damit den Fall 4.

6. Die Beschleunigung ist in Abhängigkeit von der Geschwindigkeit gegeben:

$$a = f(v).$$

Für die Lösung bieten sich zwei Wege an. Mit

$$a = \frac{\mathrm{d}v}{\mathrm{d}t}$$

erhält man $\mathrm{d}t = \frac{\mathrm{d}v}{a} = \frac{\mathrm{d}v}{f(v)}$

$$t = \int \frac{\mathrm{d}v}{f(v)} .$$

Das entspricht grundsätzlich dem Fall 2.

Der auf Gleichung 2-8 basierende Ansatz

$$a = v \cdot \frac{\mathrm{d}v}{\mathrm{d}s} = f(v)$$

führt auf $\frac{v \cdot \mathrm{d}v}{f(v)} = \mathrm{d}s$ bzw. $s = \int \frac{v \cdot \mathrm{d}v}{f(v)}$

und damit auf den Fall 4.

Beispiel 1

Dieses Beispiel soll dazu dienen, näherungsweise die bei einem Stoß auftretenden Beschleunigungen (Verzögerungen) zu ermitteln und die Stoßzeit abzuschätzen. Es soll folgender Fall angenommen werden. Ein Gegenstand fällt aus einer Höhe h frei auf eine Unterlage. Das Ausmessen von Deformationen z.B. einer Abplattung am Gegenstand und einer „Delle" in der Unterlage lassen – u.U. unter Berücksichtigung von elastischen Deformationen – abschätzen, auf welchem Wege e der fallende Körper bis zum Stillstand abgebremst wurde. Die dabei auftretende Kraft muß während des Eindringens zunehmen. Es soll deshalb eine Verzögerung $a \sim t$ angenommen werden. Aufzustellen sind in allgemeiner Form die Bewegungsgleichungen für die Abbremsphase. Für $h = 2{,}0$ m und $e = 2$ mm soll der Vorgang im a-t; v-t und s-t-Diagramm dargestellt werden.

Lösung

Ansatz $a \sim t \qquad a = k \cdot t$.

Zweimalige Integration

$$v = \frac{k}{2} \cdot t^2 + v_0 \tag{1}$$

$$s = \frac{k}{6} \cdot t^3 + v_0 \cdot t + s_0 . \tag{2}$$

Randbedingungen

$t = 0$	$s = 0$	Beginn des Eindringens
$t = t_e$	$s = e$	Ende des Eindringens
$t = t_e$	$v = 0$	

Die erste Bedingung ergibt $s_0 = 0$. Die weiteren Bedingungen liefern zwei Gleichungen für t_e (das ist etwa die Stoßzeit) und k.

Der Wert k wird aus (1) unter Berücksichtigung der dritten Randbedingung $k = -\frac{2 \cdot v_0}{t_e^2}$ in (2) eingesetzt.

Nach einer Zusammenfassung ist

$$e = \frac{2}{3} \cdot v_0 \cdot t_e \quad \text{bzw.} \quad t_e = \frac{3 \cdot e}{2 \cdot v_0} \quad . \tag{3}$$

Damit ist

$$k = -\frac{2\, v_0}{t_e^2} = -\frac{2\, v_0 \cdot 2^2 \cdot v_0^2}{3^2 \cdot e^2} = -\frac{8\, v_0^3}{9\, e^2}$$

und

$$a = -\frac{8\, v_0^3}{9\, e^2} \cdot t \quad . \tag{4}$$

Eine zweimalige Integration liefert

$$v = -\frac{4\, v_0^3}{9\, e^2} \cdot t^2 + v_0 \tag{5}$$

$$s = -\frac{4\, v_0^3}{27\, e^2} \cdot t^3 + v_0 \cdot t \tag{6}$$

Die Gleichungen (3) bis (6) stellen die allgemeine Lösung des Problems dar. Die maximale Beschleunigung erhält man aus Gl. (4) für $t = t_e$ (3)

$$a_{max} = -\frac{8\, v_0^3}{9\, e^2} \cdot \frac{3\, e}{2\, v_0} = -\frac{4\, v_0^2}{3\, e} \quad . \tag{7}$$

Für die vorgegebenen Zahlenwert ist $v_0 = 6{,}26$ m/s und damit

$$\mathbf{a_{max} \approx -2{,}6 \cdot 10^4\ m/s^2 \qquad t_e \approx 4{,}8 \cdot 10^{-4}\ s.}$$

Die zahlenmäßige Auswertung der Gleichungen (4) bis (6) liefert die Diagramme Abb. 2-10. Zu beachten sind die sehr hohen Verzögerungen und die extrem kurzen Stoßzeiten.

Beispiel 2

Ein Anfahr- und anschließender Bremsvorgang sollen in Gleichungen erfaßt werden. Die Ergebnisse werden wesentlich genauer, wenn man nicht in den Mittelwerten von a arbeitet (a = konst), sondern tendenziell die Änderungen der Beschleunigungen

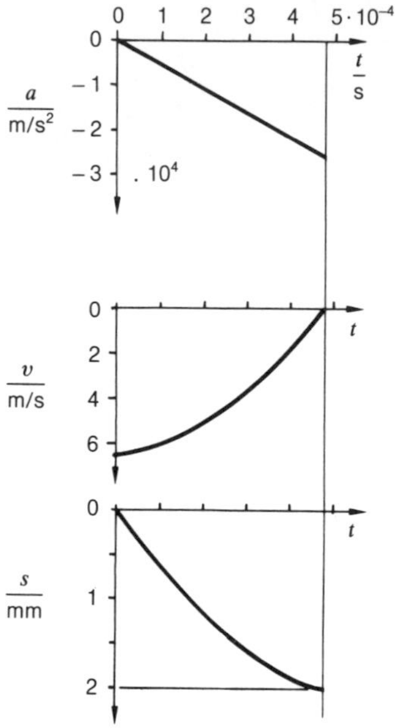

Abb. 2-10

linear annimmt. Das ist in dem vorgegebenen Diagramm Abb. 2-11 geschehen. Zu bestimmen sind die Gleichungen $a = f(t)$; $v = f(t)$ und $s = f(t)$. Sie sind für $t = 10$ und 14 s auszuwerten. Die Bewegungsdiagramme sind zu zeichnen.

Lösung

Diese Aufgabe eignet sich besonders gut für eine Lösung mit dem FÖPPL-Verfahren. Für die Zahlenwertgleichungen werden folgende Einheiten festgelegt

t	s	v	a
s	m	m/s	m/s²

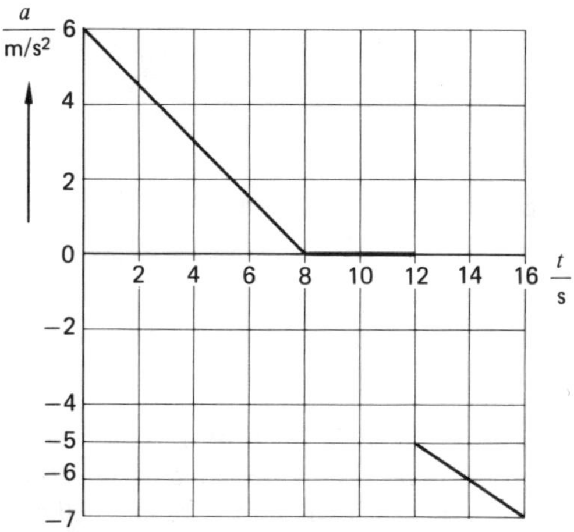

Abb. 2-11

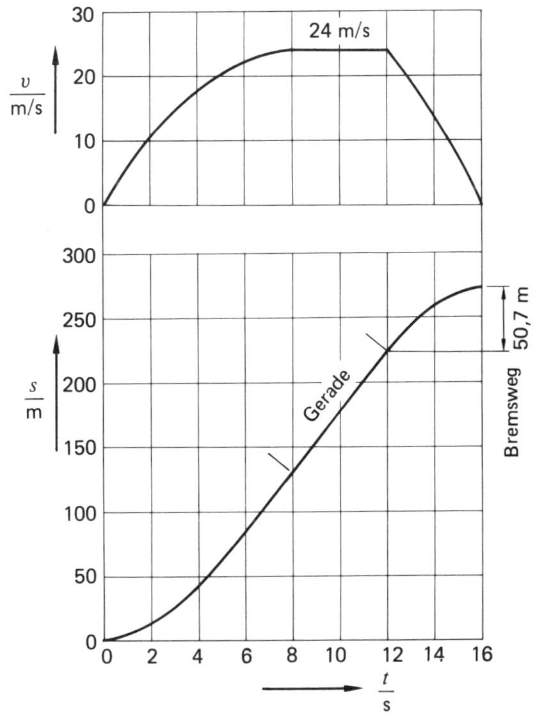

Abb. 2-12

Damit ist

$$a = \langle t\rangle^0 \cdot 6 + \langle t\rangle \cdot \left(-\tfrac{3}{4} - 0\right) + \langle t - 8\rangle \cdot \left[0 - \left(-\tfrac{3}{4}\right)\right]$$

$$+ \langle t - 12\rangle^0 \cdot (-5 - 0) + \langle t - 12\rangle \cdot \left(-\tfrac{1}{2} - 0\right)$$

$$a = \langle t\rangle^0 \cdot 6 - \langle t\rangle \cdot \tfrac{3}{4} + \langle t - 8\rangle \cdot \tfrac{3}{4} - \langle t - 12\rangle^0 \cdot 5 - \langle t - 12\rangle \tfrac{1}{2}$$

$$v = \int a \cdot \mathrm{d}t = t \cdot 6 - t^2 \cdot \tfrac{3}{8} + \langle t - 8\rangle^2 \cdot \tfrac{3}{8} - \langle t - 12\rangle\, 5 - \langle t - 12\rangle^2 \cdot \tfrac{1}{4} \qquad (1)$$

$$s = \int v \cdot \mathrm{d}t = t^2 \cdot 3 - t^3 \cdot \tfrac{1}{8} + \langle t - 8\rangle^3 \cdot \tfrac{1}{8}$$
$$- \langle t - 12\rangle^2 \cdot \tfrac{5}{2} - \langle t - 12\rangle^3 \cdot \tfrac{1}{12}\,. \qquad (2)$$

Die Gleichungen (1) und (2) stellen die Abhängigkeiten der Geschwindigkeit und der Lage von der Zeit dar. Sie sind in der Abbildung 2-12 dargestellt. Die Auswertung für $t = 10{,}0$ s ergibt

$$\boldsymbol{a_{10}} = 1 \cdot 6 - 10 \cdot \tfrac{3}{4} + (10 - 8) \cdot \tfrac{3}{4} = \mathbf{0}$$

$$v_{10} = 10 \cdot 6 - 10^2 \cdot \tfrac{3}{8} + 2^2 \cdot \tfrac{3}{8} - 0 = \mathbf{24{,}0\ m/s}$$

$$s_{10} = 10^2 \cdot 3 - 10^3 \cdot \tfrac{1}{8} + 2^3 \cdot \tfrac{1}{8} - 0 = \mathbf{176\ m}\,.$$

Für t = 14,0 s erhält man

$$a_{14} = 1 \cdot 6 - 14 \cdot \frac{3}{4} + 6 \cdot \frac{3}{4} - 1 \cdot 5 - 2 \cdot \frac{1}{2} = \mathbf{-6{,}0\ m/s^2}$$

$$v_{14} = 14 \cdot 6 - 14^2 \cdot \frac{3}{8} + 6^2 \cdot \frac{3}{8} - 2 \cdot 5 - 2^2 \cdot \frac{1}{4} = \mathbf{13{,}0\ m/s}$$

$$s_{14} = 14^2 \cdot 3 - 14^3 \cdot \frac{1}{8} + 6^3 \cdot \frac{1}{8} - 2^2 \cdot \frac{5}{2} - 2^3 \cdot \frac{1}{12} = 261{,}3\ \mathrm{m}$$

Beispiel 3

Der v-t-Zusammenhang einer harmonischen Schwingung (s. Kapitel 9) sei durch folgende Gleichung gegeben

$$v = A \cdot \omega \cdot \cos(\omega t)\,.$$

Man kann sich den Vorgang dabei folgendermaßen vorstellen: ein Zeiger der Länge A rotiert mit der Winkelgeschwindigkeit ω. Die Spitze des Zeigers beschreibt in der Projektion den Bewegungsablauf. Für A = 0,12 m und $\omega = 9{,}0\ \mathrm{s}^{-1}$ sind Lage und Bewegungszustand für t = 0,15 s; 0,30 s; 0,45 s; 0,60 s zu bestimmen, wobei $s = 0$ für $t = 0$ gelten soll.

Lösung

Die Ableitung der v-t-Funktion liefert die Beschleunigung

$$a = \frac{dv}{dt} = -A \cdot \omega^2 \cdot \sin(\omega t)\,.$$

Aus der Integration erhält man

$$s = \int v \cdot dt = A \cdot \sin(\omega t)\,.$$

Mit den vorgegebenen Zahlenwerten gibt das

$$s = 0{,}12\ \mathrm{m} \cdot \sin(\omega t)$$
$$v = 1{,}08\ \mathrm{m/s} \cdot \cos(\omega t)$$
$$a = -9{,}72\ \mathrm{m/s^2} \cdot \sin(\omega t)\,.$$

Diese Gleichungen werden tabellarisch ausgewertet.

$\frac{t}{\mathrm{s}}$	0,15	0,30	0,45	0,60
$\frac{\omega \cdot t}{\mathrm{rad}}$	1,35	2,70	4,05	5,40
$\frac{s}{\mathrm{m}}$	+ 0,117	+ 0,051	− 0,095	− 0,093
$\frac{v}{\mathrm{m/s}}$	+ 0,237	− 0,976	− 0,664	+ 0,685
$\frac{a}{\mathrm{m/s^2}}$	− 9,48	− 4,15	+ 7,66	+ 7,51

Wo die Vorzeichen von v und a gleich sind, handelt es sich um beschleunigte, wo sie ungleich sind um verzögerte Bewegung. Aus dem Vorzeichen von a alleine ist eine Aussage über Beschleunigung, bzw. Verzögerung nicht möglich. Wo die Vorzeichen von s und v gleich sind, erfolgt die Bewegung vom 0-Punkt weg, wo sie ungleich sind, zum 0-Punkt hin. Das Vorzeichen von s gibt dabei die Lage des Punktes an. Die obigen Aussagen kann man sich an der graphischen Darstellung Abb. 2-13 klar machen. Das ergibt

$t = 0{,}15$ s	P befindet sich über dem 0-Punkt und entfernt sich verzögert von diesem.
$t = 0{,}30$ s	P befindet sich über dem 0-Punkt und bewegt sich beschleunigt auf diesen zu.
$t = 0{,}45$ s	P befindet sich unter dem 0-Punkt und entfernt sich verzögert von diesem.
$t = 0{,}60$ s	P befindet sich unter dem 0-Punkt und bewegt sich beschleunigt auf diesen zu.

Dabei gelten die errechneten Werte. Aus den Diagrammen und Gleichungen kann man erkennen: $A = 0{,}12$ m ist die maximale Entfernung vom 0-Punkt (Amplitude), $A \cdot \omega = 1{,}08$ m/s ist die maximale Geschwindigkeit des Schwingers im 0-Durchgang, $A \cdot \omega^2 = 9{,}72$ m/s^2 ist die maximale Beschleunigung in den Totlagen, die immer zum Nullpunkt gerichtet ist.

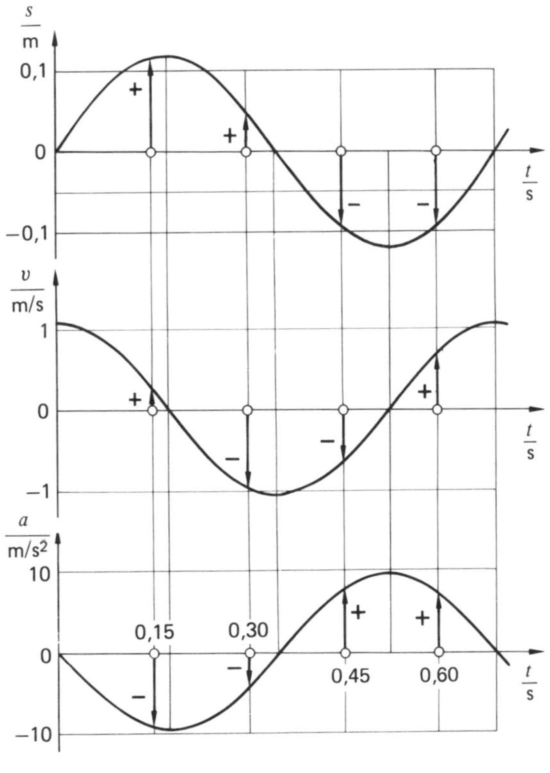

Abb. 2-13

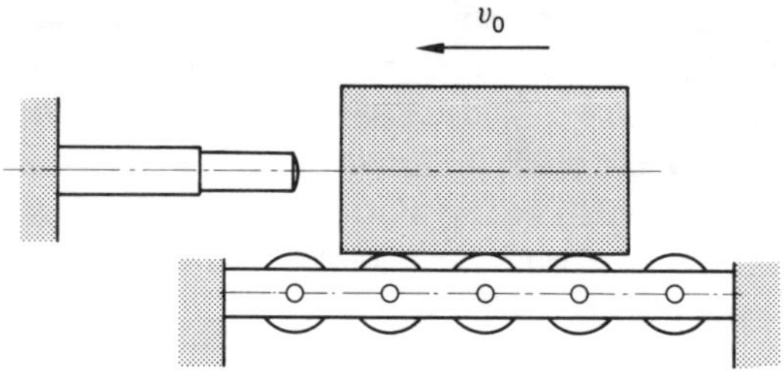

Abb. 2-14

Beispiel 4 (Abb. 2-14)

Eine frei und weitgehend reibungsfrei rollende Masse wird von einem Ölstoßdämpfer aufgefangen und bis zum Stillstand abgebremst. Für einen solchen Stoßdämpfer ist die Kraft etwa proportional zur Geschwindigkeit. Daraus folgt eine gleiche Abhängigkeit zwischen Beschleunigung (Verzögerung) und Geschwindigkeit. Es sind für diesen Vorgang die Bewegungsgleichungen aufzustellen. Diese sollen für eine Aufprallgeschwindigkeit von 0,50 m/s und einen Bremsweg von 400 mm ausgewertet und in Diagrammen dargestellt werden.

Lösung

Es handelt sich um den Fall 6

$$a \sim -v \quad \Rightarrow \quad a = -k \cdot v \tag{1}$$

der mit dem Ansatz

$$a = \frac{dv}{dt} = -k \cdot v$$

gelöst wird. Das führt zu

$$dt = -\frac{1}{k} \cdot \frac{dv}{v}$$

$$t = -\frac{1}{k} \int \frac{dv}{v} = -\frac{1}{k} \cdot \ln v + C .$$

Die Anfangsbedingungen sind $v = v_0$ für $t = 0$

$$0 = -\frac{1}{k} \cdot \ln v_0 + C \Rightarrow C = \frac{1}{k} \cdot \ln v_0 .$$

Damit ist

$$t = -\frac{1}{k} \cdot \ln v + \frac{1}{k} \cdot \ln v_0$$

was auf

$$t = \frac{1}{k} \cdot \ln \frac{v_0}{v}$$

führt. Aus dieser Gleichung erkennt man, daß $v = 0$ auf $t = \infty$ führt. Nach diesem Gesetz kann ein Abbremsen bis zum Stillstand nicht erfolgen. Die überlagerte

COULOMBsche Reibung überwiegt bei kleinen Geschwindigkeiten und setzt das System zur Ruhe. Die obige Gleichung wird nach v aufgelöst.

$$v = v_0 \cdot \mathrm{e}^{-k \cdot t} . \tag{2}$$

Die Integration führt auf

$$s = \int v \cdot \mathrm{d}t = v_0 \cdot \int e^{-k \cdot t} \cdot \mathrm{d}t$$

$$s = -\frac{v_0}{k} \cdot e^{-k \cdot t} + C .$$

Aus den Anfangsbedingungen wird C bestimmt

$$s = 0 \text{ für } t = 0: \quad 0 = -\frac{v_0}{k} \cdot 1 + C \quad \Rightarrow \quad C = \frac{v_0}{k} .$$

Damit ist

$$s = \frac{v_0}{k} \cdot (1 - \mathrm{e}^{-k \cdot t}) . \tag{3}$$

Für $t = \infty$ ist $s = s_{max} = v_0/k$. Aus der Ableitung der Gleichung (2) erhält man

$$a = \frac{\mathrm{d}v}{\mathrm{d}t} = -k \cdot v_0 \cdot \mathrm{e}^{-k \cdot t} . \tag{4}$$

Zur Bestimmung der Funktionen $a = f(s)$ und $v = f(s)$ muß aus den obigen Gleichungen die Zeit t eliminiert werden. Am einfachsten ist es, von (2) auszugehen und

$$e^{-k \cdot t} = \frac{v}{v_0}$$

in (3) einzusetzen

$$s = \frac{v_0}{k} \left(1 - \frac{v}{v_0}\right) .$$

Die Auflösung nach v liefert

$$v = v_0 - k \cdot s . \tag{5}$$

Die Geschwindigkeit ändert sich linear mit der Eindringtiefe. Der Ansatz (1) ergibt mit dieser Gleichung

$$a = -k \cdot v_0 + k^2 \cdot s = k \cdot (k \cdot s - v_0) . \tag{6}$$

Auch diese Beziehung stellt einen linearen Zusammenhang zwischen Beschleunigung und Weg dar. Für $s = 0$ ist $a = a_{max} = a_0 = -k \cdot v_0$, was auch aus (4) folgt.

Grundsätzlich könnte man diese Aufgabe mit dem Ansatz

$$a \cdot \mathrm{d}s = v \cdot \mathrm{d}v$$

lösen, der unmittelbar auf die Gleichung (5) führt. Von

$$v = \frac{\mathrm{d}s}{\mathrm{d}t}$$

ausgehend erhält man dann die anderen Beziehungen. Dieser Lösungsweg sei dem Leser als Übungsaufgabe empfohlen.

Für die Auswertung der Gleichungen mit den gegebenen Werten muß zunächst die Konstante k bestimmt werden. Das kann mit der Gleichung (5) geschehen.

Für $v = 0$ ist $s = s_{max} = 0{,}40$ m

$$k = \frac{v_0 - v}{s} = \frac{0{,}50 \text{ m/s} - 0}{0{,}40 \text{ m}}$$

$$k = 1{,}25 \text{ s}^{-1} .$$

Die einzelnen Abhängigkeiten lauten jetzt

aus (3) $s = 0{,}40 \text{ m} \cdot (1 - e^{-1{,}25 \text{s}^{-1} \cdot t})$

aus (2) $v = 0{,}50 \text{ m/s} \cdot e^{-1{,}25 \text{s}^{-1} \cdot t}$

aus (4) $a = - 0{,}625 \text{ m/s}^2 \cdot e^{-1{,}25 \text{s}^{-1} \cdot t}$

aus (5) $v = 0{,}50 \text{ m/s} - 1{,}25 \text{ s}^{-1} \cdot s$

aus (6) $a = 1{,}25^2 \text{ s}^{-2} \cdot s - 0{,}625 \text{ m/s}^2$

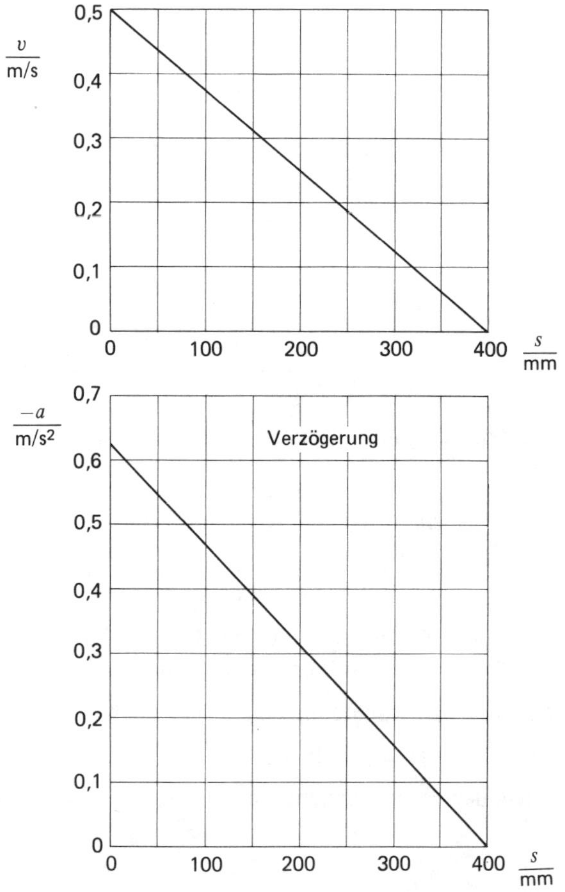

Abb. 2-15

Der Vorgang setzt mit der maximalem Verzögerung von 0,625 m/s^2 ein ($s = 0$ bzw. $t = 0$). Die zu Beginn wirkende Kraft kann man aus dem NEWTONschen Gesetz berechnen.

Die einzelnen Funktionen sind in der Abb. 2-15 dargestellt. Man erkennt, daß der Vorgang ca. 3 bis 4 Sekunden dauert.

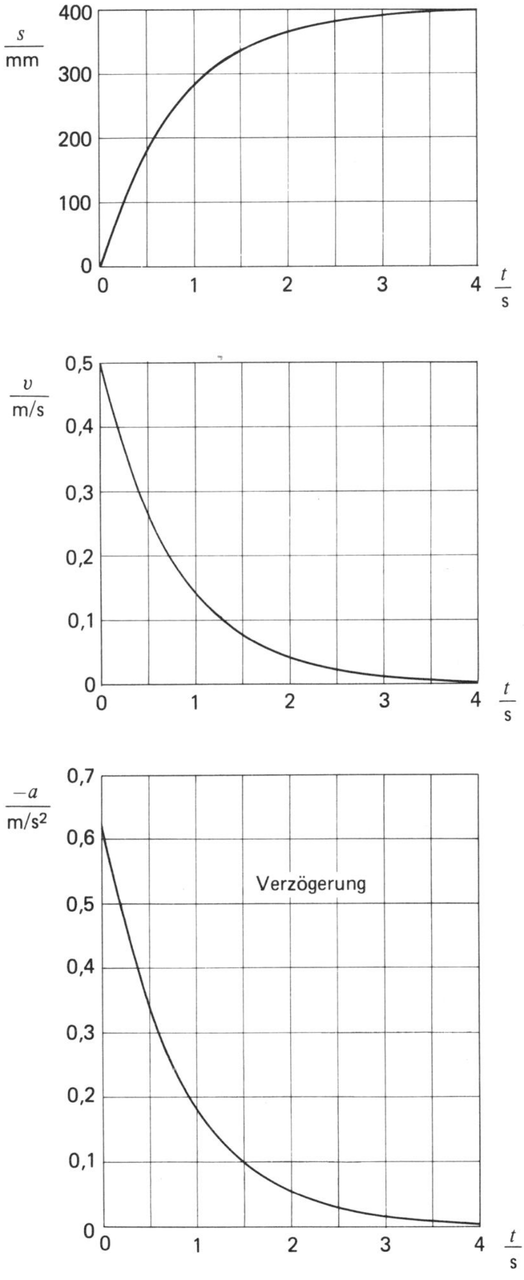

Abb. 2-15

Zusätzliche Beispiele sind in den nachfolgenden Kapiteln des Buches eingebaut, so für den Fall 5 im Abschnitt 7.2.3 (Beispiel „Schlagpendel") und für den Fall 6 im Abschnitt 4.2 (Beispiel „Abschaltung eines Gebläses").

2.4.2 Graphische Verfahren

Für die Auswertung von Messungen, bzw. wenn analytische Methoden nicht durchführbar sind, ist es notwendig, auf graphische Verfahren überzugehen. Es werden für die wichtigsten Fälle die Lösungswege bzw. Ansätze gegeben. Sie entsprechen den analytischen Methoden (voriger Abschnitt).

1. Die Beschleunigung ist in Abhängigkeit von der Zeit gegeben,

   $$a = f(t).$$

   Zweifache graphische Integration gibt die Geschwindigkeits- bzw. Ortskurve.

2. Die Geschwindigkeit ist in Abhängigkeit von der Zeit gegeben,

   $$v = f(t).$$

   Graphische Integration liefert die s-t-Kurve, die Differentiation ergibt das a-t-Diagramm.

3. Die Lage des Punktes ist in Abhängigkeit von der Zeit gegeben,

   $$s = f(t).$$

   Durch zweifache Differentiation erhält man v-t- und a-t-Diagramme.

4. Die Geschwindigkeit ist in Abhängigkeit von der Ortskoordinate gegeben,

   $$v = f(s).$$

   Das v-s-Diagramm wird in Streifen Δs eingeteilt. Für die kleinen Werte Δs kann die Geschwindigkeit konstant angenommen werden (mittlere Geschwindigkeit v_m). Aus

   $$v_m = \frac{\Delta s}{\Delta t}\,, \text{ erhält man } \Delta t = \frac{\Delta s}{v_m}\,,$$

   die Zeit für jeweils einen Abschnitt Δs. Die Addition der einzelnen Zeitdifferenzen ergibt die Gesamtzeit und damit die s-t-Kurve (Fall 3).

5. Die Beschleunigung ist in Abhängigkeit von der Ortskoordinate gegeben,

   $$a = f(s).$$

   Hier geht man von der Gleichung 2-8 aus,

   $$\int_{v_0}^{v} v \cdot \mathrm{d}v = \int a \cdot \mathrm{d}s, \quad \frac{1}{2}\,(v^2 - v_0^2) = \int a \cdot \mathrm{d}s, \quad v^2 = 2 \int a \cdot \mathrm{d}s + v_0^2\,.$$

Das Integral kann als Fläche unter dem a-s-Diagramm gedeutet werden. Dieses wird deshalb in Streifen Δs eingeteilt, für die mit genügend großer Genauigkeit eine mittlere Beschleunigung a_m eingeführt werden kann. Es gilt dann

$$v = \sqrt{2 \cdot \Sigma\,(a_m \cdot \Delta s) + v_0^2}\,.$$

Wertet man diese Gleichung für die verschiedenen Streckenabschnitte aus, dann erhält man die v-s-Kurve. Das entspricht dann dem Fall 4.

6. Die Beschleunigung ist in Abhängigkeit von der Geschwindigkeit gegeben

$$a = f(v).$$

Genau wie bei den analytischen Verfahren bieten sich zwei Lösungswege an.

Aus $a = \frac{\mathrm{d}v}{\mathrm{d}t}$ wird $a = \frac{\Delta v}{\Delta t}$

und damit

$$\Delta t = \frac{\Delta v}{a}.$$

Für die Auswertung wird das Ausgangsdiagramm $a = f(v)$ in Abschnitte Δv eingeteilt. Mit der obigen Gleichung werden die Zeitintervalle für diese ermittelt. Die Aufsummierung ergibt die Zeit und damit die $v(t)$ bzw. $a(t)$-Abhängigkeit. Ein Beispiel dafür ist im Abschnitt 7.2.2 gegeben.

Der zweite Weg geht von Gleichung 2-8 aus.

$$a \cdot \mathrm{d}s = v \cdot \mathrm{d}v,$$

$$s = \int \frac{v}{a} \cdot dv.$$

Für die Auswertung ist es zweckmäßig, das Ausgangsdiagramm $a = f(v)$ in ein Diagramm $\frac{v}{a} = f(v)$ umzuzeichnen (zugeordnete Werte v und a werden dividiert und über v aufgetragen).

Es werden Streifen Δv eingezeichnet und die Flächen ermittelt. Man erhält aus

$$s = \sum \frac{v}{a} \cdot \Delta v,$$

die Ort-Geschwindigkeitskurve und damit den Fall 4.

Beispiel 1

Mit einem Wagen wird auf einer Teststrecke ein Beschleunigungsversuch durchgeführt. Der Wagen durchläuft eine Reihe von Lichtschranken die bei der Durchfahrt elektrische Stoppuhren betätigen. Es ergeben sich folgende Meßwerte.

$s = 0$	5	10	20	50	80	120	160	200	250	m
$t = 0$	1,45	2,10	3,14	5,22	6,88	8,79	10,45	12,00	13,82	s

Es sind die Geschwindigkeits- und Beschleunigungskurven zu zeichnen. Wie lange braucht der Wagen, um auf 100 km/h zu beschleunigen? Wie hoch ist die maximale Beschleunigung?

Lösung (Abb. 2-16)

Die gegebenen Werte werden im s-t-Diagramm aufgetragen. Die graphische Differentiation liefert die v-t- und a-t-Diagramme. Die Geschwindigkeit 100 km/h = 27,8 m/s wurde nach 13,4 s erreicht. Die maximale Beschleunigung erfolgt beim Anfahren. Sie beträgt $\approx 4{,}3$ m/s^2.

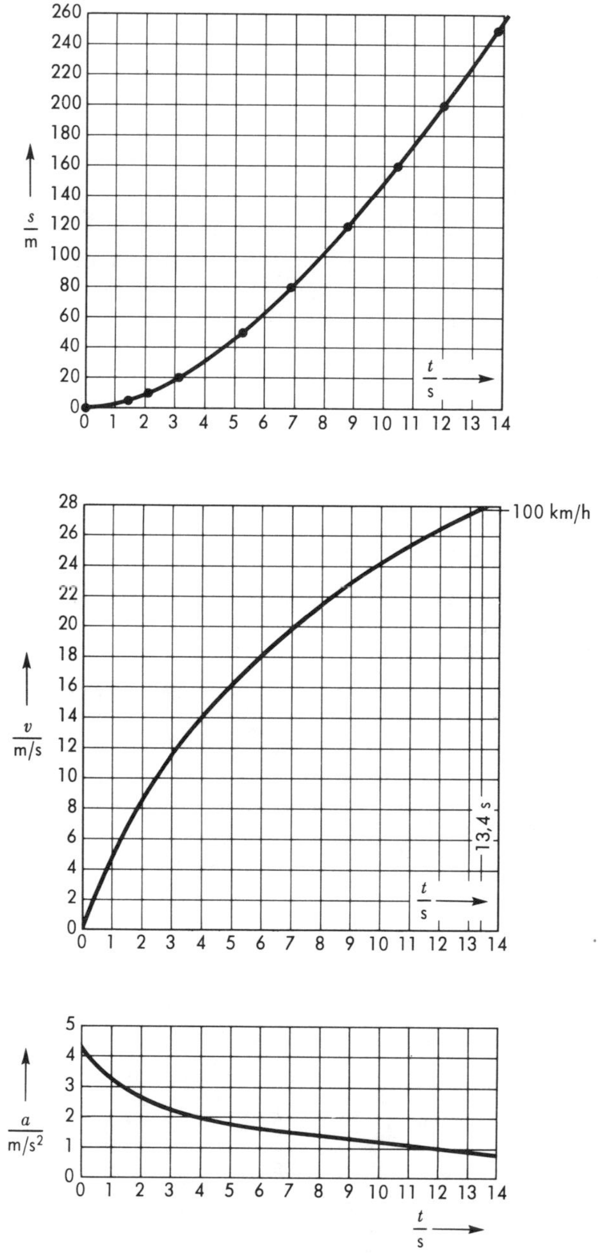

Abb. 2-16

Beispiel 2

Ein Abschlußorgan in einer Rohrleitung soll zur Einhaltung eines Regelvorganges zunächst schnell und dann langsamer schließen. Nachfolgend ist die Schließgeschwindigkeit in Abhängigkeit vom Schließweg angegeben, wobei auf einer Vorlaufstrecke vor Beginn des Schließvorganges das System auf 1,0 m/s beschleunigt wird.

$s = 0$	0,10	0,20	0,30	0,40	0,50 m
$v = 1{,}0$	0,72	0,50	0,30	0,14	0,01 m/s

Zu zeichnen sind Ortskoordinate, Geschwindigkeit und Beschleunigung in Abhängigkeit von der Zeit. Die Schließzeit ist zu bestimmen.

Lösung (Abb. 2-17)

Die gegebenen Werte werden im v-s-Diagramm aufgetragen. Für kleine Streckenabschnitte Δs kann in erster Näherung die Geschwindigkeit als konstant angenommen werden, d.h.

$$v = \frac{\mathrm{d}s}{\mathrm{d}t} \qquad \text{bzw.} \qquad \mathrm{d}t = \frac{\mathrm{d}s}{v}$$

und für Differenzen

$$\Delta t = \frac{\Delta s}{v_\mathrm{m}} \ .$$

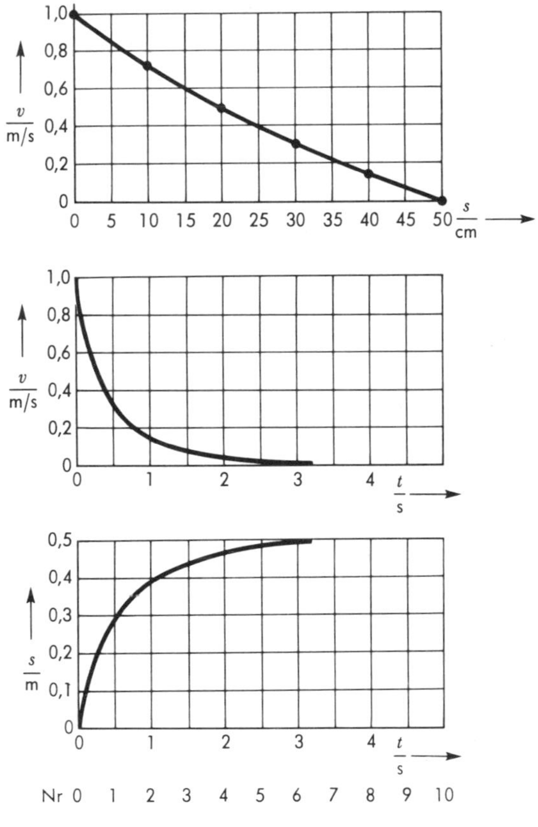

Abb. 2-17

Es werden Streckenabschnitte $\Delta s = 5$ cm gewählt. Die Rechnung wird zweckmäßig tabellarisch durchgeführt. Dazu werden die einzelnen Abschnitte numeriert (siehe Diagramm). Die mittlere Geschwindigkeit gilt immer für den durchlaufenen Streckenabschnitt.

Nr.	$\frac{v_m}{m/s}$	$\frac{\Delta t}{s}$	$\frac{t = \Sigma \Delta t}{s}$	$\frac{s}{m}$	$\frac{v}{m/s}$
1	0,92	0,054	0,054	0,05	0,85
2	0,78	0,064	0,118	0,10	0,72
3	0,65	0,077	0,195	0,15	0,60
4	0,55	0,091	0,286	0,20	0,50
5	0,45	0,111	0,397	0,25	0,40
6	0,35	0,143	0,540	0,30	0,30
7	0,26	0,192	0,732	0,35	0,22
8	0,18	0,278	1,01	0,40	0,14
9	0,10	0,50	1,51	0,45	0,07
10	0,03	1,67	3,18	0,50	0,01

In den letzten 3 Spalten stehen zugeordnete Werte von t, s, v. Die v-t- und s-t-Diagramme können damit gezeichnet werden. Die Schließzeit beträgt $\approx 3{,}2$ s. Schon nach 1 s beträgt die Geschwindigkeit nur noch etwa 1/7 des Ausgangswertes, und in dieser Zeit wird etwa 80% des Weges zurückgelegt (s. Diagramm). Schließvorgänge dieser Art werden in großen Leitungen durchgeführt, um Druckstöße beim Schließen zu vermeiden.

Ein Beispiel für den Fall 6 ist im Abschnitt 7.2.2 gegeben (Anfahren einer Kreiselpumpe).

2.5 Zusammenfassung

Die momentane Geschwindigkeit eines ungleichmäßig bewegten Punktes ist

$$v = \frac{ds}{dt} = \dot{s}. \qquad \text{Gl. 2-1}$$

Die v-t-Kurve stellt die Ableitung der s-t-Kurve dar. Graphisch erhält man die momentane Geschwindigkeit durch die Konstruktion der Tangente an der Ort-Zeit-Kurve. Die Umkehrung von Gleichung 2-1 ist

$$s = \int v \cdot dt. \qquad \text{Gl. 2-3}$$

Aus dem v-t-Diagramm ergibt sich durch Integration das s-t-Diagramm. Die zur Zeit $t = 0$ gegebene Lage s_0 muß bekannt oder bestimmbar sein (Integrationskonstante).

Die im Zeitintervall Δt vom v-t-Diagramm eingeschlossene Fläche entspricht der Verlagerung Δs des Punktes im gleichen Zeitabschnitt.

Die momentane Beschleunigung eines ungleichmäßig bewegten Punktes ist

$$a = \frac{dv}{dt} = \dot{v} = \ddot{s}\,. \qquad \text{Gl. 2-2}$$

Aus dieser Gleichung ergibt sich

$$v = \int a \cdot dt\,. \qquad \text{Gl. 2-4}$$

Die im Zeitintervall Δt vom a-t-Diagramm eingeschlossene Fläche entspricht der Geschwindigkeitsänderung im gleichen Zeitabschnitt.
Die Vorzeichen geben Auskunft über den Wirkungssinn der Größen s, v, a.

	Bedeutung des Vorzeichens	
s	Lage	gleichgerichtet → Bewegung vom Nullpunkt entgegengesetzt → Bewegung zum Nullpunkt
v	Bewegungsrichtung	
a	Beschleunigung oder Verzögerung	gleichgerichtet → beschleunigt entgegengesetzt → verzögert

Für Bewegung mit konstanter Geschwindigkeit erhält man aus Gleichung 2-3

$$s = v \cdot t + s_0\,, \qquad \text{Gl. 2-5}$$

wobei s_0 die Ortskoordinate zur Zeit $t = 0$ ist.
Die Bedingung konstante Beschleunigung ergibt

$$v = a \cdot t + v_0\,, \qquad \text{Gl. 2-6}$$

$$s = \frac{a}{2} \cdot t^2 + v_0 \cdot t + s_0\,. \qquad \text{Gl. 2-7}$$

v_0 ist die z.Z. $t = 0$ bereits erreichte Geschwindigkeit.
Für viele Aufgaben, in denen die Zeit nicht gegeben, bzw. nicht gefragt ist, empfiehlt sich der Ansatz

$$v \cdot dv = a \cdot ds\,, \qquad \text{Gl. 2-8}$$

der aus den Gleichungen 2-1/2 folgt. Nach der Integration erhält man die Geschwindigkeit für eine vorgegebene Ortskoordinate

$$v = \sqrt{2a \cdot (s - s_0) + v_0^2}\,. \qquad \text{Gl. 2-9}$$

Für die verschiedenen Aufgabenstellungen bei ungleichförmig beschleunigter Bewegung werden im Abschnitt 2.4 die Ansätze gegeben. Hier sei auch besonders auf die graphischen Lösungsmöglichkeiten hingewiesen.

3. Die krummlinige Bewegung des Punktes

3.1 Ortsvektor, Geschwindigkeit und Beschleunigung im Kartesischen Koordinatensystem

Ein Punkt bewegt sich auf einer gekrümmten Bahn nach Abb. 3-1. Seine jeweilige Lage wird mit dem vom frei gewählten Punkt 0 aus gezogenen Vektor $\vec{s}$ angegeben. Zur Zeit t befindet er sich in P und wandert während des Zeitintervalls Δt nach P_1. P_1 kann von P aus mit dem Vektor $\Delta\vec{s}$ angegeben werden. Die neue Lage P_1 kann von 0 aus mit dem Vektor $\vec{s}_1$ festgelegt werden.

Es gilt demnach

$$\vec{s}_1 = \vec{s} + \Delta\vec{s}\,. \qquad \text{Gl. 3-1}$$

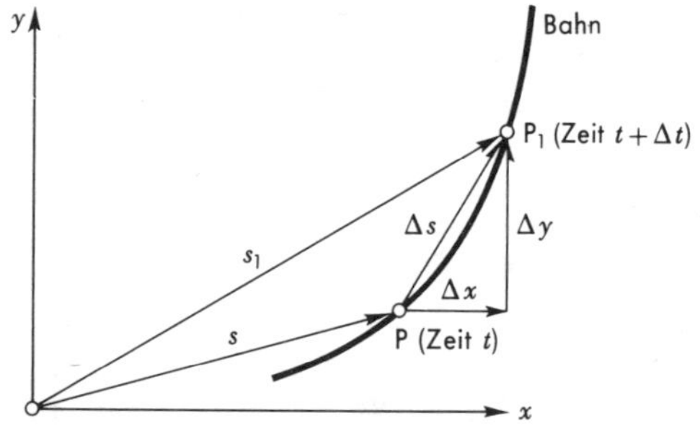

Abb. 3-1

Nur für beliebig kleine Zeitintervalle $\Delta t \to 0$ wird $\Delta s \to ds$ identisch mit der Bahnkurve. Nach Einführung eines Kartesischen Koordinatensystems wird der Vektor $\Delta\vec{s}$ in die Komponenten Δx und Δy zerlegt,

$$\Delta\vec{s} = \Delta\vec{x} + \Delta\vec{y}\,.$$

Die Division durch Δt liefert die mittleren Geschwindigkeiten

$$\frac{\Delta\vec{s}}{\Delta t} = \frac{\Delta\vec{x}}{\Delta t} + \frac{\Delta\vec{y}}{\Delta t}\,,$$

$$\vec{v}_m = \vec{v}_{xm} + \vec{v}_{ym}\,.$$

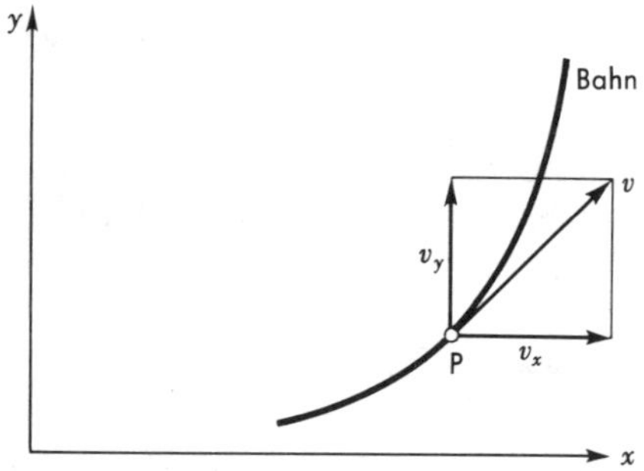

Abb. 3-2

Für den Grenzübergang $\Delta t \to 0$ kann man schreiben

$$\lim_{\Delta t \to 0} \frac{\Delta\vec{s}}{\Delta t} = \vec{v}\,; \qquad \lim_{\Delta t \to 0} \frac{\Delta\vec{x}}{\Delta t} = \vec{v}_x\,; \qquad \lim_{\Delta t \to 0} \frac{\Delta\vec{y}}{\Delta t} = \vec{v}_y\,;$$

$$\vec{v} = \vec{v}_x + \vec{v}_y\,. \qquad \text{Gl. 3-2}$$

Geschwindigkeiten können vektoriell addiert und zerlegt werden.

Für $\Delta t \to 0$ nähert sich der Punkt P_1 dem Punkt P bis beim Grenzübergang aus der Sekante $\Delta\vec{s}$ die Tangente an der Bahnkurve wird (Abb. 3-2). Daraus folgt:

Der Geschwindigkeitsvektor tangiert immer die Bahnkurve.

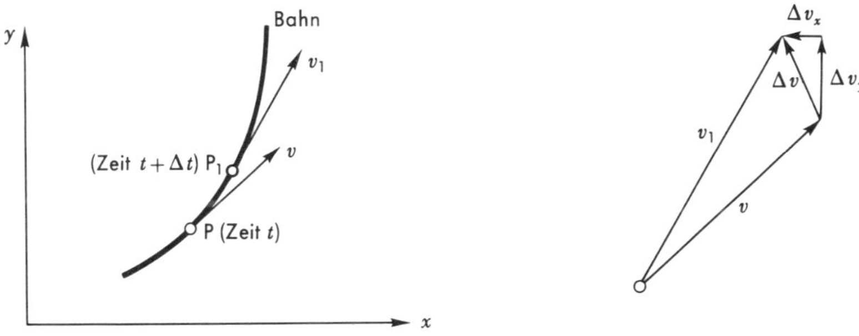

Abb. 3-3

In Abb. 3-3 sind die Geschwindigkeitsvektoren für die Zeitpunkte t und $t + \Delta t$ eingezeichnet.

Der Punkt hat im allgemeinen Fall während des Zeitintervalls Δt seine Geschwindigkeit nach Betrag und Richtung geändert.

$$\vec{v}_1 = \vec{v} + \Delta\vec{v} \; ,$$

wobei Δv in die x- und y-Komponente zerlegt werden kann,

$$\Delta\vec{v} = \Delta\vec{v}_x + \Delta\vec{v}_y \; .$$

Daraus folgt

$$\frac{\Delta\vec{v}}{\Delta t} = \frac{\Delta\vec{v}_x}{\Delta t} + \frac{\Delta\vec{v}_y}{\Delta t}$$

und mit $\lim\limits_{\Delta t \to 0} \dfrac{\Delta v}{\Delta t} = a$,

$$\vec{a} = \vec{a}_x + \vec{a}_y \; . \qquad \text{Gl. 3-3}$$

Beschleunigungen können vektoriell addiert und zerlegt werden.

Der Beschleunigungsvektor liegt im allgemeinen Fall nicht tangential an der Bahnkurve (Abb. 3-4). Dies kann man sich besonders für den Fall konstanter Bahngeschwindigkeit klarmachen. Hier bleibt die absolute Länge des Vektors $\vec{v}$ konstant. Wegen der Richtungsänderung von $\vec{v}$ muß in diesem Fall Δv und damit $\vec{a}$ die Bahntangente unter 90° schneiden. Wie aus der Richtung der Vektoren $\Delta\vec{v}_x$ und $\Delta\vec{v}_y$ ersichtlich,

liegt der Vektor $\vec{a}$ auf der Innenseite der Bahnkurve (siehe Abb. 3-15).

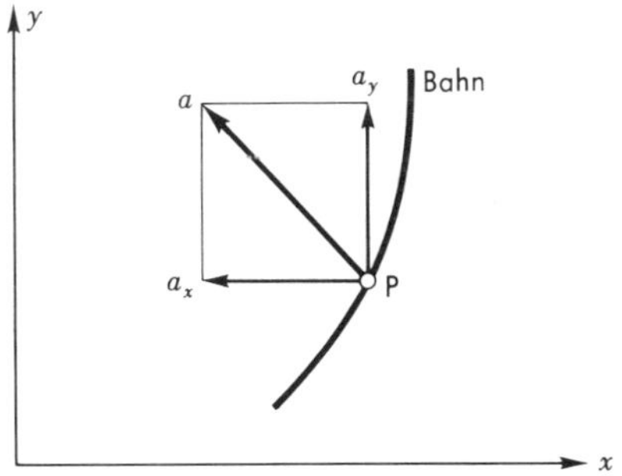

Abb. 3-4

3.2 Ortsvektor, Geschwindigkeit und Beschleunigung in Polarkoordinaten

Für viele Aufgaben ist es zweckmäßig, in Polarkoordinaten zu rechnen. Aus diesem Grund sollen die Geschwindigkeiten und Beschleunigungen in die radiale und in die Umfangskomponente zerlegt werden.
Die Abb. 3-5 zeigt eine Bahn, auf der sich der Punkt P von P nach P_1 im Zeitintervall Δt bewegt. Die Verlagerung Δs kann vektoriell aus den Anteilen $\Delta s_r = \Delta r$ und $\Delta s_\varphi = r \cdot \Delta\varphi$ zusammengesetzt werden. Die radiale Geschwindigkeit beträgt

$$v_r = \lim_{\Delta t \to 0} \frac{\Delta r}{\Delta t} = \frac{dr}{dt} = \dot{r}, \qquad \text{Gl. 3-4}$$

und die Umfangsgeschwindigkeit

$$v_\varphi = \lim_{\Delta t \to 0} \frac{r \cdot \Delta\varphi}{\Delta t} = r \cdot \frac{d\varphi}{dt}.$$

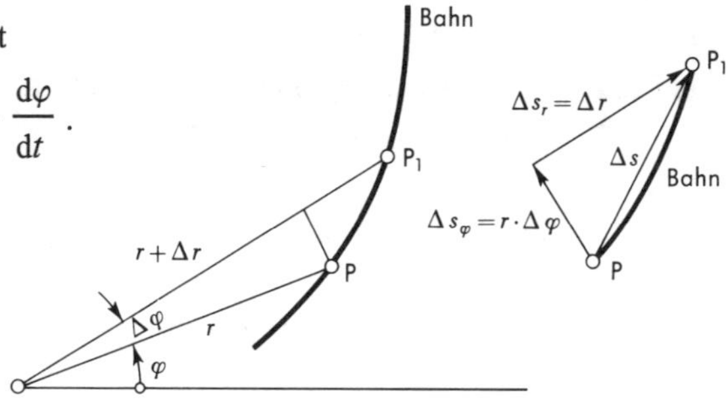

Abb. 3-5

Die zeitliche Änderung des Winkels $\frac{d\varphi}{dt} = \dot{\varphi}$ definiert man analog zur Geschwindigkeit als Winkelgeschwindigkeit und bezeichnet sie mit ω. Die Dimension von ω ist Zeit^{-1}, die Einheit meistens s^{-1}. Somit ist

$$v_\varphi = r \cdot \frac{d\varphi}{dt} = r \cdot \dot{\varphi} = r \cdot \omega. \qquad \text{Gl. 3-5}$$

Der Vektor $\vec{v} = \vec{v}_r + \vec{v}_\varphi$

tangiert immer die Bahnkurve.

Die Zerlegung der Beschleunigung in radiale und Umfangsrichtung bedarf einer genaueren Untersuchung. Während des Zeitintervalls Δt hat sich der Punkt von P nach P_1 bewegt (Abb. 3-6). Der Winkel φ, die Länge des Polstrahls r und die Geschwindigkeit v haben sich dabei um $\Delta\varphi$; Δr und Δv geändert.

Die Vektoren $\vec{v}$ und $\vec{v}_1$ werden in die Komponenten $\vec{v}_r$ und $\vec{v}_\varphi$ zerlegt und aneinander gelegt gezeichnet (Abb. 3-6b). Die Änderung der Radialgeschwindigkeit setzt sich aus der Längenänderung des Vektors $\vec{v}_r$ und der Richtungsänderung des Vektors $\vec{v}_\varphi$ zusammen. Diese Anteile sind in der Abb. 3-6b durch eine rechteckige Umrahmung gekennzeichnet. Die Änderung beträgt demnach $\Delta v_r - v_\varphi \cdot \Delta\varphi$. Daraus folgt für die *Radialbeschleunigung*

$$a_r = \lim_{\Delta t \to 0} \frac{\Delta v_r}{\Delta t} - \lim_{\Delta t \to 0} v_\varphi \cdot \frac{\Delta\varphi}{\Delta t}, \qquad a_r = \frac{dv_r}{dt} - v_\varphi \cdot \frac{d\varphi}{dt}.$$

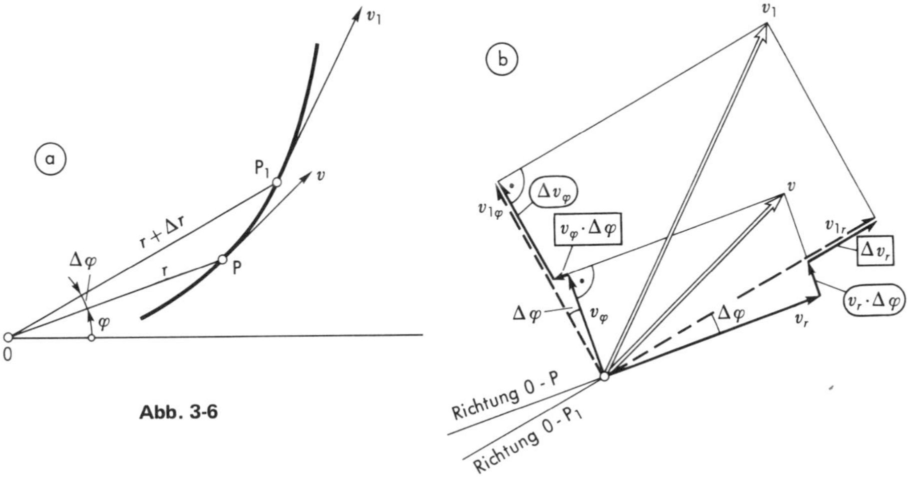

Abb. 3-6

Mit den Gleichungen 3-4/5 ist

$$a_r = \ddot{r} - r \cdot \dot{\varphi}^2$$

$$a_r = \ddot{r} - r \cdot \omega^2 \,. \qquad \text{Gl. 3-6}$$

Die Änderung der Umfangsgeschwindigkeit setzt sich aus der Längenänderung des Vektors $\vec{v}_\varphi$ und der Richtungsänderung des Vektors $\vec{v}_r$ zusammen. Die Größen sind in der Abb. 3-6 mit einem ovalen Rahmen gekennzeichnet. Sie beträgt $\Delta v_\varphi + v_r \cdot \Delta\varphi$. Die *Umfangsbeschleunigung* ist deshalb

$$a_\varphi = \lim_{\Delta t \to 0} \frac{\Delta v_\varphi}{\Delta t} + \lim_{\Delta t \to 0} v_r \cdot \frac{\Delta\varphi}{\Delta t} \,,$$

$$a_\varphi = \frac{dv_\varphi}{dt} + v_r \cdot \frac{d\varphi}{dt} \,.$$

Nach der Gleichung 3-5 ist (Produktenregel)

$$\frac{dv_\varphi}{dt} = \dot{r} \cdot \dot{\varphi} + r \cdot \ddot{\varphi} \,.$$

Analog zur Beziehung $\ddot{s} = a$ wird als Winkelbeschleunigung

$$\ddot{\varphi} = \dot{\omega} = \alpha$$

definiert. Die Dimension ist Zeit^{-2}, die Einheit meistens s^{-2}. Damit ist (vergleiche auch Gleichung 3-4)

$$a_\varphi = v_r \cdot \dot{\varphi} + r \cdot \ddot{\varphi} + v_r \cdot \dot{\varphi}$$

$$a_\varphi = 2 \cdot v_r \cdot \omega + r \cdot \alpha \,. \qquad \text{Gl. 3-7}$$

Die Gesamtbeschleunigung ist

$$\vec{a} = \vec{a}_r + \vec{a}_\varphi \,. \qquad \text{Gl. 3-8}$$

Über die Richtung von $\vec{a}$ gilt das, was zu Gleichung 3-3 gesagt wurde (vergleiche Abb. 3-15).

Die Größen φ, ω, α können entsprechend dem Momentenvektor (Band 1, Kapitel 12) als *Vektoren* $\vec{\varphi}$, $\vec{\omega}$, $\vec{\alpha}$, dargestellt werden, die *senkrecht auf der Bewegungsebene* stehen (Abb. 3-7). Die Vektorenspitzen weisen in Richtung einer in diesem Drehsinn gedrehten Rechtsschraube. Die Umfangsgeschwindigkeit kann als vektorielles Produkt

$$\vec{v}_{\varphi} = \vec{\omega} \times \vec{r} \ ,$$

gedeutet werden (Abb. 3-8).

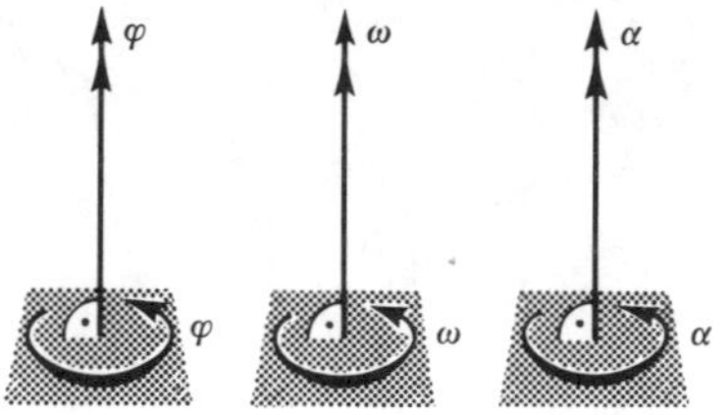

Abb. 3-7

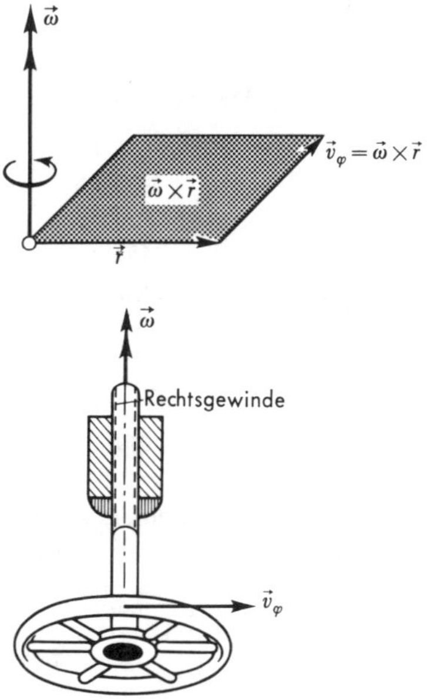

Abb. 3-8

Nach dieser mehr auf Anschaulichkeit und geometrische Deutung angelegte Ableitung, sollen die Gleichungen durch Differentiation des Ortsvektors bestätigt werden. Dazu soll zunächst die Ableitung der Einheitsvektoren nach der Zeit gebildet werden. In Abb. 3-9 sind die beiden Einheitsvektoren zum Zeitpunkt t und $\mathrm{d}t$ später skizziert. Dabei erfolgt eine Drehung mit $\omega = \dot{\varphi}$. Der Vektor $\vec{e}_{\mathrm{r}}(t)$ ändert sich um $\mathrm{d}\vec{e}_{\mathrm{r}}$. Diese Änderung liegt jedoch in Richtung φ. Deshalb gilt

$$\mathrm{d}\vec{e}_{\mathrm{r}} = \mathrm{d}e_{\mathrm{r}} \cdot \vec{e}_{\varphi} \qquad \text{(Betrag x Einheitsvektor)} \ .$$

Der Betrag (Länge) von $\mathrm{d}\vec{e}_{\mathrm{r}}$ ist gleich $e_{\mathrm{r}} \cdot \mathrm{d}\varphi = e_{\mathrm{r}} \cdot \dot{\varphi} \cdot \mathrm{d}t$, wobei $e_{\mathrm{r}} = 1$ ist. Das folgt aus dem von den Einheitsvektoren $\vec{e}_{\mathrm{r}}$ gebildeten Dreieck. Zusammenfassend kann man schreiben

$$\mathrm{d}\vec{e}_{\mathrm{r}} = 1 \cdot \dot{\varphi} \cdot \mathrm{d}t \cdot \vec{e}_{\varphi}$$

$$\frac{\mathrm{d}\vec{e}_{\mathrm{r}}}{\mathrm{d}t} = \dot{\varphi} \cdot \vec{e}_{\varphi} \ .$$

Auf gleichem Weg erhält man

$$d\vec{e}_\varphi = - de_\varphi \cdot \vec{e}_r \qquad \text{(Dieser Vektor hat eine negative Richtung)}$$

$$d\vec{e}_\varphi = - e_\varphi \cdot \dot{\varphi} \cdot dt \cdot \vec{e}_r = - 1 \cdot \dot{\varphi} \cdot dt \cdot \vec{e}_r$$

$$\frac{d\vec{e}_\varphi}{dt} = - \dot{\varphi} \cdot \vec{e}_r \, .$$

Die Geschwindigkeit ist

$$\vec{v} = \frac{d\vec{r}}{dt} = \frac{d}{dt}(r \cdot \vec{e}_r)$$

$$\vec{v} = \dot{r} \cdot \vec{e}_r + r \cdot \frac{d\vec{e}_r}{dt}$$

$$\vec{v} = \dot{r} \cdot \vec{e}_r + r \cdot \dot{\varphi} \cdot \vec{e}_\varphi \, .$$

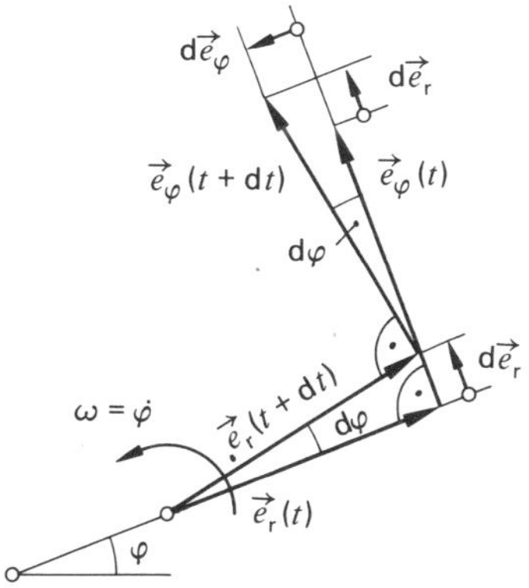

Abb. 3-9

Der erste Summand ist die r-Komponente, der zweite die φ-Komponente der Geschwindigkeit (vergl. Gl. 3-4/5).

Eine nochmalige Ableitung führt auf die Beschleunigungen

$$\vec{a} = \frac{d\vec{v}}{dt} = \dot{r}\,\frac{d\vec{e}_r}{dt} + \ddot{r}\vec{e}_r + r \cdot \dot{\varphi} \cdot \frac{d\vec{e}_\varphi}{dt} + (r \cdot \dot{\varphi})^{\boldsymbol{\cdot}} \cdot \vec{e}_\varphi$$

$$= \dot{r} \cdot \dot{\varphi} \cdot \vec{e}_\varphi + \ddot{r} \cdot \vec{e}_r + r \cdot \dot{\varphi} \cdot (- \dot{\varphi}\, \vec{e}_r) + (r \cdot \ddot{\varphi} + \dot{r} \cdot \dot{\varphi})\, \vec{e}_\varphi$$

$$\vec{a} = (\ddot{r} - r \cdot \dot{\varphi}^2) \cdot \vec{e}_r + (2 \cdot \dot{r} \cdot \dot{\varphi} + r \cdot \ddot{\varphi})\, \vec{e}_\varphi \, .$$

Der erste Summand entspricht der r-Komponente, der zweite der φ-Komponente der Beschleunigung (vergl. Gl. 3-6/7).

3.3 Die tangentiale und die normale Beschleunigung; natürliches Koordinatensystem

In den vorigen Abschnitten wurden Geschwindigkeiten und Beschleunigungen im Kartesischen Koordinatensystem in x und y-Richtung und im Polarkoordinatensystem in Richtung zum Pol und senkrecht dazu zerlegt. Ein Koordinatensystem ist frei wählbar, und somit sind die oben genannten Richtungen willkürlich. Es erscheint natürlicher – zumal der Geschwindigkeitsvektor die Bahnkurve tangiert –, den Beschleunigungsvektor in tangentiale und normale Richtung zu zerlegen, bzw. seine beiden Komponenten zu bestimmen.

Ein Punkt durchläuft die in Abb. 3-10 skizzierte Bahn, deren Krümmungsmittelpunkt in 0 liegt. Zur Zeit t ist er an der Stelle P und hat die Geschwindigkeit v. Nach einer Zeit Δt bewegt er sich im Punkt P_1 mit der Geschwindigkeit v_1. Es gilt

$$\vec{v}_1 = \vec{v} + \Delta\vec{v} \, .$$

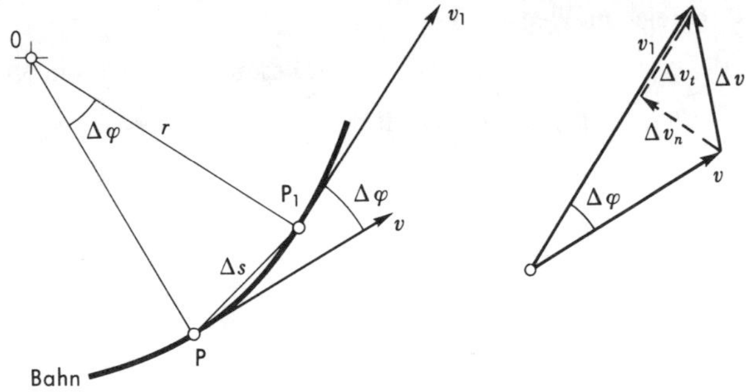

Abb. 3-10

Dabei wird $\Delta\vec{v}$ in die normale und tangentiale Richtung zerlegt,

$$\Delta\vec{v} = \Delta\vec{v}_n + \Delta\vec{v}_t \, .$$

Die beiden entsprechenden Beschleunigungen betragen

$$a_n = \lim_{\Delta t \to 0} \frac{\Delta v_n}{\Delta t} \, , \qquad a_t = \lim_{\Delta t \to 0} \frac{\Delta v_t}{\Delta t} \, . \qquad \text{Gl. 3-9}$$

Aus dem Geschwindigkeitsdreieck Abb. 3-9 folgt

$$\Delta v_n = v \cdot \Delta\varphi$$

und damit

$$a_n = \lim_{\Delta t \to 0} v \cdot \frac{\Delta\varphi}{\Delta t} = v \cdot \dot{\varphi} = v \cdot \omega$$

Mit $\quad v = r \cdot \omega$ ist $\quad a_n = \dfrac{dv_n}{dt} = v \cdot \dfrac{v}{r}$.

Damit ist die *Normalbeschleunigung*

$$a_n = \frac{v^2}{r} \, . \qquad \text{Gl. 3-10}$$

Dabei ist r der Krümmungsradius der Bahnkurve.

Der Vektor der Normalbeschleunigung $\vec{a}_n$ ist immer zum Mittelpunkt des Krümmungskreises gerichtet.

Ein auf einer gekrümmten Bahn bewegter Punkt unterliegt immer einer Beschleunigung, auch dann, wenn seine Geschwindigkeit konstant ist.

Die *Tangential-* oder *Bahnbeschleunigung*

$$a_t = \frac{dv_t}{dt} = \frac{dv}{dt}$$

entspricht der Beschleunigung a einer geradlinigen Bewegung (Kap. 2). Sie zeigt eine Änderung der Geschwindigkeit entlang der Bahn an.

Die Lage des Beschleunigungsvektors $\vec{a} = \vec{a}_n + \vec{a}_t$ soll für verschiedene Bewegungszustände untersucht werden (siehe Abb. 3-11).

1. Beschleunigte Bewegung
   Der Vektor $\vec{a}$ bildet mit dem Geschwindigkeitsvektor $\vec{v}$ einen spitzen Winkel.

2. Bewegung mit konstanter Geschwindigkeit.

   Es gilt $a_t = 0$ und damit $a_n = a$. Der Vektor $\vec{a}$ steht senkrecht auf der Bahntangente.

3. Verzögerte Bewegung.
   Der Vektor $\vec{a}$ bildet mit dem Geschwindigkeitsvektor $\vec{v}$ einen stumpfen Winkel.

   Wegen der Lage von $\vec{a}_n$ liegt der *Vektor* $\vec{a}$ für alle 3 Fälle *auf der Innenseite der Bahnkurve,* wie schon im Abschnitt 3.1 ausgeführt wurde.

4. Umkehrpunkt für die Bewegung, d.h. momentan $v = 0$ (keine Bewegung).

   Nach Gleichung 3-11 ist $a_n = 0$, und damit ist $a_t = a$. Der Vektor $\vec{a}$ tangiert die Bahn.

5. Wendepunkt der Bahn.
   Wegen $r = \infty$ ist $a_n = 0$. Auch hier liegt der Vektor tangential zur Bahn. Für eine konstante Geschwindigkeit ist $a = a_t = 0$. Im betrachteten Moment ist die Bewegung geradlinig.

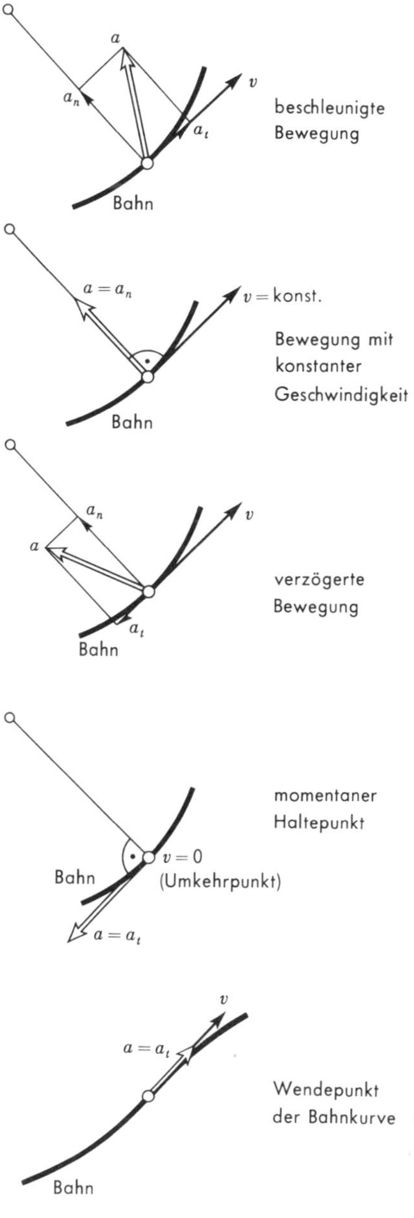

Abb. 3-11

Die Fälle 4. und 5. sind als Sonderfälle anzusehen.

Für eine Kreisbahn kann man den Bogen s durch den Winkel ausdrücken (Abb. 3-12)

$$s = r \cdot \varphi. \qquad \text{Gl. 3-11}$$

Die Geschwindigkeit ist für jeden Augenblick

$$v = \frac{ds}{dt} = r \cdot \frac{d\varphi}{dt} = r \cdot \dot{\varphi} = r \cdot \omega. \qquad \text{Gl. 3-12}$$

Das entspricht, wie zu erwarten war, der Gleichung 3-5. Die Tangentialbeschleunigung ist

$$a_t = \frac{dv}{dt} = r \cdot \ddot{\varphi} = r \cdot \dot{\omega} = r \cdot \alpha, \qquad \text{Gl. 3-13}$$

die Normalbeschleunigung (vergleiche Gleichung 3-10)

$$a_n = \frac{v^2}{r} = r \cdot \omega^2. \qquad \text{Gl. 3-14}$$

Diese beiden Beziehungen erhält man aus den Gleichungen 3-6/7 für den Kreis r = konst. und damit $\dot{r} = 0$; $\ddot{r} = 0$.

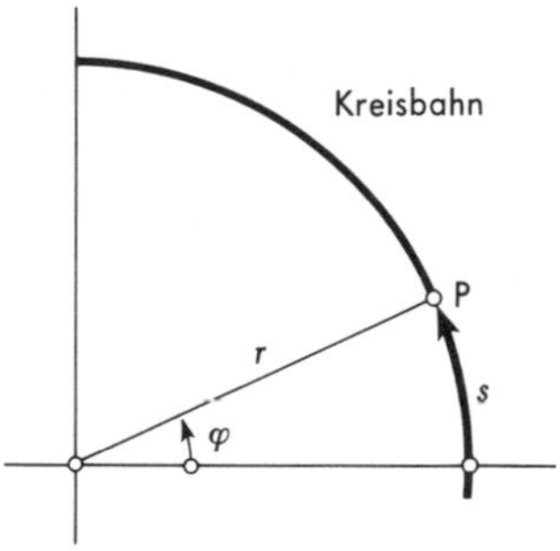

Abb. 3-12

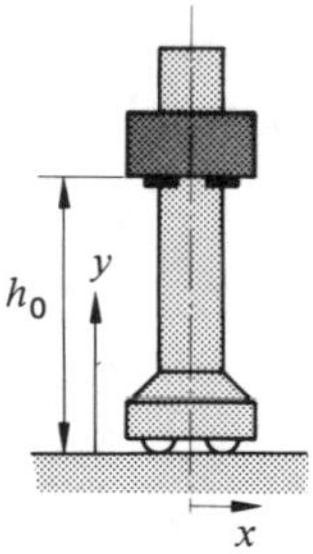

Abb. 3-13

Beispiel 1 (Abb. 3-13)

Ein Stapler fährt in einem Hochregallager mit konstanten Geschwindigkeiten $v_x = 0{,}80$ m/s und $v_y = 0{,}60$ m/s. In welcher Höhe h_0 muß eine gleichmäßige Verzögerung der Hubbewegung von 0,40 m/s² einsetzen, wenn eine Höhe $h_1 = 4{,}50$ m angefahren werden soll? Die Bahnkurve ist für diesen Vorgang zu ermitteln und der Bewegungszustand für $y_2 = 4{,}40$ m zu bestimmen.

Lösung

Für beide Richtungen werden die Bewegungsgleichungen aufgestellt

x-Richtung		y-Richtung	
$a_x = 0$		$a_y = a_0$	
$v_x = v_{0x}$		$v_y = a_0 \cdot t + v_{0y}$	(2)
$x = v_{0x} \cdot t$	(1)	$y = \frac{a_0}{2} \cdot t^2 + v_{0y} \cdot t + h_0$.	(3)

Die Gleichungen (1) und (3) stellen die Bahnkurve in Parameterform dar.

Aus (1) erhält man $t = \frac{x}{v_{0x}}$, eingesetzt in (3) ergibt

$$y = \frac{a_0}{2 \cdot v_{0x}^2} \cdot x^2 + \frac{v_{0y}}{v_{0x}} \cdot x + h_0 \ .$$

Die Bahnkurve entspricht einem Parabelast, der in Abb. 3-14 dargestellt ist.

Wenn der Stapler die Höhe h_1 erreicht hat, soll er nicht mehr steigen:

$$v_y = 0 \quad \text{für} \quad t = t_1 \quad \text{und} \quad y = h_1 \ .$$

Die Gleichung (2) liefert

$$t_1 = -\frac{v_{0y}}{a_0} = -\frac{0{,}60 \text{ m/s}}{0{,}40 \text{ m/s}^2} = 1{,}50 \text{ s} \ .$$

Aus (3) ergibt sich:

$$h_0 = h_1 - \frac{a_0}{2} \cdot t_1^2 - v_{0y} \cdot t_1$$

$$= 4{,}50 \text{ m} - \frac{-0{,}40}{2} \cdot 1{,}5^2 \text{ m} - 0{,}60 \cdot 1{,}5 \text{ m}$$

$$\mathbf{h_0 = 4{,}05 \text{ m}} \ .$$

Den Zeitpunkt t_2 für $y_2 = 4{,}40$ m erhält man aus der Gleichung (3)

$$y_2 = \frac{a_0}{2} \cdot t_2^2 + v_{0y} \cdot t_2 + h_0 \ .$$

Das führt zu der quadratischen Gleichung

$$t_2^2 - \frac{2\, v_{0y}}{a_0} \cdot t_2 + \frac{2 \cdot (y_2 - h_0)}{a_0} = 0$$

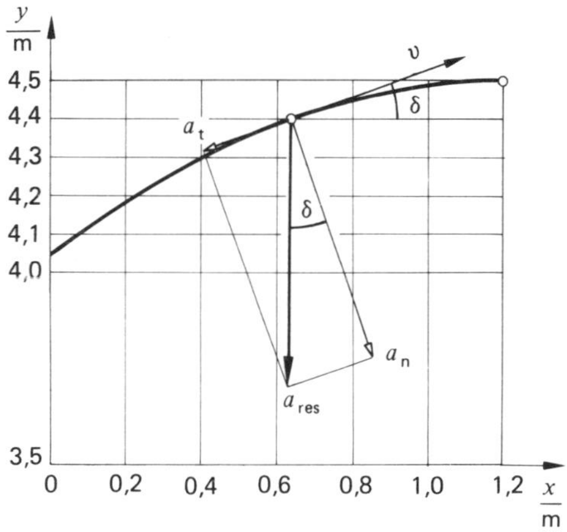

Abb. 3-14

mit der Lösung

$$t_2 = \frac{v_{0y}}{a_0} - \sqrt{\left(\frac{v_{0y}}{a_0}\right)^2 - \frac{2 \cdot (y_2 - h_0)}{a_0}} .$$

Die vorgegebenen Werte ergeben $t_2 = 0{,}793$ s. Zu diesem Zeitpunkt ist (Gl. 2)

$$v_{2y} = -0{,}40\ \mathrm{m/s^2} \cdot 0{,}793\ \mathrm{s} + 0{,}60\ \mathrm{m/s} = 0{,}283\ \mathrm{m/s}$$

was mit $v_x = 0{,}80\ \mathrm{m/s} = v_{0x}$

$$v_{res2} = \mathbf{0{,}849\ m/s}$$

unter einem Winkel von $\delta = 19{,}47°$ liefert. Der Vektor $a_{res} = a_y = 0{,}40\ \mathrm{m/s^2}$ muß in diese und die Normalrichtung zerlegt werden (Abb. 3-14).

$$a_n = a_{res} \cdot \cos\delta = 0{,}377\ \mathrm{m/s^2}$$

$$a_n = \frac{v^2}{r} \Rightarrow r = \frac{v^2}{a_n} = \frac{0{,}849^2\ \mathrm{m^2/s^2}}{0{,}377\ \mathrm{m/s^2}} = \mathbf{1{,}911\ m}$$

$$a_t = a_{res} \cdot \sin\delta = \mathbf{0{,}133\ m/s^2} .$$

Im Punkt $y = 4{,}40$ m bewegt sich das Objekt mit 0,849 m/s verzögert mit 0,133 m/s² auf einer gekrümmten Bahn mit dem Krümmungsradius $r = 1{,}911$ m.

Beispiel 2

An einer koordinatengesteuerten Werkzeugmaschine soll der Werkzeugträger über eine x-Spindel und y-Spindel einen vorgegebenen Punkt anfahren. Für beide Spindeln (Richtungen) sind die konstant angenommenen Beschleunigungen bzw. Verzögerungen sowie die maximalen Verschiebegeschwindigkeiten bekannt. Die Kinematik eines solchen Vorgangs ist zu erfassen. Beispielhaft soll das für folgende Daten geschehen:

	Beschleunigung	Verzögerung	max. Geschwindigkeit
x-Richtung	1,20 m/s²	0,60 m/s²	0,60 m/s
y-Richtung	0,80 m/s²	0,40 m/s²	0,40 m/s
Ausgangslage x/y:	0/0		
Endpunkt x/y:	840 mm/720 mm		

Lösung

x-Richtung

Das v-t-Diagramm zeigt Abb. 3-15. Die Beschleunigungszeit beträgt

$$t_1 = \frac{0{,}60\ \mathrm{m/s}}{1{,}2\ \mathrm{m/s^2}} = 0{,}50\ \mathrm{s} ,$$

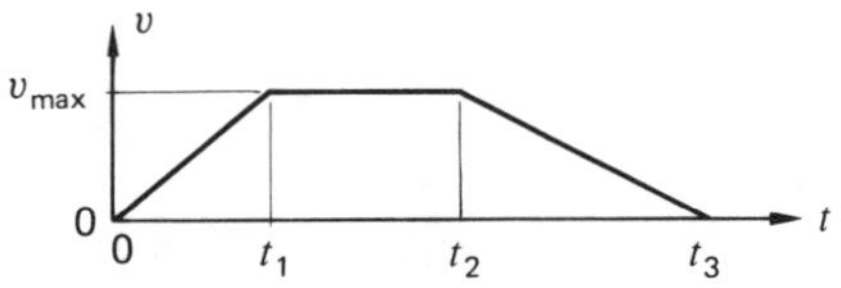

Abb. 3-15

die Bremszeit

$$t_3 - t_2 = \frac{-0{,}6\ \mathrm{m/s}}{-0{,}6\ \mathrm{m/s^2}} = 1{,}00\ \mathrm{s} .$$

Die eingeschlossene Fläche des v-t-Diagramms entspricht dem zurückgelegten Weg. Das führt zu

$$x = \frac{1}{2} \cdot t_1 \cdot v_{x\,max} + (t_2 - t_1) \cdot v_{x\,max} + \frac{1}{2} \cdot (t_3 - t_2) \cdot v_{x\,max}$$

$$t_2 - t_1 = \frac{x}{v_{x\,max}} - \frac{1}{2} \cdot [t_1 + (t_3 - t_2)]$$

$$= \frac{0{,}84 \text{ m}}{0{,}60 \text{ m/s}} - \frac{1}{2} [0{,}50 + 1{,}00] \text{ s}$$

$$t_2 - t_1 = 0{,}65 \text{ s} .$$

Damit erhält man $t_1 = 0{,}50$ s; $t_2 = 1{,}15$ s; $t_3 = 2{,}15$ s.

Auch hier bietet sich die FÖPPL-Schreibeweise für die Erfassung des Vorgangs an. Ausgegangen wird von Abb. 3-15, wobei zu bedenken ist, daß die Beschleunigung a der Steigung im v-t-Diagramm entspricht.

$$v_x = \langle t \rangle \cdot a_{x0} + \langle t - t_1 \rangle \cdot (0 - a_{x0}) + \langle t - t_2 \rangle \cdot (a_{x2} - 0) .$$

Für die weitere Bearbeitung werden folgende Einheiten festgelegt.

t	s	v
s	m	m/s

$$v_x = t \cdot 1{,}20 - \langle t - 0{,}50 \rangle \cdot 1{,}20 - \langle t - 1{,}15 \rangle \cdot 0{,}60 \qquad (1)$$

$$x = t^2 \cdot 0{,}60 - \langle t - 0{,}50 \rangle^2 \cdot 0{,}60 - \langle t - 1{,}15 \rangle^2 \cdot 0{,}30 . \qquad (2)$$

y-Richtung

Analog erhält man

$$t_1 = \frac{0{,}40 \text{ m/s}}{0{,}80 \text{ m/s}^2} = 0{,}50 \text{ s}$$

$$t_3 - t_2 = \frac{-0{,}40 \text{ m/s}}{-0{,}40 \text{ m/s}^2} = 1{,}00 \text{ s}$$

$$t_2 - t_1 = \frac{y}{v_{y\,max}} - \frac{1}{2} \cdot [t_1 + (t_3 - t_2)] = 1{,}05 \text{ s} .$$

Damit ist $t_1 = 0{,}50$ s; $t_2 = 1{,}55$ s; $t_3 = 2{,}55$ s.

Für die gleichen Einheiten ist

$$v_y = \langle t \rangle \cdot 0{,}8 + \langle t - 0{,}5 \rangle \cdot (0 - 0{,}80) + \langle t - 1{,}55 \rangle \cdot (-0{,}4 - 0)$$

$$v_y = t \cdot 0{,}8 - \langle t - 0{,}5 \rangle \cdot 0{,}80 - \langle t - 1{,}55 \rangle \cdot 0{,}40 \qquad (3)$$

$$y = t^2 \cdot 0{,}4 - \langle t - 0{,}5 \rangle^2 \cdot 0{,}40 - \langle t - 1{,}55 \rangle^2 \cdot 0{,}20 . \qquad (4)$$

Die Gleichungen (2) und (4) ergeben die Bahn, die in Abb. 3-16 dargestellt ist. Als Beispiel soll die Lage für $t = 1{,}0$ s und 1,40 s berechnet werden.

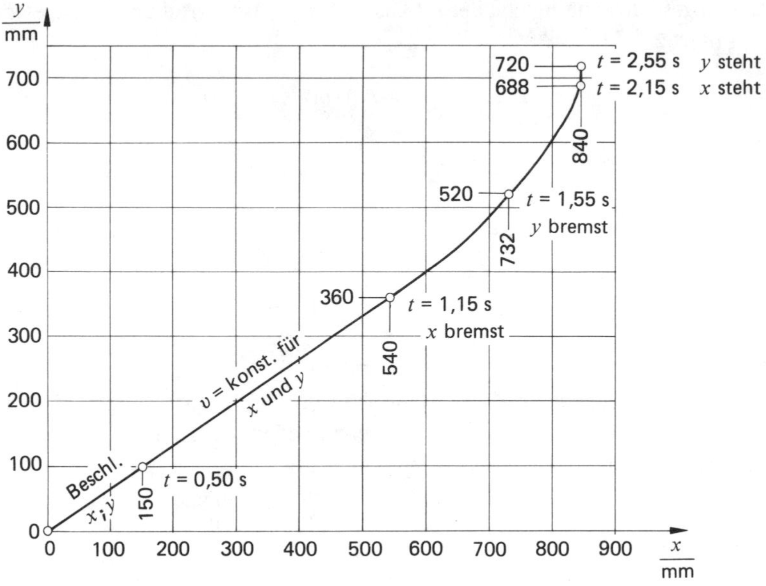

Abb. 3-16

$$x_1 \;\;= 1{,}0^2 \cdot 0{,}6 - 0{,}5^2 \cdot 0{,}6 = 0{,}45 \text{ m}$$
$$y_1 \;\;= 1{,}0^2 \cdot 0{,}4 - 0{,}5^2 \cdot 0{,}4 = 0{,}30 \text{ m}$$
$$x_{1,4} = 1{,}4^2 \cdot 0{,}6 - 0{,}9^2 \cdot 0{,}6 - 0{,}25^2 \cdot 0{,}3 = 0{,}671 \text{ m}$$
$$y_{1,4} = 1{,}4^2 \cdot 0{,}4 - 0{,}9^2 \cdot 0{,}4 - 0 = 0{,}460 \text{ m} .$$

Für diesen Punkt sollen der Bewegungszustand und die Bahnkrümmung berechnet werden (Gl. 1/3).

$$v_{x\,1,4} = 1{,}4 \cdot 1{,}20 - 0{,}9 \cdot 1{,}2 - 0{,}25 \cdot 0{,}6 = 0{,}45 \text{ m/s}$$
$$v_{y\,1,4} = 1{,}4 \cdot 0{,}80 - 0{,}9 \cdot 0{,}8 - 0 = 0{,}40 \text{ m/s} .$$

Das ergibt $v_{res} = 0{,}602$ m/s unter $\delta = 41{,}63^\circ$ zur Horizontalen (s. Abb. 3-17). Zu diesem Zeitpunkt ist nur die x-Bewegung verzögert. Man erhält

$$a_{res} = a_x = -\,0{,}60 \text{ m/s}^2 .$$

Dieser Vektor wird in Tangentenrichtung (entspricht v) und in die Normalrichtung zerlegt (s. Abb. 3-17).

$$a_n = a_{res} \cdot \sin\delta = 0{,}399 \text{ m/s}^2$$
$$a_n = \frac{v^2}{r} \;\Rightarrow\; r = \frac{v^2}{a_n} = \frac{0{,}602^2 \text{ m}^2/\text{s}^2}{0{,}399 \text{ m/s}^2} = 0{,}908 \text{ m}$$
$$a_t = a_{res} \cdot \cos\delta = 0{,}448 \text{ m/s}^2 .$$

Z.Z $t = 1{,}40$ s befindet sich das Werkzeug im Punkt 671 mm/460 mm, bewegt sich unter $41{,}63^\circ$ mit $v = 0{,}602$ m/s nach rechts oben verzögert mit $0{,}448$ m/s^2. Die Bahnkrümmung beträgt 908 mm.

Insgesamt kann man die Bewegung folgendermaßen beschreiben.

Zeitpunkt	Lage	Bewegung
$t = 0$	0/0	Beschleunigungen in x- und y-Richtungen; Bahn geradlinig
$t = 0{,}50$ s	150 mm/100 mm	Beide Spindeln laufen mit v_{max}; Bahn geradlinig
$t = 1{,}15$ s	540 mm/360 mm	Einsetzende Verzögerung in x-Richtung; Bahn gekrümmt
$t = 1{,}55$ s	732 mm/520 mm	Einsetzende Verzögerung in y-Richtung
$t = 2{,}15$ s	840 mm/688 mm	In x-Richtung Position erreicht.
$t = 2{,}55$ s	840 mm/720 mm	In y-Richtung Position erreicht. Vorgang beendet

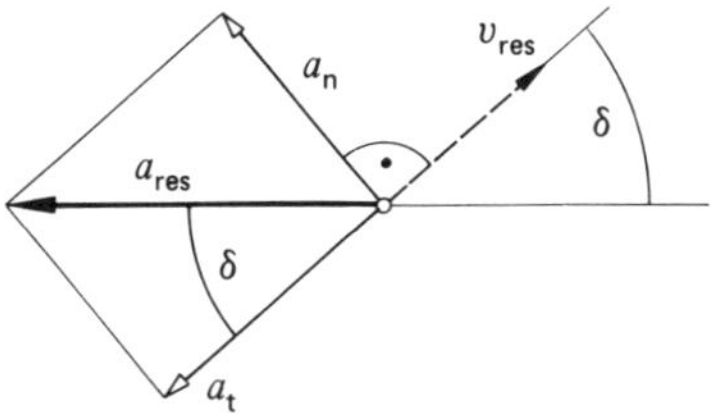

Abb. 3-17

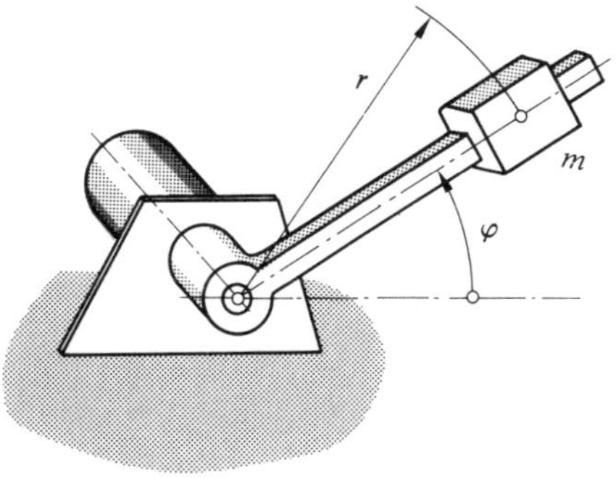

Abb. 3-18

Beispiel 3 (Abb. 3-18)

Der skizzierte Arm wird entgegengesetzt Uhrzeigersinn von $\varphi = 0$ ausgehend in Drehung versetzt. Er erreicht bei $\varphi = 20°$ eine konstante Winkelgeschwindigkeit von $3{,}0\ s^{-1}$. In dieser Position wird die Masse m von $r = 200$ mm beginnend, mit $0{,}50\ m/s^2$ gleichförmig nach außen beschleunigt. Dieses System könnte das Modell eines werkzeugbestückten Roboterarms sein. Zu bestimmen sind für $\varphi_1 = 230°$,

a) die resultierende Geschwindigkeit,
b) die Beschleunigungen in den polar- und natürlichen Koordinaten,
c) die Krümmung der Bahn für die Masse m.

An der Masse m werden durch die Beschleunigungen Kräfte wirksam, die auf den rotierenden Arm übertragen werden. Ihre Größe wird in Beispiel 2 des Abschnitts 7.1.2 ermittelt.

Lösung

Hier bieten sich für die Lösung die Polarkoordinaten an. Die Zeitzählung beginnt bei der Position $\varphi_0 = 20°$.

Radiale Richtung		Umfangsrichtung	
$\ddot{r} = a$		$\ddot{\varphi} = 0$	
$\dot{r} = v_r = a \cdot t + 0$	(1)	$\dot{\varphi} = \omega_0 ;\qquad v_\varphi = r \cdot \omega_0$	(3)
$r = \frac{1}{2} \cdot a \cdot t^2 + r_0$	(2)	$\varphi = \omega_0 \cdot t + \varphi_0 .$	(4)

Lage

Gleichung (4) für φ_1 und t_1

$$t_1 = \frac{\varphi_1 - \varphi_0}{\omega_0} = \frac{230° - 20°}{3{,}0\ \text{s}^{-1}} = \frac{3{,}665\ \text{rad}}{3{,}0\ \text{s}^{-1}}$$

$$\boldsymbol{t_1 = 1{,}222\ \text{s}} .$$

Gleichung (2)

$$r_1 = \frac{a}{2} \cdot t_1^2 + r_0 = \frac{1}{2} \cdot 0{,}5\ \text{m/s}^2 \cdot 1{,}222^2\ \text{s}^2 + 0{,}200\ \text{m}$$

$$\boldsymbol{r_1 = 0{,}573\ \text{m}} .$$

Geschwindigkeiten

Gleichung (1) $\quad v_{r1} = 0{,}5\ \text{m/s}^2 \cdot 1{,}222\ \text{s} = 0{,}611\ \text{m/s}$

Gleichung (3) $\quad v_{\varphi 1} = 0{,}573\ \text{m} \cdot 3{,}00\ \text{s}^{-1} = 1{,}719\ \text{m/s}$.

Die vektorielle Addition ergibt (Abb. 3-19)

$$v_{\text{res}\,1} = \boldsymbol{1{,}825\ \text{m/s}} ; \qquad \delta = 70{,}44° .$$

Der Winkel zur Horizontalen beträgt $\epsilon =$ **59,56°**.

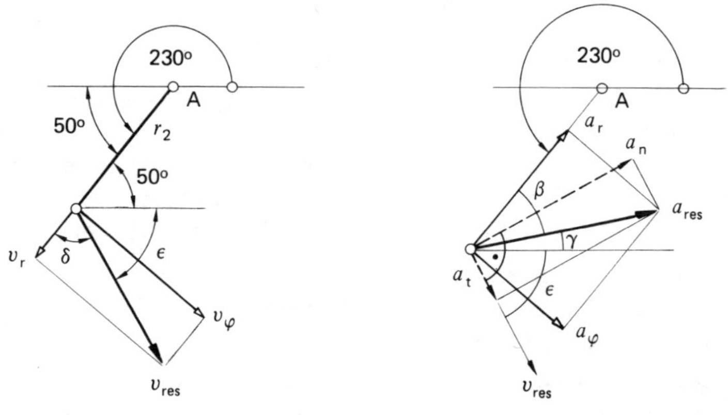

Abb. 3-19

Beschleunigungen

Gleichung 3-6 $a_r = \ddot{r} - r \cdot \omega^2$

$$a_{r1} = 0{,}5 \text{ m/s}^2 - 0{,}573 \text{ m} \cdot 3{,}0^2 \text{ s}^{-2}$$

$$\boldsymbol{a_{r1} = -4{,}657 \text{ m/s}^2} \ .$$

Gleichung 3-7 $a_\varphi = 2 \cdot v_r \cdot \omega + r \cdot \ddot{\varphi}$

$$a_{\varphi 1} = 2 \cdot 0{,}611 \text{ m/s} \cdot 3{,}0 \text{ s}^{-1} + 0$$

$$\boldsymbol{a_{\varphi 1} = 3{,}666 \text{ m/s}^2} \ .$$

Das führt nach Abb. 3-19 zu

$$\boldsymbol{a_{\text{res}1} = 5{,}927 \text{ m/s}^2} \ ; \qquad \beta = 38{,}21\ ^\circ \ .$$

Der Winkel zur Horizontalen beträgt $\gamma = 50^\circ - \beta = \mathbf{11{,}79^\circ}$.

Der Vektor a_{res} muß in die tangentiale und normale Richtung zerlegt werden (Abb. 3-19)

$$a_t = a_{\text{res}} \cdot \cos(\gamma + \epsilon)$$

$$\boldsymbol{a_{t1} = 1{,}895 \text{ m/s}^2}$$

$$a_{n1} = a_{\text{res}} \cdot \sin(\gamma + \epsilon)$$

$$\mathbf{a_{n1} = 5{,}616 \text{ m/s}^2} \ .$$

Daraus ergibt sich der Krümmungsradius der Bahn

$$r = \frac{v_1^2}{a_{n1}} = \frac{1{,}825^2 \text{ m}^2/\text{s}^2}{5{,}616 \text{ m/s}^2}$$

$$\mathbf{r = 0{,}593 \text{ m}} \ .$$

In der fraglichen Position des Armes hat die Masse einen Abstand von 0,573 m von der Achse, bewegt sich mit 1,825 m/s beschleunigt mit 1,895 m/s² auf einer Bahn mit dem Krümmungsradius von 0,593 m.

Beispiel 4 (Abb. 3-20)

Ein Punkt bewegt sich auf einer Kreisbahn mit dem Radius r in mathematisch positiver Richtung. In der Position $\varphi = 90^\circ$ setzt eine gleichmäßige Verzögerung so ein, daß der Punkt bei $\varphi = 270^\circ$ zum Stillstand kommt. Zu bestimmen sind in allgemeiner Form

a) die resultierende Beschleunigung für $\varphi = 180^\circ$,
b) der Zeitpunkt für diese Position, wenn die Zeitzählung mit $\varphi = 90^\circ$ beginnt,
c) die Lage des Punktes nach der halben Bremszeit.

Lösung

a) Es ist am einfachsten, die Größe der Verzögerung mit Hilfe der Gleichung 2-9 zu bestimmen

$$v^2 = 2 \cdot a \cdot (s - s_0) + v_0^2 \ .$$

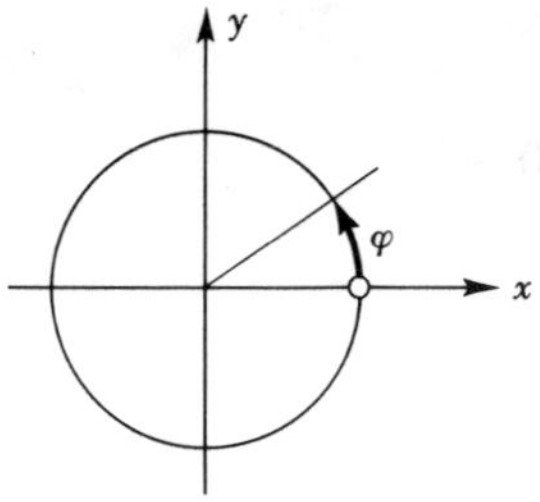

Abb. 3-20

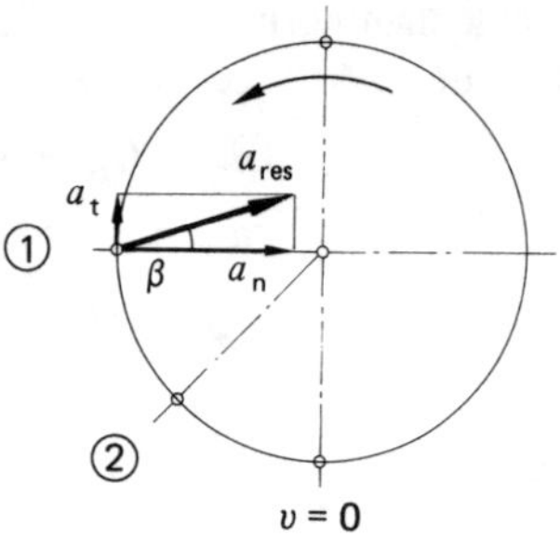

Abb. 3-21

Dabei sind $v = 0$ und $(s - s_0) = \pi \cdot r$. Das führt zu

$$a = a_t = -\frac{v_0^2}{2\pi \cdot r}.$$

Die gleiche Beziehung läßt sich jetzt verwenden, um die Geschwindigkeit für $\varphi = 180°$ zu bestimmen (Position 1). Da der Punkt verzögert einen Viertelkreis zurückgelegt hat, gilt

$$\Delta s = \frac{\pi}{2} \cdot \mathrm{r}.$$

$$v_1 = \sqrt{-2\frac{v_0^2 \cdot \pi \cdot r}{2\pi \cdot r \cdot 2} + v_0^2} = \frac{v_0}{\sqrt{2}}.$$

Das ergibt eine Normalbeschleunigung von (Gl. 3-14)

$$a_1 = \frac{v_0^2}{2 \cdot r}.$$

Die resultierende Beschleunigung ist (Abb. 3-21)

$$a_{res\,1}^2 = a_t^2 + a_{n1}^2 = \left(\frac{v_0^2}{2\pi \cdot r}\right)^2 + \left(\frac{v_0^2}{2r}\right)^2$$

$$\boldsymbol{a_{res} = \frac{v_0^2}{2r}\sqrt{\frac{1}{\pi^2} + 1}}$$

unter einem Winkel $\tan\beta = \frac{|a_t|}{a_n} = \frac{1}{\pi} \Rightarrow \boldsymbol{\beta = 17{,}66°}$.

b) Nach Gleichung 2-6

$$v = a \cdot t + v_0$$

ist mit $v = v_1$ und $t = t_1$

$$\frac{v_0}{\sqrt{2}} = -\frac{v_0^2}{2\pi \cdot r} \cdot t_1 + v_0.$$

Die Auflösung nach t_1 liefert

$$\boldsymbol{t_1 = \frac{2\pi \cdot r}{v_0}\left(1 - \frac{1}{\sqrt{2}}\right)}.$$

c) Es muß die Gleichung 2-7 ausgewertet werden

$$s = \frac{a}{2} \cdot t^2 + v_0 \cdot t + s_0 \; .$$

Dabei ist die Bremszeit (Gl. 2-6)

$$0 = - \frac{v_0^2}{2\pi \cdot r} \, t_{Br} + v_0$$

$$t_{Br} = \frac{2\pi \cdot r}{v_0} .$$

Die halbe Bremszeit ist abgelaufen, wenn die hier gesuchte Position 2 erreicht ist.

$$t_2 = \frac{\pi \cdot r}{v_0} .$$

Damit ist ($\varphi_0 = 90°$)

$$s_2 = -\frac{1}{2} \cdot \frac{v_0^2}{2\pi \cdot r} \cdot \frac{\pi^2 \cdot r^2}{v_0^2} + v_0 \cdot \frac{\pi \cdot r}{v_0} + \frac{\pi}{2} \cdot r = \frac{5}{4} \cdot \pi \cdot r$$

$$\varphi_2 = \frac{s_2}{\mathrm{r}} = \frac{5}{4} \cdot \pi = 225° \; .$$

Der Punkt ist in Abbildung 3-21 eingetragen.

3.4 Zusammenfassung

Der Ortsvektor $\vec{s}$ gibt die Lage eines Punktes auf der Bahn an. Der Geschwindigkeitsvektor $\vec{v}$ tangiert die Bahn und zeigt die Bewegungsrichtung an. Der Beschleunigungsvektor $\vec{a}$ ist nach der Innenseite der Bahnkurve gerichtet. Hat er eine Komponente in Richtung des Vektors $\vec{v}$, dann erfolgt die Bewegung beschleunigt, bei entgegengesetzter Richtung ist sie verzögert.

Je nach verwendetem Koordinatensystem ergeben sich folgende Beziehungen:

Kartesisches Koordinatensystem

Komponentenzerlegung in x- und y-Richtung

$$\vec{\mathrm{v}} = \vec{\mathrm{v}}_x + \vec{\mathrm{v}}_y , \qquad \text{Gl. 3-2}$$

$$\vec{\mathrm{a}} = \vec{\mathrm{a}}_x + \vec{\mathrm{a}}_y . \qquad \text{Gl. 3-3}$$

Polarkoordinaten

Zerlegung in radiale Richtung (Polare) und Umfangsrichtung (φ)

$$\mathrm{v_r} = \frac{\mathrm{dr}}{\mathrm{dt}} = \dot{\mathrm{r}}, \qquad \mathrm{v}_\varphi = \mathrm{r} \cdot \dot{\varphi} = \mathrm{r} \cdot \omega , \qquad \text{Gl. 3-4/5}$$

$$\mathrm{a_r} = \ddot{\mathrm{r}} - \mathrm{r} \cdot \dot{\varphi}^2 = \ddot{\mathrm{r}} - \mathrm{r} \cdot \omega^2 , \qquad \text{Gl. 3-6}$$

$$\mathrm{a}_\varphi = 2\,\omega \cdot \mathrm{v_r} + \mathrm{r} \cdot \alpha = 2\,\omega \cdot \dot{\mathrm{r}} + \mathrm{r} \cdot \ddot{\varphi} . \qquad \text{Gl. 3-7}$$

Der Winkel φ, die Winkelgeschwindigkeit ω und die Winkelbeschleunigung α können als senkrecht auf der Bewegungsebene stehende Vektoren $\vec{\varphi}$, $\vec{\omega}$, $\vec{\alpha}$ aufgefaßt werden (Abb. 3-7). Die Umfangsgeschwindigkeit v_φ kann als vektorielles Produkt geschrieben werden,

$$\vec{v}_\varphi = \vec{\omega} \times \vec{r}\,.$$

Natürliches Koordinatensystem (Tangential- und Normalrichtung)

Der Geschwindigkeitsvektor tangiert die Bahn

$$v = v_t = r \cdot \dot{\varphi} = r \cdot \omega. \qquad \text{Gl. 3-12}$$

Tangentialbeschleunigung

$$a_t = \frac{dv}{dt} = \dot{v} = r \cdot \ddot{\varphi} = r \cdot \dot{\omega} = r \cdot \alpha. \qquad \text{Gl. 3-13}$$

Normalbeschleunigung

$$a_n = \frac{v^2}{r} = r \cdot \omega^2. \qquad \text{Gl. 3-10/14}$$

In diesen Beziehungen ist r der Krümmungsradius der Bahn. Diese Gleichungen erhält man aus den Gleichungen 3-5/6/7 für r = konst; $\dot{r} = 0$; $\ddot{r} = 0$.

Für das Verständnis sowohl des nachfolgenden Kapitels als auch der Kinetik ist der Begriff Normalbeschleunigung von entscheidender Bedeutung. Die im vorigen Kapitel getroffene Definition der Beschleunigung wurde erweitert. Die Beschleunigung ist gleich der zeitlichen Änderung der Geschwindigkeit, wobei unter Änderung jetzt auch die Richtungsänderung verstanden wird (Vektor). *Ein auf gekrümmter Bahn bewegter Punkt ist immer beschleunigt,* auch wenn er sich mit konstanter Geschwindigkeit bewegt. Der Vektor der Normalbeschleunigung ist immer zum Krümmungsmittelpunkt der Bahn gerichtet.

4. Die Bewegung des starren Körpers in der Ebene

4.1 Die Schiebung (Translation)

Der starre Körper ist bereits in Band 1 definiert worden. Es handelt sich um einen Körper, dessen Formänderung vernachlässigbar ist und dessen Einzelteile immer die gleiche Lage zueinander haben.

Ein Körper beschreibt eine *Schiebung* oder *Translation,* wenn ein vorher auf dem Körper aufgezeichneter beliebiger Strich während des ganzen Bewegungsvorganges parallel zur Ausgangslage bleibt.

Da, wie oben ausgeführt, die einzelnen Teile eine unverrückbare Lage zueinander haben, beschreiben alle Teile gleiche, parallele Bahnen, d.h. haben im gleichen Zeitpunkt alle die gleiche Geschwindigkeit und unterliegen der gleichen Beschleunigung (Abb. 4-1a). Damit genügt es, die Bewegung eines beliebigen Punktes zu beschreiben. Je nachdem ob es sich um geradlinige oder krummlinige Schiebung handelt, gelten demnach für jeden Punkt des Körpers die in den Kapiteln 2 und 3 abgeleiteten Gesetze.

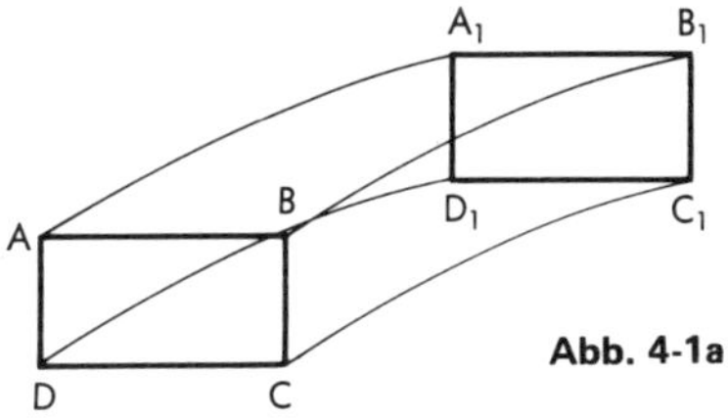

Abb. 4-1a

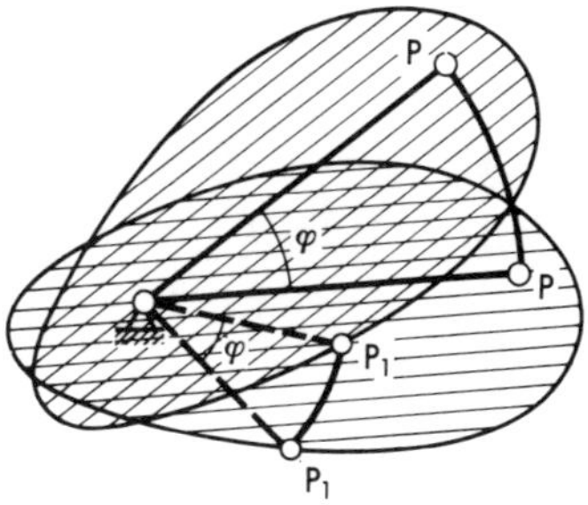

Abb. 4-1b

4.2 Die Drehung (Rotation)

Ein starrer Körper unterliegt einer *Drehung,* wenn alle Teile *konzentrische Kreisbahnen* beschreiben (Abb. 4-1b). Der Mittelpunkt aller Kreise ist der *Pol der Drehung* (Durchstoßpunkt der Drehachse). Zum besseren Verständnis soll hier noch besonders darauf hingewiesen werden, daß eine Bewegung nach Abb. 4-2b im Gegensatz zu Abb. 4-2a keine Drehung, sondern eine Schiebung mit kreisförmigen Bahnen ist.

Da die Lage einzelner Punkte, z.B. einer Scheibe nach Abb. 4-1b zueinander festliegt, drehen sich alle vom Pol ausgehenden Strahlen um den gleichen Winkel φ. Damit sind auch zu jeder Zeit t die *Winkelgeschwindigkeit*

$$\omega = \frac{d\varphi}{dt} = \dot{\varphi} \qquad \text{Gl. 4-1}$$

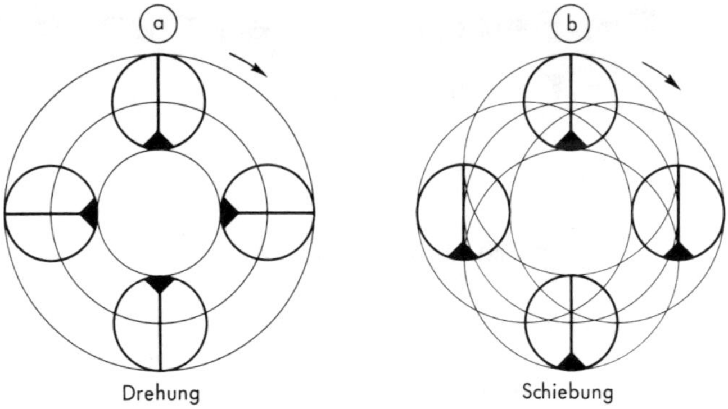

Abb. 4-2

und die *Winkelbeschleunigung*

$$\alpha = \frac{\mathbf{d}\omega}{\mathbf{dt}} = \dot{\omega} = \ddot{\varphi} \qquad \text{Gl. 4-2}$$

für jeden Punkt der Scheibe gleich. Im Gegensatz dazu hängen Wege, Geschwindigkeiten und Beschleunigungen vom Abstand von der Drehachse ab. Es gelten die im Abschnitt 3.2 abgeleiteten Gleichungen 3-11/12/13/14

$$\mathbf{s} = \mathbf{r} \cdot \varphi, \qquad \mathbf{a_t} = \mathbf{r} \cdot \alpha,$$
$$\mathbf{v} = \mathbf{r} \cdot \omega, \qquad \mathbf{a_n} = \mathbf{r} \cdot \omega^2.$$

Alle diese Größen nehmen vom Pol ausgehend nach außen linear zu (Abb. 4-3).

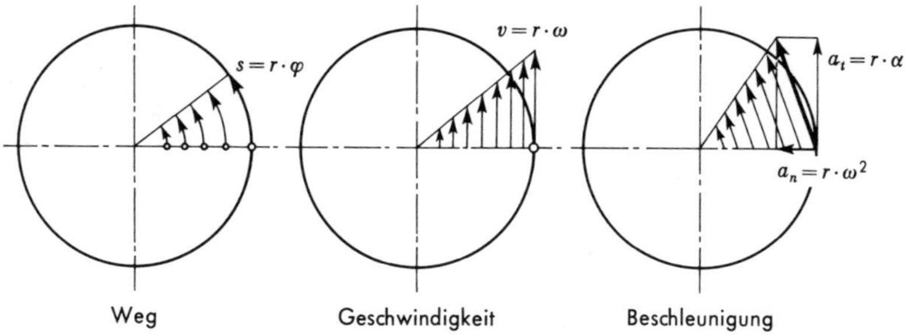

Abb. 4-3

Für eine Drehung mit konstanter Winkelgeschwindigkeit (ω = konst., $\alpha = 0$) gilt nach der Gleichung 4-1

$$\varphi = \int \omega \cdot \mathbf{dt},$$

$$\varphi = \omega \cdot \mathbf{t} + \varphi_0. \qquad \text{Gl. 4-3}$$

Dabei ist φ_0 die Integrationskonstante und entspricht der Lage zur Zeit $t = 0$.

Für eine gleichförmig beschleunigte Bewegung erhält man mit α = konst. aus den Gleichungen 4-1/2

$$\omega = \int \alpha \cdot dt,$$

$$\omega = \alpha \cdot t + \omega_0, \qquad \text{Gl. 4-4}$$

$$\varphi = \int \omega \cdot dt,$$

$$\varphi = \frac{\alpha}{2} \cdot t^2 + \omega_0 \cdot t + \varphi_0. \qquad \text{Gl. 4-5}$$

ω_0 ist die Winkelgeschwindigkeit, φ_0 der Winkel zur Zeit $t = 0$. Die Gleichungen 4-4/5 entsprechen den für die geradlinige Bewegung abgeleiteten Beziehungen 2-6/7.

Für viele Aufgaben ist es zweckmäßig, eine direkte Beziehung zwischen Winkelgeschwindigkeit und -beschleunigung abzuleiten. Man löst dazu die Gleichungen 4-1/2 nach dt auf und setzt beide Werte gleich

$$\alpha \cdot d\varphi = \omega \cdot d\omega, \qquad \text{Gl. 4-6}$$

$$\int_{\omega_0}^{\omega} \omega \cdot d\omega = \alpha \cdot \int_0^{\varphi} d\varphi$$

und erhält so

$$\frac{1}{2}(\omega^2 - \omega_0^2) = \alpha \cdot \varphi,$$

$$\omega = \sqrt{2\,\alpha \cdot \varphi + \omega_0^2}. \qquad \text{Gl. 4-7}$$

Der Vergleich der abgeleiteten Beziehungen mit denen für geradlinige Bewegung läßt folgende *Analogie* der einzelnen Größen erkennen.

Geradlinige Bewegung		Drehung	
Ortskoordinate	s	Winkel	φ
Geschwindigkeit	v	Winkelgeschwindigkeit	ω
Beschleunigung	a	Winkelbeschleunigung	α

Für ungleichförmig beschleunigte Drehung gilt nach dieser Analogie alles, was für die geradlinige Bewegung im Abschnitt 2.4 ausgeführt wurde.

Beispiel 1

Ein Maschinensatz, der mit einer Drehzahl von $n = 3000\ \text{min}^{-1}$ umläuft, wird abgeschaltet. Er kommt 162 s nach der Abschaltung zum Stillstand. Unter Annahme einer konstanten Verzögerung sind zu bestimmen:

a) Winkelverzögerung,
b) Anzahl der Umdrehungen bis zum Stillstand,
c) die Drehzahl nach der halben Auslaufzeit,
d) die Drehzahl nach der halben Anzahl der Umdrehungen (Punkt b).

Lösung

Zu a) Mit der Gleichung 4-4 erhält man

$$\omega = \alpha \cdot t + \omega_0, \quad \text{mit} \quad \omega = 0 \text{ (Stillstand)},$$

$$0 = \alpha \cdot t + \omega_0, \quad \omega_0 = \frac{3000}{60}\ \mathrm{s}^{-1} \cdot 2\,\pi = 314\ \mathrm{s}^{-1},$$

$$\alpha = -\frac{\omega_0}{t} = -\frac{314}{162}\ \mathrm{s}^{-2} = \mathbf{-\,1{,}94\ s^{-2}}.$$

Zu b) Damit beträgt der Auslaufwinkel nach Gleichung 4-5

$$\varphi = \frac{\alpha}{2} \cdot t^2 + \omega_0 \cdot t + \varphi_0, \quad \varphi_0 = 0,$$

$$\varphi = -\frac{1{,}94\ \mathrm{s}^{-2}}{2} \cdot 162^2\ \mathrm{s}^2 + 314\ \mathrm{s}^{-1} \cdot 162\ \mathrm{s},$$

$$\varphi = 2{,}54 \cdot 10^4.$$

Die Anzahl der Umdrehungen ist

$$z = \frac{\varphi}{2\,\pi} = \frac{2{,}54 \cdot 10^4}{2\,\pi} = \mathbf{4040}\ \text{Umdrehungen}.$$

Zu c) In die Gleichung 4-4 wird $t = 81$ s eingesetzt,

$$\omega_h = \alpha \cdot t + \omega_0 = -\,1{,}94\ \mathrm{s}^{-2} \cdot 81\ \mathrm{s} + 314\ \mathrm{s}^{-1},$$

$$\omega_h = 157\ \mathrm{s}^{-1}.$$

Das entspricht einer Drehzahl von $\mathbf{n_h = 1500\ min^{-1}}$.

Wie zu erwarten war, ergibt sich bei einer konstanten Verzögerung nach der halben Zeit die halbe Drehzahl.

Zu d) Hier ist es zweckmäßig, die Gleichung 4-7 zu verwenden. Dabei ist nach Teil b) der Aufgabe

$$\omega = \sqrt{2\,\alpha \cdot \varphi + \omega_0^2} \quad \text{mit} \quad \varphi = \frac{2{,}54 \cdot 10^4}{2},$$

$$\omega = \sqrt{-\,2 \cdot 1{,}94\ \mathrm{s}^{-2} \cdot 1{,}27 \cdot 10^4 + 314^2\ \mathrm{s}^{-2}},$$

$$\omega = 222\ \mathrm{s}^{-1}.$$

Das entspricht einer Drehzahl von $\mathbf{n} = \dfrac{\omega}{2\,\pi} = \dfrac{222}{2\,\pi}\ \mathrm{s}^{-1} = 35{,}33\ \mathrm{s}^{-1} = \mathbf{2120\ min^{-1}}$.

Mit dieser momentanen Drehzahl läuft die Welle 2020 Umdrehungen nach der Abschaltung.

Beispiel 2

In diesem Beispiel soll der Auslaufvorgang eines Maschinensatzes nach der Abschaltung kinematisch untersucht werden. Als Modell wird ein großes Gebläse gewählt. Die vom Laufrad verwirbelte Luft erzeugt das Bremsmoment. Dieses hängt deshalb quadratisch von der Drehzahl ab. Deshalb gilt

$$\alpha \sim -\omega^2$$
$$\alpha = -k \cdot \omega^2 \ .$$

Aus Versuchen kann für ein bekanntes Trägheitsmoment des Rotors der Faktor k bestimmt werden.

Es sind die Bewegungsgleichungen aufzustellen und für die unten gegebenen Daten auszuwerten und in Diagrammen darzustellen.

Ausgangsdrehzahl $n_0 = 1\,000\ \text{min}^{-1} = 16{,}67\ \text{s}^{-1}$
$k = 2{,}20 \cdot 10^{-4}$.

Lösung

Es handelt sich um den im Abschnitt 2.4.1 behandelten Fall 6, der mit dem Ansatz

$$\alpha \cdot \mathrm{d}\varphi = \omega \cdot \mathrm{d}\omega$$

gelöst wird.

$$-k \cdot \omega^2 \cdot \mathrm{d}\varphi = \omega \cdot \mathrm{d}\omega$$

$$-k \cdot \varphi = \int \frac{\mathrm{d}\omega}{\omega} = \ln \omega + C \ .$$

Mit den Anfangsbedingungen $\varphi = 0$ für $\omega = \omega_0$ erhält man

$$0 = \ln \omega_0 + C \Rightarrow C = -\ln \omega_0$$

$$-k \cdot \varphi = \ln \omega - \ln \omega_0 = \ln \frac{\omega}{\omega_0}$$

$$\omega = \omega_0 \cdot \mathrm{e}^{-k \cdot \varphi} \qquad (1)$$

$$n = n_0 \cdot \mathrm{e}^{-k \cdot 2\pi \cdot z} \qquad (2)$$

Das ist die Abhängigkeit der Drehzahl n von der Anzahl der Umdrehungen z. Die Gleichung (1) entspricht dem im Abschnitt 2.4.1 diskutierten Fall 4.

$$\frac{\mathrm{d}\omega}{\mathrm{d}t} = \alpha = -k \cdot \omega^2$$

$$t = -\frac{1}{k} \int \frac{\mathrm{d}\omega}{\omega^2} = \frac{1}{k \cdot \omega} + C \ .$$

Für $t = 0$ ist $\omega = \omega_0$

$$0 = \frac{1}{k \cdot \omega_0} + C \Rightarrow C = -\frac{1}{k \cdot \omega_0}$$

$$t = \frac{1}{k} \cdot \left(\frac{1}{\omega} - \frac{1}{\omega_0} \right) .$$

Die Umstellung nach ω führt auf

$$\omega = \frac{\omega_0}{1 + k \cdot \omega_0 \cdot t} \tag{3}$$

bzw.

$$n = \frac{n_0}{1 + k \cdot 2\pi \cdot n_0 \cdot t} . \tag{4}$$

Die Integration von (3) liefert

$$\varphi = \int \omega \cdot dt = \omega_0 \int \frac{1}{1 + k \cdot \omega_0 \cdot t}$$

$$\varphi = \omega_0 \cdot \frac{1}{k \cdot \omega_0} \cdot \ln (1 + k \cdot \omega_0 \cdot t) + C .$$

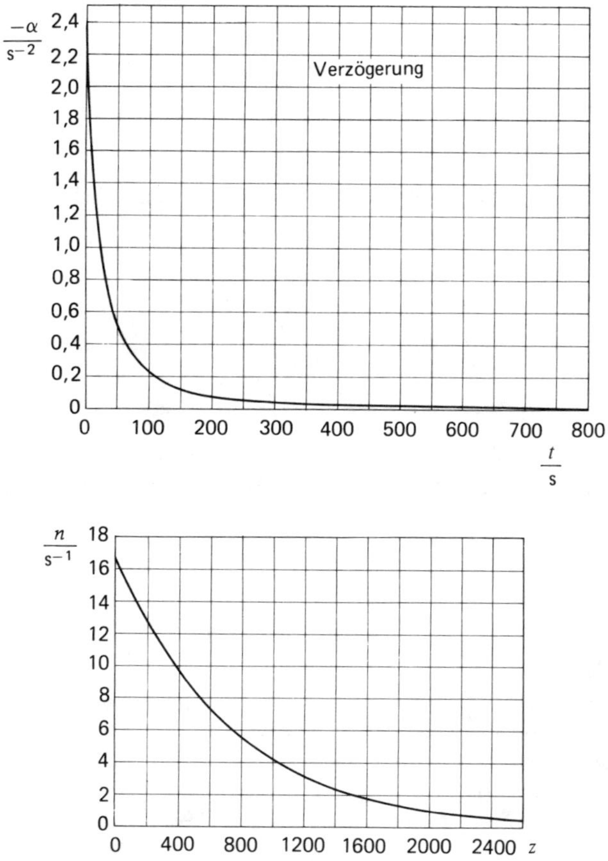

Abb. 4-4a

Für $t = 0$ ist $\varphi = 0$

$$0 = \frac{1}{k} \cdot \ln 1 + C \quad \Rightarrow \quad C = 0 \, .$$

Damit ist $\varphi = \frac{1}{k} \cdot \ln (1 + k \cdot \omega_0 \cdot t)$

$$z = \frac{1}{k \cdot 2\pi} \cdot \ln (1 + k \cdot 2\pi \cdot n_0 \cdot t) \, . \qquad (5)$$

Das Ergebnis der Ableitung von (3) ist

$$\alpha = \frac{d\omega}{dt} = -\frac{k \cdot \omega_0^2}{(1 + k \cdot \omega_0 \cdot t)^2} \, .$$

$$\alpha = -\frac{k \cdot (2\pi \cdot n_0)^2}{(1 + k \cdot 2\pi \cdot n_0 \cdot t)^2} \, . \qquad (6)$$

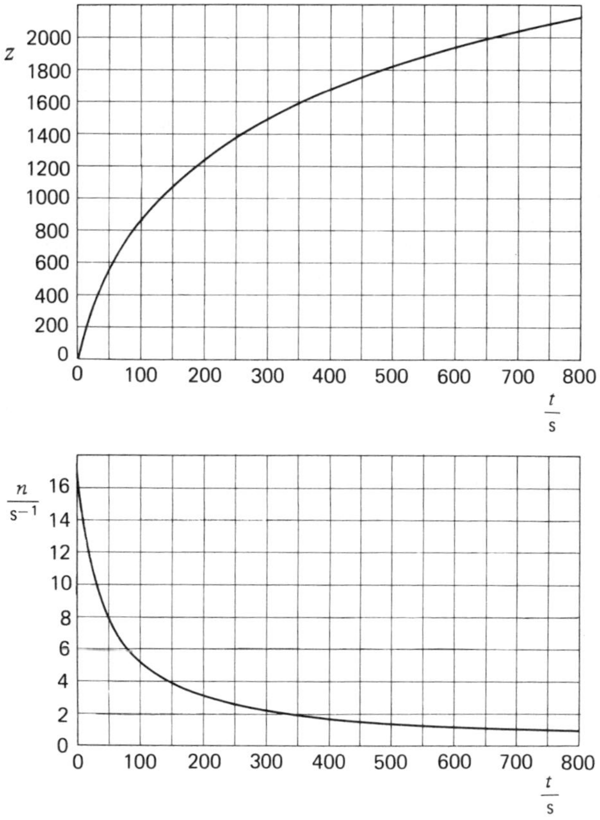

Abb. 4-4b

Die gegebenen Daten führen auf folgende zugeschnittene Größengleichungen, die über einfache Rechenprogramme ausgewertet werden können. Dargestellt sind die Funktionen in Abb. 4-4. Es gelten für alle Gleichungen die Einheiten

t	z	n	α
s	1	s^{-1}	s^{-2}

aus (5): Anzahl der Umdrehungen in Abhängigkeit von der Zeit.

$$z = 723{,}4 \cdot \ln(1 + 0{,}02304 \cdot t)$$

aus (4): Drehzahl in Abhängigkeit von der Zeit.

$$n = \frac{16{,}67}{1 + 0{,}02304 \cdot t}$$

aus (6): Verzögerung in Abhängigkeit von der Zeit.

$$\alpha = -\frac{2{,}414}{(1 + 0{,}02304 \cdot t)^2}$$

aus (2): Drehzahl in Abhängigkeit von der Anzahl der Umdrehungen.

$$n = 16{,}67 \cdot e^{-1{,}382 \cdot 10^{-3} \cdot z} \, .$$

Man kann der graphischen Darstellung folgendes entnehmen. Die Drehzahl nimmt zunächst sehr stark ab, damit sinkt aber auch die drehzahlabhängige Verzögerung. Deshalb erfolgt die weitere Abnahme der Geschwindigkeit nur sehr langsam. Das Gebläse verbleibt sehr lange im Drehzahlbereich von etwa 1 Umdrehung pro Sekunde (s. Diagramm $n(t)$). In diesem Bereich würde die geschwindigkeitsproportionale Reibung in den Gleitlagern und u.U. die COULOMBsche Reibung stärker eingehen, jedoch den Verlauf nicht grundsätzlich ändern. Da bei kleinen Drehzahlen die Gefahr besteht, daß der Ölfilm in den Gleitlagern reißt, muß man Ölpumpen vorsehen bzw. den Maschinensatz abbremsen. Ein Auslaufversuch, bei dem z.B. die Anzahl der Umdrehungen für einen Zeitintervall gemessen wird, ermöglicht mit Hilfe der Gleichung (5) die Kontrolle bzw. die Bestimmung der Konstanten k.

Beispiel 3 (Abb. 4-5)

Die Kurbel CB der abgebildeten Kurbelschleife rotiert im mathematisch positiven Drehsinn mit ω_{CB} = konst. = 14,0 s^{-1}. Zu bestimmen sind für die gezeichnete Position

a) die Winkelgeschwindigkeit der Schleife AB,
b) die Geschwindigkeit, mit der der Bolzen B im Schlitz gleitet,
c) die resultierende Beschleunigung des Punktes B.

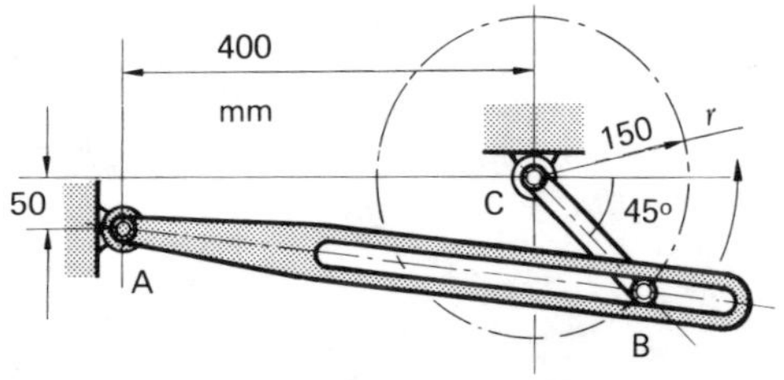

Abb. 4-5

Lösung

zu a) Der Bolzen bewegt sich mit

$$v_B = l_{CB} \cdot \omega_{CB} = 0{,}150\ \text{m} \cdot 14{,}0\ \text{s}^{-1}$$

$$v_B = 2{,}10\ \text{m/s} \quad \measuredangle\ 45^\circ\ .$$

Diese Geschwindigkeit wird in die Richtung der Schleife AB und senkrecht dazu zerlegt. Dazu ist es notwendig, die Geometrie des Dreiecks ABC zu erfassen (Abb. 4-6a). Aus der Abbildung folgt unmittelbar

$$\tan\delta = \frac{50\ \text{mm}}{400\ \text{mm}}\ ; \qquad \delta = 7{,}13^\circ$$

$$l_{AC} = \frac{400\ \text{mm}}{\cos\delta} = 403{,}1\ \text{mm}$$

$$\epsilon = 180^\circ - 45^\circ - 7{,}13^\circ = 127{,}87^\circ\ .$$

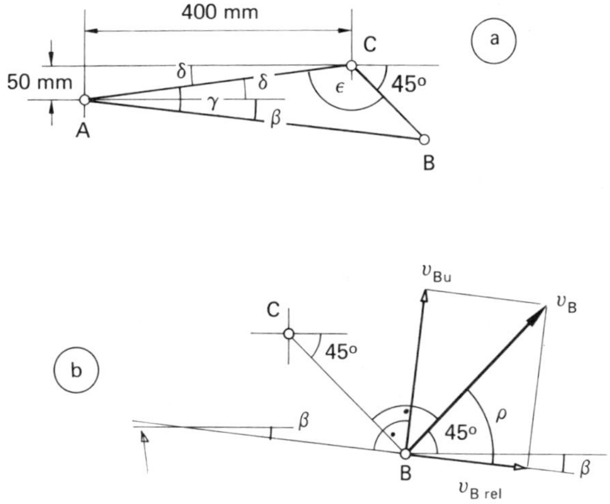

Abb. 4-6

Mit dem cos-Satz wird aus dem Dreieck ABC die Strecke AB berechnet

$$l_{AB} = \sqrt{l_{AC}^2 + l_{CB}^2 - 2 \cdot l_{AC} \cdot l_{CB} \cdot \cos\epsilon}$$

$$= \sqrt{403{,}1^2 + 150^2 - 2 \cdot 403{,}1 \cdot 150 \cdot \cos 127{,}87^\circ}\ \text{mm}$$

$$l_{AB} = 509{,}1\ \text{mm}\ .$$

Der Winkel γ ergibt sich aus dem sin-Satz zu

$$\sin\gamma = \frac{l_{CB}}{l_{AB}} \cdot \sin\epsilon = \frac{150\ \text{mm}}{509{,}1\ \text{mm}} \cdot \sin 127{,}87^\circ$$

$$\gamma = 13{,}45^\circ\ .$$

Damit ist $\beta = \gamma - \delta = 13{,}45^\circ - 7{,}13^\circ = 6{,}32^\circ$.

Die Zerlegung der Geschwindigkeit v_B zeigt Abb. 4-6b. Es gilt

$$\rho = 45^\circ + \beta = 45^\circ + 6{,}32^\circ = 51{,}32^\circ\ .$$

Die Geschwindigkeitskomponente, die die Drehung der Schleife verursacht, ist

$$v_{Bu} = v_B \cdot \sin\rho = 2{,}1\ \text{m/s} \cdot \sin 51{,}32°$$
$$v_{Bu} = 1{,}639\ \text{m/s}\,.$$

Das ergibt eine Winkelgeschwindigkeit von

$$\omega_{AB} = \frac{v_{Bu}}{l_{AB}} = \frac{1{,}639\ \text{m/s}}{0{,}5091\ \text{m}} = \mathbf{3{,}220\ s^{-1}}\,.$$

zu b) Mit der Geschwindigkeitskomponente

$$v_{B\,rel} = v_B \cdot \cos\rho = 2{,}1\ \text{m/s} \cdot \cos 51{,}32°$$
$$v_{B\,rel} = \mathbf{1{,}312\ m/s}$$

gleitet der Bolzen im Schlitz der Schleife.

zu c) Der Bolzen B beschreibt mit konstanter Geschwindigkeit eine Kreisbahn. Er unterliegt demnach nur der Normalbeschleunigung von

$$a_n = \frac{v^2}{r} = \frac{2{,}1^2\ \text{m}^2/\text{s}^2}{0{,}15\ \text{m}} = \mathbf{29{,}40\ m/s^2}\,.$$

Der Beschleunigungsvektor ist von B nach C gerichtet.

4.3 Der allgemeine Bewegungszustand

4.3.1 Die Bestimmung der Geschwindigkeiten

Eine *allgemeine Bewegung* liegt dann vor, wenn es sich weder um eine Schiebung noch um eine Drehung handelt. Man kann sie jedoch als *Summe von Schiebung und Drehung* auffassen. Eine Scheibe nach Abb. 4-7 bewegt sich von der Lage 1 nach der Lage 2. Diesen Bewegungsablauf kann man in 2 Phasen zerlegen, erstens in Schiebung von 1 nach 1′ und zweitens in eine Drehung um einen Punkt von 1′ nach 2. Dieser Vorgang soll an der Bewegung eines an den Enden geführten Stabes näher untersucht werden (Abb. 4-8).

Der Stab *AB* gleitet mit dem Ende *A* auf einer horizontalen, mit dem Ende *B* auf einer vertikalen Schiene. Die Geschwindigkeiten $\vec{v}_A$ und $\vec{v}_B$ müssen deshalb in Richtung dieser Schienen liegen. Für jede Bewegungsphase kann man annehmen, daß der Stab sich z.B. mit der Geschwindigkeit $\vec{v}_A$ parallel nach rechts bewegt. Damit würde er sich am Ende *B* von der Wand ablösen. Es muß aus diesem Grunde um den Punkt

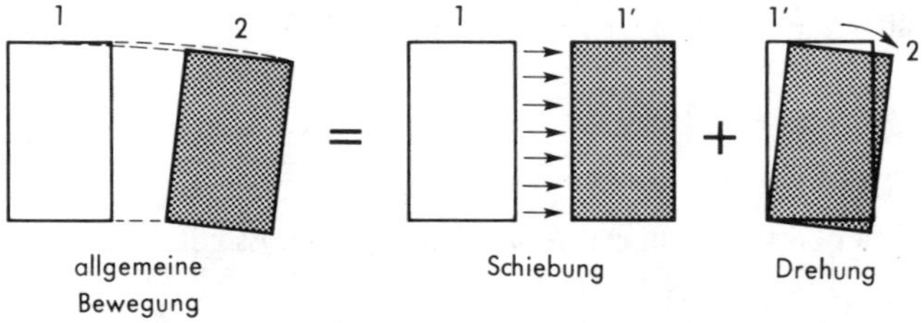

Abb. 4-7

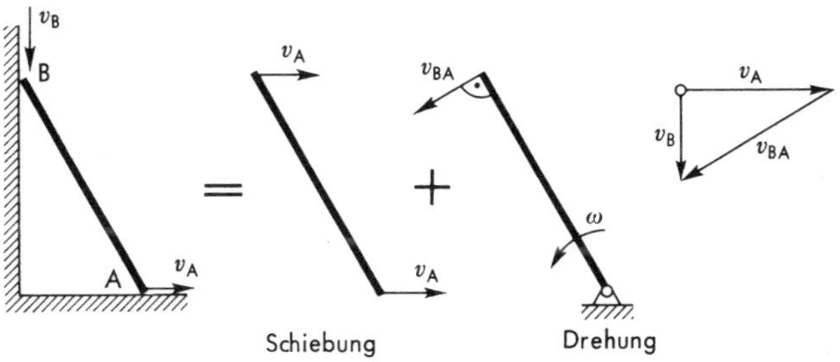

Abb. 4-8

A eine Drehung so überlagert werden, daß die dabei entstehende Umfangsgeschwindigkeit $\vec{v}_{BA} = l \cdot \vec{\omega}$ zusammen mit $\vec{v}_A$ die vertikal nach unten gerichtete Geschwindigkeit $\vec{v}_B$ ergibt. Das Geschwindigkeitsdreieck ist rechts abgebildet.

Die vektorielle Addition lautet

$$\vec{v}_B = \vec{v}_A + \vec{v}_{BA} \,. \qquad \text{Gl. 4-8}$$

Dabei ist $\vec{v}_{BA}$ die Geschwindigkeit des Punktes B bei Drehung um A *(1. Index Ort, 2. Index Drehpol)*.

Der Drehpol ist keine materielle Drehachse, er wird für die Erfassung des Vorgangs benutzt. Die Winkelgeschwindigkeit gilt unabhängig vom Pol für den bewegten Körper. Das kann man an der drehenden Scheibe Abb. 4-2a erklären. Wenn diese einmal umläuft, dann hat sie sich auch einmal um die eigene Körperachse bzw. um jede beliebige Achse gedreht. Deshalb gilt

$$\omega_{AB} = \omega_{BA} \,.$$

Die Winkelgeschwindigkeit eines starren Körpers bei allgemeiner ebener Bewegung ist unabhängig vom Drehpol.

Für die Lösung von Aufgaben ist es notwendig, folgendes zu beachten:

1. Die Schiebung muß mit der Geschwindigkeit erfolgen, die unmittelbar gegeben oder aus anderen Angaben berechenbar ist (z.B. v_B im Beispiel 1).
2. Die Drehung erfolgt um den Punkt, dessen Geschwindigkeit für die Schiebung verwendet wurde (Schiebung mit v_A erfordert Drehung um A).

Die Begründung dafür ist
zu 1. Die Konstruktion des Geschwindigkeitsdreiecks kann nur mit einer bekannten Größe beginnen.
zu 2. Die Drehung um einen anderen Punkt würde die geometrischen Bedingungen verletzen. In der Abb. 4-8 würde eine Drehung um B bewirken, daß sich der Punkt A von seiner horizontalen Unterlage löst und der Punkt B nicht an die senkrechte Wand herangeführt wird, von der er sich durch die Schiebung entfernt hat.

Beispiel 1 (Abb. 4-9)

Die Kurbelwelle des Kurbeltriebes rotiert im Uhrzeigersinn mit einer konstanten Winkelgeschwindigkeit $\omega_{AB} = 100\ \text{s}^{-1}$.

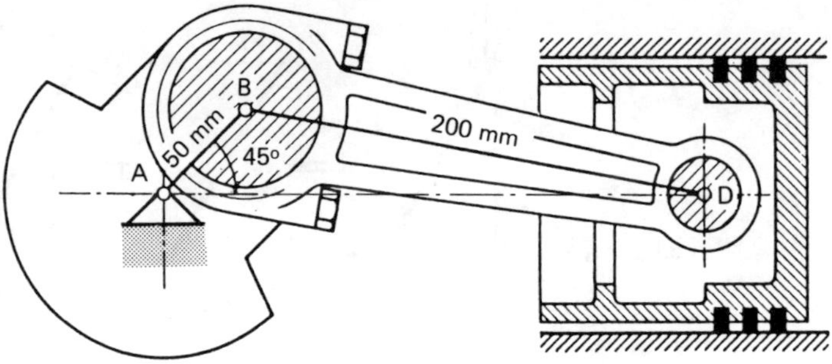

Abb. 4-9

Zu bestimmen sind für die skizzierte Stellung die Kolbengeschwindigkeit*) und die Winkelgeschwindigkeit des Pleuels *BD*,

$$l_{AB} = 50\,\text{mm}, \qquad l_{BD} = 200\,\text{mm}.$$

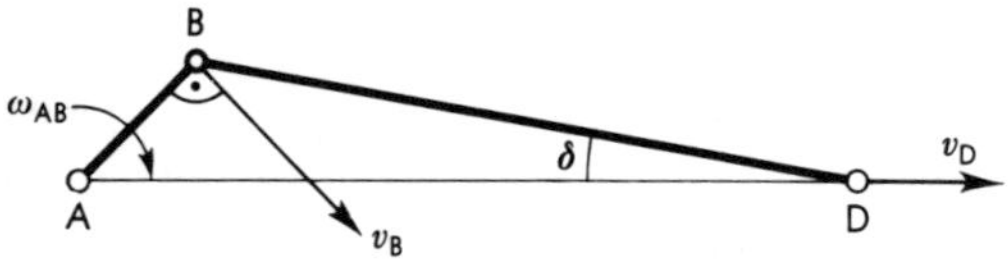

Abb. 4-10

Lösung (Abb. 4-10/11)

Zuerst ist es notwendig, die Geometrie zu erfassen. Mit dem sin-Satz wird der Winkel δ im Dreieck ABD (Abb. 4-10) berechnet

$$\sin\delta = \frac{l_{AB}}{l_{BD}} \cdot \sin 45^\circ = \frac{50\,\text{mm}}{200\,\text{mm}} \cdot \sin 45^\circ .$$

$$\delta = 10{,}2^\circ$$

Die Geschwindigkeit $\vec{v}_B$ ist senkrecht zur Kurbel gerichtet und hat die Größe

$$v_B = l_{AB} \cdot \omega_{AB} = 0{,}05 \cdot 100\,\text{m/s} = 5\,\text{m/s} .$$

Der Geschwindigkeitsvektor $\vec{v}_D$ liegt in Richtung der Zylinderachse (Abb. 4-10). Da $\vec{v}_B$ nach Größe und Richtung bekannt ist, muß die Bewegung des Pleuels BD aus der Schiebung mit $\vec{v}_B$ und der Drehung um B zusammengestellt werden (Abb. 4-11). Die Gleichung 4-8 für den vorliegenden Fall lautet

$$\vec{v}_D = \vec{v}_B + \vec{v}_{DB} .$$

Die zeichnerische Lösung (Abb. 4-11) beginnt man mit $\vec{v}_B$, fügt $\vec{v}_{DB}$ der Richtung nach an und schließt das Dreieck mit $\vec{v}_D$. Der Wirkungssinn ergibt sich aus der oben angeführten Vektorgleichung. Dieses Dreieck kann für eine analytische Lösung benutzt werden. Der sin-Satz liefert

*) Zur Ableitung der Kolbengeschwindigkeit siehe auch Abschnitt 9.5.

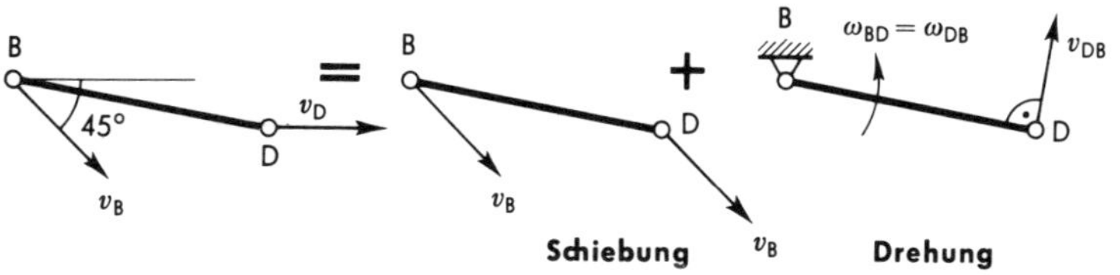

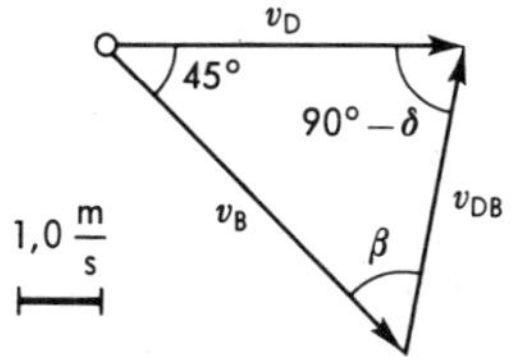

Abb. 4-11

$$v_{DB} = \frac{\sin 45°}{\sin 79{,}8°} \cdot v_B = 3{,}59 \text{ m/s}.$$

Auf dem gleichen Wege erhält man

$$v_D = \frac{\sin 55{,}2°}{\sin 45°} \cdot v_{DB} \qquad \text{mit} \qquad \beta = 55{,}2°,$$

$$\mathbf{v_D = 4{,}17\ m/s}\ (\rightarrow) \text{ Kolbengeschwindigkeit.}$$

Mit v_{DB} erhält man die Winkelgeschwindigkeit des Pleuels

$$\omega_{DB} = \frac{v_{DB}}{l_{DB}} = \frac{3{,}59 \text{ m/s}}{0{,}2 \text{ m}} = \mathbf{17{,}96\ s^{-1}}\ (\circlearrowleft).$$

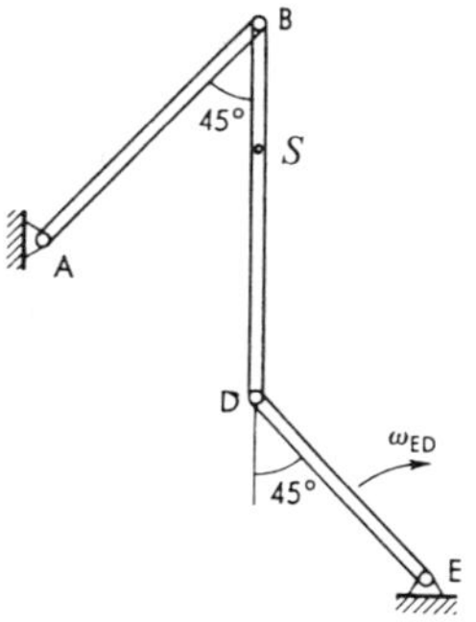

Abb. 4-12

Beispiel 2 (Abb. 4-12)

Die Kurbel ED der abgebildeten Kurbelschwinge beschreibt eine oszillierende Bewegung. In der skizzierten Lage beträgt die Winkelgeschwindigkeit $\omega_{ED} = 10{,}0 \text{ s}^{-1}$. Für die nachfolgend gegebenen Abmessungen sind die Geschwindigkeiten der Punkte B; D; S und die Winkelgeschwindigkeiten der Stäbe AB und BD zu bestimmen.

$$l_{ED} = 20 \text{ cm} \quad l_{BD} = 30 \text{ cm} \quad l_{AB} = 25 \text{ cm} \quad l_{DS} = 20 \text{ cm}.$$

Lösung (Abb. 4-13).

Die Punkte B; D beschreiben Kreisbögen mit den Mittelpunkten A und E. Die Geschwindigkeitsvektoren $\vec{v}_B$ bzw. $\vec{v}_D$ tangieren diese Kreisbögen, sind demnach in der Richtung vorgegeben. Die Größe von v_D ist

$$v_D = l_{ED} \cdot \omega_{ED} = 0{,}20 \text{ m} \cdot 10 \text{ s}^{-1} = \mathbf{2{,}0\ m/s} \measuredangle 45°.$$

Über die Geschwindigkeit des Punktes S kann nichts ausgesagt werden.

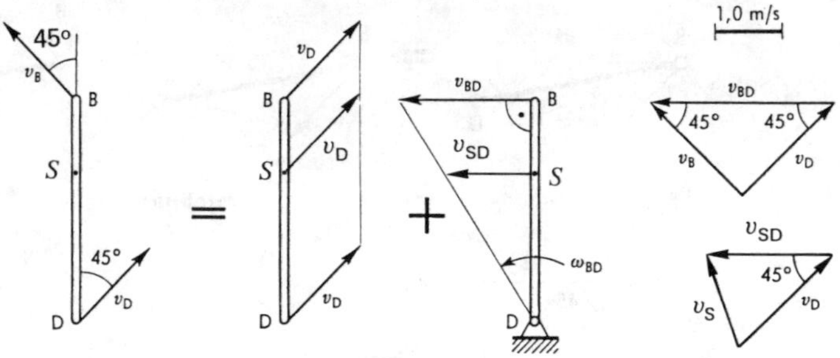

Abb. 4-13

Da die Geschwindigkeit des Punktes D nach Größe und Richtung festliegt, wird die allgemeine Bewegung von BD aus der Schiebung mit $\vec{v}_D$ und der Drehung um den Punkt D zusammengesetzt.

$$\vec{v}_B = \vec{v}_D + \vec{v}_{BD} \ .$$

In der Abb. 4-13 ist das entsprechende Geschwindigkeitsdreieck gezeigt.

$$v_B = \mathbf{2{,}00\ m/s} \quad ∡\ 45^\circ \quad \omega_{AB} = \frac{v_B}{l_{AB}} = \mathbf{8{,}00\ s^{-1}}$$

$$v_{BD} = 2{,}828\ \text{m/s} \leftarrow \qquad \omega_{BD} = \frac{v_{BD}}{l_{BD}} = \mathbf{9{,}428\ s^{-1}} \ .$$

Nachdem die Winkelgeschwindigkeit der Schwinge festliegt, kann die daraus resultierende Geschwindigkeit des Punktes S ermittelt werden

$$v_{SD} = l_{DS} \cdot \omega_{BD} = 0{,}20\ \text{m} \cdot 9{,}428\ \text{s}^{-1} = 1{,}886\ \text{m/s} \ .$$

Die Überlagerung der Schiebung führt zu

$$\vec{v}_S = \vec{v}_D + \vec{v}_{SD} \ .$$

Das dazugehörige Geschwindigkeitsdreieck ist auch in Abb. 4-13 enthalten.

$$v_S = \mathbf{1{,}491\ m/s} \ . \quad ∡\ 71{,}6^\circ$$

Man kann die Größe mit dem cos-Satz oder über die x- und y-Komponenten berechnen.

4.3.2 Der momentane Drehpol

Im vorigen Abschnitt wurde dargelegt, daß die Winkelgeschwindigkeit eines Körpers im allgemeinen, ebenen Bewegungszustand unabhängig vom Bezugspunkt ist. Daraus folgt, daß der Vektor $\vec{\omega}$ parallel verschieblich ist (freier Vektor). Eine spezielle Verschiebung von $\vec{\omega}$ zeigt die Abb. 4-14.

Eine Bewegung nach Abb. 4-14 kann man als Drehung um einen Punkt M deuten, der auf der in A errichteten Senkrechten zu $\vec{v}_A$ liegt und den Abstand $r = \dfrac{v_A}{\omega}$ hat. Alle anderen Teile müssen sich für den betrachteten Zeitpunkt nach den Gesetzen der Drehung um diesen Punkt M bewegen. Aus diesem Grunde wird der so ermittelte Punkt M

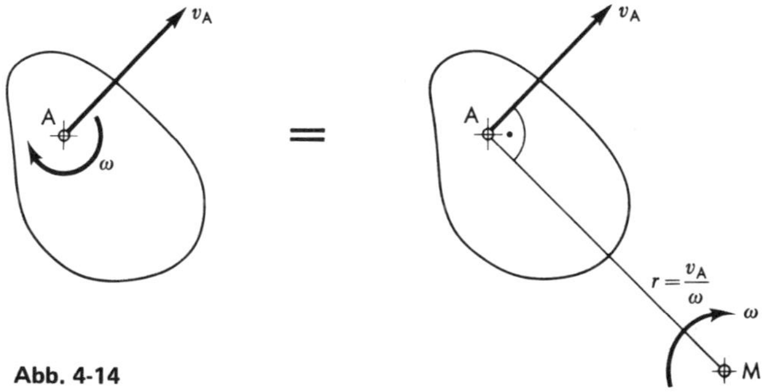

Abb. 4-14

momentaner Drehpol genannt. Es sei nochmals besonders betont, daß dieser Drehpol nur für einen Zeitpunkt festliegt und mit der Bewegung selbst seine Lage stetig verändert.

Für den Fall, daß $\vec{v}$ und ω bekannt sind, zeigt Abb. 4-14 die Konstruktion des momentanen Drehpols M. Liegen zwei nichtparallele Geschwindigkeitsrichtungen fest, dann liegt M nach den Gesetzen der Drehung im Schnittpunkt der Senkrechten (Abb. 4-15). Für parallele Geschwindigkeiten müssen deren Größen bekannt sein, wenn man nach Abb. 4-16 den Punkt M konstruieren will.

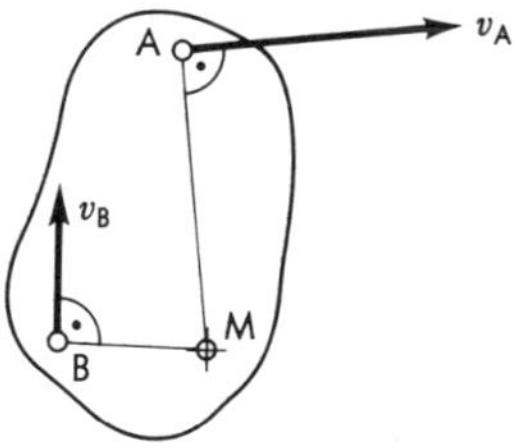

Abb. 4-15

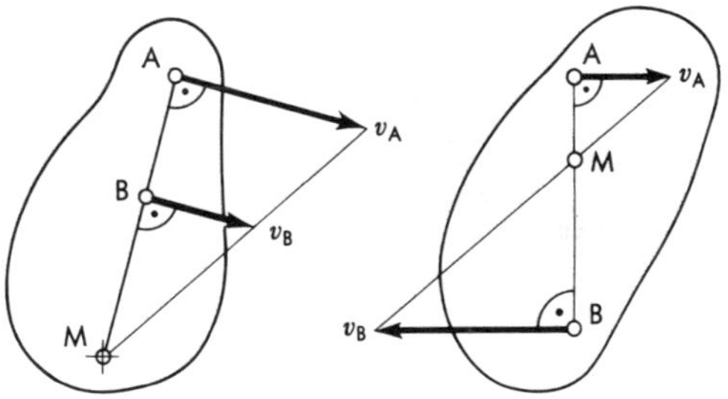

Abb. 4-16

Die hier erläuterte Methode ermöglicht auf sehr einfache Weise die Bestimmung der Geschwindigkeiten. Sie ist, wie im Abschnitt 4.3.3 dargelegt wird, für die *Bestimmung von Beschleunigungen nicht brauchbar.*

Beispiel 1

Der momentane Drehpol einer abrollenden Kreisscheibe ist zu bestimmen.

Lösung (Abb. 4-17/18/19)

Die Scheibe dreht sich mit der Winkelgeschwindigkeit ω, wobei sich der Mittelpunkt 0 mit $v_0 = r \cdot \omega$ bewegt. Die Konstruktion nach Abb. 4-14 ergibt als momentanen Drehpol den Berührungspunkt der Scheibe mit der Unterlage. Dieser Punkt der Scheibe hat im Moment der Berührung die Geschwindigkeit der Unterlage, d.h. er ist in Ruhe.

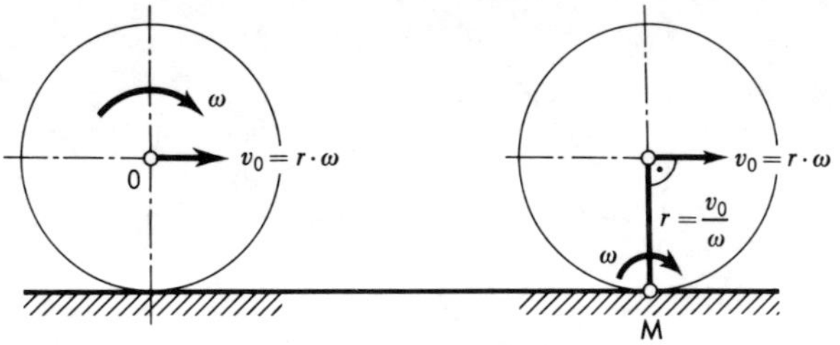

Abb. 4-17

Schon aus dieser Überlegung könnte man schließen, daß sich hier das Zentrum der Drehung befindet.

Das Ergebnis soll noch auf einem anderen Wege gefunden werden. Das Abrollen kann als Addition von Schiebung und Drehung nach Abb. 4-18 aufgefaßt werden. Dabei ist die Geschwindigkeit im Berührungspunkt A

$$v_A = v_0 - r \cdot \omega = 0.$$

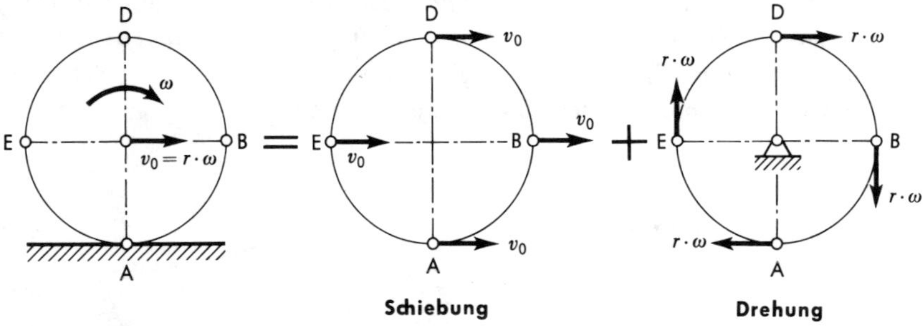

Abb. 4-18

Damit ist bereits dieser Punkt als momentaner Drehpol erwiesen. Die Zusammensetzung der Geschwindigkeitsvektoren ergibt für die anderen Punkte

$v_B = \sqrt{2} \cdot r \cdot \omega, \quad \searrow$ unter 45° nach unten,
$v_D = 2 \cdot r \cdot \omega, \quad \rightarrow$ horizontal,
$v_E = \sqrt{2} \cdot r \cdot \omega, \quad \nearrow$ unter 45° nach oben.

Die Aufzeichnung dieser Geschwindigkeiten und die Konstruktion des momentanen Drehpols nach Abb. 4-15/16 zeigt die Abb. 4-19.

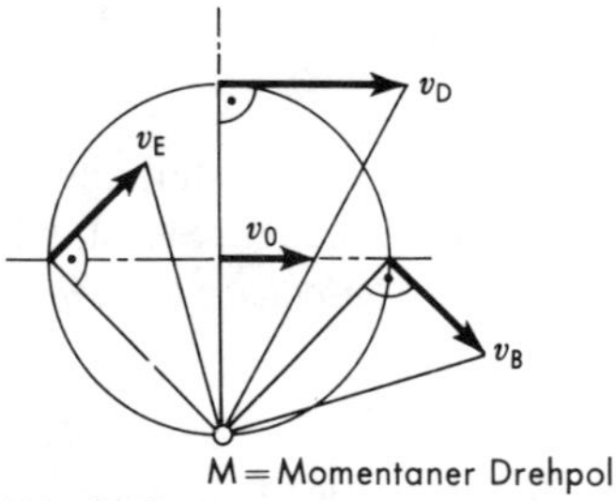

Abb. 4-19

Beispiel 2

Für den Kurbeltrieb Abb. 4-9 sind die Geschwindigkeit des Kolbens und die Winkelgeschwindigkeit des Pleuels mit Hilfe des momentanen Drehpols zu bestimmen.

Lösung (Abb. 4-20)

Der momentane Drehpol ist der Schnittpunkt der Senkrechten auf den Geschwindigkeitsvektoren $\vec{v}_B$ und $\vec{v}_D$. Die Scheibe BDM dreht sich im Moment der Betrachtung wie ein starrer Körper um den Punkt M. Aus dem Dreieck ADM erhält man die Abstände von B und D von diesem Drehpol

$$l_{MD} = l_{AD} = l_{AB} \cdot \cos 45^\circ + l_{BD} \cdot \cos 10{,}2^\circ$$
$$= 50 \text{ mm} \cdot \cos 45^\circ + 200 \text{ mm} \cdot \cos 10{,}2^\circ$$
$$l_{MD} = 232{,}2 \text{ mm}$$
$$l_{MB} = l_{AM} - l_{AB} = \frac{232{,}2 \text{ mm}}{\sin 45^\circ} - 50 \text{ mm}$$
$$l_{MB} = 278{,}4 \text{ mm} .$$

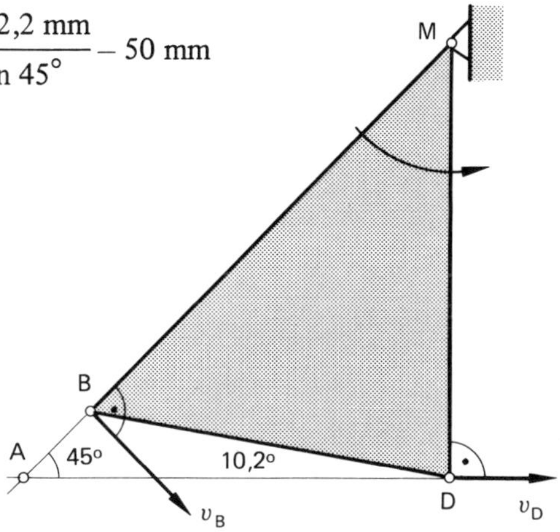

Abb. 4-20

Bekannt ist die Geschwindigkeit $v_B = 5{,}0$ m/s, damit ist die Winkelgeschwindigkeit der Scheibe BDM

$$\omega = \omega_{MB} = \omega_{BM} = \omega_{BD} = \omega_{DB} = \frac{5{,}0 \text{ m/s}}{0{,}2784 \text{ m}} = 17{,}96 \text{ s}^{-1} \circlearrowleft$$

und

$$v_D = 0{,}2322 \text{ m} \cdot 17{,}96 \text{ s}^{-1} = 4{,}17 \text{ m/s} .$$

Hier sollte sich der Leser nochmal darüber klar werden, daß die Winkelgeschwindigkeit eines starren Körpers nicht nur auf die tatsächliche, u.U. materiell ausgeführte Drehachse bezogen ist, sondern für alle Bezugspunkte der Scheibe gleich ist. Wenn sich an der Scheibe BDM z.B. die Kante MD um den Winkel φ dreht, dann tut es auch die Kante BD, die der Achse des Pleuels entspricht. Damit drehen sich MD, BD und alle beliebigen Linien auf der Scheibe mit gleicher Winkelgeschwindigkeit.

Beispiel 3 (Abb. 4-21)

In dem im Schema skizzierten Umlauf-(Planeten)-Getriebe wird das Rad *A* angetrieben. Dieses ist im Eingriff mit dem Rad *B* das mit Rad *D* fest verbunden ist. Rad *D* rollt auf der feststehenden Innenverzahnung ab und dreht dabei über den Steg die

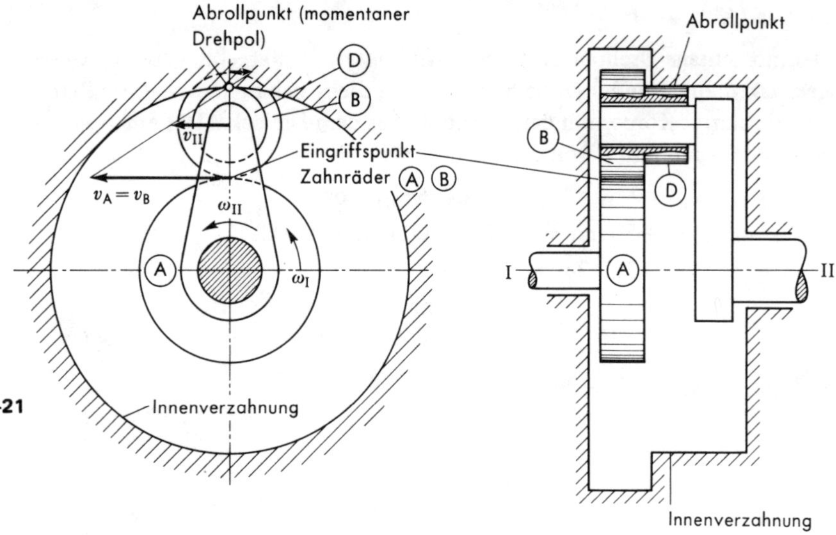

Abb. 4-21

Welle II. Es ist in Abhängigkeit von den Radien r_A, r_B, r_D das Übersetzungsverhältnis $\frac{n_I}{n_{II}}$ zu berechnen.

Lösung

Die Umfangsgeschwindigkeit des Rades A ist

$$v_A = r_A \cdot \omega_I .$$

Das ist gleichzeitig die Geschwindigkeit der im Eingriff befindlichen Zähne des Rades B. Der Abrollpunkt des Radblockes $B\,D$ ist der momentane Drehpol der Rollbewegung. Damit liegt die Geschwindigkeit v_{II} fest (Strahlensatz)

$$v_{II} = \frac{r_D}{r_D + r_B} \cdot v_A = \frac{r_D \cdot r_A}{r_D + r_B} \cdot \omega_I .$$

Es gilt für den Steg von der Länge l_s

$$v_{II} = l_s \cdot \omega_{II} = (r_A + r_B) \cdot \omega_{II} .$$

Aus den beiden Beziehungen erhält man

$$\frac{\omega_I}{\omega_{II}} = \frac{n_I}{n_{II}} = \frac{r_A + r_B}{r_A} \cdot \frac{r_D + r_B}{r_D} ,$$

$$\frac{n_I}{n_{II}} = \left(1 + \frac{r_B}{r_A}\right)\left(1 + \frac{r_B}{r_D}\right) .$$

Aus dem Ergebnis folgt, daß für diese Räderanordnung immer $n_I > n_{II}$ sein muß. Die Untersetzung ist um so größer, je größer Rad B ist und je kleiner die Räder A und D sind.

4.3.3 Die Bestimmung der Beschleunigungen

Auch für die Bestimmung der Beschleunigungen wird die allgemeine Bewegung in einer Ebene wie im Abschnitt 4.3.1 in eine Schiebung und Drehung zerlegt. Die resultierende Beschleunigung setzt sich vektoriell aus folgenden Einzelbeschleunigungen zusammen:

1. Schiebung
a) Tangentialbeschleunigung;
b) Normalbeschleunigung. Diese ist null bei geradliniger Schiebung.

2. Drehung
a) Tangentialbeschleunigung;
b) Normalbeschleunigung.

Über die Richtung der einzelnen Vektoren gilt das in den einschlägigen Abschnitten ausgeführte.

Es ist falsch, mit Hilfe des momentanen Drehpols die resultierende Beschleunigung zu ermitteln, weil die Normalbeschleunigung zum Pol der Drehung und nicht zum momentanen Drehpol gerichtet ist.

Zur näheren Erläuterung soll wieder die im Abschnitt 4.3.1 behandelte Bewegung eines an den Enden geführten Stabes der Länge l nach Abb. 4-22 behandelt werden. Dieser wird mit einer Beschleunigung $\vec{a}_A$ im Punkt A gezogen. Zu bestimmen sind die Beschleunigung des Punktes B und die Winkelbeschleunigung des Stabes $A\ B$.

Da sich der Punkt B geradlinig bewegt, liegt die Richtung von $\vec{a}_B$ fest. Bei der Schiebung mit $\vec{a}_A$ wird auch der Punkt B nach rechts mit der Beschleunigung $\vec{a}_A$ bewegt. Er würde sich dann von der Wand lösen. Das kann nur durch eine Drehung um den Pol A wieder rückgängig gemacht werden. Diese Drehung erfolgt hier beschleunigt. Es entstehen dabei die *Normalbeschleunigung* $a_{BAn} = l \cdot \omega^2$ und die *Tangentialbeschleunigung* $\vec{a}_{BAt} = l \cdot \alpha$. Die *resultierende Beschleunigung* ist demnach

$$\vec{a}_B = \vec{a}_A + \vec{a}_{BAn} + \vec{a}_{BAt}. \qquad \text{Gl. 4-9}$$

Es gilt wie bei der Geschwindigkeitsbestimmung: 1. Index Ort, 2. Index Drehpol.

Das der Gl. 4-9 entsprechende Beschleunigungsviereck ist in der Abb. 4-22 gegeben.

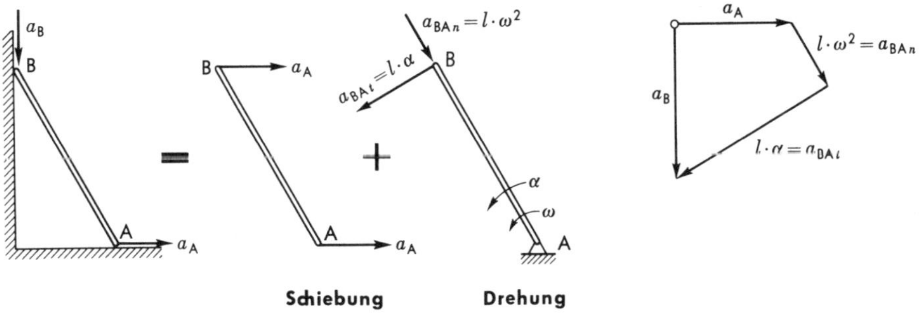

Abb. 4-22

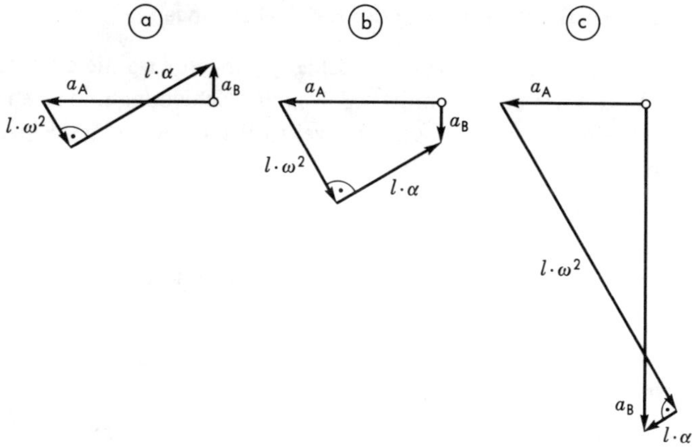

Abb. 4-23

Aus der Tatsache, daß die Winkelgeschwindigkeit vom Drehpol unabhängig ist (s. Abschnitt 4.3.1), folgt unmittelbar:

Die Winkelbeschleunigung eines starren Körpers ist bei allgemeiner ebener Bewegung unabhängig vom Bezugspunkt.

Für die Lösung von Aufgaben ist es notwendig, folgendes zu beachten:

1. Vor der Bestimmung der Beschleunigung müssen die Geschwindigkeiten ermittelt werden, denn die Berechnung der Normalbeschleunigung erfordert die Kenntnis der Winkelgeschwindigkeit.
2. Die Schiebung muß mit der Beschleunigung erfolgen, die unmittelbar gegeben oder aus anderen Angaben berechenbar ist (z.B. a_B in Beispiel 1).
3. Die Drehung erfolgt um den Punkt, dessen Beschleunigung für die Schiebung verwendet wurde (Schiebung mit a_A erfordert Drehung um A).

Die Begründungen der Punkte 2 und 3 entsprechen denen für die Geschwindigkeitsbestimmung im Abschnitt 4.3.1.

Für die verzögerte Bewegung von A nach rechts sind die in Abb. 4-23 gezeichneten Beschleunigungsvierecke möglich. Im Fall a) ist die Geschwindigkeit von B und damit die Winkelgeschwindigkeit sehr klein. Man erhält eine verzögerte Bewegung von B nach unten (Geschwindigkeits- und Beschleunigungsvektoren haben verschiedene Richtungen). Der Vektor $a_{BAt} = l \cdot \alpha$ zeigt an, daß die Drehung verzögert erfolgt. Im Fall b) ist die Winkelgeschwindigkeit größer geworden. Der Punkt B bewegt sich beschleunigt, die Drehung ist aber verzögert. Im Fall c) ist die Winkelgeschwindigkeit so groß, daß jetzt auch die Drehung beschleunigt erfolgt.

Beispiel 1 (Abb. 4-9)

Die in der Abb. 4-9 skizzierte Kurbelwelle rotiert im Uhrzeigersinn mit $\omega_{AB} = 100\,\mathrm{s}^{-1}$. Zu bestimmen sind für die skizzierte Stellung des Kurbeltriebes die Winkelbeschleunigung des Pleuels und die Beschleunigung des Kolbens*). Die Berechnung der Kräfte in den Lagern erfolgt im Beispiel 4 des Abschnittes 7.2.4.

*) Zur Ableitung der Kolbenbeschleunigung siehe auch Abschnitt 9.5.

Lösung (Abb. 4-24)

Die Beschleunigung des Punktes B ist, da ω_{AB} = konst. ist, gleich der Normalbeschleunigung

$$a_B = l_{AB} \cdot \omega^2 = 0{,}05\ \text{m} \cdot 10^4\ \text{s}^{-2}, \quad a_B = 500\ \text{m/s}^2.$$

Das ist die Größe für die Schiebung.
Die Gleichung 4-9 für diesen Fall angewendet lautet:

$$\vec{a}_D = \vec{a}_B + \vec{a}_{D\,Bn} + \vec{a}_{DBt}.$$

Der Beschleunigungsvektor des Kolbens $\vec{a}_D$ muß wegen der geradlinigen Bewegung in der Kolbenachse liegen. Der Wirkungssinn ist jedoch unbekannt. Die Größe der Normalbeschleunigung $a_{D\,Bn}$ beträgt

$$a_{D\,Bn} = l_{DB} \cdot \omega_{DB}^{\ 2},$$

wobei im Beispiel 1 Abschnitt 4.3.1

$$\omega_{DB} = 17{,}96\ \text{s}^{-1}$$

bestimmt wurde. Damit ist

$$a_{D\,Bn} = 0{,}2 \cdot 17{,}96^2\ \text{m/s}^2,$$

$$a_{D\,Bn} = 64{,}5\ \text{m/s}^2.$$

Mit den bekannten Vektoren $\vec{a}_B$ $\vec{a}_{D\,Bn}$ und der Richtung von a_D kann man das Beschleunigungsviereck nach Abb. 4-24 konstruieren. Rechnerisch ergeben sich folgende Werte:

$$a_{D\,Bt} = \frac{1}{\cos 10{,}2^\circ}\,(a_B \cdot \cos 45^\circ - a_{D\,Bn} \cdot \sin 10{,}2^\circ),$$

$$a_{D\,Bt} = 348\ \text{m/s}^2,$$

$$a_D = a_B \cdot \sin 45^\circ + a_{D\,Bn} \cdot \cos 10{,}2^\circ - a_{D\,Bt} \cdot \sin 10{,}2^\circ,$$

$$\mathbf{a_D = 356\ m/s^2}.$$

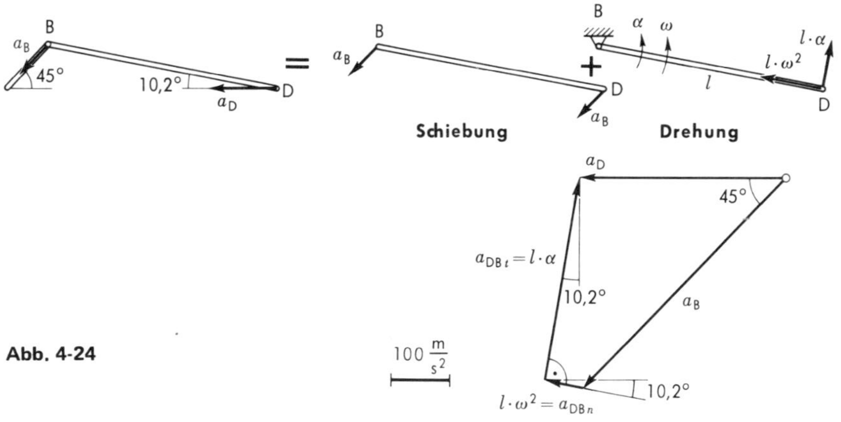

Abb. 4-24

Aus der Richtung der Vektoren folgt, daß sich das Pleuel entgegen dem Uhrzeigersinn beschleunigt dreht, (ω und α gleichsinnig) und der Kolben sich nach rechts verzögert bewegt ($\vec{v}$ und $\vec{a}$ entgegengesetzt gerichtet). Die Winkelbeschleunigung des Pleuels ist

$$\alpha = \frac{a_{\mathrm{DBt}}}{l_{\mathrm{DB}}} = \frac{348\ \mathrm{m/s^2}}{0{,}2\ \mathrm{m}} = \mathbf{1738\ s^{-2}}.$$

Beispiel 2

Für die in Abb. 4-12 skizzierte Kurbelschwinge ist die resultierende Beschleunigung der Punkte *B* und *S* nach Größe und Richtung für folgende Werte zu bestimmen

$$l_{\mathrm{ED}} = 20\ \mathrm{cm}, \quad l_{\mathrm{BD}} = 30\ \mathrm{cm}, \quad l_{\mathrm{AB}} = 25\ \mathrm{cm},$$
$$\omega_{\mathrm{ED}} = 10\ \mathrm{s^{-1}}, \curvearrowright \quad \alpha_{\mathrm{ED}} = 50\ \mathrm{s^{-2}}. \curvearrowleft$$

Lösung (Abb. 4-25)

Im Gegensatz zum vorigen Beispiel ist die Richtung der gesuchten Beschleunigung $\vec{a}_{\mathrm{B}}$ unbekannt. Die Beschleunigung des Punktes *D* setzt sich aus Normal- und Tangentialkomponente zusammen

$$a_{\mathrm{Dn}} = l_{\mathrm{ED}} \cdot \omega_{\mathrm{ED}}{}^2 = 0{,}2\ \mathrm{m} \cdot 100\ \mathrm{s^{-2}} = 20\ \mathrm{m/s^2},$$
$$a_{\mathrm{Dt}} = l_{\mathrm{ED}} \cdot \alpha_{\mathrm{ED}} = 0{,}2\ \mathrm{m} \cdot 50\ \mathrm{s^{-2}} = 10\ \mathrm{m/s^2}.$$

Dabei ist a_{Dn} nach *E*, a_{Dt} unter 45° nach links unten gerichtet (Aufgabenstellung).

Die Bewegung des Stabes *BD* kann man, da $\vec{a}_{\mathrm{D}}$ bekannt ist, als Schiebung mit $\vec{a}_{\mathrm{D}}$ und Drehung um *D* auffassen (Abb. 4-25). Die Gleichung 4-9 lautet für den vorliegenden Fall

$$\vec{a}_{\mathrm{B}} = \vec{a}_{\mathrm{D}} + \vec{a}_{\mathrm{BDn}} + \vec{a}_{\mathrm{BDt}}.$$

Dabei ist $\quad \vec{a}_{\mathrm{D}} = \vec{a}_{\mathrm{Dn}} + \vec{a}_{\mathrm{Dt}}.$

Da Punkt *B* selbst einen Kreisbogen um *A* beschreibt, gilt

$$\vec{a}_{\mathrm{B}} = \vec{a}_{\mathrm{Bn}} + \vec{a}_{\mathrm{Bt}}.$$

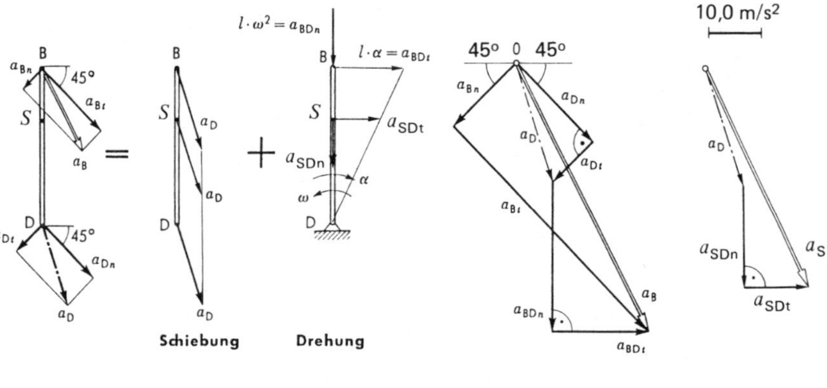

Abb. 4-25

Insgesamt erhält man deshalb

$$\vec{a}_{Bn} + \vec{a}_{Bt} = \vec{a}_{Dn} + \vec{a}_{Dt} + \vec{a}_{BDn} + \vec{a}_{BDt}.$$

Das ist die mathematische Formulierung für ein Vieleck, das insgesamt aus 6 Vektoren besteht. Eine Lösung ist möglich, wenn nicht mehr als zwei davon unbekannt sind. Außer den Größen $\vec{a}_{Dn}$ und $\vec{a}_{Dt}$ können die beiden Normalbeschleunigungen $\vec{a}_{Bn}$ und $\vec{a}_{BDn}$ berechnet werden. Es gilt

$$a_{Bn} = l_{AB} \cdot \omega_{AB}^2,$$
$$a_{BDn} = l_{BD} \cdot \omega_{BD}^2.$$

Dabei wurden im Beispiel 2, Abschnitt 4.3.1 folgende Werte ermittelt

$$\omega_{AB} = 8{,}0\ \mathrm{s}^{-1}, \qquad \omega_{BD} = 9{,}428\ \mathrm{s}^{-1}.$$

Daraus folgt

$$a_{Bn} = 0{,}25\ \mathrm{m} \cdot 8{,}0^2\ \mathrm{s}^{-2} = 16{,}0\ \mathrm{m/s^2}\ (\text{Richtung}\ A),$$
$$a_{BDn} = 0{,}30\ \mathrm{m} \cdot 9{,}43^2\ \mathrm{s}^{-2} = 26{,}7\ \mathrm{m/s^2}\ (\text{Richtung}\ D).$$

Damit ist die Konstruktion des Beschleunigungsvielecks möglich. Der gesuchte Vektor $\vec{a}_B$ muß sich 1. als Summe $\vec{a}_{Bn} + \vec{a}_{Bt}$, 2. als Summe $\vec{a}_{Dn} + \vec{a}_{Dt} + \vec{a}_{BDn} + \vec{a}_{BDt}$ ergeben. An den Ausgangspunkt 0 werden 1. der Vektor $\vec{a}_{Bn}$ und 2. die Vektoren $\vec{a}_{Dn}$, $\vec{a}_{Dt}$ und $\vec{a}_{BDn}$ angetragen. Die Richtungen der Vektoren $\vec{a}_{Bt}$ und $\vec{a}_{BDt}$ sind bekannt und werden an $\vec{a}_{Bn}$ und $\vec{a}_{BDn}$ angetragen. Der Schnittpunkt legt nach den Ausführungen oben den gesuchten Vektor $\vec{a}_B$ fest.

Das Vektorenvieleck kann auch für eine Berechnung benutzt werden. Eine Summation in y-Richtung liefert zwei Gleichungen

$$a_{By} = -a_{Dn} \cdot \sin 45^\circ - a_{Dt} \cdot \sin 45^\circ - a_{BDn}$$
$$a_{By} = -20{,}0\ \mathrm{m/s^2} \cdot \sin 45^\circ - 10{,}0\ \mathrm{m/s^2} \cdot \sin 45^\circ - 26{,}7\ \mathrm{m/s^2}$$
$$= -47{,}88\ \mathrm{m/s^2}$$

$$a_{By} = -a_{Bn} \cdot \sin 45^\circ - a_{Bt} \cdot \sin 45^\circ .$$

Eine Umwandlung führt zu

$$a_{Bt} = (-a_{Bn} \cdot \sin 45^\circ - a_{By}) \cdot \frac{1}{\sin 45^\circ}$$

$$a_{Bt} = -16{,}0\ \mathrm{m/s^2} + \frac{47{,}88\ \mathrm{m/s^2}}{\sin 45^\circ} = 51{,}71\ \mathrm{m/s^2} .$$

Für die x-Richtung gilt

$$a_{Bx} = -a_{Bn} \cdot \cos 45^\circ + a_{Bt} \cdot \cos 45^\circ$$
$$a_{Bx} = -16{,}0\ \mathrm{m/s^2} \cdot \cos 45^\circ + 51{,}71\ \mathrm{m/s^2} \cdot \cos 45^\circ = 25{,}25\ \mathrm{m/s^2}$$
$$a_{Bx} = a_{Dn} \cdot \cos 45^\circ - a_{Dt} \cos 45^\circ + a_{BDt} .$$

Diese Gleichung liefert

$$a_{BDt} = a_{Bx} - (a_{Dn} - a_{Dt}) \cdot \cos 45^\circ$$
$$a_{BDt} = 25{,}25\ \mathrm{m/s^2} - (20{,}0 - 10{,}0)\ \mathrm{m/s^2} \cdot \cos 45^\circ = 18{,}18\ \mathrm{m/s^2} .$$

Insgesamt ergibt das

$$\mathbf{a_B = 54{,}13\ m/s^2} \quad ∡\ 62{,}2°$$

$$\alpha_{AB} = \frac{a_{Bt}}{l_{AB}} = \frac{51{,}71\ \text{m/s}^2}{0{,}20\ \text{m}} = \mathbf{206{,}9\ s^{-2}}\ ↻$$

$$\alpha_{BD} = \frac{a_{BDt}}{l_{BD}} = \frac{18{,}18\ \text{m/s}^2}{0{,}30\ \text{m}} = \mathbf{60{,}6\ s^{-2}}\ ↻\ .$$

Nachdem die Kinematik der Schwinge BD erfaßt ist, ist es möglich, die Beschleunigung eines jeden mit diesem Stab starr verbundenen Punktes zu bestimmen. Durch die verzögerte Drehung von BD werden folgende Beschleunigungen des Punktes S verursacht

$$a_{SDn} = l_{DS} \cdot \omega_{DB}^2 = 0{,}20\ \text{m} \cdot 9{,}428^2\ \text{s}^{-2}$$

$$a_{SDn} = 17{,}78\ \text{m/s}^2\ \downarrow$$

$$a_{SDt} = l_{DS} \cdot \alpha_{BD} = 0{,}20\ \text{m} \cdot 60{,}60\ \text{s}^{-2}$$

$$a_{SDt} = 12{,}12\ \text{m/s}^2\ \rightarrow .$$

Zu diesen Beschleunigungen kommt die Beschleunigung $\vec{a}_D$ der Schiebung hinzu, so daß ingesamt gilt

$$\vec{a}_S = \vec{a}_{Dn} + \vec{a}_{Dt} + \vec{a}_{SDn} + \vec{a}_{SDt}\ .$$

Das dazugehörige Vieleck zeigt auch die Abb. 4-25. Die Berechnung führt zu

$$a_{Sx} = a_{Dn} \cdot \cos 45° - a_{Dt} \cdot \cos 45° + a_{SDt} = 19{,}19\ \text{m/s}^2$$

$$a_{Sy} = -a_{Dn} \cdot \sin 45° - a_{Dt} \cdot \sin 45° - a_{SDn} = -38{,}39\ \text{m/s}^2\ .$$

Die Zusammensetzung liefert

$$\mathbf{a_S = 42{,}92\ m/s^2} \quad ∡\ 63{,}4°\ .$$

4.4 Die Relativbewegung

In diesem Abschnitt soll von einem einfachen Versuch ausgegangen werden. Ein Wagen nach Abb. 4-26 bewegt sich mit v_f nach rechts. Vom Wagen aus wird dabei ein Ball mit der Geschwindigkeit v_{rel} nach oben geschossen. Für den mitfahrenden Beobachter scheint der Ball eine geradlinige, senkrechte Bahn zu durchlaufen (senkrechter Wurf nach oben), der ruhende Beobachter sieht den Ball eine Wurfparabel von links nach rechts beschreiben, der den Wagen mit konstanter Geschwindigkeit überholende Beobachter sieht auch eine Wurfparabel, jedoch in umgekehrter Richtung durchflogen.

Die Geschwindigkeit des Wagens nennt man *Führungsgeschwindigkeit* v_f, die des Balls relativ zum Wagen *Relativgeschwindigkeit* v_{rel}. Diese beiden Geschwindigkeiten addieren sich vektoriell zur *Absolutgeschwindigkeit* v, die der ruhende Betrachter beobachtet. Analoges gilt für die Wege und Beschleunigungen.

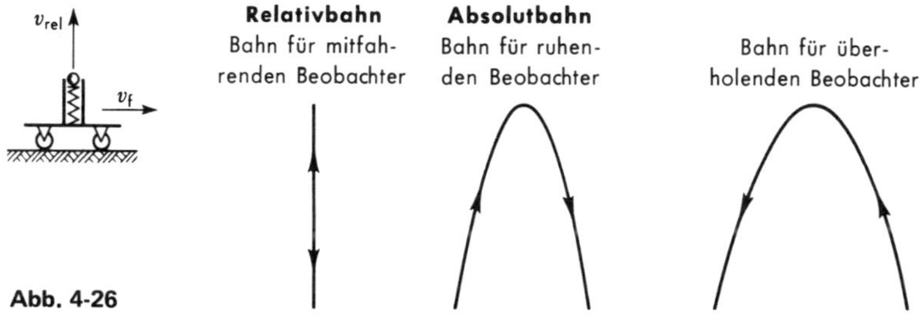

Abb. 4-26

Die Überlagerung bzw. Zerlegung verschiedener Geschwindigkeiten und Beschleunigungen wurde bereits im Abschnitt 3.1 behandelt.

Allgemein gilt nach den Ausführungen oben

$$\vec{v} = \vec{v}_{rel} + \vec{v}_f \,. \qquad \text{Gl. 4-10}$$

Erfolgen Relativ- und Führungsbewegung geradlinig, dann gilt auch eine analoge Beziehung für die Beschleunigungen. Ist die Führungsbewegung eine Drehung, dann kommt noch ein Beschleunigungsglied hinzu. Für diesen Fall ist die Verwendung von Polarkoordinaten besonders vorteilhaft. Die entsprechenden Beziehungen wurden im Abschnitt 3.1 abgeleitet (Gleichung 3-6/7).

Beschleunigung in radiale Richtung:

$$a_r = \ddot{r} - r \cdot \omega^2 ,$$

Beschleunigung in Umfangsrichtung

$$a_\varphi = 2\, v_r \cdot \omega + r \cdot \alpha ,$$

Der Vektor der Gesamtbeschleunigung ist die geometrische Summe dieser beiden Beschleunigungen

$$\vec{a} = \vec{a}_{ges} = \ddot{\vec{r}} - (\overrightarrow{r \cdot \omega^2}) + (\overrightarrow{2\, v_r \cdot \omega}) + (\overrightarrow{r \cdot \alpha}) \,.$$

Genau wie bei der Wurfparabel die Bewegung als Überlagerung von senkrechtem Wurf und Horizontalbewegung aufgefaßt werden kann, ist es möglich, diese Gleichungen als Darstellung einer Überlagerung von Drehung (Richtung φ) und einer auf dem gedrehten System ausgeführten Relativbewegung zu deuten. Dabei haben die einzelnen Summanden der Gleichung folgende Bedeutung:

Durch die Drehung sind die vom Abschnitt 3.2. bekannten Anteile Normalbeschleunigung und Tangentialbeschleunigung verursacht. Da das rotierende System als Führungssystem (Index f) betrachtet wird, gilt

$$a_{fn} = -\, r \cdot \omega^2 \qquad a_{ft} = r \cdot \alpha$$

$$\vec{a}_f = \vec{a}_{ft} + \vec{a}_{fn} \,.$$

Die beiden Ausgangsgleichungen für a_r und a_φ (Gl. 3-6/7) wurden durch eine Zerlegung in Umfangsrichtung und radiale Richtung gewonnen. Man kann deshalb den Anteil $\ddot{r}$ als radiale Beschleunigung relativ zum gedrehten System ansehen und sie deshalb a_{rel} nennen. Es verbleibt noch der in Umfangsrichtung wirkende Anteil $2\,v_r \cdot \omega$. Er wird nach dem französischen Physiker (1792–1843) CORIOLIS-Beschleunigung genannt. Dabei ist v_r eine Relativgeschwindigkeit auf der rotierenden Scheibe, wobei zunächst die Richtung der Geschwindigkeit radial liegen soll.

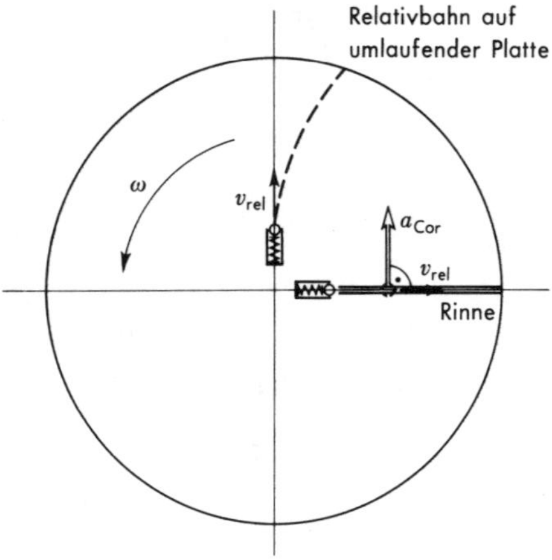

Abb. 4-27

$$a_{Cor} = 2\,v_r \cdot \omega = 2\,v_{rel} \cdot \omega\,.$$

Es ergibt sich deshalb

$$\vec{a} = \vec{a}_f + \vec{a}_{rel} + \vec{a}_{Cor}\,. \qquad \text{Gl. 4-11}$$

Nur für den Fall $\omega = 0$ (keine Drehung) setzt sich die resultierende Beschleunigung aus Führungs- und Relativbeschleunigung zusammen.

Das Vorhandensein der CORIOLISbeschleunigung soll mit Hilfe eines einfachen Versuchs erläutert werden. Auf eine rotierende Scheibe nach Abb. 4-27 wird eine Kugel innen mit der nach außen gerichteten Geschwindigkeit v_{rel} mit einer Feder abgeschossen. Sie beschreibt auf der Scheibe eine gekrümmte Bahn, da sie im Abschußpunkt eine kleine Umfangsgeschwindigkeit hatte, diese bei der weiteren Bewegung beibehält und demzufolge die Scheibe sich unter der Kugel wegen der nach außen zunehmenden Umfangsgeschwindigkeit wegbewegt. Der Versuch wird wiederholt, wobei die Kugel aber jetzt in eine radiale Rinne geschossen wird. Die Rinne erzwingt jetzt eine radiale Bahn. Da die Umfangsgeschwindigkeit nach außen zunimmt, legt sich die Kugel im skizzierten Fall an den rechten Rand der Rinne. Die radiale Bahn kann nur durch eine senkrecht zu v_{rel} stehende Beschleunigung erzwungen werden.

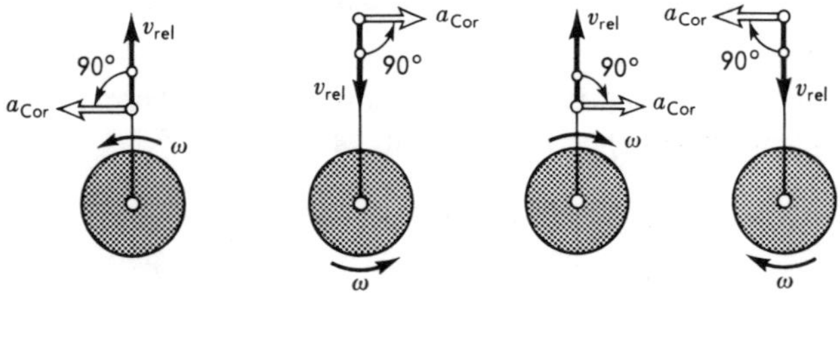

Abb. 4-28

Aus diesem Modellversuch folgt, daß der Vektor $\vec{a}_{cor}$ gegenüber dem Vektor $\vec{v}_{rel}$ im Drehsinn von ω um 90° gedreht ist (Abb. 4-28). Das folgt auch aus der Deutung des Vektors als vektorielles Produkt

$$\vec{a}_{cor} = 2\,\vec{\omega} \times \vec{v}_{rel}$$

nach Abb. 4-29 (Rechte-Hand-Regel)

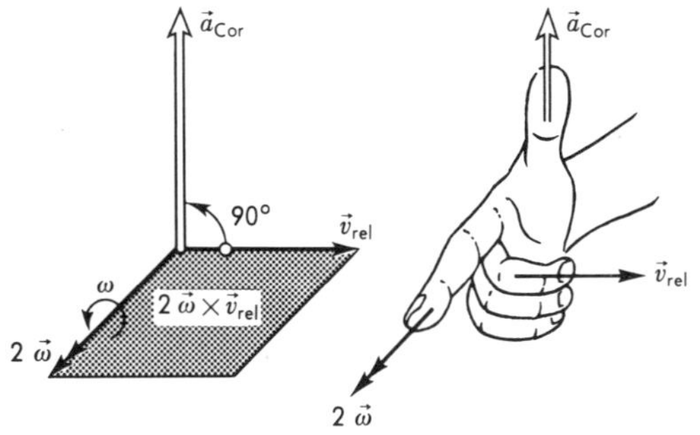

Abb. 4-29

Die obigen Betrachtungen sind zunächst nur für eine radiale Bewegung auf einem mit ω rotierenden Führungssystem angestellt worden. Wie jedoch im vorigen Abschnitt gezeigt wurde, ist die Winkelgeschwindigkeit eines starren Körpers unabhängig vom Bezugspunkt d.h. der Vektor $\vec{\omega}$ ist frei verschieblich. Aus diesem Grunde ist die Beziehung für $\vec{a}_{cor}$ für eine beliebige Relativbahn gültig, die sich mit ω dreht. Es gilt unverändert, daß $\vec{a}_{cor}$ im Drehsinn von ω um 90° gegenüber einer beliebig auf das Führungssystem bezogenen Relativitätsgeschwindigkeit $\vec{v}_{rel}$ gedreht ist.

Es gilt deshalb allgemein:

$$a_{cor} = 2\,\omega \cdot v_{rel} \qquad \textbf{Gl. 4-12}$$

Weiterhin ist zu beachten, daß bei gekrümmter Relativbahn der Vektor $\vec{a}_{rel}$ sich aus Normal- und Tangentialbeschleunigung zusammensetzt (s. Beispiel 3).

Beispiel 1 (Abb. 4-30)

Die Abbildung zeigt einen Schubkurventrieb. Der senkrechte Stößel soll durch die mit konstanter Geschwindigkeit bewegte Schubkurve möglichst „weich“ auf die Geschwindigkeit v_1 gebracht werden. Ein solches Anfahren erreicht man, wenn die Beschleunigung von null ausgehend stetig ansteigt und nach einem Maximum wieder auf null fällt. Den beschriebenen Verlauf erfüllt z.B. eine sin-Kurve im Bereich 0 bis π. Nach dieser Gesetzmäßigkeit soll deshalb der Stößel beschleunigt werden. Zu bestimmen ist in allgemeiner Form die Gleichung der Schubkurve. Diese ist für folgende Daten auszuwerten:

Endgeschwindigkeit des Stößels v_1 = 0,20 m/s,
Breite der Schubkurve im Beschleunigungsteil b = 400 mm,
Beschleunigungszeit t_b = 0,80 s.

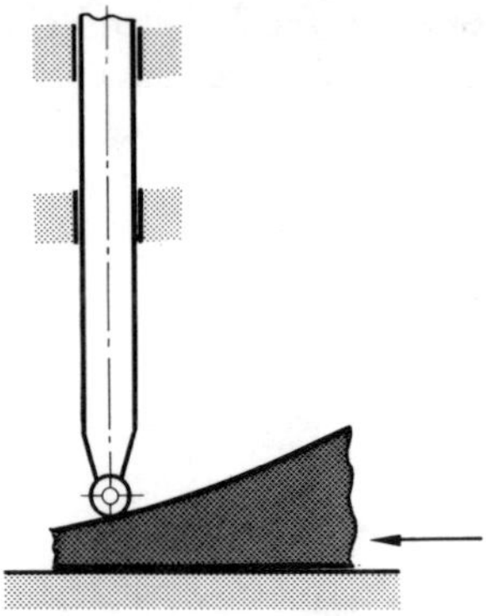

Abb. 4-30

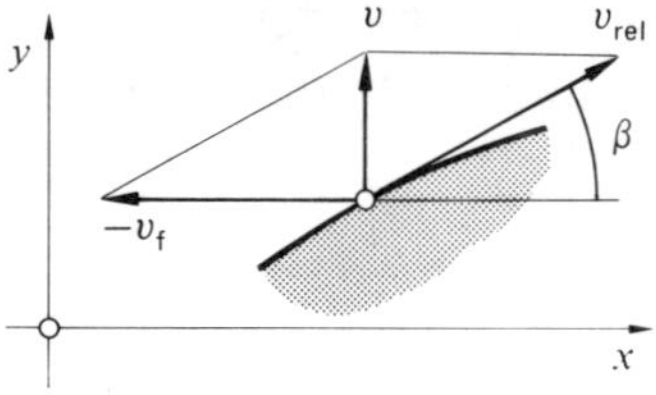

Abb. 4-31

Lösung

Zunächst ist es notwendig, den Zusammenhang zwischen Stößel- und Schubkurvengeschwindigkeit herzustellen. Die Schubkurve soll das geführte System darstellen. Der Stößelfuß gleitet auf der Schubkurve relativ zu dieser mit $\vec{v}_{rel}$, der ruhende Beobachter sieht den Stößel mit $\vec{v}$ nach oben bewegt (Absolutgeschwindigkeit). Die vektorielle Addition zeigt Abb. 4-31. Diese liefert die Beziehung ($\vec{v}_f$ hat negative Richtung)

$$\tan\beta = \frac{v}{-v_f} = \frac{dy}{dx}\,. \tag{1}$$

Nach Aufgabenstellung ist

$$a = a_{max} \cdot \sin(kx)\,. \tag{2}$$

Aus der vorgegebenen Endgeschwindigkeit und der Breite der Kurvenscheibe müssen die Konstante k und die maximale Beschleunigung bestimmt werden. Die Geschwindigkeit ist

$$v = \int a \cdot dt\,.$$

Da hier eine Abhängigkeit von der Lage x und nicht von der Zeit t vorgegeben ist, muß x durch Erweiterung eingebracht werden

$$v = \int a \cdot \frac{dx}{dx} \cdot dt = \int a \cdot \frac{1}{\frac{dx}{dt}} \cdot dx\,.$$

Dabei ist $\frac{dx}{dt} = -v_f = \text{konst}$ und damit

$$v = -\frac{1}{v_f}\int a \cdot dx = -\frac{a_{max}}{v_f}\int \sin(kx) \cdot dx$$

$$v = +\frac{a_{max}}{v_f} \cdot \frac{1}{k} \cdot \cos(kx) + C_1\,.$$

Die Integrationskonstante C_1 erhält man aus der Randbedingung

$$v = 0 \quad \text{für} \quad x = 0$$

$$0 = + \frac{a_{max}}{v_f} \cdot \frac{1}{k} + C_1$$

$$C_1 = - \frac{a_{max}}{k \cdot v_f} \, .$$

Damit ist

$$v = \frac{a_{max}}{k \cdot v_f} \, [\cos(kx) - 1] \, . \tag{3}$$

Das Ende des Beschleunigungsvorgangs ist gekennzeichnet durch

$$x = b \;\text{ für }\; a = 0 \;\text{ und }\; v = v_1 \, .$$

Das Einsetzen in (2) und (3) führt zu

$$0 = a_{max} \cdot \sin(kb) \qquad kb = \pi \qquad k = \frac{\pi}{b}$$

$$v_1 = \frac{a_{max}}{\frac{\pi}{b} \cdot v_f} \left[cos\left(\frac{\pi}{b} \cdot b\right) - 1 \right] .$$

Mit $\cos \pi = -1$ ist

$$a_{max} = - \frac{\pi \cdot v_1 \cdot v_f}{2b} \, .$$

Die Terme a_{max} und k werden in (2) und (3) eingesetzt. Nach teilweisem Kürzen und Umrechnen auf Gradmaß ($\pi \mathrel{\hat{=}} 180^\circ$) ist

$$a = - \frac{\pi \cdot v_1 \cdot v_f}{2b} \sin\left(\frac{x}{b} \cdot 180^\circ\right) \tag{4}$$

$$v = - \frac{\pi \cdot v_1 \cdot v_f \cdot b}{2b \cdot \pi \cdot v_f} \left[\cos\left(\frac{x}{b} \cdot 180^\circ\right) - 1 \right]$$

$$v = \frac{v_1}{2} \left[1 - \cos\left(\frac{x}{b} \cdot 180^\circ\right) \right] . \tag{5}$$

Es gilt, den Zusammenhang zwischen der Lage des Stößels y und der Schubkurve x zu finden. Die Gleichung (1) liefert

$$\mathrm{d}y = - \frac{v}{v_f} \cdot \mathrm{d}x$$

$$y = - \frac{1}{v_f} \int v \cdot \mathrm{d}x \, .$$

Diese Beziehung erhält man auch aus der Integration der Gleichung (5)

$$y = \int v_y \cdot dt \quad \text{mit} \quad v = v_y \quad \text{und} \quad \frac{dx}{dt} = -v_f$$

$$y = \int \frac{v}{dx/dt} \cdot dx = -\frac{1}{v_f} \int v \cdot dx .$$

Mit Gleichung (5) ist

$$y = -\frac{v_1}{2\,v_f} \int \left[1 - \cos\left(\frac{x}{b} \cdot 180° \right) \right] dx$$

$$y = -\frac{v_1}{2\,v_f} \left[x - \frac{b}{\pi} \cdot \sin\left(\frac{x}{b} \cdot 180° \right) \right] . \qquad (6)$$

Die Bedingung $y = 0$ für $x = 0$ ist erfüllt, d.h. die Integrationskonstante ist gleich Null. Somit stellt die Gleichung (6) die gesuchte Schubkurve dar. Die Gleichungen (4) (5) und (6) lauten für den vorgegebenen Fall mit

$$v_f = -\frac{b}{\Delta t} = -\frac{0{,}40\text{ m}}{0{,}80\text{ s}} = -0{,}50\text{ m/s}$$

$$y = 0{,}200 \left[x - \frac{400\text{ mm}}{\pi} \cdot \sin\left(\frac{x}{400\text{ mm}} \cdot 180° \right) \right]$$

$$v = 0{,}10\text{ m/s} \cdot \left[1 - \cos\left(\frac{x}{400\text{ mm}} \cdot 180° \right) \right]$$

$$a = 0{,}393\text{ m/s}^2 \cdot \sin\left(\frac{x}{400\text{ mm}} \cdot 180° \right) .$$

Die Schubkurve ist nach dem Beschleunigungsteil linear mit der Steigung $2/5 = v_1/v_f$ auszuführen. Die Form der Schubkurve und das v-x- und a-x-Diagramm zeigt die Abb. 4-32.

Beispiel 2

Für die Kurbelschleife Abb. 4-5 sollen Beschleunigungen ermittelt werden. Es sollen die in Beispiel 3 Abschnitt 4.2 gegebenen Daten gelten. Zu bestimmen sind für die skizzierte Position

a) die Coriolis-Beschleunigung des Punktes B,
b) die Beschleunigung mit der der Bolzen B im Schlitz gleitet,
c) die Winkelbeschleunigung der Schleife AB.

Lösung

zu a) Das Führungssystem f ist die Schleife AB. Für diesen Fall ist nach Gleichung 4-12

$$a_{\text{Cor B}} = 2 \cdot \omega_{AB} \cdot v_{\text{B rel}}$$

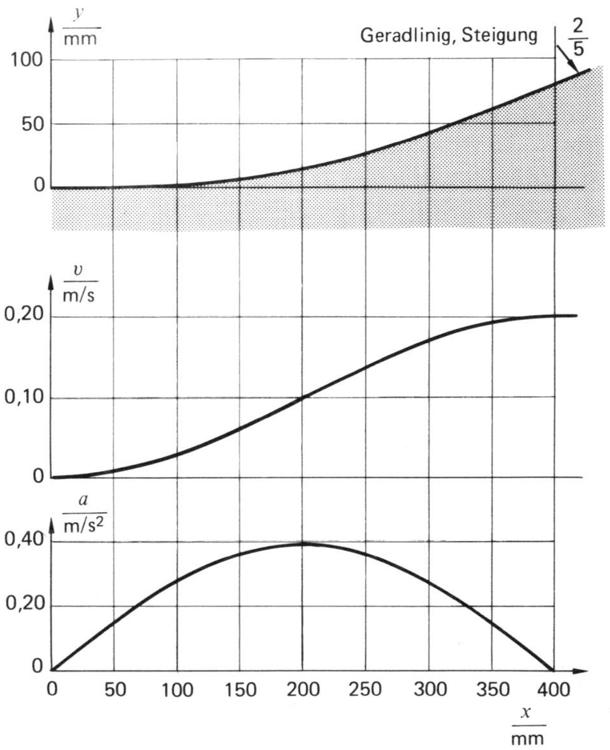

Abb. 4-32

Dabei wurden im oben skizzierten Beispiel errechnet

$$\omega_{AB} = 3{,}220 \text{ s}^{-1} \quad ↺ \quad v_{B\,rel} = 1{,}312 \text{ m/s} .$$

Diese Werte liefern

$$a_{Cor\,B} = 2 \cdot 3{,}220 \text{ s}^{-1} \cdot 1{,}312 \text{ m/s} = \mathbf{8{,}449 \text{ m/s}^2} \quad ∡\, 6{,}32° .$$

Die Richtung erhält man aus Abb. 4-33.

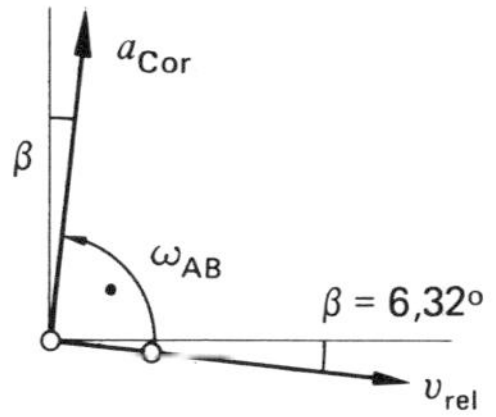

Abb. 4-33

zu b) und c) Der Punkt B beschreibt eine Kreisbahn mit konstanter Winkelgeschwindigkeit. Seine resultierende Beschleunigung ist deshalb gleich der zum Drehpunkt C gerichteten Normalbeschleunigung. Sie wurde zu 29,40 m/s² ermittelt. Diese setzt sich vektoriell aus der Führungs-, Relativ- und Coriolisbeschleunigung zusammen.

Die Führungsbeschleunigung kann man sich folgendermaßen anschaulich machen. Man denkt sich nach Abb. 4-34 neben dem untersuchten Punkt (hier B) auf dem geführten System (hier Schleife AB) einen Punkt f. Dieser Punkt unterliegt der Führungsbeschleunigung. Im vorliegenden Falle beschreibt er eine Kreisbahn mit dem Radius AB. Die Normalbeschleunigung ist von f nach A gerichtet und beträgt (s. Beispiel 3 im Abschnitt 4.2)

$$a_{fn} = l_{AB} \cdot \omega_{AB}^2 = 0{,}5091\ \text{m} \cdot 3{,}220^2\ \text{s}^{-2} = 5{,}280\ \text{m/s}^2 \quad ⦪\ 6{,}32^\circ\ .$$

Der Vektor der Tangentialbeschleunigung steht senkrecht zu a_{fn}, jedoch sind Größe und Wirkungssinn unbekannt. Der Vektor der Relativbeschleunigung liegt auf der Linie der Relativbewegung.

Nach diesen Überlegungen ist es möglich, das Beschleunigungsvieleck zu zeichnen (Abb. 4-35). Man kann die Konstruktion für eine Berechnung benutzen

$$a_{ft} = a_{res\,B} \cdot \cos 51{,}32^\circ - a_{Cor}$$

$$a_{ft} = 29{,}40\ \text{m/s}^2 \cdot \cos 51{,}32^\circ - 8{,}449\ \text{m/s}^2 = 9{,}925\ \text{m/s}^2$$

$$\alpha_{AB} = \frac{a_{ft}}{l_{AB}} = \frac{9{,}925\ \text{m/s}^2}{0{,}5092\ \text{m}} = \mathbf{19{,}49\ s^{-2}} \circlearrowleft\ .$$

Die Schleife dreht beschleunigt im mathematisch positiven Drehsinn.

$$a_{rel\,B} = a_{res\,B} \cdot \sin 51{,}32^\circ - a_{fn}$$

$$a_{rel\,B} = 29{,}40\ \text{m/s}^2 \cdot \sin 51{,}32^\circ - 5{,}280\ \text{m/s}^2$$

$$\mathbf{a_{rel\,B} = 17{,}67\ m/s} \leftarrow .$$

Der Punkt B gleitet verzögert nach rechts.

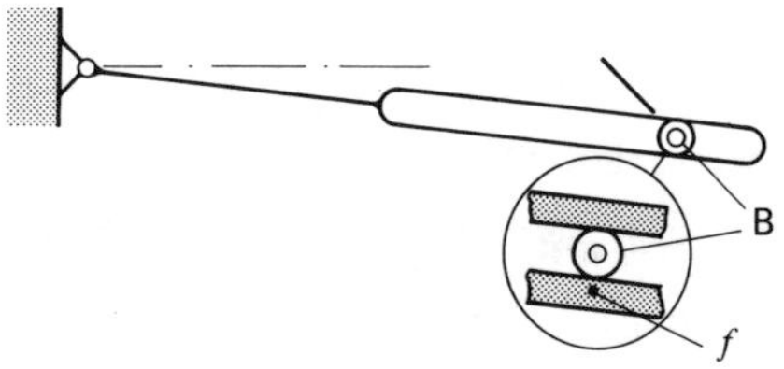

Abb. 4-34

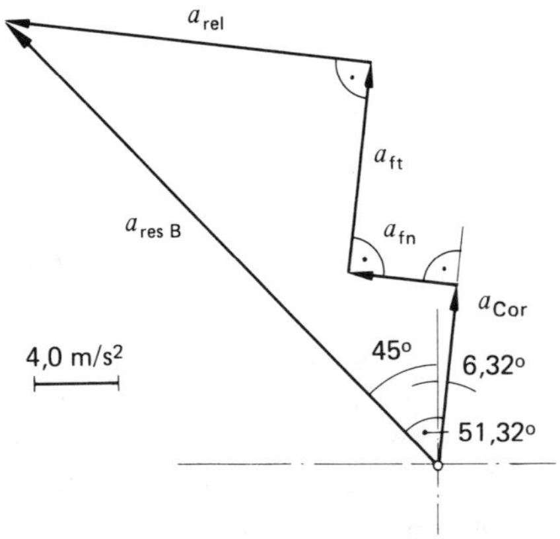

Abb. 4-35

Beispiel 3

Die Abb. 4-36 zeigt vereinfacht einen Roboterarm, der gleichzeitig um die Gelenke A und B schwenkt. Für die nachstehend gegebenen Daten sind die Bewegungszustände der Punkte B; C; D; E zu bestimmen.

$l_{AB} = 1{,}50\ \text{m}$	$l_{BC} = 1{,}20\ \text{m}$
$l_{AE} = 0{,}75\ \text{m}$	$l_{BD} = 0{,}60\ \text{m}$
$\omega_{AB} = 5{,}0\ \text{s}^{-1}$ ↻	$\omega_{BC} = 4{,}0\ \text{s}^{-1}$ ↺
verzögert mit	beschleunigt mit
$\alpha_{AB} = 40{,}0\ \text{s}^{-2}$	$\alpha_{BC} = 30{,}0\ \text{s}^{-2}$.

Die durch diese Bewegung verursachten Kräfte in den Gelenken werden im Beispiel 2 des Abschnitts 7.2.4 berechnet.

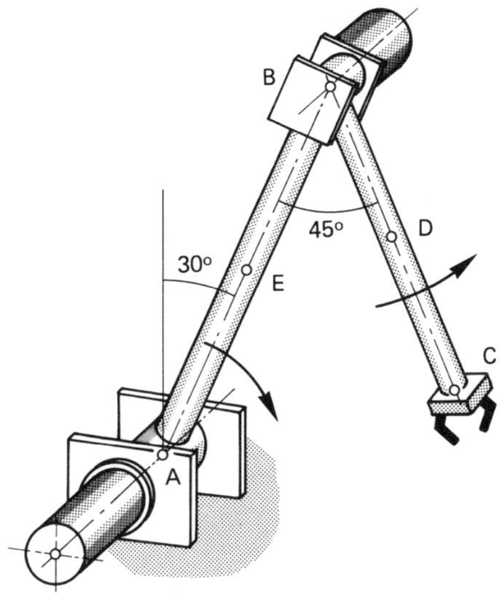

Abb. 4-36

Lösung

Grundsätzlich ist diese Aufgabe auch nach dem Verfahren des Abschnittes 4.3 zu lösen. Dabei ist jedoch folgendes zu beachten. Die Schiebung von BC erfolgt mit der leicht zu ermittelnden Geschwindigkeit bzw. Beschleunigung des Punktes B, die überlagerte Drehung von BC um B jedoch mit der resultierenden Winkelgeschwindigkeit

$$\omega_{AB} + \omega_{BC} = -\ 5{,}0\ \text{s}^{-1} + 4{,}0\ \text{s}^{-1} = -\ 1{,}0\ \text{s}^{-1}$$

und der resultierenden Winkelbeschleunigung

$$\alpha_{AB} + \alpha_{BC} = +\,40{,}0\ \text{s}^{-2} + 30{,}0\ \text{s}^{-2} = +\ 70{,}0\ \text{s}^{-2}\ .$$

Dem Leser sei dieser Lösungsweg als Übungsaufgabe empfohlen. Hier soll dieses Beispiel als Überlagerung von Relativ- und Führungsbewegung gelöst werden.

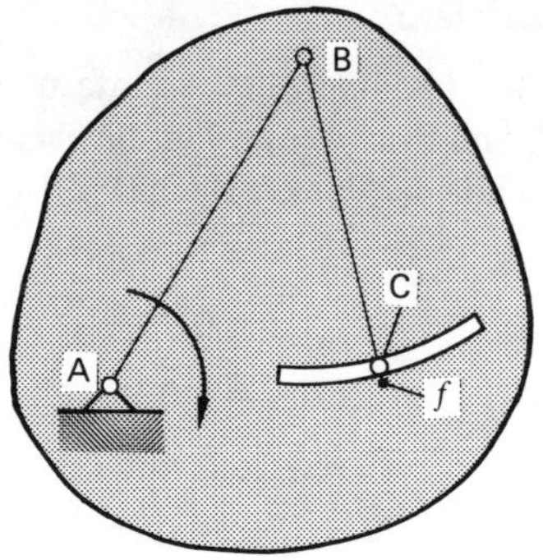

Abb. 4-37

Die Führungsbewegung ist die Drehung um A. Man kann sich die Bewegung von C auf einer um A rotierenden Scheibe vorstellen, wobei C sich relativ zur Scheibe auf einer kreisförmigen Schiene bewegt (Abb. 4-37). Der Punkt f, auf den sich die Führungsbeschleunigungen beziehen, liegt auf der Scheibe neben C.

Geometrie (Abb. 4-38)

$$l_{AC} = 1{,}070\ \text{m}\ ; \qquad \epsilon = 7{,}52^\circ\ ; \qquad \delta = 52{,}48^\circ\ ;$$

Geschwindigkeit des Punktes C

$$\vec{v}_C = \vec{v}_f + \vec{v}_{rel}$$

$$v_f = l_{AC} \cdot \omega_{AB} = 1{,}070\ \text{m} \cdot 5{,}0\ \text{s}^{-1} = 5{,}35\ \text{m/s} \quad \measuredangle\ 7{,}52^\circ$$

$$v_{rel} = l_{BC} \cdot \omega_{BC} = 1{,}20\ \text{m} \cdot 4{,}0\ \text{s}^{-1} = 4{,}80\ \text{m/s}\ . \quad \measuredangle\ 15^\circ$$

Nach Abb. 4-39 erhält man

$$v_C = 6{,}707\ \text{m/s} \quad \measuredangle\ 37{,}27^\circ\ .$$

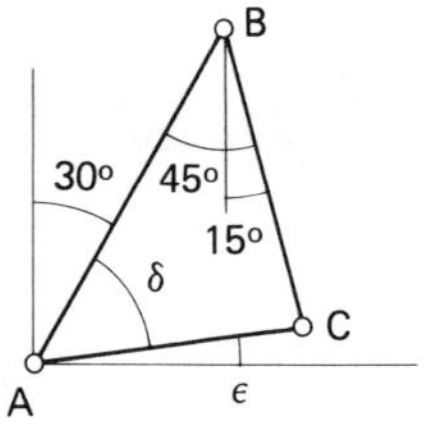

Abb. 4-38

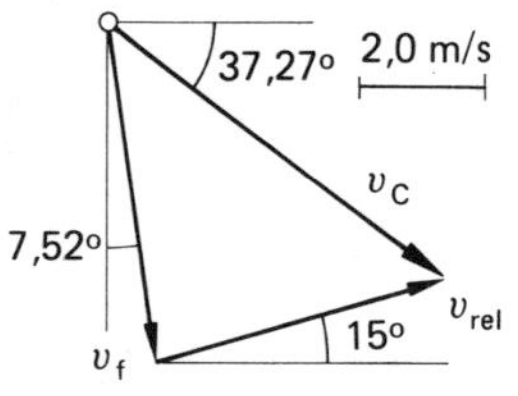

Abb. 4-39

Beschleunigung des Punktes C

Führungsbeschleunigungen

$$a_{ft} = l_{AC} \cdot \alpha_{AB} = 1{,}070\ \text{m} \cdot 40{,}0\ \text{s}^{-2} = 42{,}80\ \text{m/s}^2 \quad \measuredangle\ 7{,}52^\circ$$

$$a_{fn} = l_{AC} \cdot \omega_{AB}^2 = 1{,}070\ \text{m} \cdot 5{,}0^2\ \text{s}^{-2} = 26{,}75\ \text{m/s}^2 \quad \measuredangle\ 7{,}52^\circ$$

Relativbeschleunigungen

$$a_{relt} = l_{BC} \cdot \alpha_{BC} = 1{,}20\ \text{m} \cdot 30{,}0\ \text{s}^{-2} = 36{,}0\ \text{m/s}^2 \quad \measuredangle\ 15^\circ$$

$$a_{reln} = l_{BC}^2 \cdot \omega_{BC}^2 = 1{,}20\ \text{m} \cdot 4{,}0^2\ \text{s}^{-2} = 19{,}2\ \text{m/s}^2 \quad \measuredangle\ 15^\circ$$

CORIOLISbeschleunigung

$$a_{Cor} = 2 \cdot \omega_{AB} \cdot v_{relC}$$

$$v_{relC} = l_{BC} \cdot \omega_{BC}$$

$$v_{relC} = 1{,}20\ \text{m} \cdot 4{,}0\ \text{m/s} = 4{,}80\ \text{m/s}$$

$$a_{Cor} = 2 \cdot 5{,}0\ \text{s}^{-1} \cdot 4{,}80\ \text{m/s} = 48\ \text{m/s}^2\ .$$

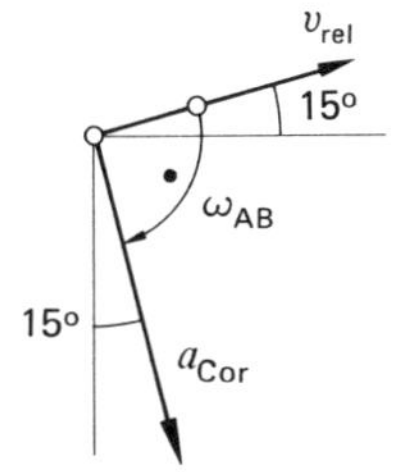

Abb. 4-40

Die Richtungsermittlung zeigt Abb. 4-40. Die Addition der Vektoren erfolgt nach Abb. 4-41. Die Berechnung liefert

$$a_{Cx} = -a_{ft} \cdot \sin 7{,}52^\circ - a_{fn} \cdot \cos 7{,}52^\circ + a_{relt} \cdot \cos 15^\circ - a_{reln} \cdot \sin 15^\circ + a_{Cor} \cdot \sin 15^\circ$$

$$\boldsymbol{a_{Cx} = 10{,}11\ \text{m/s}^2} \ \rightarrow .$$

$$a_{Cy} = a_{ft} \cdot \cos 7{,}52^\circ - a_{fn} \cdot \sin 7{,}52^\circ + a_{relt} \cdot \sin 15^\circ + a_{reln} \cdot \cos 15^\circ - a_{Cor} \cdot \cos 15^\circ$$

$$\boldsymbol{a_{Cy} = 20{,}42\ \text{m/s}^2} \ \uparrow$$

$$\boldsymbol{a_C = 22{,}79\ \text{m/s}^2} \quad \measuredangle\ 63{,}66^\circ\ .$$

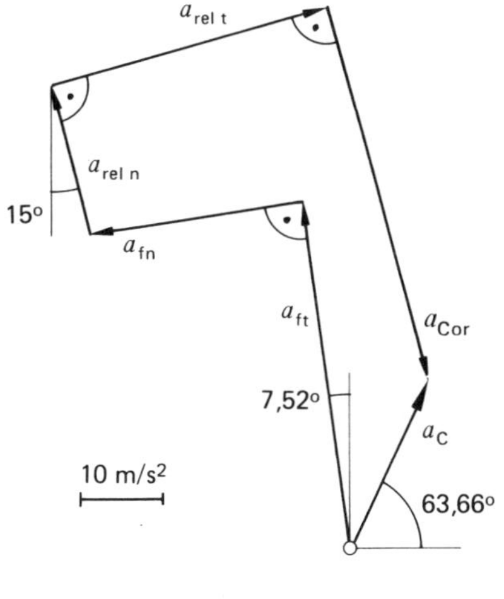

Abb. 4-41

Beschleunigung des Punktes D

Geometrie (Abb. 4-42)

$$l_{AD} = 1{,}156 \text{ m}$$
$$\delta = 21{,}52^\circ$$
$$\epsilon = 38{,}48^\circ\,.$$

Führungsbeschleunigungen

$$a_{ft} = l_{AD} \cdot \alpha_{AB} = 46{,}24 \text{ m/s}^2 \quad \sphericalangle\ 38{,}48^\circ$$
$$a_{fn} = l_{AD} \cdot \omega_{AB}^2 = 28{,}90 \text{ m/s}^2 \quad \sphericalangle\ 38{,}48^\circ$$

Relativbeschleunigungen

$$a_{relt} = l_{BD} \cdot \alpha_{BC} = 18{,}0 \text{ m/s}^2 \quad \sphericalangle\ 15^\circ$$
$$a_{reln} = l_{BD} \cdot \omega_{BC}^2 = 9{,}6 \text{ m/s}^2 \quad \sphericalangle\ 15^\circ$$

CORIOLISbeschleunigung

$$a_{Cor} = 2 \cdot \omega_{AB} \cdot v_{rel} \qquad v_{rel} = l_{BD} \cdot \omega_{BC} = 2{,}40 \text{ m/s}$$
$$a_{Cor} = 24 \text{ m/s}^2 \quad \sphericalangle\ 15^\circ$$

Das Beschleunigungsvieleck zeigt die Abb. 4-43. Man erhält

$$\mathbf{a_{Dx} = -30{,}28 \text{ m/s}^2} \leftarrow \qquad \mathbf{a_{Dy} = +8{,}96 \text{ m/s}^2} \uparrow .$$

Beschleunigung der Punkte B *und* E

Der Punkt B beschreibt eine Kreisbahn um A

$$a_{Bt} = l_{AB} \cdot \alpha_{AB} = 60 \text{ m/s}^2 \quad \sphericalangle\ 30^\circ$$
$$a_{Bn} = l_{AB} \cdot \omega_{AB}^2 = 37{,}5 \text{ m/s}^2 \quad \sphericalangle\ 30^\circ\,.$$

Das ergibt eine resultierende Beschleunigung von $a_B = 70{,}76$ m/s², die man zerlegen kann in

$$\mathbf{a_{Bx} = -70{,}71 \text{ m/s}^2} \leftarrow \qquad \mathbf{a_{By} = -2{,}48 \text{ m/s}^2} \downarrow .$$

Auf gleichem Weg erhält man

$$\mathbf{a_{Ex} = -35{,}36 \text{ m/s}^2} \leftarrow \qquad \mathbf{a_{Ey} = -1{,}24 \text{ m/s}^2} \downarrow .$$

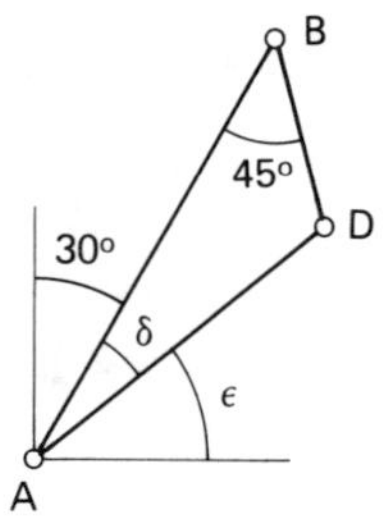

Abb. 4-42

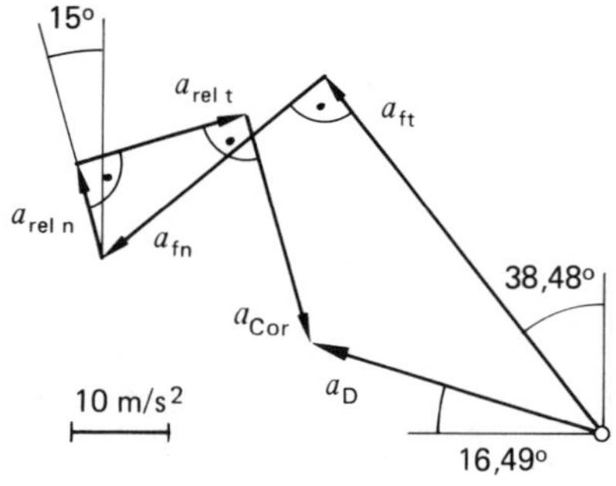

Abb. 4-43

4.5 Zusammenfassung

Abhängig davon, ob die Schiebung eines starren Körpers gerad- oder krummlinig ist, gelten die in den Kapiteln 2 bzw. 3 abgeleiteten Beziehungen.

Analog zur Ortskoordinate, zur Geschwindigkeit und Beschleunigung definiert man für die Drehung die schon im vorigen Kapitel gebrauchten Größen:

Winkel φ,

Winkelgeschwindigkeit $\omega = \dot{\varphi} = \frac{d\varphi}{dt}$, Gl. 4-1

Winkelbeschleunigung $\alpha = \dot{\omega} = \ddot{\varphi} = \frac{d\omega}{dt}$. Gl. 4-2

Für eine Drehung mit konstanter Winkelgeschwindigkeit ist

$$\varphi = \omega \cdot t + \varphi_0 \qquad \text{Gl. 4-3}$$

mit konstanter Winkelbeschleunigung

$$\omega = \alpha \cdot t + \omega_0 , \qquad \text{Gl. 4-4}$$

$$\varphi = \frac{\alpha}{2} \cdot t^2 + \omega_0 \cdot t + \varphi_0 . \qquad \text{Gl. 4-5}$$

Alles, was zur geradlinigen Bewegung ausgeführt wurde, gilt sinngemäß für die Drehung. Nach der unten angegebenen Analogie müssen die Größen vertauscht werden.

Schiebung		Drehung	
Ortskoordinate	s	Winkel	φ
Geschwindigkeit	v	Winkelgeschwindigkeit	ω
Beschleunigung	a	Winkelbeschleunigung	α

Jede allgemeine Bewegung eines starren Körpers kann aus einer Schiebung und Drehung zusammengesetzt werden

$$\vec{v}_B = \vec{v}_A + \vec{v}_{BA} . \qquad \text{Gl. 4-8}$$

Die Geschwindigkeit $\vec{v}_{BA}$ ist die aus der Drehung um A resultierende Geschwindigkeit des Punktes B (Abb. 4-8). Schiebung mit v_A erfordert Drehung um Punkt A.

Die Winkelgeschwindigkeit eines starren Körpers bei allgemeiner ebener Bewegung ist unabhängig vom Bezugspunkt.

Die ebene Bewegung eines starren Körpers kann für jeden Zeitpunkt als Drehung um einen bestimmten Pol aufgefaßt werden (momentaner Drehpol). Dieser Pol, dessen Konstruktion in Abb. 4-14/15 gezeigt ist, wandert mit der Bewegung. Für den betrachteten Zeitpunkt können alle Geschwindigkeiten aus den einfachen Gesetzen der Drehung um diesen Pol bestimmt werden. Das gilt jedoch nicht für die Beschleunigungen.

Die Ermittlung der Beschleunigungen erfolgt auch über eine Zusammensetzung aus Schiebung und Drehung

$$\vec{a}_B = \vec{a}_A + \vec{a}_{BAn} + \vec{a}_{BAt}. \qquad \textbf{Gl. 4-9}$$

Die Drehung um den Punkt A ergibt sowohl eine Normalbeschleunigung $\vec{a}_{BAn}$ als auch eine Tangentialbeschleunigung $\vec{a}_{BAt}$ des Punktes B. Ist die Schiebung selbst krummlinig, dann muß der Vektor $\vec{a}_A$ normalerweise auch aus Normal-Tangentialkomponente zusammengesetzt werden. Schiebung mit a_A erfordert Drehung um Punkt A.

Die Winkelbeschleunigung eines starren Körpers ist vom Bezugspunkt unabhängig.

Werden zwei Bewegungen, eine Führungsbewegung (Index f) und eine zu dieser relative Bewegung überlagert, ergeben sich folgende Beziehungen für die resultierende

Geschwindigkeit

$$\vec{v} = \vec{v}_{rel} + \vec{v}_f \qquad \textbf{Gl. 4-10}$$

Beschleunigung

$$\vec{a} = \vec{a}_{rel} + \vec{a}_f + a_{cor} \qquad \textbf{Gl. 4-11}$$

Die CORIOLISbeschleunigung ist

$$a_{cor} = 2\,\omega \cdot v_{rel}\,. \qquad \textbf{Gl. 4-12}$$

Die Richtung von a_{cor} ist aus Abb. 4-29 ersichtlich.

TEIL B. KINETIK

5. Das Dynamische Grundgesetz

5.1 Die Newtonschen Gesetze*)

NEWTON hat als erster versucht, die Physik systematisch aufzubauen. An den Anfang seines 1686 veröffentlichten Hauptwerkes „Philosophiae naturalis principia mathematica" stellt er vier Definitionen:

Definition 1

Die „Menge der Materie" *(Masse)* ist die (multiplikative) Vereinigung von Dichte und Volumen.
Das entspricht der uns geläufigen Gleichung $m = \rho \cdot V$.

Definition 2

Die *Bewegungsgröße* ist die (multiplikative) Vereinigung von Masse und Geschwindigkeit ($m \cdot v$).

Definition 3

Die der Masse innewohnende Kraft ist ihr Widerstandsvermögen *(Trägheit)*. Durch dieses verharrt ein Körper von sich aus entweder im Zustande der Ruhe oder der geradlinigen gleichförmigen Bewegung.

Definition 4

Eine wirkende *Kraft* ist das gegen einen Körper ausgeübte Bestreben, seinen Bewegungszustand zu ändern, entweder den der Ruhe oder den der gleichförmigen geradlinigen Bewegung.

Nachdem die Begriffe Masse, Bewegungsgröße, Trägheit, Kraft so definiert sind, formuliert NEWTON 3 Gesetze.

1. Gesetz

Jeder Körper verharrt in seinem Zustand der gleichförmigen, geradlinigen Bewegung, wenn er nicht durch einwirkende Kräfte gezwungen wird, diesen Zustand zu ändern.

2. Gesetz

Die Änderung der Bewegungsgröße ist der Einwirkung der bewegenden Kraft proportional. Die Änderung erfolgt in der Richtung, in der die Kraft aufgebracht wird.

---

*) NEWTON, Isaac (1642 - 1727), englischer Gelehrter.

3. Gesetz

Die Wirkung ist stets der Gegenwirkung gleich, oder die Wirkung zweier Körper aufeinander ist stets gleich und von entgegengesetzter Richtung.

Das erste Gesetz war die Basis für den in der Statik eingeführten Gleichgewichtsbegriff ($\Sigma F = 0$; $\Sigma M = 0$), das dritte Gesetz gehört zu den fünf Lehrsätzen der Statik (siehe Band 1).

Für die Dynamik ist das 2. Gesetz von besonderer Wichtigkeit. Es wird deshalb *Dynamisches Grundgesetz* genannt. Seine Aussage muß mathematisch formuliert werden. Dabei ist zu beachten, daß die Formulierung „Einwirkung der Kraft" auch den Zeitbegriff enthält (doppelte Einwirkungsdauer hat doppelte Endgeschwindigkeit zur Folge). In der NEWTONschen Formulierung ist auch die Vektoreigenschaft der Größen enthalten. Das führt zu

$$\vec{F} \cdot \Delta t \sim \Delta (m \cdot \vec{v}).$$

Da die Masse bereits definiert ist (Definition 1), kann die Gleichung zur Definition der Kraft benutzt werden. Da dabei über die Proportionalitätskonstante frei verfügt werden kann, wird diese wegen der Einfachheit gleich 1 gesetzt, d.h. aus der Proportion wird eine Gleichung gemacht

$$\vec{\mathbf{F}} \cdot \Delta \mathbf{t} = \Delta (\mathbf{m} \cdot \vec{\mathbf{v}}). \qquad \textbf{Gl. 5-1}$$

Für den starren Körper ist die Masse (= Menge der Materie nach NEWTON) konstant,

$$\vec{F} \cdot \Delta t = m \cdot \Delta \vec{v},$$

$$\vec{F} = m \cdot \frac{\Delta \vec{v}}{\Delta t}.$$

Für den Grenzübergang $\lim\limits_{\Delta t \to 0} \dfrac{\Delta \vec{v}}{\Delta t} = \vec{a}$ ist

$$\vec{\mathbf{F}} = \mathbf{m} \cdot \vec{\mathbf{a}}. \qquad \textbf{Gl. 5-2}$$

Das ist die Definitionsgleichung für die Kraft

$$\boxed{\mathbf{1\ Newton = 1\ kg \cdot 1\ \frac{m}{s^2}}}\ .$$

Aus der Gleichung 5-2 folgt

$$m = \frac{\vec{F}}{\vec{a}} = \text{konst.}$$

Danach ist die Masse das Verhältnis der Kraft zu der Beschleunigung, die diese Kraft verursacht. Für einen bestimmten Körper ist dieses Verhältnis und damit die Masse unabhängig von der Lage, der Geschwindigkeit und der Zeit*). Je größer die Masse ist, um so größer muß auch die Kraft sein, um eine bestimmte Beschleunigung zu erreichen, d.h. ihrem Wesen nach ist „Masse" ein Widerstand gegen Geschwindigkeitsänderung.

---

*) Das gilt nicht mehr für Massen, die sich mit Geschwindigkeiten nahe der Lichtgeschwindigkeit bewegen (Relativitätstheorie – EINSTEIN 1879 - 1955).

In dieser Definition ist auch der Widerstand gegen eine Richtungsänderung der Bewegung enthalten, da die Geschwindigkeit Vektoreigenschaft hat.

Für den freien Fall mit $F = G$ und $a = g$ erhält man für die Gewichtskraft

$$\vec{G} = m \cdot \vec{g}. \qquad \text{Gl. 5-3}$$

Da, wie oben ausgeführt, die Masse konstant ist, während die Gewichtskraft von der veränderlichen Beschleunigungskonstanten abhängt, wurde sie als Grundeinheit gewählt, vergleiche Kapitel 1, Band 1.

Nach der Definition der Kraft kann die Gleichung 5-1 weiter entwickelt werden. Für den Grenzübergang erhält man

$$\vec{F} \cdot \Delta t = \Delta (m \cdot \vec{v}),$$

$$\vec{F} = \lim_{\Delta t \to 0} \frac{\Delta (m \cdot \vec{v})}{\Delta t},$$

$$\boxed{\vec{F} = \frac{d}{dt} (m \cdot \vec{v})} \quad . \qquad \text{Gl. 5-4}$$

Die zeitliche Änderung der Bewegungsgröße $m \cdot \vec{v}$ ist gleich der äußeren Kraft, die diese Änderung verursacht.

Das ist die Aussage des Dynamischen Grundgesetzes.

Die Differentiation wird nach der Produktenregel durchgeführt,

$$\vec{F} = m \cdot \frac{d\vec{v}}{dt} + \vec{v} \cdot \frac{dm}{dt} \quad .$$

Für den *starren Körper* ist

$$m = \text{konst.}, \qquad \frac{dm}{dt} = 0$$

und damit

$$\vec{F} = m \cdot \vec{a} \, .$$

Das ist die Gleichung 5-2.

Für den *kontinuierlichen Massenstrom*, der sich mit konstanter Geschwindigkeit bewegt (z.B. Wasserstrahl), gilt

$$\frac{dm}{dt} = \text{konst.} = \dot{m} = \text{Massenstrom} \left(\frac{\text{Masse}}{\text{Zeiteinheit}} \right),$$

$$\vec{v} = \text{konst.}, \qquad \frac{d\vec{v}}{dt} = 0 \, .$$

Man erhält

$$\vec{F} = \dot{m} \cdot \vec{v} \, . \qquad \text{Gl. 5-5}$$

Bei der krummlinigen Bewegung des Massenpunktes ist $\vec{a}$ die resultierende Beschleunigung, die sich aus Normal- und Tangentialkomponente zusammensetzt,

$$\vec{F} = m \cdot \vec{a} = m \cdot (\vec{a}_n + \vec{a}_t). \qquad \text{Gl. 5-6}$$

Greift an einem Körper keine Kraft an (statisches Gleichgewicht), muß gelten

$$\vec{a}_n + \vec{a}_t = 0.$$

Da

$$\vec{a}_n \perp \vec{a}_t \text{ ist,}$$

folgt daraus

$$\vec{a}_n = 0$$

und $\vec{a}_t = 0.$

Damit erhält man

$$a_t = 0 = \frac{dv}{dt}, \qquad v = \text{konst.},$$

$$a_n = 0 = \frac{v^2}{r}, \qquad r \to \infty.$$

Das sind die Bedingungen für eine geradlinige, gleichförmige Bewegung bzw. für Ruhe (Sonderfall $v = 0$). Das Dynamische Grundgesetz enthält demnach das von GALILEI formulierte Trägheitsprinzip.

In der Kinematik (Kapitel 2 bis 4) wurde gezeigt, daß die Geschwindigkeiten und Beschleunigungen Vektoreigenschaft haben, d.h. Beschleunigungen werden mit der Parallelogramm-Konstruktion zusammengesetzt. Nach der Gleichung 5-6 müssen deshalb auch die Kräfte nach diesem Verfahren zur Resultierenden vereinigt werden. Damit ist der an den Anfang der Statik gestellte Lehrsatz vom Parallelogramm der Kräfte nachträglich begründet. Das Dynamische Grundgesetz kann ohne Verwendung besonderer Transformationsgleichungen nur in einem Koordinatensystem angewendet werden, das in Ruhe ist oder geradlinig mit konstanter Geschwindigkeit bewegt wird (Inertialsystem). Ein mit der Erdoberfläche verbundenes System erfüllt diese Bedingung nicht. Auf Grund der Erdrotation, der Drehung der Erde um die Sonne usw. treten Normalbeschleunigungen auf. Für die überwiegende Anzahl aller Ingenieuraufgaben ist es jedoch bei weitem ausreichend, die Erdoberfläche als Bezugssystem zu wählen.

Das Grundgesetz der Dynamik soll für eine Drehbewegung, d.h. für Kreisbahnen angewendet werden. Dabei ist es zweckmäßig, auf das Moment der Kraft überzugehen (Abb. 5-1). Die Ableitung soll nicht vektoriell erfolgen.

$$M = F \cdot r.$$

Nach Gleichung 5-4 ist, wobei die Geschwindigkeit in Umfangsrichtung v_φ genannt wird (Kap. 3).

$$\mathbf{M} = \frac{\mathbf{d}}{\mathbf{dt}} (\mathbf{m} \cdot \mathbf{v}_\varphi) \cdot \mathbf{r}. \qquad \textbf{Gl. 5-7}$$

Die Ausführung der Differentiation ergibt

$$M = m \cdot r \cdot \frac{dv_\varphi}{dt} + v_\varphi \cdot r \cdot \frac{dm}{dt} .$$

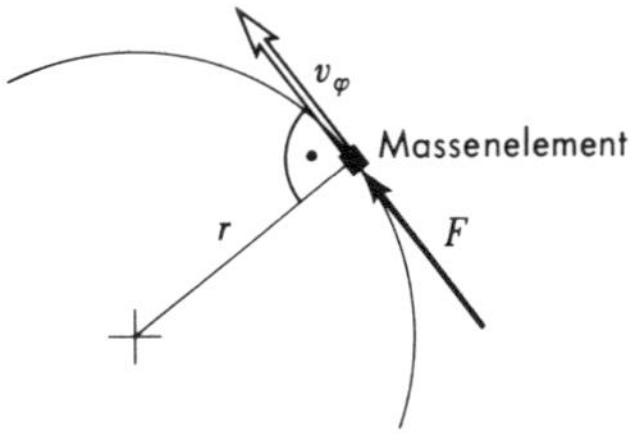

Abb. 5-1

Mit $v_\varphi = r \cdot \omega$ und r = konst. (Kreisbahn) ist

$$M = m \cdot r^2 \cdot \frac{d\omega}{dt} + v_\varphi \cdot r \cdot \frac{dm}{dt} .$$

Das Produkt $m \cdot r^2$ ist das *Massenträgheitsmoment* J des Massenelementes bezogen auf den Mittelpunkt der Kreisbahn (siehe Band 2 und Kapitel 6 dieses Buches).

Für den starren Körper ist

$$m = \text{konst.}, \qquad \frac{dm}{dt} = 0,$$

$$\mathbf{M} = \mathbf{J} \cdot \frac{\mathbf{d}\omega}{\mathbf{dt}} = \mathbf{J} \cdot \alpha. \qquad \textbf{Gl. 5-8}$$

oder in Vektorschreibweise

$$\vec{\mathbf{M}} = \mathbf{J} \cdot \vec{\alpha} . \qquad \textbf{Gl. 5-8a}$$

Diese Gleichungen entsprechen den Gleichungen 5-2/6, wobei folgende Analogie gilt

Drehung		Schiebung	
Moment	M	Kraft	F
Massenträgheitsmoment	J	Masse	m
Winkelbeschleunigung	α	Beschleunigung	a

Für einen kontinuierlichen Massenstrom mit v_φ = konst. gilt nach Gleichung 5-7

$$\frac{dv_\varphi}{dt} = 0, \qquad \frac{dm}{dt} = \dot{m} = \text{konst. (Massenstrom)},$$

$$\mathbf{M} = \dot{\mathbf{m}} \cdot \mathbf{r} \cdot \mathbf{v}_\varphi. \qquad \textbf{Gl. 5-9}$$

Mit dieser Beziehung wird z.B. das in einem Laufrad einer Turbine erzeugte Drehmoment berechnet.

5.2 Das d'Alembertsche Prinzip*)

An einer starren Scheibe greifen die in Abb. 5-2 gezeichneten Kräfte an. Wie im Band 1, Kapitel 2 dargelegt, kann man ein ebenes Kräftesystem im beliebigen Punkt durch die Resultierende $\vec{F}_{res} = \Sigma\vec{F}$ und ein Moment (Kräftepaar) ersetzen. Das geschieht

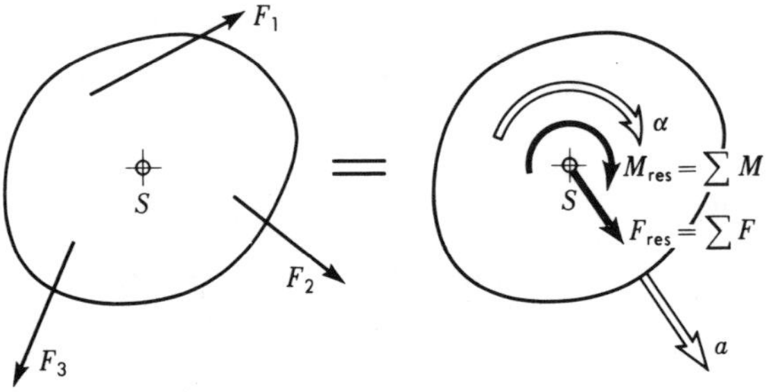

Abb. 5-2

hier für den Schwerpunkt. Die angreifende Resultierende verursacht eine Beschleunigung in gleicher Richtung, das Moment eine Winkelbeschleunigung. Es gelten die Gleichungen 5-2/8

$$\sum \vec{F} = m \cdot \vec{a}\,,$$

$$\sum M = J \cdot \alpha\,.$$

Diese Gleichungen kann man folgendermaßen umstellen

$$\sum \vec{\mathbf{F}} - \mathbf{m} \cdot \vec{\mathbf{a}} = \mathbf{0}, \qquad \textbf{Gl. 5-10}$$

$$\sum \mathbf{M} - \mathbf{J} \cdot \alpha = \mathbf{0}. \qquad \textbf{Gl. 5-11}$$

Für den Fall $\vec{a} = 0$ und $\alpha = 0$ erhält man

$$\sum \vec{F} = 0,$$

$$\sum M = 0.$$

Das sind die Gleichgewichtsbedingungen der Statik (s. Band 1). Es bietet sich deshalb an, die Kraft $m \cdot \vec{a}$ und das Moment $J \cdot \alpha$ in das Kräftesystem mit negativen Vorzeichen, d.h. entgegengesetzt der Beschleunigungsrichtungen, einzuführen und wie äußere Kräfte und Momente zu behandeln. Das so ergänzte System kann nach den Gesetzen der statischen Gleichgewichtsbedingungen behandelt werden. Nach diesem von d'ALEMBERT zuerst formulierten Arbeitsprinzip ist es möglich, eine Aufgabe der Kinetik auf eine Aufgabe der Statik zu reduzieren.
Das Arbeitsprinzip von d'ALEMBERT ist ausführlich im Kapitel 7 behandelt.

*) d'ALEMBERT (1717 - 1783), französischer Gelehrter.

5.3 Der Energiesatz

Der Energiesatz stellt auch eine Umwandlungsform des Dynamischen Grundgesetzes dar. Integriert man die Kraft über den Weg, dann ergibt sich (Gl. 5-2/2-8)

$$\int_{s_1}^{s_2} \vec{F} \cdot \mathrm{d}\vec{s} = m \cdot \int_{s_1}^{s_2} \vec{a} \cdot \mathrm{d}\vec{s} = m \cdot \int_{v_1}^{v_2} \vec{v} \cdot d\vec{v} = \frac{m}{2} (v_2{}^2 - v_1{}^2).$$

Die Arbeit der Kraft F ist gleich der Änderung der kinetischen Energie. Der Energiesatz ist ausführlich im Kapitel 8 behandelt.

Die Vektorschreibweise bringt zum Ausdruck, daß eine Kraft nur dann eine Arbeit entlang einer Bahn verrichtet, wenn sie in Richtung dieser Bahn liegt. Die Begriffe Arbeit, Leistung, Energie werden ausführlich in Kap. 8 erläutert.

6. Impuls und Drall

6.1 Der Impuls des Massenpunktes

6.1.1 Der Impulssatz

Der Begriff *Massenpunkt* ist eine Abstraktion. Da ein Punkt im mathematischen Sinne keine Ausdehnung hat, kann er auch keine Masse haben. Gemeint ist zunächst ein Körper sehr geringer Erstreckung, der eine endliche Masse hat. Es kommt jedoch in einem System nicht auf die absoluten Abmessungen an, sondern auf die Proportionen zueinander. Demnach kann man durchaus sinnvoll z.B. eine Sonne trotz unvorstellbar großer Abmessungen für viele Berechnungen als Massenpunkt innerhalb des Kosmos annehmen. Es kommt offensichtlich nur darauf an, daß man sich für die Lösung einer bestimmten Aufgabe die gesamte Masse und alle Kräfte im Schwerpunkt des Körpers vereinigt denken kann. Dies kann man tun, wenn alle Massenteilchen die gleiche Bahn beschreiben wie das Massenteilchen, das gerade im Schwerpunkt liegt. Das ist aber die Bedingung für die Schiebung eines starren Körpers.

Der Begriff Massenpunkt soll hier nicht im Sinne einer kleinen Masse, sondern wie oben erläutert benutzt werden.

Dieses Kapitel befaßt sich ausführlich mit dem Grundgesetz der Dynamik, wie es im Abschnitt 5.1 formuliert wurde. Die Gleichung 5-4

$$\vec{F} = \frac{\mathrm{d}}{\mathrm{d}t}\,(m \cdot \vec{v})$$

wird in die Form

$$\vec{F} \cdot \mathrm{d}t = \mathrm{d}(m \cdot \vec{v})$$

gebracht und integriert, wobei beachtet werden muß, daß bei Wirkung mehrerer Kräfte F identisch mit der resultierenden Kraft ist,

$$\int_{t_0}^{t_1} \vec{F} \cdot \mathrm{d}t = m \cdot \vec{v}_1 - m \cdot \vec{v}_0. \qquad \text{Gl. 6-1}$$

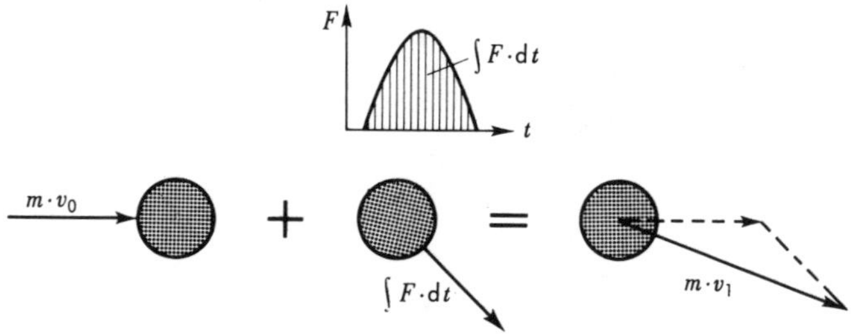

Abb. 6-1

Die Größe $\int F \cdot \mathrm{d}t$ nennt man *Impuls*. Graphisch wird der Impuls im F-t-Diagramm durch die Fläche dargestellt (Abb. 6-1). Die Gleichung 6-1 formuliert den Impulssatz.

Der Impuls der Summe der äußeren Kräfte ist gleich der Änderung der Bewegungsgröße.

Das ist in anderen Worten die Aussage des Dynamischen Grundgesetzes.

Nach einer Umstellung erhält man

$$m \cdot \vec{v}_0 + \int_{t_0}^{t_1} \vec{F} \cdot dt = m \cdot \vec{v}_1 \,. \qquad \text{Gl. 6-2}$$

Diese Gleichung kann nach Abb. 6-1 folgendermaßen gedeutet werden. Eine Masse m bewegt sich in vorgegebener Richtung mit der Geschwindigkeit $\vec{v}_0$. Es greift für eine Zeit eine (auch veränderliche!) resultierende Kraft F an. Der Impuls dieser Kraft wird durch Integration $\int F \cdot dt$ ermittelt (Fläche im F-t-Diagramm). Nach der Einwirkung dieses Impulses bewegt sich die Masse in geänderter Richtung mit der neuen Geschwindigkeit $\vec{v}_1$. Die Bewegungsgröße $m \cdot \vec{v}_1$ und damit die neue Bewegungsrichtung und Geschwindigkeit können nach Abb. 6-1 vektoriell bestimmt werden.

Für eine geradlinige Bewegung kann man auf die Vektorschreibweise verzichten. Sonst ist es meistens zweckmäßig, die Kräfte und Geschwindigkeiten in Komponenten zu zerlegen (z.B. x und y). Da jetzt die einzelnen Richtungen festliegen, ist eine Vektorbezeichnung überflüssig. Für die Bewegung in der Ebene gilt dann

$$\left.\begin{aligned} m \cdot v_{0x} + \int_{t_0}^{t_1} F_x \cdot dt &= m \cdot v_{1x} \,, \\ m \cdot v_{0y} + \int_{t_0}^{t_1} F_y \cdot dt &= m \cdot v_{1y} \,. \end{aligned}\right\} \qquad \text{Gl. 6-3}$$

Greifen mehrere äußere Kräfte an einem Massenpunkt an, dann sind F bzw. F_x und F_y wie oben bereits ausgeführt die Resultierenden.

Der Impulssatz eignet sich besonders für die Lösung von Aufgaben, in denen Masse, Geschwindigkeit, Kraft und Zeit miteinander verknüpft sind.

Beispiel 1 (Abb. 6-2)

Das abgebildete System wird zunächst so in Bewegung gesetzt, daß sich die Rolle im Uhrzeigersinn dreht. Wenn das System gerade in der skizzierten Position ist, wobei $v_{Ao} = 0{,}50$ m/s beträgt, wird es sich selber überlassen. Zu bestimmen sind für $m_A = 50$ kg; $m_B = 20$ kg und $r_A = 0{,}20$ m; $r_B = 0{,}40$ m.

a) die Seilkräfte und die Lagerkraft,

b) die Geschwindigkeit v_t, mit der die Masse A auf die Unterlage aufschlägt und der Zeitpunkt dafür.

Die Masse der Rolle und die Lagerreibung sind zu vernachlässigen.

Lösung (Abb. 6-3)

a) Die Skizze nach Abb. 6-3a soll das Aufstellen der Impulsgleichungen erleichtern. Dabei ist zu beachten, daß die Bewegung durch Gewichtskräfte bewirkt wird. Die

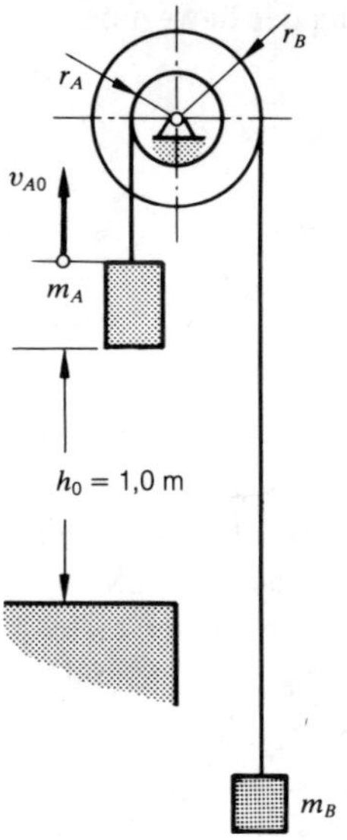

Abb. 6-2

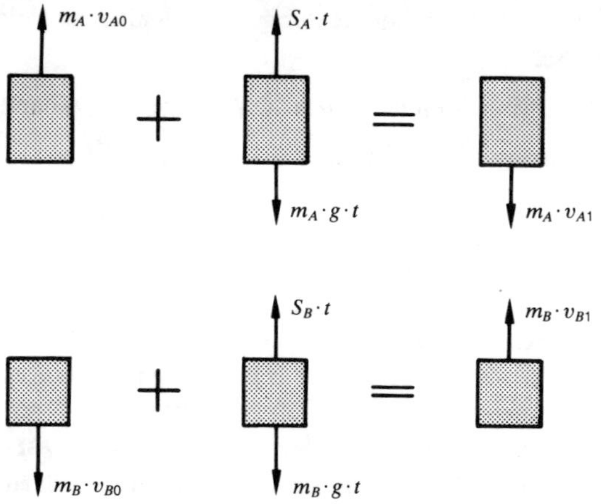

Abb. 6-3a

Kräfte und damit auch die Beschleunigungen sind konstant, d.h. von der Zeit unabhängig. Damit ist das $\int F \cdot dt = F \cdot t$.

$$m_A \cdot v_{A0} + S_A \cdot t - m_A \cdot g \cdot t = -m_A \cdot v_{A1} \tag{1}$$

$$-m_B \cdot v_{B0} + S_B \cdot t - m_B \cdot g \cdot t = +m_B \cdot v_{B1} \tag{2}$$

Eine weitere Beziehung liefert die Momentengleichung für die Rollenachse (Abb. 6-3b)

$$S_A \cdot r_A - S_B \cdot r_B = 0\,. \tag{3}$$

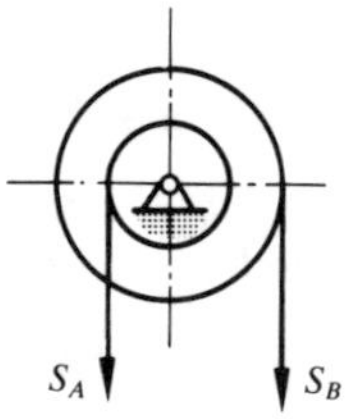

Abb. 6-3b

Grundsätzlich stehen kinematische Beziehungen für a = konst zur Verfügung. Deshalb liegt die weitere Vorgehensweise nicht fest. Es wird hier zunächst S aus (1) und (2) eleminiert.

$$S_A = m_A\left(g - \frac{v_{A1} + v_{A0}}{t}\right)$$

$$S_B = m_B\left(g + \frac{v_{B1} + v_{B0}}{t}\right)$$

Die Richtungen von v_1 und v_0 sind jeweils entgegengesetzt. Bedenkt man das, dann ist sofort zu erkennen, daß die Brüche in der Klammer die Beschleunigungen darstellen (vergl. Gl. 2-6).

Somit kann man schreiben

$$S_A = m_A(g - a_A) \tag{4}$$

$$S_B = m_B(g + a_B) \tag{5}$$

Es ist zweckmäßig, (4) und (5) in (3) einzusetzen und $a = r \cdot \alpha$ einzuführen.

$$m_A \cdot g \cdot r_A - m_A \cdot r_A^2 \cdot \alpha - m_B \cdot g \cdot r_B - m_B \cdot r_B^2 \cdot \alpha = 0$$

$$\alpha = \frac{g(m_A \cdot r_A - m_B \cdot r_B)}{m_A \cdot r_A^2 + m_B \cdot r_B^2}$$

$$\alpha = \frac{9{,}81\ \mathrm{m/s^2}(50 \cdot 0{,}20 - 20 \cdot 0{,}40)\ \mathrm{kg\,m}}{(50 \cdot 0{,}20^2 + 20 \cdot 0{,}40^2)\ \mathrm{kg\,m^2}}$$

$\alpha = +3{,}77\ \mathrm{s^{-2}}$ ↶ (Bewegungsrichtung wie angenommen)

$a_A = r_A \cdot \alpha = 0{,}755\ \mathrm{m/s^2}$ ↓ $\quad a_B = r_B \cdot \alpha = 1{,}51\ \mathrm{m/s^2}$ ↑

Aus (4) und (5)

$\mathbf{S_A} = 50\ \mathrm{kg}\,(9{,}81 - 0{,}755)\ \mathrm{m/s^2} = \mathbf{453\ N}$

$\mathbf{S_B} = 20\ \mathrm{kg}\,(9{,}81 + 1{,}51)\ \mathrm{m/s^2} = \mathbf{226\ N}$

Damit ist die Lagerkraft

$\mathbf{F_L} = S_A + S_B = \mathbf{679\ N}$

b) Nun ist es möglich, kinematische Beziehungen aufzustellen. Es gilt a = konst. Für die Gleichung 2-7 werden $a\ v\ s$ nach oben positiv angenommen.

$$s_A = \frac{a_A}{2} t^2 + v_{A0} \cdot t + s_{A0}$$

$$s_A = -\frac{0{,}755}{2} t^2 + 0{,}50\,t + 1{,}0$$

mit

t	s	v	a
s	m	m/s	m/s²

Für $\quad s_A = 0 \quad$ ist $t = t_t$

$$-0{,}377\,t_t^2 + 0{,}50\,t_t + 1{,}0 = 0$$

$$t_t^2 - 1{,}325\,t_t - 2{,}650 = 0$$

$$t_t = +0{,}663 \pm \sqrt{0{,}663^2 + 2{,}650}$$

$\mathbf{t_t = 2{,}42\ s}$

Die Auftreffgeschwindigkeit erhält man aus der Gleichung 2-6 mit $t = t_t$

$$v_A = a_A \cdot t + v_{A0}$$

$$v_{At} = -0{,}755 \cdot 2{,}42 + 0{,}50$$

$v_{At} = \mathbf{-1{,}33\ m/s}$ ↓

Zum Schluß sollen noch einige Bemerkungen zum Lösungsweg gemacht werden. Grundsätzlich können, wie bereits ausgeführt, Aufgaben aus dem Bereich der Kinetik mit dem Impulssatz, dem Prinzip von d'ALEMBERT und dem Energiesatz gelöst werden. Welcher Weg am günstigsten ist, hängt von der Fragestellung ab. Für die hier vorliegende Fragestellung wäre möglicherweise das Prinzip von d'ALEMBERT günstiger. Jedoch hat man erst dann die Zusammenhänge erkannt und verstanden, wenn man ein Problem nach allen Methoden lösen kann. Deshalb sollen hier einige Aufgaben unabhängig von der Länge des Lösungsweges nach den drei Ansätzen gelöst werden.

Beispiel 2 (Abb. 6-4)

Der skizzierte Wagen bewegt sich zunächst mit $v_0 = 2.0$ m/s nach links. Über eine hydraulische Kupplung wird an der Winde ein Moment erzeugt, das eine Richtungsumkehr bewirkt. Dieses Moment ist, wie im Diagramm angegeben, von der Zeit abhängig. Für die unten gegebenen Daten sind zu bestimmen:

a) Der Zeitpunkt und die Lage des Wagens im Umkehrpunkt,
b) die Geschwindigkeit des Wagens nach $t = 2{,}0$ s.

Masse $m = 5\,000$ kg; Reibung $\mu \approx 0{,}05$; Seiltrommel $r = 0{,}20$ m;
Neigungswinkel der schiefen Ebene $\delta = 15°$.

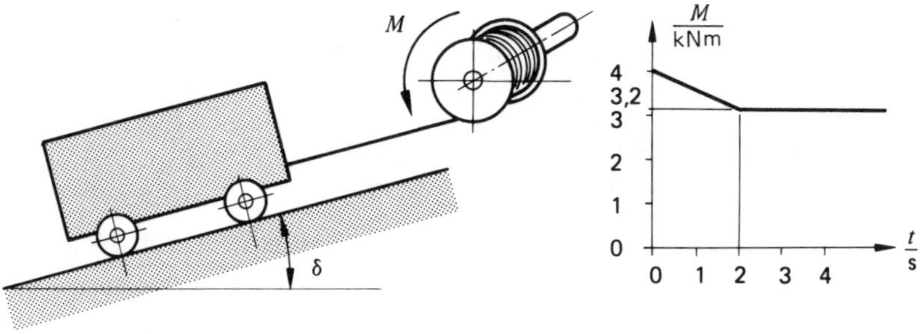

Abb. 6-4

Lösung (Abb. 6-5)

a) Zunächst ist das M-t-Diagramm in ein S-t-Diagramm umzuwandeln.
Es gilt die einfache Beziehung

$$S = \frac{M}{r}.$$

Man erhält das Diagramm nach Abb. 6-5a. Es empfiehlt sich, das Aufstellen des Impulssatzes durch Anfertigen einer Skizze nach Abb. 6-5b vorzubereiten.

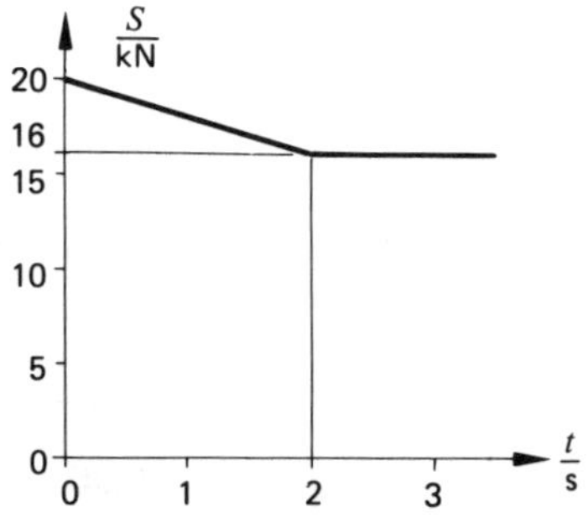

Abb. 6-5a

$$m \cdot v_0 + m \cdot g \cdot (\sin\delta - \mu \cdot \cos\delta) \cdot t_u - \int_0^{t_u} S \cdot dt = 0\,. \tag{1}$$

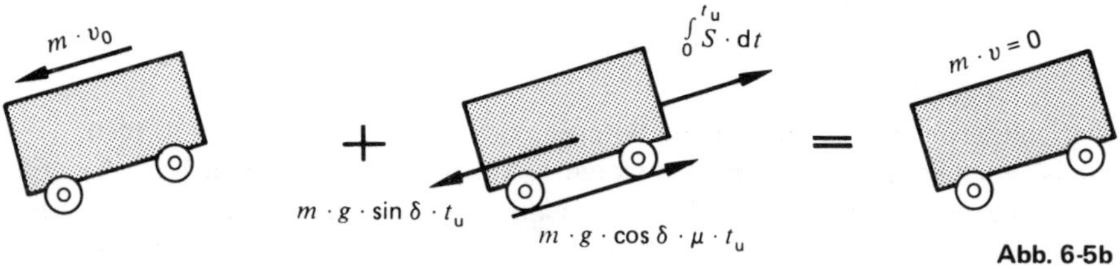

Abb. 6-5b

Die Funktion $S(t)$ lautet (Geradengleichung)

$$S = 2 \cdot 10^4 - 2 \cdot 10^3 \cdot t \qquad 0 < t < 2$$

t	S	$\int S \cdot dt$
s	N	Ns

und damit $\int_0^t S \cdot \mathrm{d}t = \int_0^t (2 \cdot 10^4 - 2 \cdot 10^3 \cdot t)\,\mathrm{d}t = 2 \cdot 10^4\, t - 10^3\, t^2$. (2)

Für den Zeitpunkt der Umkehr ist $t = t_u$. Es ist zweckmäßig, mit zugeschnittenen Größengleichungen zu arbeiten, wobei in die Gleichung (1) die Größen in folgenden Einheiten eingesetzt werden: m in kg; v in m/s; g in m/s^2; t in s; S in N.

$$5 \cdot 10^3 \cdot 2{,}0 + 5 \cdot 10^3 \cdot 9{,}81 (\sin 15^\circ - 0{,}05 \cos 15^\circ) \cdot t_u - 2 \cdot 10^4 \cdot t_u + 10^3 \cdot t_u^2 = 0 \, .$$

Eine Zusammenfassung liefert die quadratische Gleichung

$$t_u^2 - 9{,}674 \cdot t_u + 10 = 0$$

mit den Lösungen

$$\boldsymbol{t_{u1} = 1{,}177\,\mathrm{s}} \quad \text{und} \quad t_{u2} = 8{,}497\,\mathrm{s} \, .$$

Der zweite Umkehrpunkt ist hier ohne physikalische Bedeutung. Der erste liegt innerhalb der zwei Sekunden, in denen die veränderliche Kraft wirkt. Damit ist nachträglich der Ansatz mit den Gleichungen (1) und (2) gerechtfertigt. Ergäbe sich für t_{u1} auch ein Wert größer als 2,0 s, müßte abschnittsweise integriert werden (Unstetigkeitsstelle; $t = 0$ bis 2,0 s und 2,0 s bis t_u).

Die Lage des Umkehrpunktes muß mit Hilfe kinematischer Beziehungen bestimmt werden. Es handelt sich um eine Bewegung mit veränderlicher Verzögerung. Da sich die wirkende Seilkraft linear mit der Zeit ändert, muß es auch die Verzögerung tun. Allgemein kann man deshalb vom folgenden Ansatz ausgehen

$$a = a_0 + k \cdot t \tag{3}$$

Die zweimalige Integration dieser Gleichung ergibt

$$v = a_0 \cdot t + \frac{k}{2} \cdot t^2 + v_0 \tag{4}$$

$$s = \frac{a_0}{2} \cdot t^2 + \frac{k}{6} \cdot t^3 + v_0 \cdot t + s_0 \tag{5}$$

Die Integrationskonstante s_0 kann gleich Null gesetzt werden. Die Anfangsgeschwindigkeit v_0 ist vorgegeben. Es verbleiben als Unbekannte die Anfangsverzögerung a_0 und der Faktor k (zeitliche Änderung). Aus der Grundgleichung der Kinetik $F_{res} = m \cdot a$ kann man für $t = 0$ den Wert a_0 ausrechnen.

$$S_{max} - m \cdot g (\sin \delta - \mu \cdot \cos \delta) = m \cdot a_0 \, .$$

Mit den gegebenen Werten erhält man aus dieser Beziehung $a_0 = 1{,}935\,\mathrm{m/s^2}$.
Die Randbedingung lautet: für $t_u = 1{,}177\,\mathrm{s}$ ist $v = 0$.
Zusammen mit $a_0 = +\,1{,}935\,\mathrm{m/s^2}$; $v_0 = -\,2{,}0\,\mathrm{m/s}$ (Beschleunigungsvektor ist nach rechts, Geschwindigkeitsvektor nach links gerichtet) ist die Gleichung (4) für k lösbar.

$$k = \frac{2}{t^2} (v - a_0 \cdot t - v_0)$$

$$k = \frac{2}{1{,}177\,\mathrm{s}^2} (0 - 1{,}935 \cdot 1{,}177 + 2{,}0) \frac{\mathrm{m}}{\mathrm{s}} = -\,0{,}400 \frac{\mathrm{m/s^2}}{\mathrm{s}} \, .$$

Mit den Gleichungen (3) (4) (5) ist der Bewegungsablauf vollständig erfaßt.
Die Gleichung (5) ergibt

$$s_u = \frac{1{,}935}{2} 1{,}177^2\,\mathrm{m} - \frac{0{,}400}{6} 1{,}177^3\,\mathrm{m} - 2{,}0 \cdot 1{,}177\,\mathrm{m}$$

$$\mathbf{s_u = -1{,}122\,m}\ .$$

Die Bewegungsumkehr erfolgt ca. 1,1 m links vom Ausgangspunkt nach ca. 1,2 s.

b) Für die Berechnung des Bewegungszustandes nach $t = 2{,}0$ s ist es notwendig, von dem Umkehrpunkt auszugehen. Zu beachten ist dabei die Richtungsumkehr der Reibungskraft. Eine Skizze nach Abb. 6-5c erleichtert den Ansatz des Impulssatzes.

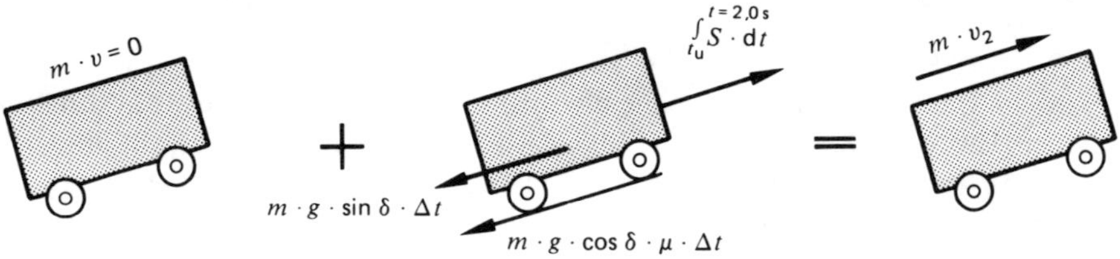

Abb. 6-5c

$$\int_{t_u}^{t=2{,}0s} S \cdot dt - m \cdot g \cdot (\sin\delta + \mu \cdot \cos\delta) \cdot \Delta t = m \cdot v_2\ .$$

Das Integral wird ausgewertet (Gl. (2))

$$\int_{t_u}^{t=2{,}0s} S \cdot dt = 2 \cdot 10^4 \cdot 2{,}0\,\mathrm{Ns} - 10^3 \cdot 2{,}0^2\,\mathrm{Ns} - 2 \cdot 10^4 \cdot 1{,}177\,\mathrm{Ns}$$

$$+ 10^3 \cdot 1{,}177^2\,\mathrm{Ns} = 13{,}845 \cdot 10^3\,\mathrm{Ns}\ .$$

Damit ist

$$v_2 = \frac{13{,}845 \cdot 10^3\,\mathrm{Ns}}{5 \cdot 10^3\,\mathrm{kg}} - 9{,}81 \frac{\mathrm{m}}{\mathrm{s}^2} (\sin 15° + 0{,}05 \cdot \cos 15°)\,(2{,}0 - 1{,}177)\,\mathrm{s}\ .$$

$$\mathbf{v_2 = 0{,}289\,m/s}\ .$$

Die Lage zu Zeitpunkt t = 2,0 s kann man analog zu a) berechnen.

Beispiel 3 (Abb. 6-6)

Das abgebildete System wird von Ruhe aus in Bewegung gesetzt. Das vereinfacht skizzierte Getriebe hat ein Übersetzungsverhältnis i = 16. Nach einer Zeit Δt erreicht die Seiltrommel die Drehzahl n entgegengesetzt Uhrzeigersinn. Für die nachstehend gegebenen Daten sind zu bestimmen:

a) das konstant angenommene Motormoment M_M,
b) die maximale Beschleunigungsleistung,
c) die notwendige Leistung nach der Beschleunigungsphase.

Reibungsverluste und Massen der rotierenden Teile können vernachlässigt werden.

$m_A = 20000\,\text{kg}$;
$m_B = 15000\,\text{kg}$;
$n = 0{,}50\,\text{s}^{-1}$;
$\Delta t = 0{,}80\,\text{s}$
Trommel:
$r_A = 0{,}30\,\text{m}$;
$r_B = 0{,}40\,\text{m}$.

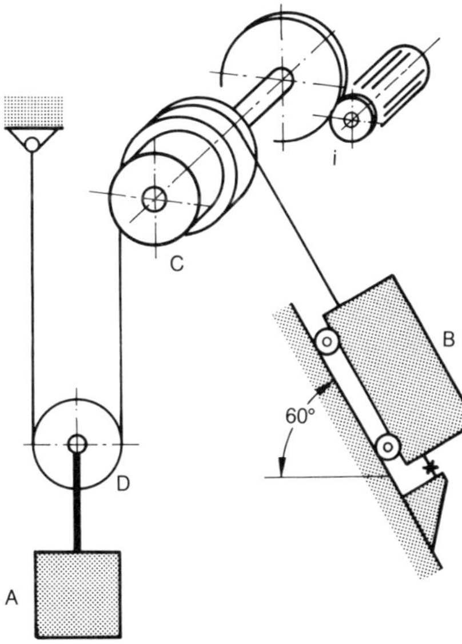

Abb. 6-6

Lösung (Abb. 6-7)

a) Das Aufstellen des Impulssatzes wird durch die Skizze Abb. 6-7 vorbereitet. Dazu werden beide Massen freigemacht.

$$2\,S_A \cdot \Delta t - m_A \cdot g \cdot \Delta t = -\,m_A \cdot v_A \tag{1}$$

$$S_B \cdot \Delta t - m_B \cdot g \cdot \Delta t \cdot \sin 60^\circ = +\,m_B\, v_B \tag{2}$$

Die Momentengleichung für die Drehachse der Trommel gibt

$$S_A \cdot r_A + M_M \cdot \mathrm{i} - S_B \cdot r_B = 0. \tag{3}$$

Es gelten folgende kinematische Beziehungen

$$v_A = r_A \cdot \omega \cdot \frac{1}{2} \tag{4}$$

$$v_B = r_B \cdot \omega. \tag{5}$$

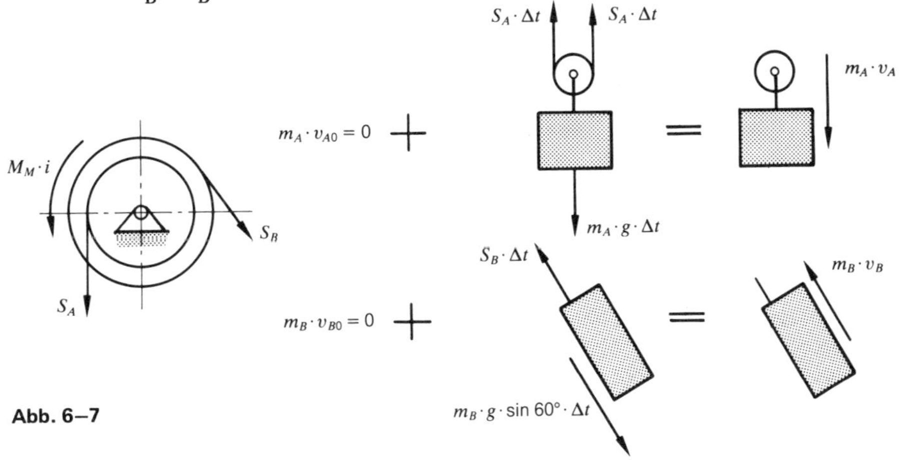

Abb. 6–7

Wegen der losen Rolle, bewegt sich die Masse A mit halber Seilgeschwindigkeit. Deshalb erscheint in der Gleichung (4) der Faktor 1/2.

Die Gleichungen (1) und (2) werden nach S umgestellt.

$$S_A = \frac{1}{2} m_A \cdot \left(g - \frac{v_A}{\Delta t}\right)$$

$$S_B = m_B \cdot \left(g \cdot \sin 60° + \frac{v_B}{\Delta t}\right).$$

Diese Beziehungen werden zusammen mit (4) und (5) in die Gleichung (3) eingesetzt. Nach einer einfachen Umwandlung führt das zu

$$M_M = \frac{1}{i}\left[r_B \cdot m_B \cdot \left(g \cdot \sin 60° + \frac{r_B \cdot \omega}{\Delta t}\right) - \frac{1}{2} r_A \cdot m_A \cdot \left(g - \frac{r_A \cdot \omega}{2 \cdot \Delta t}\right)\right]. \qquad (6)$$

Mit

$\omega = 2\pi n$ ergibt sich

$$M_M = \frac{1}{16}\left[0{,}40\ \text{m} \cdot 15 \cdot 10^3\ \text{kg}\left(9{,}81 \cdot \sin 60° + \frac{0{,}4 \cdot 2\pi \cdot 0{,}5}{0{,}80}\right)\frac{\text{m}}{\text{s}^2}\right.$$

$$\left. - \frac{1}{2} \cdot 0{,}30\ \text{m} \cdot 20 \cdot 10^3\ \text{kg}\left(9{,}81 - \frac{0{,}3 \cdot 2\pi \cdot 0{,}5}{2 \cdot 0{,}80}\right)\frac{\text{m}}{\text{s}^2}\right]$$

$$\mathbf{M_M = 2{,}046\ kNm.}$$

b) Die maximale Beschleunigungsleistung erhält man für M_M = konst am Ende der Beschleunigungsphase mit ω_{max}

$$P_{max} = M_M \cdot \omega_{M\,max} = M_M \cdot i \cdot n \cdot 2\pi$$
$$= 2{,}046\ \text{kNm} \cdot 16 \cdot 0{,}50\ \text{s}^{-1} \cdot 2\pi$$

$$\mathbf{P_{max} = 102{,}8\ kW.}$$

c) In der Gleichung (6) entsprechen die Terme $r \cdot \omega / \Delta t$ den Beschleunigungen. Für den stationären Zustand nach Erreichen der Endgeschwindigkeit verbleibt demnach

$$M_{M\,St} = \frac{1}{i}\left(r_B \cdot m_B \cdot g \cdot \sin 60° - \frac{1}{2} r_A \cdot m_A \cdot g\right)$$

$$M_{M\,St} = 1{,}347\ \text{kNm}$$

$$P_{St} = M_M \cdot \omega_M = 1{,}347\ \text{kNm} \cdot 16 \cdot 0{,}50\ \text{s}^{-1} \cdot 2\pi$$

$$\mathbf{P_{St} = 67{,}7\ kW.}$$

6.1.2 Der Satz von der Erhaltung des Impulses

Es sollen Systeme untersucht werden, auf die von außen keine Kräfte einwirken, d.h. für die $F_{res} = \Sigma F = 0$ gilt. Man nennt sie *freie Systeme.*

Aus dem Grundgesetz der Dynamik folgt

$$\vec{F} = \frac{d}{dt}(m \cdot \vec{v}) = 0,$$

$$\mathbf{m \cdot \vec{v} = konst.} \qquad \text{Gl. 6-6}$$

Das gleiche Ergebnis erhält man aus der Gleichung 6-1 für $F = 0$.

Greifen an einem System keine äußeren Kräfte an (freies System), dann bleibt die Bewegungsgröße m·$\vec{v}$ konstant. Das ist der Satz von der Erhaltung des Impulses.

Es werden mehrere Punktmassen betrachtet, die zwar Kräfte aufeinander ausüben können (z.B. über Federn als innere Kräfte), aber auf die von außen keine Kräfte wirken. Der Schwerpunkt der Massen befindet sich (vergleiche Band 1, Gleichung 3-2)

$$x_s = \frac{\Sigma m_i \cdot x_i}{\Sigma m_i} ,$$

$$x_s \cdot \sum m_i = \sum m_i \cdot x_i .$$

Diese Gleichung wird nach t differenziert.

$$\frac{dx_s}{dt} \cdot \sum m_i = \sum m_i \cdot \frac{dx_i}{dt} ,$$

$$v_{sx} \cdot \sum m_i = \sum m_i \cdot v_i .$$

Die Gleichung 6-6, für mehrere Massen angewendet, ergibt, daß die rechte Seite der Gleichung konstant sein muß, d.h.

$$v_{sx} \cdot \sum m_i = \text{konst}$$

$$v_{sx} = \text{konst},$$

analog für die y-Achse, v_{sy} = konst und allgemein

$$\vec{v}_s = \textbf{konst.}$$

Der Schwerpunkt eines freien Systems bewegt sich geradlinig mit konstanter Geschwindigkeit (Ruhezustand = Sonderfall mit $\vec{v}_s = 0$)

Als Beispiel für diesen Satz sollen 2 Wagen betrachtet werden, die über gespannte Federn (innere) Kräfte aufeinander ausüben und sich mit der gemeinsamen Geschwindigkeit $v_{A1} = v_{B1}$ nach rechts bewegen (Abb. 6-8). Während dieser Bewegung wird der Faden, der die Wagen zusammenhält, durchgebrannt. Die Federkräfte wirken so, daß der Wagen B beschleunigt, der Wagen A verzögert wird. Nach Ablauf dieses Vorganges bewegen sich Wagen B mit v_{B2} und Wagen A mit v_{A2}. Dabei kann v_{A2} nach

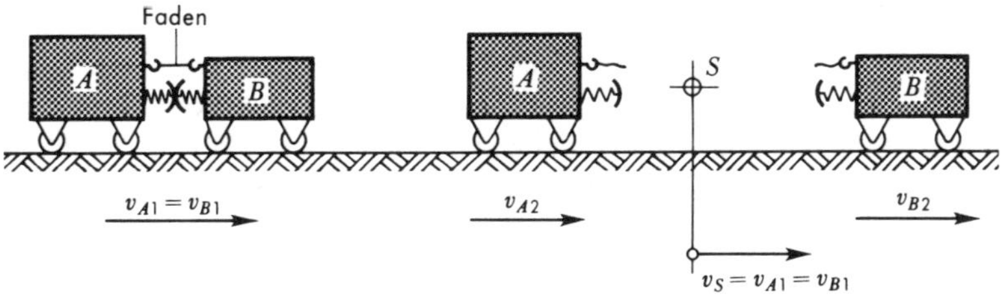

Abb. 6-8

rechts, nach links gerichtet oder null sein. Der gemeinsame Schwerpunkt der beiden Massen bewegt sich aber mit der vorher vorhandenen gemeinsamen Geschwindigkeit $v_{A1} = v_{B1} = v_S =$ konst. Zu beachten ist, daß die Gewichtskräfte, da sie durch entsprechende Bodenkräfte aufgenommen werden, in die Betrachtungen nicht eingehen.

Abb. 6-9a

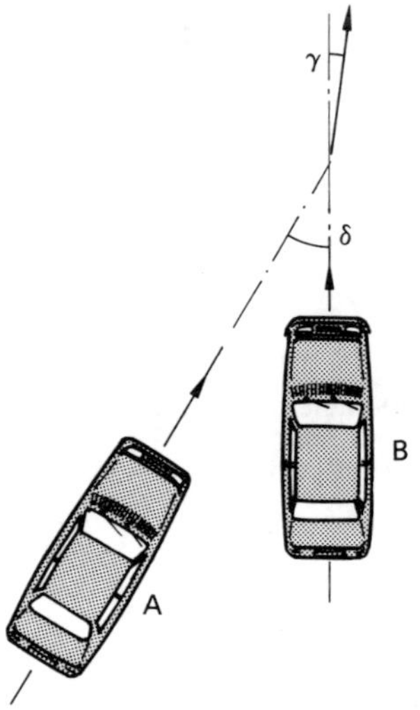

Beispiel 1 (Abb. 6-9a)

Zwei Pkw A und B stoßen nach Skizze unter dem Winkel δ zusammen, verkeilen sich dabei und schleudern auf glatter Unterlage unter dem Winkel γ weiter. Die Kinetik dieses Vorgangs soll untersucht werden. Es interessiert dabei besonders der Zusammenhang zwischen den Anfangsgeschwindigkeiten und der gemeinsamen Geschwindigkeit nach dem Stoß. Weiterhin sollen Kräfte auf Wagen und Fahrer abgeschätzt werden, wobei angenommen wird, daß die Fahrer eng angegurtet sind und eindringende Teile auf sie nicht einwirken. Zur Beantwortung dieser Frage wird eine Stoßzeit geschätzt. Diese kann grundsätzlich näherungsweise bestimmt werden (s. Beispiel Abb. 6-15).

Massen: Wagen einschließlich Fahrer $m_A = 800$ kg; $m_B = 1000$ kg
Beide Fahrer $m_F = 70$ kg.
Winkel: $\delta = 30^\circ$ $\gamma = 20^\circ$.
Gemeinsame Geschwindigkeit nach dem Stoß: $v_2 = 15$ m/s.
Stoßzeit: $\Delta t \approx 0{,}1$ s.

Lösung

Während des Stoßes wirken zwischen den beiden Wagen so hohe innere Kräfte, daß man die äußeren Reibungskräfte an den Reifen vernachlässigen kann. Mit dieser zulässigen Einschränkung handelt es sich hier um ein freies System, für das die Bewegungsgröße beim Stoß erhalten bleibt. Die Bewegungsrichtung γ nach dem Stoß müßte aus Spuren ausgemessen werden, wobei eine Verfälschung durch z.B. Seitenführungskräfte der Reifen ausgeschlossen werden muß. Auf glatter Unterlage und/

oder bei blockierten Rädern ist diese Bedingung weitgehend erfüllt. Es soll deshalb hier angenommen werden, daß man aus dem Bremsweg nach dem Stoß auf die Geschwindigkeit v_2 schließen kann.

Da sich der Vorgang in der Ebene abspielt, ist es zweckmäßig, ein Koordinatensystem einzuführen und $m \cdot v = \text{konst.}$ für die beiden Achsen anzusetzen (Abb. 6-9b).

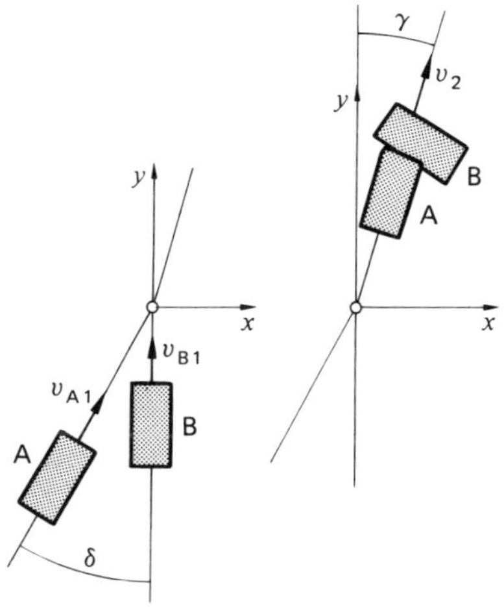

Abb. 6-9b

x-Richtung

$$m_A \cdot v_{A1} \cdot \sin\delta = m_{ges} \cdot v_2 \cdot \sin\gamma$$

$$v_{A1} = \frac{m_{ges}}{m_A} \cdot \frac{\sin\gamma}{\sin\delta} \cdot v_2 \,. \qquad (1)$$

y-Richtung

$$m_A \cdot v_{A1} \cdot \cos\delta + m_B \cdot v_{B1} = m_{ges} \cdot v_2 \cdot \cos\gamma$$

$$v_{B1} = \frac{m_{ges}}{m_B} \cdot v_2 \cdot \cos\gamma - \frac{m_A}{m_B} \cdot v_{A1} \cdot \cos\delta \,.$$

Mit Gleichung (1) ist

$$v_{B1} = \frac{m_{ges}}{m_B} \cdot v_2 \cdot \cos\gamma - \frac{m_A}{m_B} \cdot \frac{m_{ges}}{m_A} \cdot \frac{\sin\gamma}{\sin\delta} \cdot \cos\delta \cdot v_2$$

$$v_{B1} = \frac{m_{ges}}{m_B} \cdot v_2 \cdot \left(\cos\gamma - \frac{\sin\gamma}{\tan\delta}\right) . \qquad (2)$$

Die Gleichungen (1) und (2) stellen die gesuchten Beziehungen dar. Die zahlenmäßige Auswertung ergibt

$$v_{A1} = \frac{1800\ \text{kg}}{1000\ \text{kg}} \cdot \frac{\sin 20^\circ}{\sin 30^\circ} \cdot 15\ \text{m/s} = 23{,}09\ \text{m/s} \mathrel{\hat{=}} \mathbf{83{,}1\ km/h}$$

$$v_{B1} = \frac{1800\ \text{kg}}{1000\ \text{kg}} \cdot 15\ \text{m/s} \cdot \left(\cos 20^\circ - \frac{\sin 20^\circ}{\tan 30^\circ}\right) = 9{,}38\ \text{m/s} \mathrel{\hat{=}} \mathbf{33{,}8\ km/h} \,.$$

Der Wagen B ist durch den Stoß schneller geworden, ihm wurde demnach Energie zugeführt.

Zur Bestimmung der wirkenden Kräfte ist es notwendig, den Impulssatz für das einzelne Objekt anzusetzen.

x-Richtung

$$m_A \cdot v_{A1} \cdot \sin\delta \quad - \quad F_{mx} \cdot \Delta t \quad = \quad m_A \cdot v_2 \cdot \sin\gamma \qquad (1)$$

Bewegungsgröße in x-Richtung vor dem Stoß	Impuls in x-Richtung	durch Impuls geänderte Bewegungsgröße in x-Richtung nach dem Stoß

$$F_{mx} = \frac{m_A}{\Delta t} \cdot (v_{A1} \cdot \sin\delta - v_2 \cdot \sin\gamma)$$

$$F_{mx} = \frac{800\ \text{kg}}{0{,}1\ \text{s}}\ (23{,}09 \cdot \sin 30° - 15{,}0 \cdot \sin 20°)\ \text{m/s}$$

$$F_{mx} = 51{,}3\ \text{kN}\ .$$

y-Richtung

$$m_A \cdot v_{A1} \cdot \cos\delta - F_{my} \cdot \Delta t = m_A \cdot v_2 \cdot \cos\gamma \qquad (2)$$

$$F_{my} = \frac{m_A}{\Delta t} \cdot (v_{A1} \cdot \cos\delta - v_2\ \cos\gamma)$$

$$F_{my} = \frac{800\ \text{kg}}{0{,}1\ \text{s}} \cdot (23{,}09 \cdot \cos 30° - 15{,}0 \cdot \cos 20°)\ \text{m/s}$$

$$F_{my} = 47{,}2\ \text{kN}\ .$$

Die Zusammensetzung dieser beiden Komponenten liefert eine mittlere Stoßkraft von

$$\boldsymbol{F_m \approx 70\ \text{kN}}\ .$$

Den gleichen Wert erhält man aus dem Ansatz für den Wagen B, denn die ermittelte Kraft wirkt als innere Kraft (actio = reactio) auf beide Wagen.

Der für die Fahrer aufgestellte Impulssatz entspricht bis auf die Massen den Gleichungen (1) und (2). Deshalb ist es einfacher, die Kraft im Verhältnis der Massen umzurechnen.

$$\text{Fahrer A:}\quad F_m = \frac{70\ \text{kg}}{800\ \text{kg}} \cdot 70\ \text{kN} \approx 6\ \text{kN}\ .$$

$$\text{Fahrer B:}\quad F_m = \frac{70\ \text{kg}}{1000\ \text{kg}} \cdot 70\ \text{kN} \approx 5\ \text{kN}\ .$$

Nach der Gleichung $F = m \cdot a$ entspricht das einer Beschleunigung (Verzögerung):

$$\text{Fahrer A:} \quad a \approx 9 \cdot g \,,$$

$$\text{Fahrer B:} \quad a \approx 7 \cdot g \,.$$

Das sind realistische Werte.

Beispiel 2 (Abb. 6-10a)

Dieses Beispiel soll an einem Modell das Raketenprinzip erläutern. Auf einem reibungslos gelagerten Wagen der Masse m befinden sich 4 Einzelmassen jeweils gleicher Größe m. Sie werden nacheinander mit der Geschwindigkeit v relativ zum bewegten Wagen nach rechts abgestoßen. Zu bestimmen ist die Wagengeschwindigkeit nachdem die vierte Masse abgestoßen wurde. Es ist anzugeben, mit welcher Geschwindigkeit und in welcher Richtung sich diese Masse für einen ruhenden Beobachter bewegt. Welche Endgeschwindigkeit ergäbe sich, wenn alle vier Massen gleichzeitig nach rechts abgestoßen würden?

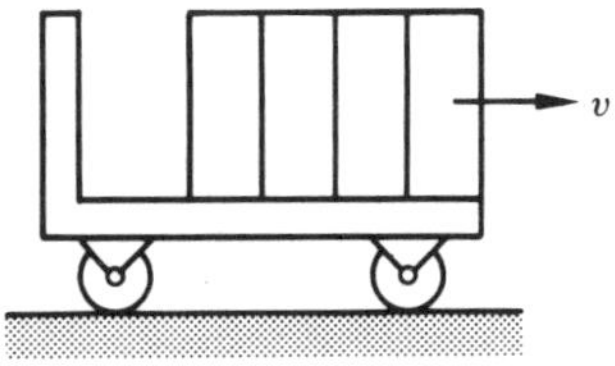

Abb. 6-10a

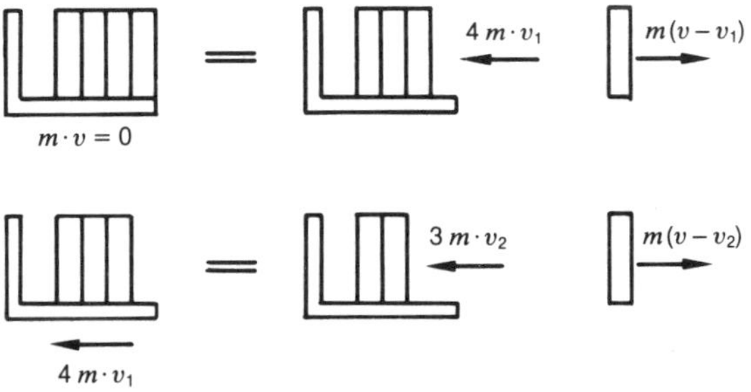

Abb. 6-10b

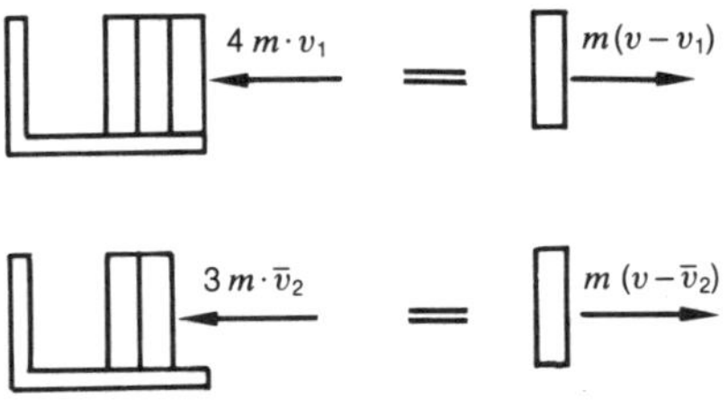

Abb. 6-10c

Lösung (Abb. 6-10b/c)

Von außen greifen keine Kräfte ein. Es handelt sich demnach um ein freies System und es gilt die Gleichung 6-6. Die Lösung soll für ein ruhendes Koordinatensystem und ein nach dem Wagen mitgeführtes System durchgeführt werden.

Ruhendes Koordinatensystem

Die Abb. 6-10b zeigt den Wagen unmittelbar vor und nach dem Abstoß der ersten Masse. Die Bewegungsgröße $m \cdot v$ muß nach Gl. 6-6 für beide Zustände gleich sein.

$$0 = 4\,m \cdot v_1 - m \cdot (v - v_1) \,.$$

Zu beachten ist, daß die Abgestoßene Masse für den ruhenden Beobachter die Geschwindigkeit $(v - v_1)$ nach rechts hat, denn sie wird relativ zum mit v_1 nach links rollenden Wagen mit v abgestoßen. Man erhält

$$v_1 = \frac{1}{5}\, v.$$

Eine analoge Skizze für den zweiten Abstoß ergibt

$$\begin{aligned} 4\,m \cdot v_1 &= 3\,m \cdot v_2 - m \cdot (v - v_2) \\ 4\,v_1 &= 4\,v_2 - v \\ v_2 &= v_1 + \frac{1}{4}\,v = \left(\frac{1}{5} + \frac{1}{4}\right) v. \end{aligned}$$

Schon jetzt kann man das Gesetz erkennen und für den vierten Abstoß schreiben

$$v_4 = \left(\frac{1}{5} + \frac{1}{4} + \frac{1}{3} + \frac{1}{2}\right) v = \mathbf{1{,}283}\, v.$$

Bemerkenswert ist, daß $v_4 > v$ ist, sich deshalb die vierte Masse nach dem Abstoßen mit $0{,}283 \cdot v$ in Richtung des Wagens nach links bewegt.

Mitbewegtes Koordinatensystem.

Vor dem ersten Abstoß sind Wagen und Masse und deshalb auch das Koordinatensystem in Ruhe. Man erhält (Abb. 6-10c)

$$\begin{aligned} 4\,m \cdot v_1 &= m \cdot (v - v_1) \\ v_1 &= \frac{1}{5}\, v. \end{aligned}$$

Mit dieser Geschwindigkeit wird das Koordinatensystem mitbewegt.
Nach Skizze gilt für den zweiten Abstoß

$$\begin{aligned} 3\,m \cdot \bar{v}_2 &= m \cdot (v - \bar{v}_2) \\ \bar{v}_2 &= \frac{1}{4}\, v. \end{aligned}$$

Diese Geschwindigkeit wurde für ein System berechnet, das selber mit v_1 nach links bewegt wird. Deshalb gilt für den ruhenden Beobachter

$$v_2 = v_1 + \bar{v}_2 = \left(\frac{1}{5} + \frac{1}{4}\right) v.$$

Analog kann man weiter verfahren und erhält das obige Ergebnis.

Welche Endgeschwindigkeit ergibt sich für den Fall, das alle vier Massen gleichzeitig mit v abgestoßen werden?

$$\begin{aligned} m \cdot v_4 &= 4\,m \cdot (v - v_4) \\ v_4 &= 4\,v - 4\,v_4 \\ v_4 &= \frac{4}{5}\, v. \end{aligned}$$

In diesem Fall ist die Wagengeschwindigkeit kleiner und sie kann vom Prinzip her nie größer als die Abstoßgeschwindigkeit sein.

6.1.3 Der zentrische Stoß

Ein *Stoß* von 2 Körpern ist *zentrisch, wenn der Berührungspunkt auf der Verbindungslinie beider Schwerpunkte liegt und diese senkrecht auf der Berührungsebene steht.* Die beim Stoß auftretenden Kräfte liegen dann in dieser Linie, die deshalb *Stoßlinie* genannt wird. Man kann sich beide Massen im Schwerpunkt vereinigt denken (Punktmasse).

Ein Stoß ist gerade, wenn der Bewegungsvorgang in Richtung der Stoßlinie erfolgt. Ist das nicht der Fall, spricht man von einem schiefen Stoß.

Die beim Stoß auftretenden Geschwindigkeitsänderungen lassen sich nur mit Hilfe des Impulssatzes berechnen.

Zunächst wird der *gerade Stoß* behandelt. Zwei Massen bewegen sich auf der gleichen Linie mit verschiedenen Geschwindigkeiten (Abb. 6-11). Die schnellere Masse m_A stößt dabei auf die langsamere Masse m_B. In der ersten Phase des Stoßes werden Kräfte wirksam, die die Körper deformieren. Sind diese nicht vollkommen unelastisch, dann werden bei der Rückverformung Kräfte frei, die die Massen wieder voneinander wegstoßen. Nach Ablauf dieses Vorganges bewegen sich beide Körper mit den neuen Geschwindigkeiten v_{A2} und v_{B2}.

Abb. 6-11

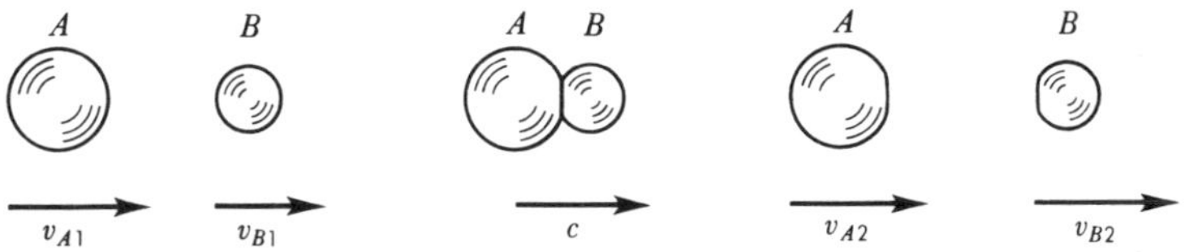

Der Stoßvorgang soll näher untersucht werden. Dazu wird nur die Masse A betrachtet (Abb. 6-12). Die Masse A hat vor dem Stoß die Bewegungsgröße $m_A \cdot v_{A1}$. Während der ersten Phase des Stoßes (Zusammendrückung) wirkt entgegengesetzt der Impuls $\int F \cdot dt$. Dieser verursacht eine Verzögerung auf die gemeinsame Geschwindigkeit c. Dann setzt eine 2. Phase ein, während der sich der Körper z.T. wieder rückbildet. Dabei wirkt ein Impuls $\int K \cdot dt$, der der Bewegungsgröße $m_A \cdot c$ entgegengerichtet ist. Nach Ablauf dieses Vorganges hat die Masse m_A die Bewegungsgröße $m_A \cdot v_{A2}$.

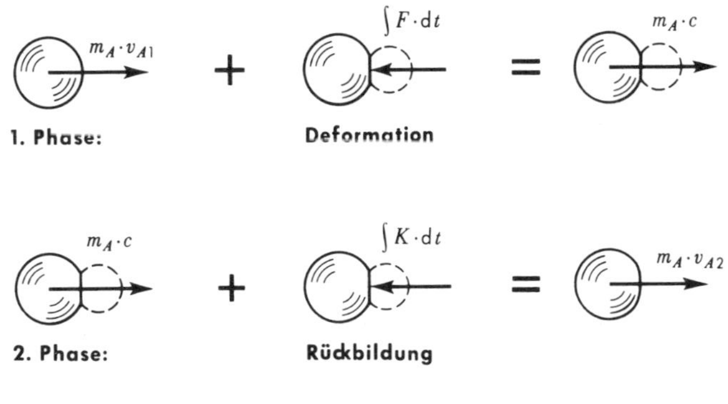

Abb. 6-12

Da ein Teil der Kraft F bzw. des Impulses $\int F \cdot dt$ dazu verwendet wird, eine bleibende Deformation zu verursachen bzw. innere Reibung zu überwinden, muß der Impuls $\int K \cdot dt$ der 2. Phase kleiner sein als $\int F \cdot dt$. Das Verhältnis beider Impulse hängt hauptsächlich vom Werkstoff beider Körper ab. Man definiert das Verhältnis als die *Stoßzahl k*,

$$k = \frac{\int K \cdot dt}{\int F \cdot dt} .$$

Entsprechend den obigen Ausführungen muß k zwischen 0 und 1 liegen. Die Stoßzahl kann aus einem einfachen Versuch ermittelt werden. Man läßt eine Kugel aus der Höhe H auf eine schwere Platte fallen. Sie springt auf eine kleinere Höhe h zurück. Der Leser möge beweisen, daß

$$k = \sqrt{\frac{h}{H}}$$

ist. Dabei ist jedoch zu beachten, daß es sich hierbei um einen Anhaltswert handelt, denn k hängt von der Form der Körper und der Geschwindigkeit ab. Für Kugeln im Geschwindigkeitsbereich von 2 ... 3 m/s gilt für

	Holz/Holz	Stahl/Stahl	Elfenbein/Elfenbein
$k \approx$	0,5	0,6	0,9

Aus der Abb. 6-12 folgt

$$m_A \cdot v_{A1} - \int F \cdot dt = m_A \cdot c ; \qquad \int F \cdot dt = m_A \cdot (v_{A1} - c),$$

$$m_A \cdot c - \int K \cdot dt = m_A \cdot v_{A2} ; \qquad \int K \cdot dt = m_A \cdot (c - v_{A2}).$$

Damit ist

$$k = \frac{c - v_{A2}}{v_{A1} - c} .$$

Führt man den gleichen Ansatz für die Masse B durch, dann erhält man analog

$$k = \frac{v_{B2} - c}{c - v_{B1}} .$$

Man löst beide Beziehungen nach c auf und setzt gleich.

Aus der sich so ergebenden Gleichung kann man die Stoßzahl k ausrechnen

$$\mathbf{k} = \frac{\mathbf{v}_{B2} - \mathbf{v}_{A2}}{\mathbf{v}_{A1} - \mathbf{v}_{B1}} . \qquad \textbf{Gl. 6-7}$$

Die Stoßzahl ist demnach gleich dem Verhältnis der Relativgeschwindigkeiten nach und vor dem Stoß.

Zu beachten ist, daß für die Ableitung der Gleichung 6-7 ein System benutzt wurde, in dem nur in positiver x-Richtung Geschwindigkeiten auftraten.

Geschwindigkeiten entgegengesetzter Richtung müssen negativ eingeführt werden.

Die beiden Impulskräfte sind, da sie entgegengesetzt an beiden Massen angreifen, innere Kräfte. Treten äußere Kräfte nicht auf oder sind sie viel kleiner als die Stoßkräfte (s.u.), gilt der Satz von der Erhaltung des Impulses (Gleichung 6-6)

$$\underbrace{m_A \cdot v_{A1} + m_B \cdot v_{B1}}_{\text{vor dem Stoß}} = \underbrace{m_A \cdot v_{A2} + m_B \cdot v_{B2}}_{\text{nach dem Stoß}} . \qquad \text{Gl. 6-8}$$

Die beiden Gleichungen 6-7/8 stehen für die Berechnung eines zentrischen Stoßes zur Verfügung. Nur wenn von den insgesamt sieben Größen (zwei Massen, vier Geschwindigkeiten, Stoßzahl) fünf bekannt oder anderweitig bestimmbar sind, kann der Stoß rechnerisch erfaßt werden.

Ein Stoß ist dann vollkommen elastisch, wenn keine bleibende Deformation auftritt und wenn keine Kräfte für Überwindung der inneren Reibung im Körper aufgebraucht werden. Daraus folgt nach den Ausführungen oben

$$\int F \cdot \mathrm{d}t = \int K \cdot \mathrm{d}t .$$

Für den *elastischen Stoß* ist deshalb die *Stoßzahl $k = 1$.*

Aus diesem Grunde ist

$$v_{A1} - v_{B1} = v_{B2} - v_{A2},$$
$$v_{A1} + v_{A2} = v_{B1} + v_{B2} . \qquad \text{a)}$$

Nach Gleichung 6-8 ist

$$m_A \cdot (v_{A1} - v_{A2}) = m_B \cdot (v_{B2} - v_{B1}). \qquad \text{b)}$$

Die Multiplikation der Gleichung a) mit der Gleichung b) ergibt

$$m_A \cdot v_{A1}^2 - m_A \cdot v_{A2}^2 = m_B \cdot v_{B2}^2 - m_B \cdot v_{B1}^2 .$$

Nach Umstellung und Multiplikation mit $\frac{1}{2}$ gilt

$$m_A \cdot \frac{v_{A1}^2}{2} + m_B \cdot \frac{v_{B1}^2}{2} = m_A \cdot \frac{v_{A2}^2}{2} + m_B \cdot \frac{v_{B2}^2}{2} .$$

Dies ist eine nochmalige Bestätigung dafür, daß *beim elastischen Stoß die kinetische Energie erhalten bleibt* (siehe Kapitel 8).

Aus der Bedingung $k = 1$ folgt für den elastischen Stoß, daß die Relativgeschwindigkeit vor und nach dem Stoß gleich sind, sich aber umkehren.

$$v_{A1} - v_{B1} = -(v_{A2} - v_{B2}).$$

Demonstrieren kann man das an den 2 Pendeln aus Elfenbeinkugeln nach Abb. 6-13. Beide Kugeln haben gleiche Masse. Kugel A pendelt gegen die ruhende Kugel B. Diese wird mit der Auftreffgeschwindigkeit weggestoßen, wobei die Kugel A in Ruhe bleibt.

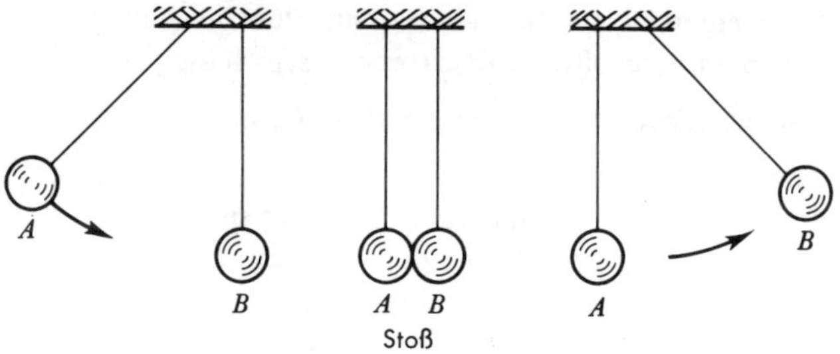

Abb. 6-13

Da ein vollkommen unelastischer Körper sich nach einer Deformation nicht zurückzubilden vermag (vergleiche Kapitel 2 Band 2), muß der Impuls

$$\int K \cdot dt = 0$$

sein. Damit erhält man als Bedingung für den *unelastischen Stoß*: *Stoßzahl k = 0.* Aus der Gleichung 6-7 folgt

$$v_{A2} = v_{B2}.$$

Nach einem unelastischen Stoß bewegen sich beide Massen gemeinsam mit der gleichen Geschwindigkeit.

Abb. 6-14

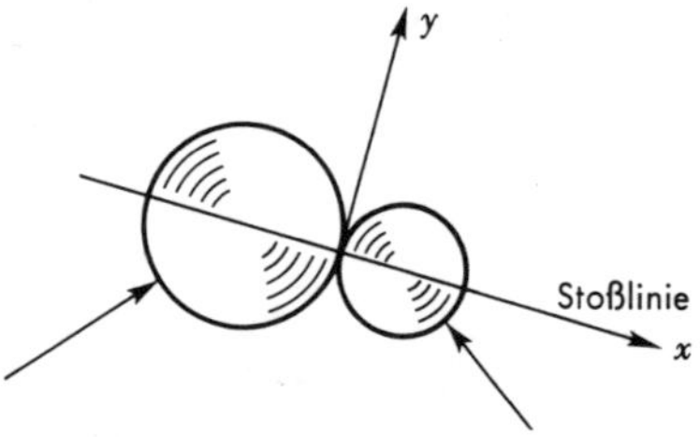

Wie oben ausgeführt, liegt ein *schiefer Stoß* vor, wenn Körper auf sich kreuzenden Bahnen zusammenstoßen (Abb. 6-14). Da jetzt zusätzlich die beiden Bewegungsrichtungen unbekannt sind, müssen für die Berechnungen der Geschwindigkeiten nach dem Stoß insgesamt 4 Bedingungen erfüllt sein. Es ist zweckmäßig, mit einem kartesischen Koordinatensystem zu arbeiten, dessen eine Achse (z.B. x nach Abb. 6-14) in die Stoßlinie gelegt wird. Für die x-Komponenten gelten dann die Gleichungen 6-7/8.

Für die y-Achse müssen, wenn die Berührungsflächen glatt sind, die Impulse jedes einzelnen Körpers erhalten bleiben, denn es gilt $F_y = 0$, d.h. $F_y \cdot dt = 0$,

$$m \cdot v_y = \text{konst.}$$
$$v_y = \text{konst.}$$

für beide Massen.

Wenn die Berührungsflächen glatt sind, *bleiben die Komponenten der Geschwindigkeiten senkrecht zur Stoßlinie erhalten.*

Da die *Stoßzeiten sehr klein* sind (Größenordnung m s), treten selbst bei nicht zu großen Impulsen $\int F \cdot dt$ *sehr große Kräfte* auf. Aus diesem Grunde können meistens noch andere wirkende Kräfte vernachlässigt werden. Für den Schmiedevorgang ist z.B. die Gewichtskraft des Hammers vernachlässigbar gegenüber seiner Stoßkraft.

Eine allgemeine Gleichung für den beim Stoß auftretenden Energieverlust ist im Beispiel 1 des Abschnitts 8.3 abgeleitet.

Beispiel 1 (Abb. 6-15)

In diesem Beispiel soll der Schmiedevorgang behandelt werden.
Der Hammer A (m_A = 100 kg) fällt aus einer Höhe h = 1,40 m auf das Werkstück. Der Amboß B (m_B = 800 kg) ist federnd und über Stoßdämpfer auf dem Maschinenfundament abgestützt. Die Stoßzahl hängt von der Temperatur des Werkstückes ab. Sie soll hier mit $k \approx 0{,}3$ angenommen werden. Der Schmiedeschlag plattet das Werkstück um Δh = 4 mm ab. Der Amboß wird nach dem Schlag von dem Stoßdämpfer auf einem Weg $\Delta s \approx 10$ mm aufgefangen. Zu bestimmen sind:

a) der Bewegungszustand von Hammer und Amboß unmittelbar nach dem Schlag,
b) die vom Werkstück aufgenommene Nutzarbeit (hauptsächlich Gestaltänderungsarbeit).
c) Welcher Anteil der zur Verfügung stehenden Energie wurde in Nutzarbeit umgewandelt?
d) Abzuschätzen sind die mittlere Schmiedekraft und die Stoßzeit (Hammer-Werkstück).
e) Welcher Anteil der Schmiedekraft wird etwa über den Stoßdämpfer auf das Fundament übertragen?

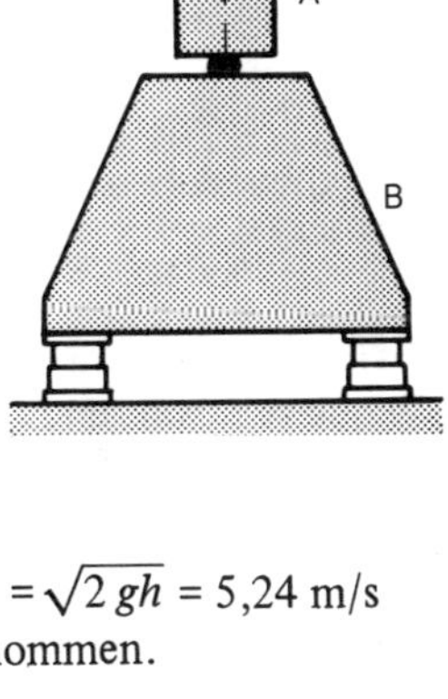

Abb. 6–15

Lösung

a) Es stehen die Gleichungen 6-7/8 zur Verfügung, wobei $v_{A1} = \sqrt{2\,gh} = 5{,}24$ m/s und $v_{B1} = 0$ sind. Die Richtung nach unten wird positiv angenommen.

$$k = \frac{v_{B2} - v_{A2}}{v_{A1}} \qquad \text{Gl. 6-7}$$

$$v_{B2} = k \cdot v_{A1} + v_{A2} \qquad (1)$$

$$m_A \cdot v_{A1} = m_A \cdot v_{A2} + m_B \cdot v_{B2} \qquad \text{Gl. 6-8}$$

$$v_{B2} = \frac{m_A}{m_B} \cdot v_{A1} - \frac{m_A}{m_B} \cdot v_{A2} \, . \qquad (2)$$

Die Gleichungen (1) und (2) werden gleichgesetzt. Nach einfachen Umwandlungen erhält man

$$v_{A2} = \frac{\frac{m_A}{m_B} - k}{\frac{m_A}{m_B} + 1} \cdot v_{A1} = \frac{0{,}125 - 0{,}30}{1{,}125} \cdot 5{,}24 \text{ m/s}$$

$$v_{A2} = \mathbf{-\,0{,}815 \text{ m/s}} \uparrow$$

Der Hammer prallt nach dem Schlag ab und bewegt sich mit dieser Geschwindigkeit nach oben. Aus Gl. (1) ergibt sich

$$v_{B2} = 0{,}3 \cdot 5{,}24 \text{ m/s} - 0{,}815 \text{ m/s} = \mathbf{+\,0{,}755 \text{ m/s}} \downarrow$$

b) Die Nutzarbeit muß gleich sein der Differenz der kinetischen Energien unmittelbar vor und nach dem Schlag.

$$W = \frac{1}{2} m_A \cdot v_{A1}^2 - \frac{1}{2} m_A \cdot v_{A2}^2 - \frac{1}{2} m_B \cdot v_{B2}^2 \, .$$

Mit den oben errechneten Werten erhält man **W = 1112 Nm.**

c) Die zur Verfügung stehende Energie beträgt $\frac{1}{2} m_A \cdot v_{A1}^2$. Man kann deshalb als Wirkungsgrad definieren

$$\eta = \frac{2\,W}{m_A \cdot v_{A1}^2} = \frac{2 \cdot 1112 \text{ Nm}}{100 \text{ kg} \cdot 5{,}24^2 \text{ m}^2/\text{s}^2} = \mathbf{0{,}81} \; .$$

Ca. 80% der zur Verfügung stehenden Energie werden für die Schmiedearbeit verwendet. Man kann eine allgemeine Gleichung für η aufstellen. In diese gehen die Massen, die Hammergeschwindigkeit und die Stoßzahl k ein. Das sei dem Leser empfohlen (Hinweise Beispiel 1 Abschnitt 8.3).

d) Die Arbeit ist definiert als das Produkt von Kraft und Weg, wobei beide kollinear sein müssen. Während der Hammer in das Werkstück eindringt, beginnt auch der beweglich gelagerte Amboß auszuweichen. Es wird zunächst angenommen, daß während der Schlagzeit der Amboß um ca. 1 mm nachgibt. Somit legt der Hammer während der Stoßzeit einen Weg von ca. 5 mm zurück (elastische Rückfederung nicht berücksichtigt.

$$W = F_m \cdot \Delta h_{ges} \qquad F_m = \frac{W}{\Delta h_{ges}} \quad \text{(Index m = Mittelwert)}$$

$$\mathbf{F_m} \approx \frac{1112\ \text{Nm}}{0{,}005\ \text{m}} \approx \mathbf{222\ kN}$$

Diese Kraft beschleunigt den Amboß während der Stoßzeit Δt auf die nach dem Stoß vorhandene Geschwindigkeit v_{B2}. Der Impulssatz lautet

$$F_m \cdot \Delta t = m_B \cdot v_{B2} \qquad \Delta t = \frac{m_B \cdot v_{B2}}{F_m}$$

$$\Delta t \approx \frac{800\ \text{kg} \cdot 0{,}755\ \text{m/s}}{222 \cdot 10^3\ \text{N}} \approx \mathbf{2{,}7 \cdot 10^{-3}\ s} \quad .$$

Man kann dieses Ergebnis durch Ansatz des Impulssatzes für den Hammer kontrollieren

$$m_A \cdot v_{A1} - F_m \cdot \Delta t = -m_A \cdot v_{A2}$$ (siehe Beispiel 1, S. 113/114).

$$\Delta t = \frac{m_A (v_{A1} + v_{A2})}{F_m}$$

Das positive Vorzeichen in der Klammer resultiert aus der Richtungsumkehr. Man erhält das gleiche Zahlenergebnis. Die Schlagzeit ist außerordentlich kurz (siehe auch Beispiel 1 Abschnitt 2.4.1).

Die mittlere Beschleunigung des Amboß beträgt

$$a_B \approx \frac{v_{B2}}{\Delta t} \approx 280\ \text{m/s}^2 \ .$$

Mit Hilfe der Gleichung 2-7 kann man das Nachgeben während des Schlages abschätzen. Im vorliegenden Fall ergibt sich etwa der oben berücksichtigte 1 mm.

e) Die kinetische Energie des Amboß muß in den Stoßdämpfern in Reibungsarbeit umgesetzt werden, wobei vereinfacht eine konstante Kraft während der Ausweichbewegung angenommen wird

$$\frac{m_B}{2} \cdot v_{B2}^2 = F_{St} \cdot \Delta s \qquad F_{St} = \frac{m_B \cdot v_{B2}^2}{2 \cdot \Delta s}$$

$$F_{St} \approx \frac{800\ \text{kg} \cdot 0{,}755^2\ \text{m}^2/\text{s}^2}{2 \cdot 0{,}01\ \text{m}} \approx 22{,}8\ \text{kN} \ .$$

Der Anteil der Schmiedekraft, die das Fundament belastet, beträgt

$$\frac{\mathbf{F_{St}}}{\mathbf{F_m}} \approx \frac{22{,}8\ \text{kN}}{222\ \text{kN}} \approx \mathbf{0{,}10}$$

Etwa 90% der Schmiedekraft werden vom Amboß und Stoßdämpfern „verschluckt".

Beispiel 2 (Abb. 6-16)

Auf einen rotierenden Arm A mit einer Prallplatte am Ende fällt eine Masse B aus einer Höhe h frei herunter. Für eine Stoßzahl k soll für die skizzierte Position die

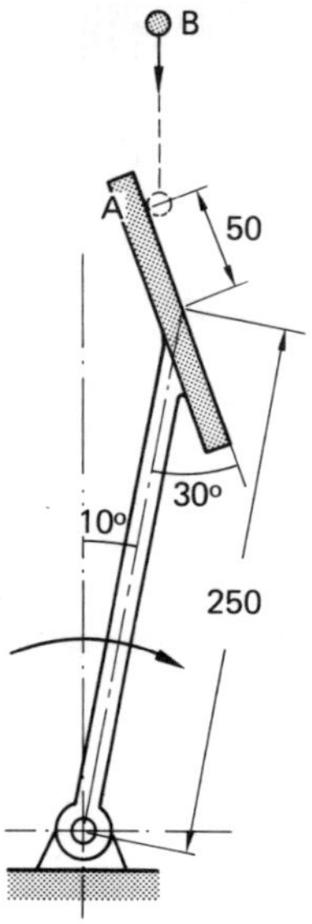

Abb. 6-16

Abprallgeschwindigkeit der Masse B ermittelt werden. Dieses System entspricht einer Schlägermühle, für die dieses Beispiel ein Rechenmodell darstellt.

Stoßzahl: $k \approx 0{,}1$; Fallhöhe: $h = 0{,}80$ m ;
Drehzahl des Armes: $n = 900 \text{ min}^{-1}$.

Lösung

Zuerst muß die Geometrie des Gebildes erfaßt werden (Abb. 6-17a). Aus dem cos-Satz erhält man $r = 294$ mm und dem sin-Satz $\delta = 4{,}87°$. Damit ist $\gamma = 10° - \delta = 5{,}13°$.

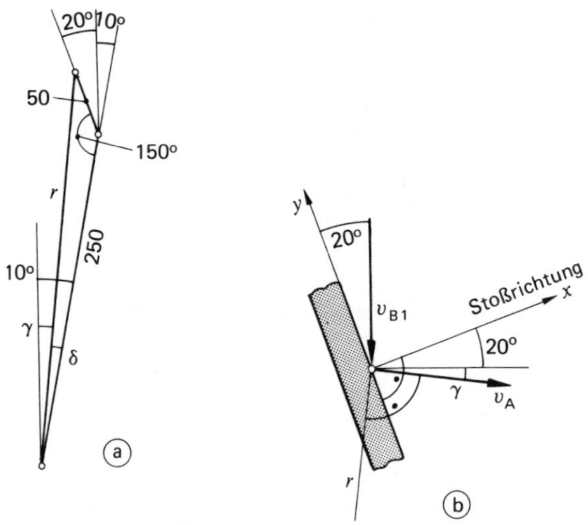

Abb. 6-17

Der viel schwerere und angetriebene Arm A wird durch den Aufprall der Masse B in seiner Bewegung nicht beeinflußt. Deshalb gilt:

$$v_{A1} = v_{A2} = v_A = 2\pi \cdot r \cdot n = 2\pi \cdot 0{,}294 \text{ m} \cdot \frac{900}{60} \text{ s}^{-1}$$

$$v_A = 27{,}71 \text{ m/s} \quad \measuredangle\ 5{,}13^\circ \, .$$

Diese, aus der Anschauung gewonnene Aussage, ergibt sich auch aus dem Impulserhaltungssatz Gleichung 6-8 für den Fall $m_A \gg m_B$.

Die Masse B hat unmittelbar vor dem Stoß die Geschwindigkeit

$$v_{B1} = \sqrt{2g \cdot h} = 3{,}96 \text{ m/s} \downarrow \, .$$

Diese Geschwindigkeiten müssen in die Stoßrichtung senkrecht zur Prallplatte und parallel zu dieser zerlegt werden (Abb. 6-17b). Dabei werden die Vorzeichen nach dem eingezeichneten Koordinatensystem festgelegt.

x-Richtung (Stoß)

$$v_{B1x} = -v_{B1} \cdot \sin 20^\circ = -3{,}96 \text{ m/s} \cdot \sin 20^\circ$$

$$v_{B1x} = -1{,}35 \text{ m/s}$$

$$v_{Ax} = +v_A \cdot \cos 25{,}13^\circ = 27{,}71 \text{ m/s} \cdot \cos 25{,}13^\circ$$

$$v_{Ax} = +25{,}09 \text{ m/s} \, .$$

Die Stoßzahl für diesen Fall ist

$$k = \frac{v_{B2x} - v_{Ax}}{v_{Ax} - v_{B1x}} \, ,$$

woraus folgt

$$v_{B2x} = k(v_{Ax} - v_{B1x}) + v_{Ax}$$

$$= 0{,}1\,(25{,}09 + 1{,}35) \text{ m/s} + 25{,}09 \text{ m/s}$$

$$v_{B2x} = 27{,}73 \text{ m/s} \quad \measuredangle\ 20^\circ \, .$$

Die Geschwindigkeit in y-Richtung wird durch den Stoßvorgang nicht beeinflußt.

$$v_{B2y} = v_{B1y} = v_{B1} \cdot \cos 20^\circ = 3{,}72 \text{ m/s} \quad \measuredangle\ 20^\circ \, .$$

Die resultierende Abprallgeschwindigkeit beträgt

$$v_{B2} \approx 28 \text{ m/s} \quad \measuredangle\ 12{,}36^\circ \, .$$

Die Masse B beschreibt eine Wurfparabel mit diesen Ausgangswerten.

6.2 Der Impuls des kontinuierlichen Massenstromes

In diesem Abschnitt sollen Kräfte untersucht werden, die in einem aus Einzelmassen bestehenden Strom auftreten. Bewegen sich diese Einzelmassen mit konstanter Geschwindigkeit, dann gilt v = konst. und da durch eine Flächeneinheit unter dieser Voraussetzung in der gleichen Zeit eine gleiche Massenanzahl durchtritt, ist $\frac{dm}{dt} = \dot{m} =$ konst. Die Größe $\dot{m}$ (Masse pro Zeiteinheit) nennt man *Massenstrom.*

Mit Hilfe dieser Bedingungen erhält man aus dem dynamischen Grundgesetz (vergleiche Kapitel 5 und Gleichung 5-5)

$$F = \frac{d}{dt}(m \cdot v) = v \cdot \frac{dm}{dt},$$

$$F = \dot{m} \cdot v. \qquad \text{Gl. 6-9}$$

An einem Raketenantrieb soll die Wirkung dieser Kraft erläutert werden. (Abb. 6–18). Dazu ist es notwendig, das zu untersuchende Objekt nach dem aus der Statik bekannten Schnittprinzip herauszutrennen. Überall wo Verbindungen geschnitten werden, müssen die dort übertragenen Kräfte bzw. Momente als actio und reactio eingeführt werden. Im vorliegenden Falle wird der Gasstrahl, in dem die Impulskräfte übertragen werden, geschnitten. Die Oberfläche des herausgeschnittenen Körpers bezeichnet man deshalb auch als *Kontrollfläche.*

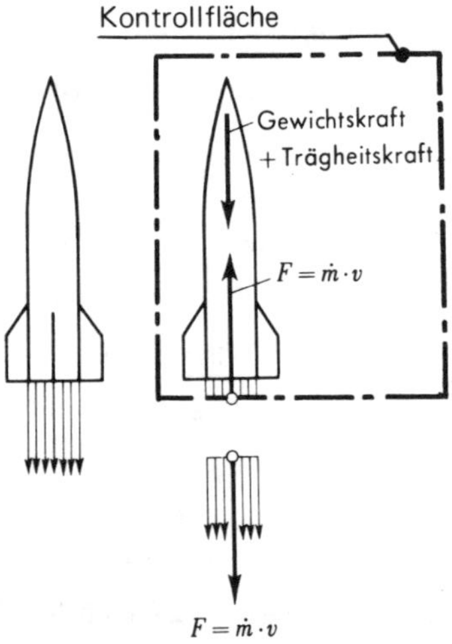

Abb. 6-18

Die im Strahl wirkende Kraft $F = \dot{m} \cdot v$ bewirkt den Antrieb der Rakete. Sie entsteht folgendermaßen:

Der mitgeführte Brennstoff befindet sich relativ zur bewegten Rakete in Ruhe. Er wird in der Brennkammer verbrannt, und die heißen Abgase werden aus Düsen mit der Geschwindigkeit v ausgestoßen. Innerhalb der Rakete ist jedes Gasteilchen auf die Geschwindigkeit v beschleunigt worden. Die dazu notwendige Kraft $F = m \cdot a$ tritt als actio und reactio zweimal auf. Die Summe der Reaktionskräfte ist gleich der Schubkraft. Ein Modell für diesen Vorgang ist eine Turnerriege, die auf einem fahrbar gelagerten Brett steht und von der die einzelnen nach einem Anlauf nacheinander abspringen (Abb. 6-19). Die beim Anlauf zwischen Schuhsohle und Brett auftretende Kraft beschleunigt auf der einen Seite den Läufer und als Reaktionskraft wirkt sie als Antrieb auf das Gesamtsystem Brett plus Turner. Aus dem oben Ausgeführten folgt, daß die Vortriebskraft einer Rakete unabhängig von ihrer Geschwindigkeit ist.

Die Bestimmung der Schubkraft eines Triebwerkes erfordert zusätzlich die Betrachtung der vorn angesaugten Luft. Ein Triebwerk (Abb. 6-20) bewegt sich mit der Ge-

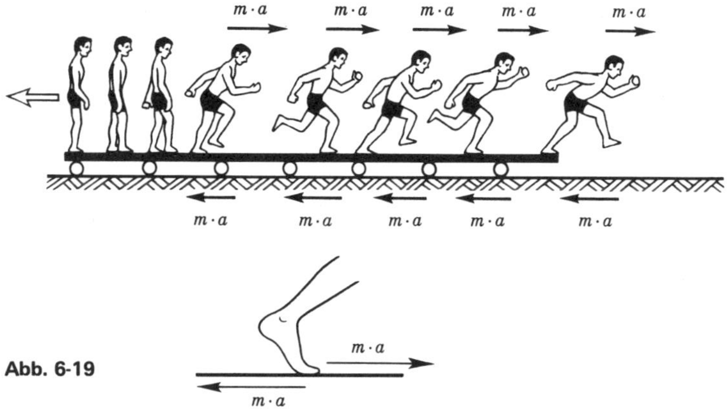

Abb. 6-19

schwindigkeit u nach links. Mit etwa gleicher Geschwindigkeit tritt in die Ansaugöffnung die Verbrennungslutf $\dot{m}_\mathrm{L}$ ein. In der Brennkammer wird die Brennstoffmenge $\dot{m}_\mathrm{B}$ zugeführt. Die Verbrennung hat eine Expansion zur Folge, die die Verbrennungsgase beschleunigt. Sie treten relativ zum Triebwerk mit der Geschwindigkeit v aus. Die Schnittbetrachtung an den beiden Strahlen liefert als Vorschubkraft

$$S = (\dot{m}_\mathrm{L} + \dot{m}_\mathrm{B}) \cdot v - \dot{m}_\mathrm{L} \cdot u.$$

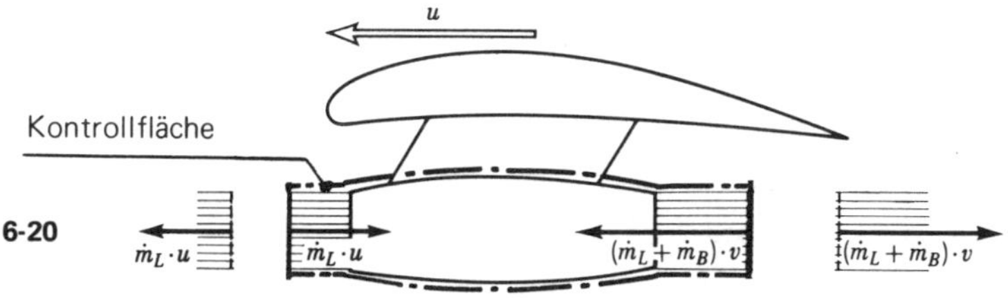

Abb. 6-20

Für eine große Vortriebskraft muß v nach Möglichkeit viel größer sein als u, d.h. die Ausstoßgeschwindigkeit v muß möglichst groß sein.

Für ein rotierendes System erhält man auf analogem Wege die Gleichung 5-9 (siehe Abschnitt 5.1)

$$M = \dot{m} \cdot r \cdot v_\varphi .$$

Diese Gleichung stellt das *Wirkungsprinzip der Strömungsmaschinen* dar. Darunter versteht man die Turbopumpen, -verdichter und die Turbinen. In der oben angegebenen Gleichung ist v_φ die Geschwindigkeitskomponente in Umfangsrichtung. Das in die Maschine (bzw. Stufe) eintretende Medium erzeugt das Moment

$$M_\mathrm{e} = \dot{m}(r \cdot v_\varphi)_\mathrm{e},$$

das austretende Medium

$$M_\mathrm{a} = \dot{m}(r \cdot v_\varphi)_\mathrm{a}.$$

In der Maschine wirkt das Differenzmoment

$$M = \Delta M = \dot{m}\,\Delta\,(r \cdot v_\varphi).$$

Soll in einer Pumpe bzw. Turbine Energie zugeführt bzw. abgeführt werden, dann ist das nur möglich, wenn das Produkt $r \cdot v_{\varphi}$ des strömenden Mediums geändert wird, d.h. wenn es umgelenkt wird. Als Beispiel soll ein Propeller betrachtet werden, der die Luft aus der Umgebung ansaugt (Abb. 6-21). Es wird angenommen, daß sich die Luftteilchen durch den Propeller auf Mantelflächen von koaxialen Zylindern bewegen und in die Propellerebene senkrecht eintreten. Deshalb ist die Geschwindigkeitskomponente von v_e in Umfangsrichtung des Propellers null, und damit gilt auch für das Moment $M_e = 0$. Es verbleibt das Moment, das die den Propeller verlassende Luft erzeugt: $M_a = \dot{m} \cdot r \cdot v_{a\varphi}$. Eine Energieübertragung vom Propeller zur Luft ist nur möglich, wenn dieses Moment tatsächlich vorhanden ist, d.h. wenn die Geschwindigkeitskomponente $v_{a\varphi}$ nicht verschwindet. Das aber bedeutet wiederum, daß für die Wirkung des Propellers wie für die jeder Strömungsmaschine eine *Umlenkung des strömenden Mediums* durch die Flügel notwendig ist.

Sollen Kräfte an Systemen mit kontinuierlichen Massenströmen ermittelt werden, dann muß das Schnittprinzip, wie oben erläutert, angewendet werden. Für das freigemachte System gelten die Gleichgewichtsbedingungen, u.U. unter Einbeziehung der d'ALEMBERTschen *Reaktionen.*

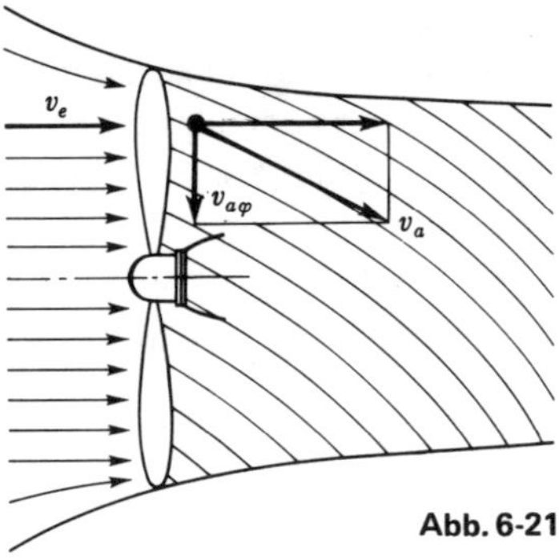

Abb. 6-21

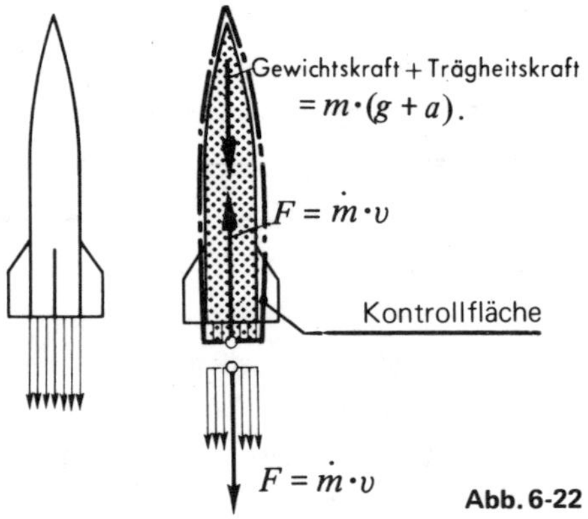

Abb. 6-22

Beispiel 1

Eine senkrecht startende Rakete mit der Masse m_{ges} stößt einen Gasstrom $\dot{m}$ mit der Geschwindigkeit v aus. Zu bestimmen ist in allgemeiner Form die Geschwindigkeit der Rakete u in Abhängigkeit von der Zeit.

Lösung (Abb. 6-22)

Das freigemachte System zeigt Abb. 6-22. Die Antriebskraft $\dot{m} \cdot v$ muß die Gewichtskraft $m \cdot g$ und die Trägheitskraft $m \cdot a$ überwinden (vergleiche Abschnitt 5.2 und Kapitel 7). Man erhält

$$\dot{m} \cdot v = m \cdot g + m \cdot a = m \cdot (g + a).$$

Dabei nimmt die beschleunigte Masse der Rakete wegen des Brennstoffausstoßes ab, d.h.

$$m = m_{ges} - \dot{m} \cdot t.$$

Damit ist

$$\dot{m} \cdot v = (m_{ges} - \dot{m} \cdot t)(g + a).$$

Es wird $a = \frac{du}{dt}$ eingeführt,

$$\dot{m} \cdot v = (m_{\text{ges}} - \dot{m} \cdot t)\left(g + \frac{du}{dt}\right),$$

$$\frac{du}{dt} = \frac{\dot{m} \cdot v}{m_{\text{ges}} - \dot{m} \cdot t} - g,$$

$$du = \left(\frac{\dot{m} \cdot v}{m_{\text{ges}} - \dot{m} \cdot t} - g\right) \cdot dt.$$

Die Integration ergibt

$$u = \int_0^t \left(\frac{\dot{m} \cdot v}{m_{\text{ges}} - \dot{m} \cdot t} - g\right) \cdot dt$$

$$u = [-v \cdot \ln (m_{\text{ges}} - \dot{m} \cdot t) - g \cdot t]_0^t$$

$$u = -v \cdot \ln (m_{\text{ges}} - \dot{m} \cdot t) + v \cdot \ln m_{\text{ges}} - g \cdot t$$

$$\mathbf{u = v \cdot \ln \frac{m_{ges}}{m_{ges} - \dot{m} \cdot t} - g \cdot t.}$$

Die ausgebrannte Stufe hat die Masse $m_{\text{St}} = m_{\text{ges}} - \dot{m} \cdot t_{\text{B}}$, wobei t_{B} die Brennzeit ist. Die Endgeschwindigkeit ist demnach

$$\mathbf{u_{max} = v \cdot \ln \frac{m_{ges}}{m_{St}} - g \cdot t_B.}$$

Aus dieser Gleichung ersieht man, daß zum Erreichen einer möglichst hohen Endgeschwindigkeit die Gasgeschwindigkeit möglichst hoch und die Brennzeit möglichst kurz sein müssen. Für ein vorgegebenes Verhältnis $u_{\max}/v$ kann man den Anteil der notwendigen Brennstoffmasse m_{B} an der Gesamtmasse berechnen,

$$\ln \frac{m_{\text{ges}}}{m_{\text{St}}} = \frac{u_{\max} + g \cdot t_{\text{B}}}{v}.$$

Da die Endgeschwindigkeiten sehr groß, die Brennzeiten jedoch kurz sind, kann man das Produkt $g \cdot t_{\text{B}}$ gegenüber $u_{\max}$ vernachlässigen.

$$\ln \frac{m_{\text{ges}}}{m_{\text{St}}} \approx \frac{u_{\max}}{v}$$

$$\frac{m_{\text{ges}}}{m_{\text{St}}} = \frac{m_{\text{ges}}}{m_{\text{ges}} - m_{\text{B}}} \approx e^{\frac{u_{\max}}{v}}.$$

Die Umstellung dieser Beziehung ergibt

$$\frac{m_{\text{B}}}{m_{\text{ges}}} = 1 - e^{-\frac{u_{\max}}{v}}$$

Mit zunehmender Endgeschwindigkeit nimmt der notwendige Brennstoffanteil sehr stark zu. Für einige Werte soll die Gleichung ausgewertet werden.

$\frac{u_{max}}{v}$	=	1	2	3
$e^{\frac{u_{max}}{v}}$	=	2,717	7,389	20,09
$\frac{m_B}{m_{ges}}$	≈	0,631	0,865	0,95

Um eine Endgeschwindigkeit zu erreichen, die dreimal so groß ist wie die Ausstoßgeschwindigkeit der Gase, müßte der Brennstoffvorrat der Rakete gleich 95 % der Gesamtmasse sein.

Beispiel 2

In der Abb. 6-23 ist eine Peltonturbine skizziert. Das Wasser im Strahl hat die Geschwindigkeit v_1, die Schaufel die Umfangsgeschwindigkeit u. Der Strahl hat die Querschnittsfläche A. Es soll angenommen werden, daß die Schaufeln den Wasserstrahl um 180° umlenken und die Strömung verlustfrei erfolgt. In allgemeiner Form sind abzuleiten:

a) die Umfangskraft F_u am Laufrad in Abhängigkeit von u und v_1,
b) die Leistung der Turbine in Abhängigkeit von u und v_1,
c) die optimale Umfangsgeschwindigkeit u_{opt}, bei der die Turbine die maximale Leistung abgibt,
d) die maximale Leistung.

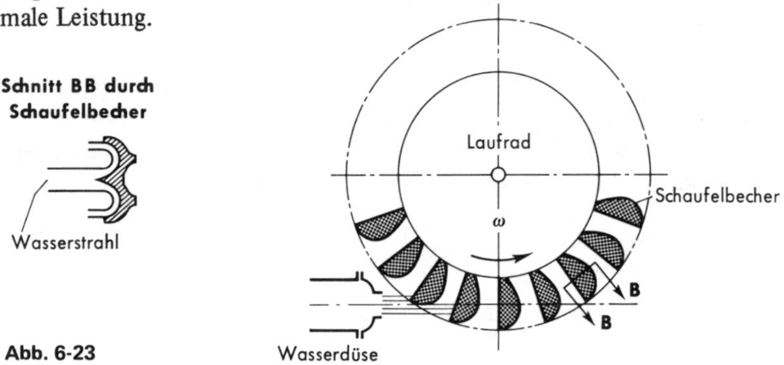

Abb. 6-23

Lösung (Abb. 6-24/25)

Zu a) Es wird zunächst angenommen, daß der mit v_1 in das Schaufelsystem eintretende Wasserstrahl auf die Geschwindigkeit v_2 abgebremst wird und die Schaufeln in gleicher Richtung verläßt. Der ein- und austretende Strahl wird geschnitten gedacht, und die Kräfte $\dot{m} \cdot v_1$ und $\dot{m} \cdot v_2$ werden nach Abb. 6-24 eingeführt. Die Kraft F_u ist die Differenz der beiden Impulskräfte

$$F_u = \dot{m} \cdot (v_1 - v_2).$$

Dabei ist der Massenstrom

$$\dot{m} = \rho \cdot A \cdot v_1$$

(ρ = Dichte).

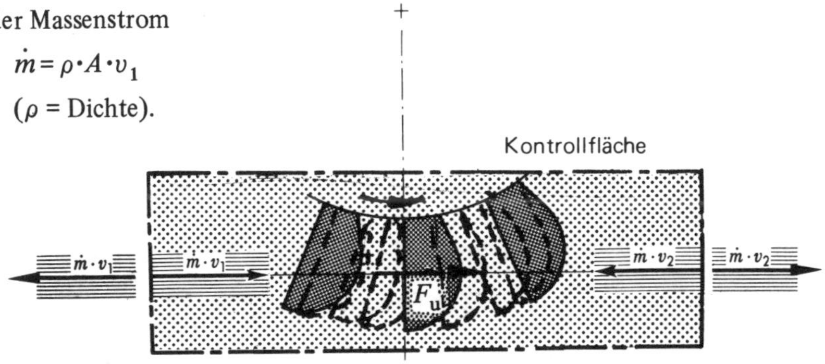

Abb. 6-24

Das ergibt

$$F_u = \rho \cdot A \cdot v_1 \cdot (v_1 - v_2).$$

Um die Geschwindigkeit v_2 zu bestimmen, ist es notwendig, auf den Begriff der Relativgeschwindigkeit (Abschnitt 4.4) zurückzugehen. Die mit u bewegte Schaufel wird nicht mit der vollen Geschwindigkeit v_1, sondern mit der Relativgeschwindigkeit $v_{rel} = v_1 - u$ beaufschlagt. Da die Strömung verlustfrei erfolgen soll, bleibt bei der Umlenkung die Größe dieser Geschwindigkeit erhalten. Am Austritt ergeben die Relativgeschwindigkeit und die Umfangsgeschwindigkeit die absolute Austrittsgeschwindigkeit v_2 (siehe Abb. 6-25),

$$v_2 = u - v_{rel} = u - (v_1 - u)$$

$$v_2 = 2u - v_1.$$

Damit ist

$$F_u = \rho \cdot A \cdot v_1 \cdot (v_1 - 2u + v_1)$$

$$\mathbf{F_u = 2\,\rho \cdot A \cdot v_1 \cdot (v_1 - u).}$$

Die Umfangskraft ist am größten, wenn die Turbine blockiert ist ($u = 0$), und sie wird null, wenn sich die Schaufeln im Strahl mit der Wassergeschwindigkeit bewegen ($v_1 = u$ bzw. $v_1 = v_2$).

zu b) Die Leistung der Turbine beträgt

$$\mathbf{P = F_u \cdot u = 2\,\rho \cdot A \cdot u \cdot v_1 \cdot (v_1 - u).}$$

zu c) Die Umfangsgeschwindigkeit u_{opt} für die maximale Leistung erhält man aus der Ableitung von P nach u,

$$P = 2\,\rho \cdot A \cdot (u \cdot v_1^2 - u^2 \cdot v_1)$$

$$\frac{dP}{du} = 2\,\rho \cdot A \cdot (v_1^2 - 2\,u \cdot v_1).$$

Für $\frac{dP}{du} = 0$ ist $u = u_{opt}$,

$$v_1^2 - 2\,u_{opt} \cdot v_1 = 0$$

$$\mathbf{u_{opt} = \frac{1}{2}\,v_1.}$$

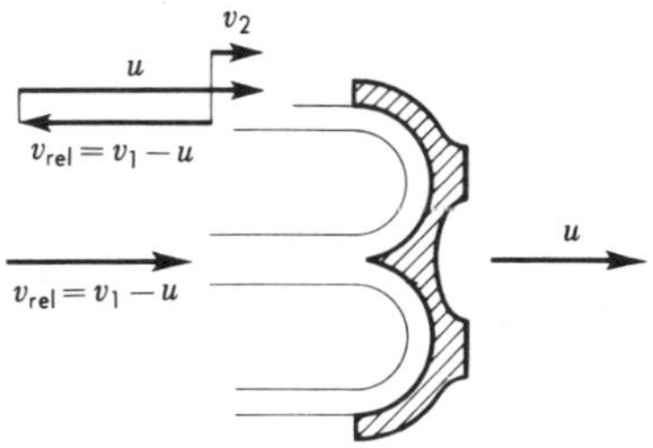

Abb. 6-25

Die Turbine gibt die höchste Leistung ab, wenn die Schaufeln mit halber Wassergeschwindigkeit umlaufen.

zu d) Die maximale Leistung errechnet man aus der Gleichung für P für $u_{opt} = \frac{1}{2}\, v_1$,

$$P_{max} = 2\,\rho \cdot A \cdot \frac{v_1^2}{2} \cdot \frac{v_1}{2} = \frac{1}{2}\,\rho \cdot A \cdot v_1^3 = \frac{\dot{m}}{2}\,v_1^2 .$$

Das entspricht der gesamten kinetischen Energie des Strahls. Deshalb muß die Geschwindigkeit v_2 null sein, was sich für $u_{opt} = \frac{v_1}{2}$ aus der Gleichung für v_2 auch ergibt (vergleiche Punkt a). Das Wasser fällt demnach nach der Energieabgabe an die Schaufeln frei herunter.

Beispiel 3 (Abb. 6-26)

Auf das skizzierte Förderband, das mit $v_B = 1{,}20$ m/s läuft, fallen $\dot{m} = 300$ kg/s Sand aus einer Höhe $h = 1{,}0$ m frei herunter. Die wirksame Bandlänge beträgt $l = 10$ m, der Steigungswinkel $\beta = 20°$. Zu bestimmen sind

a) die für diesen Transport notwendige Zugkraft im Band,
b) die erforderliche Leistung.

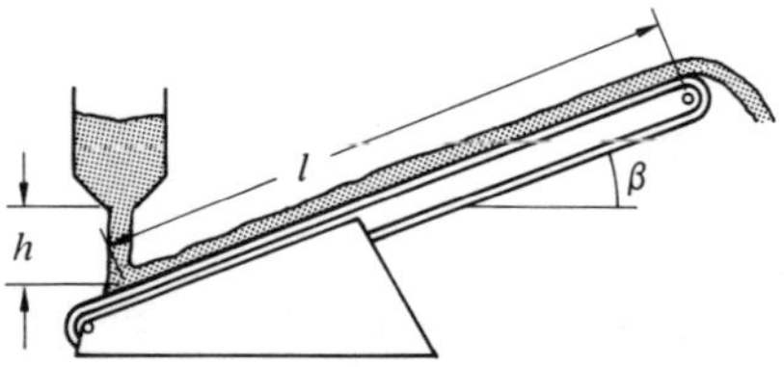

Abb. 6-26

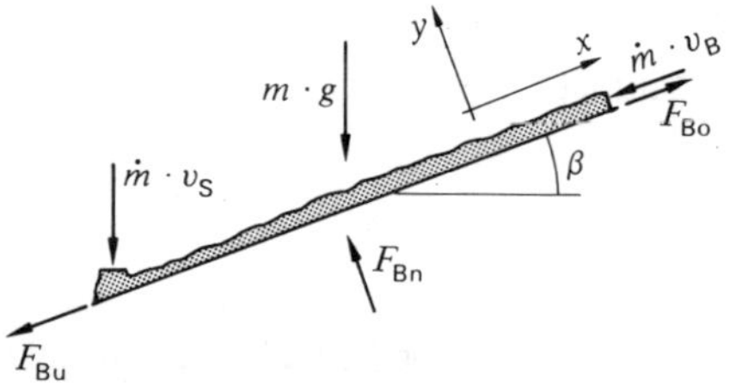

Abb. 6-27

Lösung

Das System wird freigemacht (Abb. 6-27). Überall wo der kontinuierliche Massenstrom geschnitten wird, muß die Kraft $\dot{m} \cdot \vec{v}$ eingeführt werden. Sie wirkt – das folgt aus den Ausführungen oben – immer in die Kontrollfläche hinein. Aus Gründen des Antriebs muß das Band vorgespannt sein. Die durch das Schüttgut verursachte Bandkraft ist demnach die Differenz aus der oben und unten wirkenden Kraft

$$F_B = F_{Bo} - F_{Bu} .$$

Man erhält aus

$$\Sigma F_x = 0 \qquad -F_{Bu} - \dot{m} \cdot v_s \cdot \sin 20° - m \cdot g \cdot \sin 20° - \dot{m} \cdot v_B + F_{Bo} = 0$$

$$F_B = F_{Bo} - F_{Bu} = m \cdot g \cdot \sin 20° + \dot{m}(v_s \cdot \sin 20° + v_B) .$$

Die Fallgeschwindigkeit des Sandes ist $v_s = \sqrt{2\,g \cdot h} = 4{,}43$ m/s .

Aus den gegebenen Werten kann man die Gesamtmasse des Sandes auf dem Band berechnen. Es gilt

$$\dot{m} = \frac{m}{t_B} \quad \text{mit} \quad v_B = \frac{l}{t_B}.$$

Dabei ist t_B die Laufzeit des Bandes für die beaufschlagte Länge l.

$$m = \dot{m} \cdot t_B = \dot{m} \cdot \frac{l}{v_B} = 300\ \text{kg/s} \cdot \frac{10\ \text{m}}{1{,}2\ \text{m/s}}$$

$$m = 2500\ \text{kg}.$$

Damit erhält man

$$F_B = 2500 \cdot 9{,}81\ \text{N} \cdot \sin 20^\circ + 300\ \text{kg/s} \cdot (4{,}43 \cdot \sin 20^\circ + 1{,}20)\ \text{m/s}$$

$$\mathbf{F_B} = 8388\ \text{N} + 815\ \text{N} = \mathbf{9203\ N}.$$

Der erste Anteil der Kraft ist notwendig, um das Schüttgut mit konstanter Geschwindigkeit zu heben, der zweite um es über Reibungswirkung mit dem Band mitzunehmen.

Die Leistung beträgt

$$P = F_B \cdot v_B = (8388\ \text{N} + 815\ \text{N}) \cdot 1{,}2\ \text{m/s}$$

$$P \approx 10{,}1\ \text{kW} + 1{,}0\ \text{kW} \approx \mathbf{11\ kW}.$$

Der erste Anteil ist die nutzbare Hubleistung, der zweite wird durch Reibungswirkung zwischen Schüttgut und Band in Wärme umgesetzt. Die Verlustleistung in den Rollen und dem Antrieb müßte getrennt berechnet werden. Das sprengt jedoch den Rahmen dieses Beispiels.

Die Lagerbelastung der Rollen kann man aus der Normalkraft F_n berechnen. An der Auftreffstelle des Sandes kommt der Anteil

$$\dot{m} \cdot v_s \cdot \cos 20^\circ = 300\ \text{kg/s} \cdot 4{,}43\ \text{m/s} \cdot \cos 20^\circ = 1{,}25\ \text{kN}$$

hinzu.

6.3 Der Impuls des starren Körpers

6.3.1 Das Massenträgheitsmoment; das Zentrifugalmoment; der Steinersche Satz

Das Dynamische Grundgesetz auf die Kreisbewegung eines Massenpunktes angewendet, liefert die Beziehung

$$M = r^2 \cdot m \cdot \frac{d\omega}{dt} = r^2 \cdot m \cdot \alpha$$

(vgl. Kapitel 5, Ableitung der Gleichung 5-8). Das Produkt $m \cdot r^2$ wird *Massenträgheitsmoment J* genannt.

Für die punktförmige Masse, die eine Kreisbahn vom Radius r beschreibt, ist das Massenträgheitsmoment bezogen auf den Mittelpunkt der Kreisbahn $J = m \cdot r^2$ (Abb. 6-28). Für einen rotierenden Körper gilt dann sinngemäß bezogen auf den Pol der Drehung (Abb. 6-29)

$$J = \int r^2 \cdot dm . \qquad \text{Gl. 6-10}$$

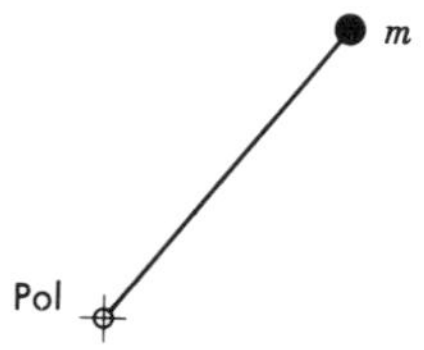

Abb. 6-28

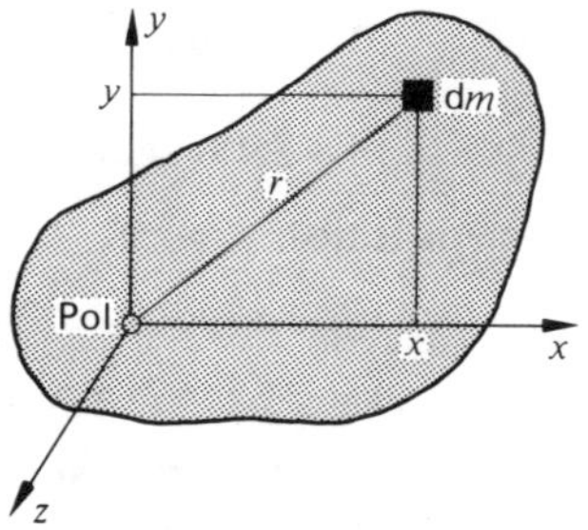

Abb. 6-29

Die Dimension ist Masse·Länge², als Einheiten werden kgm²; kgcm²; gcm² usw. verwendet. Der Ausdruck in der Gleichung 6-10 entspricht dem in der Festigkeitslehre (Band 2) definierten Flächenträgheitsmoment

$$I_p = \int r^2 \cdot dA .$$

Die Bestimmung der Flächenträgheitsmomente ist im Band 2 ausführlich behandelt worden. Die notwendigen Gleichungen, die wegen der Analogie den gleichen Aufbau haben, sollen hier nicht noch einmal abgeleitet, sondern nur mit kurzer Erläuterung aufgeführt werden. Um dem Leser die Mitarbeit zu erleichtern, wird dabei auf die entsprechende Gleichungsnummer des 2. Bandes verwiesen.

Das Massenträgheitsmoment wird mit J, das Flächenträgheitsmoment mit I bezeichnet. Für die wichtigsten homogenen Körper sind die Massenträgheitsmomente für vorgegebene Achsen in der Tabelle im Anhang gegeben.

Es soll bewiesen werden, daß der für aequatoriale Trägheitsmomente abgeleitete STEINERsche Satz sinngemäß auch für senkrecht zur Zeichenebene stehende Achsen gilt. Ein Trägheitsmoment J_S, das auf den Drehpol S (Schwerpunktachse) bezogen ist (Abb. 6-30), soll auf den Pol 0 umgerechnet werden (x-y-System; Trägheitsmoment J).

$$J = \int r^2 \cdot dm .$$

Mit $r^2 = x^2 + y^2$ ist

$$J = \int x^2 \cdot dm + \int y^2 \cdot dm = J_y + J_x .$$

Der STEINERsche Satz (Band 2, Gl. 5-11) wird eingeführt

$$J = J_{\bar{y}} + y_s^2 \cdot m + J_{\bar{x}} + x_s^2 \cdot m$$

$$J = J_{\bar{y}} + J_{\bar{x}} + (x_s^2 + y_s^2)\, m .$$

Wegen $\bar{r}^2 = \bar{x}^2 + \bar{y}^2$ ist

$$J_s = J_{\bar{x}} + J_{\bar{y}} .$$

Damit erhält man

$$\mathbf{J = J_s + r_s^2 \cdot m.} \qquad \textbf{Gl. 6-11}$$

Das ist der STEINERsche*) Satz, der für aequatoriale Flächenträgheitsmomente im Band 2 (Gleichung 5-11) abgeleitet wurde.

Da in der Gleichung der zweite Summand immer positiv ist, folgt daraus:

Für alle parallelen Achsen ist das Massenträgheitsmoment für die Schwerpunktachsen am kleinsten.

Der *Trägheitsradius i* ist der Abstand von der Achse, in dem man sich die Masse bei gleichem Trägheitsmoment vereinigt denken kann

$$J = m \cdot i^2$$

$$\mathbf{i = \sqrt{\frac{J}{m}}.} \qquad \textbf{Gl. 6-12}$$

Diese Beziehung entspricht der für Flächenträgheitsmomente (Band 2, Gleichung 8-1).

Die auf einen bestimmten Achsabstand *reduzierte Masse* ist so groß, daß sie in diesem Abstand von der Drehachse angeordnet, das gleiche Trägheitsmoment hat:

$$\mathbf{m_{red} = \frac{J}{r^2}} \qquad \textbf{Gl. 6-12a}$$

Für ebene, *dünnwandige Gebilde* kann man das Massenträgheitsmoment aus dem Flächenträgheitsmoment bestimmen. Man denkt sich die Fläche A in einer Dicke s mit einer Masse, d.h. einem Stoff der Dichte ρ, belegt. Um vom Flächen- auf das Massenträgheitsmoment zu kommen, muß man deshalb die Fläche mit dem Produkt $s \cdot \rho$ multiplizieren. Als Beispiel sollen hier die Rechteckfläche und eine rechteckige Platte betrachtet werden. Für die Fläche gilt

$$I_x = \frac{b \cdot h^3}{12} = b \cdot h \cdot \frac{h^2}{12} = A \cdot \frac{h^2}{12} .$$

Das Massenträgheitsmoment erhält nach Multiplikation mit $s \cdot \rho$

$$J_x = A \cdot s \cdot \rho \cdot \frac{h^2}{12} = V \cdot \rho \cdot \frac{h^2}{12} = m \cdot \frac{h^2}{12} .$$

Wie der Vergleich der Ergebnisse ergibt, läuft das auf eine *Einführung der Masse an Stelle der Fläche* hinaus. Das folgt auch unmittelbar aus den Definitionen der beiden Trägheitsmomente.

Das *Hauptachsenproblem* einer *starren Scheibe* soll analog zum Flächenträgheitsmoment behandelt werden (Band 2, Abschnitt 5.6.3). Dazu ist es notwendig, das *Zentrifugalmoment* zu definieren,

*) STEINER (1796 - 1863), Schweizer Geometer.

$$\left.\begin{aligned} J_{xy} &= \int x \cdot y \cdot dm, \\ J_{xz} &= \int x \cdot z \cdot dm, \\ J_{yz} &= \int y \cdot z \cdot dm \end{aligned}\right\} \qquad \text{Gl. 6-13}$$

(Band 2, Gleichung 5-22). Der Begriff Zentrifugalmoment wird ausführlich im Abschnitt 7.2.5 erläutert.

Die Umrechnung von der Schwerpunktachse auf eine andere Achse erfolgt mit dem STEINERschen Satz (Abb. 6-30)

$$J_{xy} = J_{\bar{x}\bar{y}} + x_s \cdot y_s \cdot m \qquad \text{Gl. 6-14}$$

(vergleiche Band 2, Gleichung 5-25).

Im Schwerpunkt einer starren Scheibe werden nach Abb. 6-31 zwei zueinander um α gedrehte Koordinatensysteme eingeführt. Es gilt

$$J_z = J_x + J_y = J_\xi + J_\eta \qquad \text{Gl. 6-15}$$

(vergleiche Band 2, Abschnitt 5.6.3).

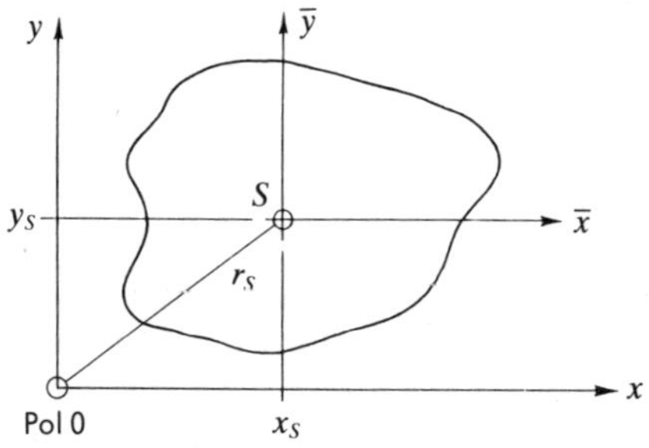

Abb. 6-30

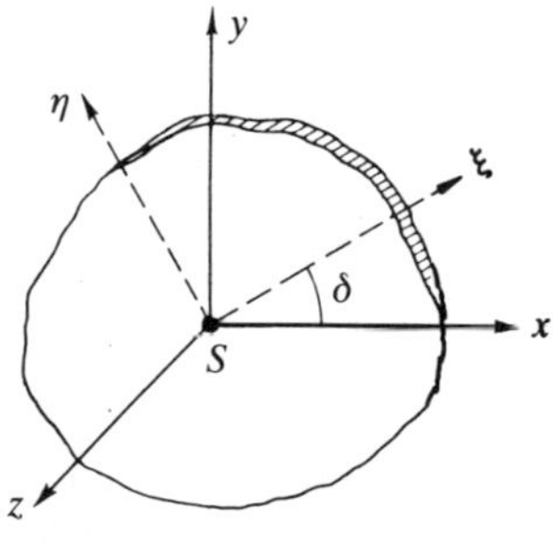

Abb. 6-31

Die Trägheitsmomente für das um δ gedrehte ξ-η-Koordinatensystem haben die Größen

$$J_\xi = \frac{J_x + J_y}{2} + \frac{J_x - J_y}{2} \cdot \cos 2\,\delta - J_{xy} \cdot \sin 2\,\delta, \qquad \text{Gl. 6-16}$$

$$J_\eta = \frac{J_x + J_y}{2} - \frac{J_x - J_y}{2} \cdot \cos 2\,\delta + J_{xy} \cdot \sin 2\,\delta, \qquad \text{Gl. 6-17}$$

$$J_{\xi\eta} = \frac{J_x - J_y}{2} \cdot \sin 2\,\delta + J_{xy} \cdot \cos 2\,\delta \qquad \text{Gl. 6-18}$$

(vergleiche Band 2, Abschnitt 5.6.3).

Für den Winkel $\delta = \delta_h$

$$\tan 2\,\delta_h = \frac{2\,J_{xy}}{J_y - J_x} \qquad \text{Gl. 6-19}$$

(vergleiche Band 2, Gleichung 5-23) **werden J_ξ bzw. J_η ein Maximum bzw. Minimum und das Zentrifugalmoment $J_{\xi\eta}$ verschwindet. Diese Achsen nennt man Hauptachsen.** Die Größe dieser Trägheitsmomente ist

$$J_{\substack{max\\min}} = \frac{J_x + J_y}{2} \pm \sqrt{\left(\frac{J_y - J_x}{2}\right)^2 + J_{xy}^{\;2}} \qquad \text{Gl. 6-20}$$

(vergleiche Band 2, Gleichung 5-24).

Nach der Gleichung 6-15 muß für die auf der Scheibe im Schwerpunkt senkrecht stehende Achse gelten

$$J_z = J_{max} + J_{min} = J_x + J_y\,. \qquad \text{Gl. 6-21}$$

Das ist die Achse des absolut höchsten Trägheitsmomentes und damit die *dritte Hauptachse.*

Die Gleichungen 6-16 bis 20 lassen sich am MOHRschen Trägheitskreis nach Abb. 6-32 darstellen (s. Band 2, Abschnitt 5.6.3). Es werden die Zentrifugalmomente in Abhängigkeit von den Trägheitsmomenten aufgetragen. In der Praxis ergeben sich in der Mehrzahl zwei grundsätzliche Aufgabenstellungen.

Fall 1 (Abb. 6-32a)

Es sind die Hauptachsen zu bestimmen. Dazu werden für das gewählte Koordinatensystem xy, dessen Ursprung jedoch im Schwerpunkt liegen muß, die Trägheitsmomente J_x, J_y und das Zentrifugalmoment J_{xy} berechnet. Die Trägheitsmomente J_x, J_y werden auf der Abszisse gekennzeichnet. Das Zentrifugalmoment J_{xy} muß vorzeichenrichtig an J_y angetragen werden. Das resultiert aus dem für die Ableitung der Gleichungen gewählten Koordinatensystem. Diese Auftragung ergibt den Punkt A. Das Anbringen von J_{xy} an J_x mit umgekehrten Vorzeichen liefert den Punkt B und den Mittelpunkt M des Kreises. Die für die Hauptachsen gültigen Trägheitsmomente J_{max} und J_{min} entsprechen den Schnittpunkten des Kreises mit der Abszisse, für die $J_{xy} = 0$ gilt. $\overline{CA}$ und $\overline{AD}$ sind Richtungen der Hauptachsen (Kreis des THALES). Dabei ist die von C(J_{min}) ausgehende Linie die Achse für J_{min}, die von D(J_{max}) ausgehende Linie die Achse von J_{max}. Die Richtigkeit dieser Konstruktion kann man sich an den Gleichungen klar machen, wobei hier noch einmal auf den Abschnitt 5.6.3 im zweiten Band hingewiesen werden soll.

Fall 2 (Abb. 6-32b)

Für einen Körper sind die Hauptachsen bekannt (z.B. Symmetrieachsen). Zu bestimmen sind die Trägheitsmomente und das Zentrifugalmoment für ein um den Winkel δ gedrehtes Koordinatensystem ξ und η. Die bekannten Werte J_{max} und J_{min} ergeben die Schnittpunkte des Kreises mit der Abszisse und damit den Kreis. Die Punkte C und D entsprechen dem Hauptachsenzustand, die Punkte A und B den Zustand für um δ gedrehte Achsen. Der Punkt A legt $J_\eta, J_{\xi\eta}$ und das Vorzeichen von $J_{\xi\eta}$ fest. Der Punkt B bestimmt J_ξ. Das gilt für einen Winkel δ der zwischen der Achse von J_{min} und ξ gemessen wird.

Zusammenfassend soll darauf hingewiesen werden, daß jeweils zwei gegenüberliegende Punkte auf dem MOHRschen Kreis die Trägheitsmomente und das Zentri-

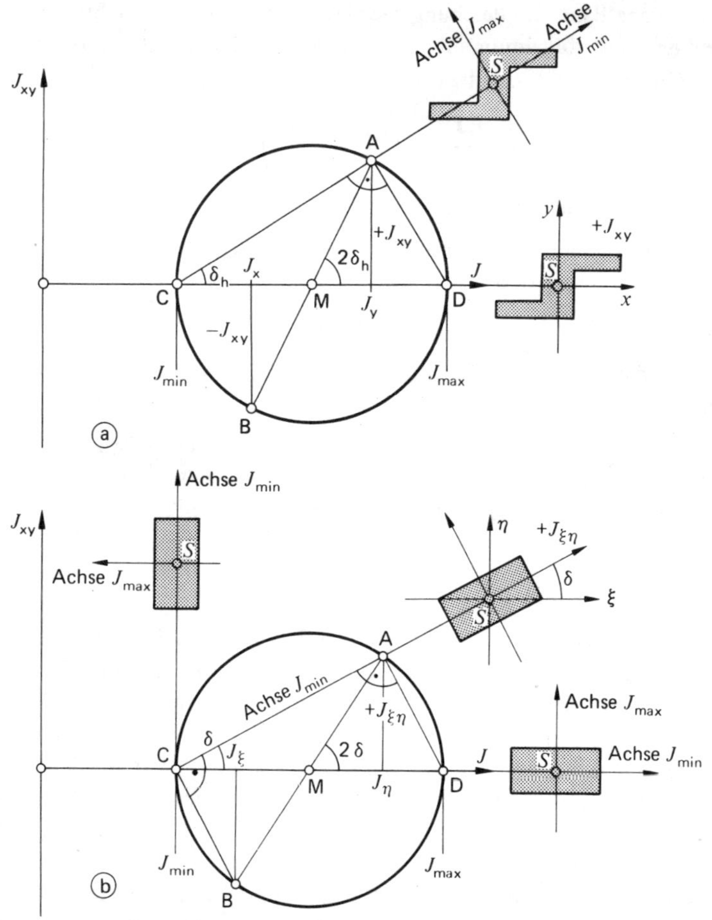

Abb. 6-32

fugalmoment für ein Koordinatensystem mit senkrecht zueinanderstehenden Achsen angeben. Einer Drehung des Koordinatensystems um den Winkel δ entspricht eine Drehung im MOHRschen Kreis um den Winkel 2 δ.

Die Bedingung $J_{xy} = 0$ entspricht dem Schnittpunkt des MOHRschen Trägheitskreises mit der Abszisse (J_{max}, J_{min}). Existieren in der Ebene einer starren Scheibe mehr als 2 Schwerpunktachsen, für die $J_{xy} = 0$ gilt (Symmetrie), dann muß der Trägheitskreis verschwinden. Daraus folgt:

Hat eine homogene, starre Scheibe mindestens 3 in einer Ebene liegende Symmetrieachsen, die durch den Schwerpunkt gehen (z.B. regelmäßige Sechseckscheibe), *dann sind alle anderen Achsen dieser Ebene auch Hauptachsen. Die Trägheitsmomente für alle Achsen sind gleich.*

Ein starrer Körper hat drei senkrecht zueinander stehende Hauptachsen, deren Schnittpunkt im Schwerpunkt liegt. Für alle diese Achsen verschwindet das Zentrifugalmoment. Für eine Hauptachse ist das Trägheitsmoment ein Maximum, für eine zweite ein Minimum.

Die Bestimmung der Hauptachsen für den allgemeinen räumlichen Fall übersteigt den Rahmen dieses Buches.

Für Körper, die aus geometrischen Grundfiguren zusammengesetzt sind, bzw. von mathematisch leicht erfaßbaren Flächen begrenzt sind, erfolgt die Bestimmung der Trägheitsmomente durch Integration bzw., soweit möglich, mit Hilfe der Tabelle 1. Hier soll nochmals auf die ausführliche Behandlung dieses Problems für Flächenträgheitsmomente im Band 2 hingewiesen werden. Für beliebige Drehkörper, wie sie oft in der Technik vorkommen, geht man zweckmäßig folgendermaßen vor. Nach Abb. 6-33 wird der Körper in dünne Kreisringe mit dem Radius r, der Wanddicke dr und der Breite b eingeteilt. Das Massenträgheitsmoment für die Drehachse ist

$$J = \int r^2 \cdot \mathrm{d}m \quad \text{mit} \quad \mathrm{d}m = \rho \cdot \mathrm{d}V = \rho \cdot b \cdot 2\,\pi \cdot r \cdot \mathrm{d}r$$

$$J = \rho \cdot 2\,\pi \int b \cdot r^3 \cdot \mathrm{d}r.$$

Die Funktion $b \cdot r^3$ wird über r aufgetragen. Unter Beachtung der Maßstäbe wird die von der Kurve eingeschlossene Fläche $\int b \cdot r^3 \cdot \mathrm{d}r$ durch Auszählen bzw. Planimetrieren bestimmt.

Hier sieht man besonders deutlich, daß die außen liegenden Massenteile (r^3 !) den größten Anteil am Gesamtträgheitsmoment haben.

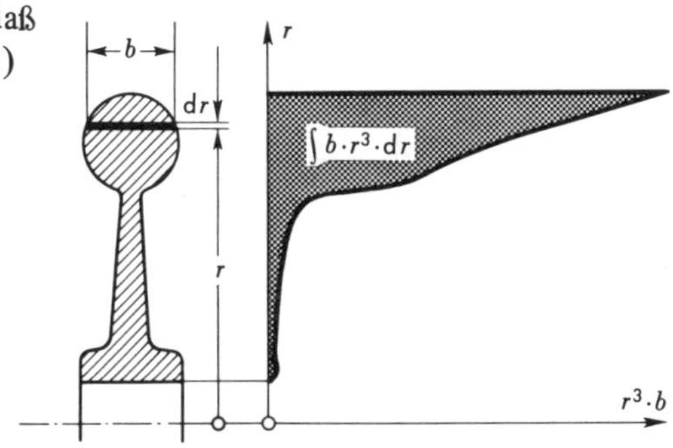

Abb. 6-33

Es sind auch eine ganze Reihe von experimentellen Methoden zur Bestimmung des Massenträgheitsmomentes bekannt (vergleiche Aufgaben bzw. Beispiele in den Kapiteln 6; 7; 9 dieses Buches).

Beispiel 1 (Abb. 6-34)

Für den abgebildeten Deckel, der aus Leichtmetall ($\rho = 2{,}70$ g/cm^3) gefertigt ist, sind zu bestimmen:

a) das Massenträgheitsmoment bezogen auf die Symmetrieachse,
b) der Trägheitsradius,
c) die auf den Durchmesser $d = 220$ mm bezogene reduzierte Masse.

Lösung

Zunächst ist es notwendig, das Bauteil aus geometrischen Grundformen aufzubauen. Das geschieht nach Abb. 6-35. Im konischen Teil 2 werden dabei die schwarz angelegten Teile ausgetauscht, bzw. vernachlässigt. Zieht man unvermeidliche Fertigungstoleranzen in Betracht, erkennt man die Zulässigkeit dieser Vereinfachung. Da das

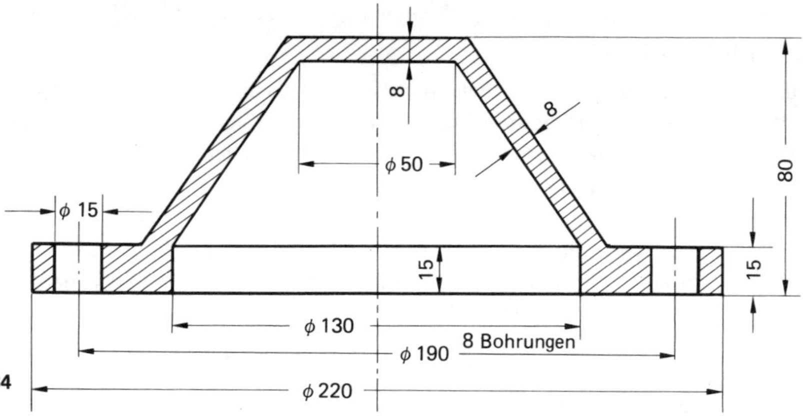

Abb. 6-34

Trägheitsmoment nur vom Abstand zur Bezugsachse abhängt, kann man parallel zu dieser verschieben (vgl. auch Band 2, Abschnitt 5.4.3). Das führt zum Einsatz des Teiles 2 durch einen gelochten Zylinder, der gestrichelt dargestellt ist. Die Höhe dieses Zylinders errechnet sich nach Abb. 6-35 aus

$$\tan\delta = \frac{57\ \text{mm}}{40\ \text{mm}} \qquad \delta = 54{,}94^\circ$$

$$h = \frac{8{,}0\ \text{mm}}{\cos 54{,}94^\circ} = 13{,}9\ \text{mm}\,.$$

Die Einzelmassen betragen

$$m_1 = \rho \cdot V_1 = 2{,}70\ \text{g/cm}^3 \cdot \frac{\pi}{4} \cdot 5{,}0^2\ \text{cm}^2 \cdot 0{,}80\ \text{cm} = 42{,}4\ \text{g}$$

$$m_2 = 2{,}70\ \text{g/cm}^3 \cdot \frac{\pi}{4}(14{,}0^2 - 5{,}0^2)\ \text{cm}^2 \cdot 1{,}39\ \text{cm} = 504{,}0\ \text{g}$$

$$m_3 = 2{,}70\ \text{g/cm}^3 \cdot \frac{\pi}{4}(22{,}0^2 - 13{,}0^2)\ \text{cm}^2 \cdot 1{,}50\ \text{cm} = 1002{,}0\ \text{g}$$

$$m_4 = 2{,}70\ \text{g/cm}^3\ \frac{\pi}{4} \cdot 1{,}50^2\ \text{cm}^2 \cdot 1{,}50\ \text{cm} = 7{,}16\ \text{g}$$

$$m\ = m_1 + m_2 + m_3 - 8 \cdot m_4 = 1491\ \text{g}\,.$$

Die einzelnen Trägheitsmomente ergeben sich zu

$$J_1 = m_1 \cdot \frac{r^2}{2} = 0{,}0424\ \text{kg} \cdot \frac{2{,}5^2\ \text{cm}^2}{2} = 0{,}13\ \text{kg cm}^2$$

$$J_2 = m_2 \cdot \frac{R^2 + r^2}{2} = 0{,}504\ \text{kg} \cdot \frac{7{,}0^2 + 2{,}5^2}{2}\ \text{cm}^2 = 13{,}92\ \text{kg cm}^2$$

$$J_3 = m_3 \cdot \frac{R^2 + r^2}{2} = 1{,}002\ \text{kg} \cdot \frac{11{,}0^2 + 6{,}5^2}{2}\ \text{cm}^2 = 81{,}79\ \text{kg cm}^2\,.$$

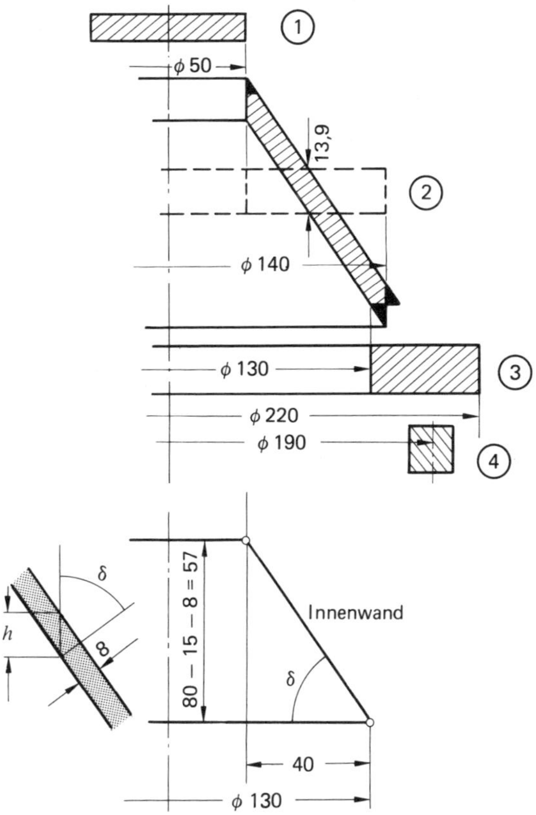

Abb. 6-35

Für die Einzelmasse der Teile 4 gilt

$$J = m \cdot \frac{r^2}{2} + m \cdot e^2 = m\left(\frac{r^2}{2} + e^2\right).$$

Für alle Teile 4 ist

$$J_4 = 8 \cdot m_4 \left(\frac{r^2}{2} + e^2\right) = 8 \cdot 0{,}00716\ \text{kg}\left(\frac{0{,}75^2}{2} + 9{,}5^2\right)\text{cm}^2$$

$$J_4 = 5{,}19\ \text{kg cm}^2\ .$$

Das führt zu

$$J_{ges} = J_1 + J_2 + J_3 - J_4$$

$$\mathbf{J_{ges} = 90{,}66\ kg\ cm^2}\ .$$

Der Radius auf dem man sich bei gleichem Trägheitsmoment die Gesamtmasse in Form eines dünnwandigen Zylinders vereinigt denken kann, ist der Trägheitsradius (Gl. 6-12).

$$i = \sqrt{\frac{J_{ges}}{m}} = \sqrt{\frac{90{,}66\ \text{kg cm}^2}{1{,}491\ \text{kg}}} = \mathbf{7{,}80\ cm}\ .$$

Das gleiche Trägheitsmoment für eine am Außendurchmesser vereinigt gedachte Masse ergibt sich aus der Gleichung 6-12a

$$m_{red} = \frac{J_{ges}}{r^2} = \frac{90{,}66 \text{ kg cm}^2}{11{,}0^2 \text{ cm}^2}$$

$$\mathbf{m_{red} = 0{,}749\ kg}\ .$$

Beispiel 2 (Abb. 6-36)

Für eine dünne gelochte Scheibe nach Abb. 6-36, die eine Masse von $q = 10 \text{ kg/m}^2$ hat, sind zu bestimmen

a) die Massenträgheitsmomente $J_x\ J_y\ J_z$,
b) die Massenträgheitsmomente $J_\xi\ J_\eta$ für ein um 30° gedrehtes Koordinatensystem,
c) das Massenzentrifugalmoment $J_{\xi\eta}$ für ein um 30° gedrehtes Koordinatensystem,
d) der MOHRsche Trägheitskreis ist zu zeichnen.

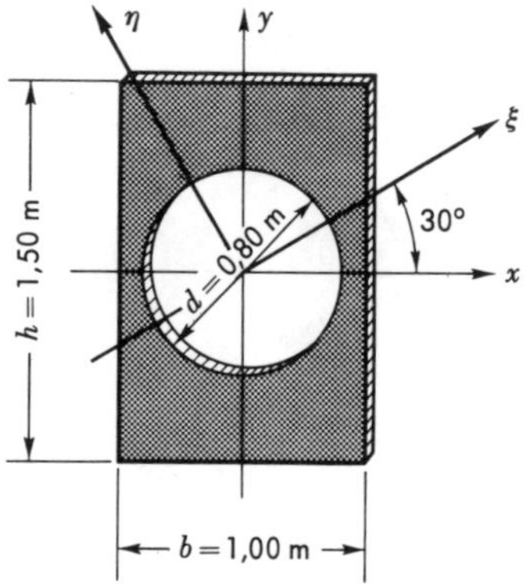

Abb. 6-36

Lösung

Zu a) Nach Tabelle 1 ist

$$J_x = m_{ges} \cdot \frac{h^2}{12} - m_{Kreis} \cdot \frac{d^2}{16}$$

mit

$$m_{ges} = q \cdot A_{ges}, \qquad m_{Kreis} = q \cdot A_{Kreis}\ .$$

Damit ist

$$J_x = q\left(A_{ges} \cdot \frac{h^2}{12} - A_{Kreis} \cdot \frac{d^2}{16}\right)$$

$$= \frac{q}{16}\left(\frac{4}{3} \cdot A_{ges} \cdot h^2 - A_{Kreis} \cdot d^2\right).$$

Mit $A_{ges} = 1{,}50 \text{ m}^2$ und $A_{Kreis} = 0{,}503 \text{ m}^2$ erhält man

$$J_x = \frac{10 \text{ kg}}{16 \text{ m}^2}\left(\frac{4}{3} \cdot 1{,}50 \cdot 1{,}5^2 \text{ m}^4 - 0{,}503 \cdot 0{,}8^2 \text{ m}^4\right)$$

$$\mathbf{J_x = 2{,}611\ kg\ m^2}.$$

Analog dazu erfolgt die Berechnung von J_y:

$$J_y = q\left(A_{ges} \cdot \frac{b^2}{12} - A_{Kreis} \cdot \frac{d^2}{16}\right),$$

$$J_y = \frac{q}{16}\left(\frac{4}{3} \cdot A_{ges} \cdot b^2 - A_{Kreis} \cdot d^2\right),$$

$$J_y = \frac{10\,\text{kg}}{16\,\text{m}^2}\left(\frac{4}{3}\cdot 1{,}5\cdot 1\cdot \text{m}^4 - 0{,}503\cdot 0{,}8^2\cdot \text{m}^4\right),$$

$$\mathbf{J_y = 1{,}049\,kg\,m^2.}$$

Nach der Gleichung 6-15 ist

$$J_z = J_x + J_y = 2{,}611\,\text{kg}\,\text{m}^2 + 1{,}049\,\text{kg}\,\text{m}^2$$

$$\mathbf{J_z = 3{,}660\,kg\,m^2.}$$

Zu b) und c) Die $x-y$ Achsen sind Hauptachsen (Symmetrie). Aus diesem Grunde ist $J_{xy} = 0$. Unter dieser Voraussetzung erhält man aus den Gleichungen 6-16/17/18

$$J_\xi = \frac{J_x + J_y}{2} + \frac{J_x - J_y}{2}\cdot \cos 2\alpha,$$

$$J_\xi = \frac{2{,}611 + 1{,}049}{2}\,\text{kg}\,\text{m}^2 + \frac{2{,}611 - 1{,}049}{2}\,\text{kg}\,\text{m}^2\cdot \cos 60°,$$

$$\mathbf{J_\xi = 2{,}233\,kg\,m^2,}$$

$$J_\eta = \frac{J_x + J_y}{2} - \frac{J_x - J_y}{2}\cdot \cos 2\alpha,$$

$$J_\eta = \frac{2{,}611 + 1{,}049}{2}\,\text{kg}\,\text{m}^2 - \frac{2{,}611 - 1{,}049}{2}\,\text{kg}\,\text{m}^2\cdot \cos 60°,$$

$$\mathbf{J_\eta = 1{,}427\,kg\,m^2,}$$

$$J_{\xi\eta} = \frac{J_x - J_y}{2}\cdot \sin 2\alpha,$$

$$J_{\xi\eta} = \frac{2{,}611 - 1{,}049}{2}\,\text{kg}\,\text{m}^2\cdot \sin 60°,$$

$$\mathbf{J_{\xi\eta} = 0{,}698\,kg\,m^2.}$$

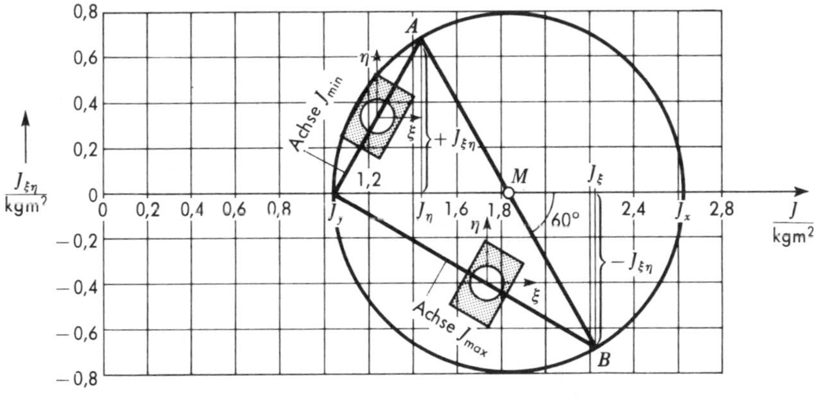

Abb. 6-37

Zu d) Zuerst werden auf der Abszisse $J_{max} = J_x$ und $J_{min} = J_y$ festgelegt (Abb. 6-37). Die Strecke $J_{max} - J_{min}$ wird halbiert. Das ergibt den Mittelpunkt des MOHRschen Kreises, der die Abszisse bei J_{max} und J_{min} schneidet. Der Winkel zwischen + ξ und der Achse J_{min} beträgt $\delta = 60°$. Beachtet man, daß die ξ-Achse parallel zur Abszisse des MOHRschen Kreises liegt (Abb. 6-32b), dann ergibt sich der Punkt A im 2. Quadranten des Kreises (Abb. 6-37). Dieser Punkt legt J_2 und $J_{\xi\eta}$ fest, der gegenüberliegende Punkt B J_ξ.

Beispiel 3 (Abb. 6-38)

Gegeben ist das skizzierte System, das aus Einzelmassen besteht, die miteinander durch masselos angenommene Stäbe verbunden sind, und das um die y-Achse rotieren kann. Für die nachfolgenden Daten soll die Masse C so bestimmt werden, daß das Zentrifugalmoment J_{xy} des Systems verschwindet.

$x_A = -0{,}50$ m,
$x_B = +0{,}75$ m,
$x_C = -0{,}50$ m,
$y_A = 0{,}50$ m,
$y_B = 1{,}00$ m,
$y_C = 1{,}25$ m,
$m_A = 10$ kg,
$m_B = 20$ kg.

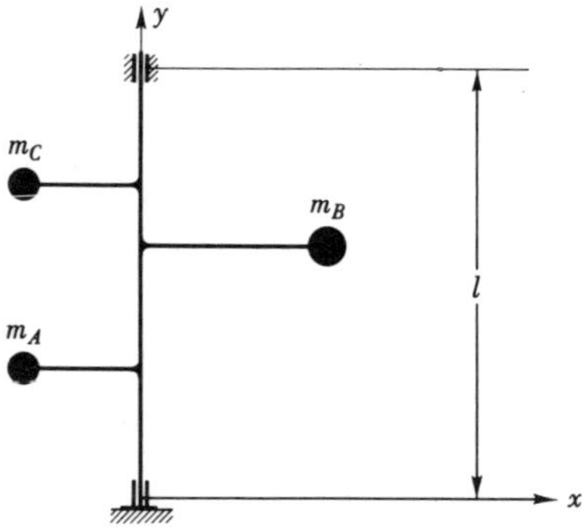

Abb. 6-38

Lösung

Die Einzelmassen werden als Punktmassen aufgefaßt,

$$J_{xy} = 0 = x_A \cdot y_A \cdot m_A + x_B \cdot y_B \cdot m_B + x_C \cdot y_C \cdot m_C .$$

Die Auflösung nach m_C ergibt

$$m_C = -\frac{x_A \cdot y_A \cdot m_A + x_B \cdot y_B \cdot m_B}{x_C \cdot y_C}$$

$$= -\frac{-0{,}5 \cdot 0{,}5 \cdot 10 \text{ kg m}^2 + 0{,}75 \cdot 1{,}0 \cdot 20 \text{ kg m}^2}{-0{,}5 \cdot 1{,}25 \text{ m}^2}$$

$\mathrm{m_C}$ = **20 kg.**

Der Leser möge es sich schon an dieser Stelle überlegen, welchen Sonderfall für die Lagerkräfte bei Drehung des Systems die Bedingung $J_{xy} = 0$ darstellt (die Bezeichnung Zentrifugalmoment resultiert aus solcher Überlegung).

6.3.2 Der Schwerpunktsatz; die Schiebung

Einen starren Körper kann man sich aus beliebig vielen Massenpunkten zusammengesetzt denken. Der Schwerpunkt eines starren Körpers habe die Koordinaten $x_S\ y_S\ z_S$. Die Bestimmungsgleichung für x_S lautet, wenn man sich den Körper aus Punktmassen Δm zusammengesetzt denkt,

$$x_S = \frac{\Sigma\,(\Delta m \cdot x)}{\Sigma\,\Delta m}\ ,$$

$$x_S \cdot \sum \Delta m = \sum (\Delta m \cdot x).$$

Diese Gleichung differenziert man zweimal nach der Zeit und setzt $\sum \Delta m = m_{ges}$,

$$\frac{d^2 x_S}{dt^2} \cdot \sum \Delta m = \sum \left(\Delta m \cdot \frac{d^2 x}{dt^2} \right),$$

$$a_{xS} \cdot m_{ges} = \sum (\Delta m \cdot a_x).$$

Da aber $\sum F_x = \sum (\Delta m \cdot a_x)$ ist, gilt

$$\sum F_x = m_{ges} \cdot a_{xS}$$

und analog

$$\sum F_y = m_{ges} \cdot a_{yS}\,, \qquad \sum F_z = m_{ges} \cdot a_{zS}\,.$$

Die Schlußfolgerung aus diesen Beziehungen ist der Schwerpunktsatz:

Der Schwerpunkt eines starren Körpers bewegt sich so, als wäre die gesamte Masse in diesem Punkt vereinigt und als würden alle Kräfte in ihm angreifen.

Diese Aussage ist allgemeingültig, da im Ansatz keine Einschränkungen für die Art des Kräfteangriffs gemacht wurden, d.h. sie gilt auch für den Kraftangriff außerhalb des Schwerpunktes.

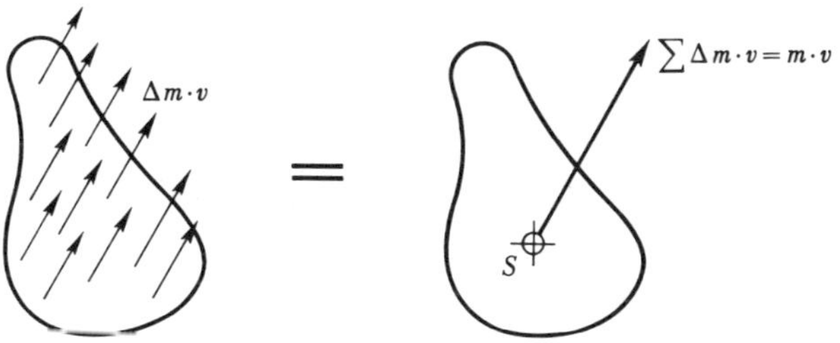

Abb. 6-39

Aus dem Schwerpunktsatz folgt unmittelbar, daß man nach Abb. 6-39 die einzelnen Bewegungsgrößen $\Delta m \cdot v$ im Schwerpunkt vereinigen kann. Damit *gilt für die Schiebung der Impulssatz in der Form, wie er für den Massenpunkt abgeleitet wurde.* An dieser Stelle sei auch auf die Erläuterungen des Begriffes Massenpunkt am Anfang dieses Kapitels hingewiesen.

6.3.3 Die Drehung um die Hauptachsen; der Drallsatz

Ein starrer Körper rotiert nach Abb. 6-40 um die in 0 senkrecht aus der Zeichenebene herausragende Hauptachse. Die Drehung kann sowohl um eine feste Achse (Welle) als auch um eine freie Achse (z.B. schwimmende Scheibe) gedacht werden. Die Anwendung des Grundgesetzes der Dynamik auf ein Massenelement dm ergibt

$$\mathrm{d}M = r \cdot \mathrm{d}F = \frac{\mathrm{d}}{\mathrm{d}t}(\mathrm{d}m \cdot v) \cdot r .$$

Mit

$$v = r \cdot \omega \qquad \text{ist}$$

$$\mathrm{d}M = \frac{\mathrm{d}}{\mathrm{d}t}(\mathrm{d}m \cdot r^2 \cdot \omega).$$

Nach der Integration erhält man

$$M = \frac{\mathrm{d}}{\mathrm{d}t}\left(\omega \cdot \int r^2 \,\mathrm{d}m\right).$$

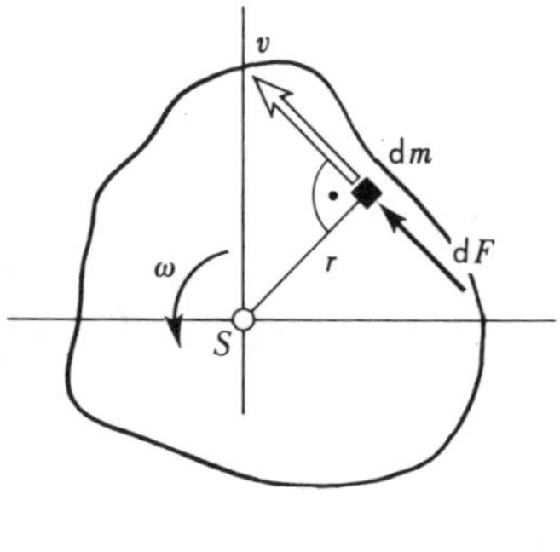

Abb. 6-40

Nach der hier gemachten Voraussetzung, daß nämlich die Drehung um eine Hauptachse erfolgen soll, ist $\int r^2 \cdot \mathrm{d}m = J_S$.

Das Moment ist auch auf diese Achse bezogen, d.h. $M = M_S$.
Insgesamt erhält man

$$\mathbf{M_S} = \frac{\mathbf{d}}{\mathbf{dt}}(\mathbf{J_S} \cdot \omega).$$

Allgemein wird das Produkt $J \cdot \omega$ Drall D genannt:

$$\mathbf{D} = \mathbf{J} \cdot \omega \qquad \mathbf{M} = \frac{\mathbf{dD}}{\mathbf{dt}}. \qquad \textbf{Gl. 6-22}$$

Die zeitliche Änderung des Dralls ist gleich dem äußeren Moment, das diese Änderungen bewirkt.

Diese Formulierung des Dynamischen Grundgesetzes für die Drehung wird Drallsatz genannt.

Der Drall hat, genau wie $\vec{\omega}$ Vektoreigenschaft. Für einen dreidimensionalen Körper – im Gegensatz zur flachen Scheibe – und eine Drehung um eine beliebige Achse gehen in den Drall $\vec{D}$ auch die Zentrifugalmomente ein. (Bestimmung von J für allgemeine Achse siehe Abschnitt 6.3.1). Die Achse des Vektors $\vec{D}$ liegt nicht mehr in der Richtung der Drehachse $\vec{\omega}$. Dieser allgemeine Fall übersteigt den Rahmen dieses Buches.

Bei ebener Bewegung, wie sie hier behandelt wird, sind die Vektoren $\vec{D}$ und $\vec{\omega}$ gleichgerichtet. Jedoch kann, wie im Abschnitt 6.3.8. (Kreisel) gezeigt wird, der Momentenvektor $\vec{M}$ eine andere Richtung haben.

Die Gleichung 6-22 wird weiterentwickelt

$$\vec{M}_S \cdot dt = J_S \cdot d\vec{\omega}$$

$$\int_{t_0}^{t_1} \vec{M}_S \cdot dt = J_S \cdot \vec{\omega}_1 - J_S \cdot \vec{\omega}_0$$

$$\mathbf{J_S \cdot \vec{\omega}_0 + \int_{t_0}^{t_1} \vec{M}_S \cdot dt = J_S \cdot \vec{\omega}_1 .} \qquad \textbf{Gl. 6-24}$$

Als Beispiel soll eine rotierende Scheibe nach Abb. 6-41 betrachtet werden. Wegen der Vektoreigenschaft der Winkelgeschwindigkeit $\vec{\omega}$ kann der Drall $J \cdot \vec{\omega}_0$ als senkrecht auf der Rotationsebene stehender Vektor gedeutet werden. In gleicher Richtung greift das (auch veränderliche) Moment M für eine bestimmte Zeit an. Der Vektor des Drehimpulses liegt kollinear mit dem Drallvektor. Der Drehimpuls hat die Scheibe auf die Winkelgeschwindigkeit $\vec{\omega}_1$ beschleunigt. Der Drallvektor ist die Summe der Vektoren $J \cdot \vec{\omega}_0$ und $\int \vec{M} \cdot dt$.

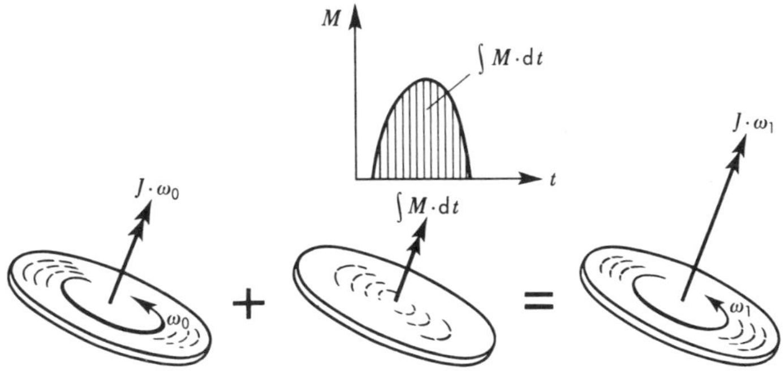

Abb. 6-41

Für den Fall, daß die Vektoren $\vec{\omega}$ und $\vec{M}$ gleichgerichtet sind (ebene Bewegung einer Scheibe), kann auf die Vektorschreibweise verzichtet werden.

Nach der Aussage des Schwerpunktsatzes ist der Schwerpunkt eines Körpers in Ruhe, wenn die Resultierende verschwindet, d.h. wenn $\Sigma F_x = 0$; $\Sigma F_y = 0$ ist. Diese Bedingung kann auch erfüllt sein, wenn ein Kräftepaar (Moment) angreift, das nach der Gleichung 5-8 $M = J \cdot \alpha$ eine Winkelbeschleunigung erzeugt. Soll der Schwerpunkt dabei in Ruhe bleiben, muß die Drehachse gleichzeitig Schwerpunktachse sein. Umgekehrt formuliert lautet die Aussage:

Erfolgt eine beschleunigte Drehung um eine Schwerpunktachse, dann greifen an dem Körper keine Einzelkräfte, sondern nur Kräftepaare an.

Diese Aussage ist allgemeingültig, da irgendwelche Voraussetzungen nicht gemacht wurden. Sie gilt sowohl für freie Achsen (z.B. schwimmende Scheibe) als auch für feste Drehachsen (Welle). Für den letzten Fall mag der Satz schwieriger verständlich sein. Als Beispiel soll die nach Abb. 6-42 gelagerte Scheibe betrachtet werden. Die Scheibe a) dreht sich um eine Hauptachse, das Moment verursacht eine Winkelbeschleunigung, die Fliehkräfte der einzelnen Massenteilchen heben sich gegenseitig auf ($\Sigma F = 0$). Selbst wenn an dieser Scheibe nur eine sichtbare Kraft, z.B. in Form eines gezogenen Seiles, wirkt, greift wegen der Reaktionskraft an der Lagerstelle insgesamt ein Kräftepaar an der Scheibe an. An der Scheibe b), deren Drehachse parallel zur Hauptachse liegt, wirkt zusätzlich zum Moment die Fliehkraft. Die Scheibe c) ist zwar im Schwerpunkt gelagert, jedoch dreht sie sich nicht um eine Hauptachse. Diese Taumelscheibe wird ausführlicher im Abschnitt 7.2.5 behandelt. Jedoch kann hier vorweggenommen werden, daß auch in diesem Fall zusätzlich zu dem beschleunigenden Moment ($M = J \cdot \alpha$) u.a. ein durch die Fliehkräfte verursachtes Kräftepaar wirkt. Der Leser überlege sich an diesem Fall die Herkunft des Begriffes Zentrifugalmoment und die physikalische Bedeutung dieser Größe.

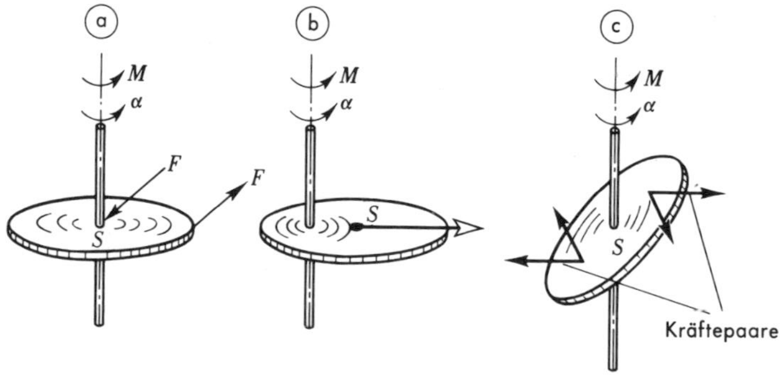

Abb. 6-42

Der Vergleich der Beziehungen für Schiebung und Drehung ergibt folgende Analogie:

Schiebung		Drehung	
Kraft	F	Moment	M
Masse	m	Trägheitsmoment	J
Geschwindigkeit	v	Winkelgeschwindigkeit	ω
Beschleunigung	a	Winkelbeschleunigung	α
Bewegungsgröße	$m \cdot v$	Drall	$J \cdot \omega$
Impuls	$\int F \cdot dt$	Drehimpuls	$\int M \cdot dt$

Der Drallsatz kann sowohl für Einzelmassen als auch für ein System starrer Körper angewendet werden. Es soll hier deshalb der in der Technik oft vorkommende Fall behandelt werden, daß an der rotierenden Masse J, z.B. über ein Seil eine translatorisch bewegte Masse m befestigt ist. Der Drallsatz Gl. 6-22/23 wurde ausgehend von den Bewegungsgrößen der Massenelemente $dm \cdot v$ multipliziert mit dem zugehörigen Abstand r abgeleitet (Drehimpuls). Deshalb ist es möglich, für die Masse m den Drall bezogen auf die Drehachse mit $m \cdot v \cdot r$ anzugeben. Mit $v = r \cdot \omega$ ergibt das $m \cdot r^2 \cdot \omega = J \cdot \omega$. Für die Berechnung kann man sich deshalb die translatorisch bewegte Masse punktförmig am Umfang befestigt denken (Abb. 6-43). Grundsätzlich das gleiche Ergebnis erhält man, wenn die Masse m durch einen Schnitt des Seils freigemacht und die Schnittkraft S eingeführt wird. Angewendet wird diese Vereinfachung im nachfolgenden Beispiel 1.

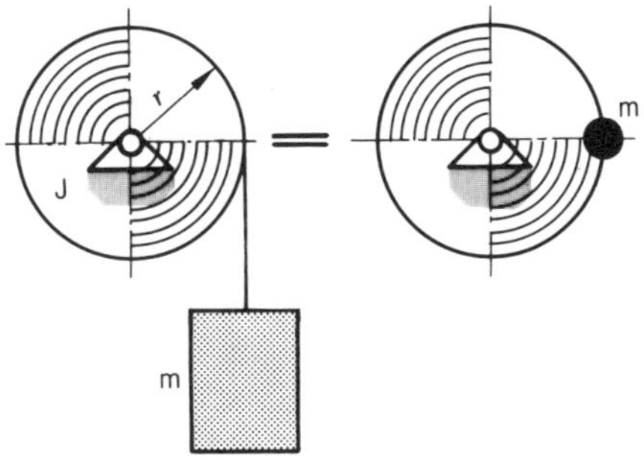

Abb. 6-43

Wenn rotierende Massen formschlüssig (z.B. über Zahnräder) miteinander verbunden sind (Abb. 6-44), kann man sie für die Berechnung auf eine Welle reduzieren. Man ermittelt die Größe des Trägheitsmoments, das auf einer Welle rotierend, sich kinetisch genauso verhält wie mehrere mit Massen bestückte Wellen. Am einfachsten ist die Berechnung mit Hilfe des Energiebegriffs. Für beide Systeme Abb. 6-44 müssen die kinetischen Energien gleich sein.

$$\frac{1}{2} J_{\text{red I}} \cdot \omega_{\text{I}}^2 = \frac{1}{2} J_{\text{I}} \cdot \omega_{\text{I}}^2 + \frac{1}{2} J_{\text{II}} \cdot \omega_{\text{II}}^2 .$$

Für mehrere Trägheitsmomente, die auf die Welle I reduziert werden, gilt deshalb

$$\mathbf{J}_{\text{red I}} = \mathbf{J}_{\text{I}} + \mathbf{J}_{\text{II}} \cdot \left(\frac{\omega_{\text{II}}}{\omega_{\text{I}}}\right)^2 + \mathbf{J}_{\text{III}} \cdot \left(\frac{\omega_{\text{III}}}{\omega_{\text{I}}}\right)^2 + \ldots \qquad \textbf{Gl. 6-24}$$

Für die Berechnung kann man ein Mehrwellensystem mit formschlüssiger Verbindung durch eine Welle mit dem Trägheitsmoment J_{red} ersetzen. Auf welche Welle reduziert wird, ist gleich und hängt von der Aufgabenstellung ab (s. Beispiel 3).

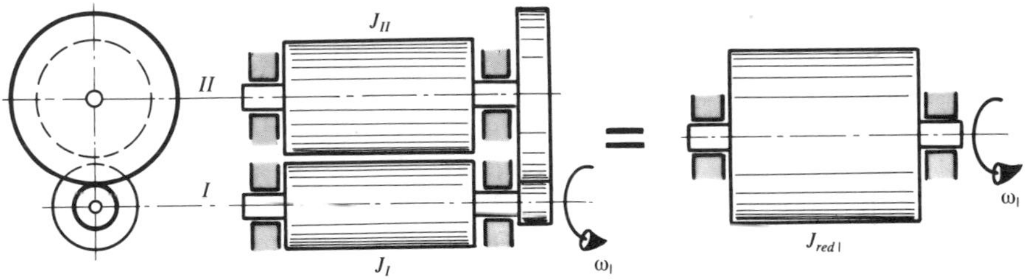

Abb. 6-44

Beispiel 1

Das Beispiel 1 von Abschnitt 6.1.1. (Abb. 6-2) soll für den Fall gelöst werden, daß das Trägheitsmoment der Rolle nicht mehr vernachlässigbar ist und $J = 2{,}0\ \text{kgm}^2$ beträgt.

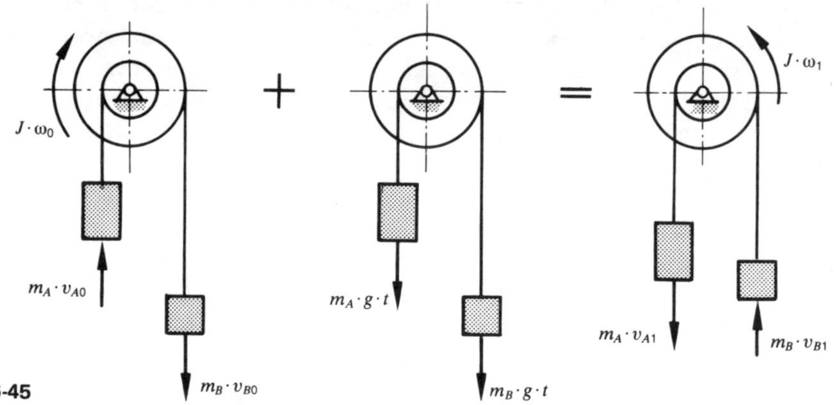

Abb. 6-45

Lösung (Abb. 6-45)

Der Drallsatz soll nach Abb. 6-45 für das Gesamtsystem angesetzt werden. Eigentlich müßte die Drehachse freigemacht werden, d.h. es müßten Reaktionskräfte dort eingetragen werden. Da der Pol für den Drehimpulssatz in der Drehachse liegt (r = 0) gehen die Größen nicht ein und man kann auf das Freimachen verzichten. Es gilt

$$-m_A \cdot v_{A0} \cdot r_A - m_B \cdot v_{B0} \cdot r_B - J \cdot \omega_0 + m_A \cdot g \cdot t \cdot r_A - m_B \cdot g \cdot t \cdot r_B$$
$$= J \cdot \omega_1 + m_A \cdot v_{A1} \cdot r_A + m_B \cdot v_{B1} \cdot r_B \,.$$

Nach Umwandlungen erhält man mit $v = r \cdot \omega$

$$g \cdot (m_A \cdot r_A - m_B \cdot r_B) = \frac{\omega_1 + \omega_0}{t} \; (J + m_A \cdot r_A^2 + m_B \cdot r_B^2) \,.$$

Der Bruch entspricht der Winkelbeschleunigung α (positives Vorzeichen wegen der Richtungsumkehr)

$$\alpha = \frac{g \cdot (m_A \cdot r_A - m_B \cdot r_B)}{J + m_A \cdot r_A^2 + m_B \cdot r_B^2}$$

$$\alpha = \frac{9{,}81 \text{ m/s}^2 \; (50 \cdot 0{,}20 - 20 \cdot 0{,}40) \text{ kg m}}{2{,}0 + 50 \cdot 0{,}20^2 + 20 \cdot 0{,}40^2) \text{ kg m}^2} = 2{,}725 \text{ s}^{-2}$$

$$a_A = r_A \cdot \alpha = 0{,}545 \text{ m/s}^2 \downarrow \,. \quad \text{(wie angenommen)}$$

Für die Gl. 2-7 werden für a, v, s die Richtungen nach oben positiv festgelegt.

t	s	v	a
s	m	m/s	m/s²

$$s_A = -\frac{0{,}545}{2} t^2 + 0{,}5\, t + 1{,}0 \quad .$$

Für $s_A = 0$ ist $t = t_t$. Die Lösung der quadratischen Gleichung liefert die Zeit bis zum Aufprall

$$\mathbf{t_t = 3{,}04 \text{ s}} \,.$$

Aus der Gleichung 2-6 wird die Aufprallgeschwindigkeit berechnet

$$v_{At} = -\mathbf{1{,}16\ m/s} \downarrow .$$

Die Seilkräfte können analog zum Beispiel im Abschnitt 6.1.1. bestimmt werden.

Beispiel 2 (Abb. 6-6)

In dem Beispiel 3 von Abschnitt 6.1.1. soll das Trägheitsmoment $J_c = 2000\ \text{kg}\,\text{m}^2$ der Seiltrommel berücksichtigt werden. Das Trägheitsmoment der rotierenden Teile des Motors kann vernachlässigt werden.

Lösung.

Ohne Berücksichtigung von J_c ergibt die Momentensummation für die Drehachse der Seiltrommel die statische Gleichgewichtsbedingung (Gl. 3 im oben angegebenen Beispiel). Ist das Trägheitsmoment nicht vernachlässigbar, muß der Drehimpulssatz nach Abb. 6-46 aufgestellt werden (neue Gl. 3).

$$S_A \cdot r_A \cdot \Delta t \;+\; i \cdot M_M \cdot \Delta t \;-\; S_B \cdot r_B \cdot \Delta t \;=\; J_c \cdot \omega \,. \tag{3}$$

Abb. 6-46

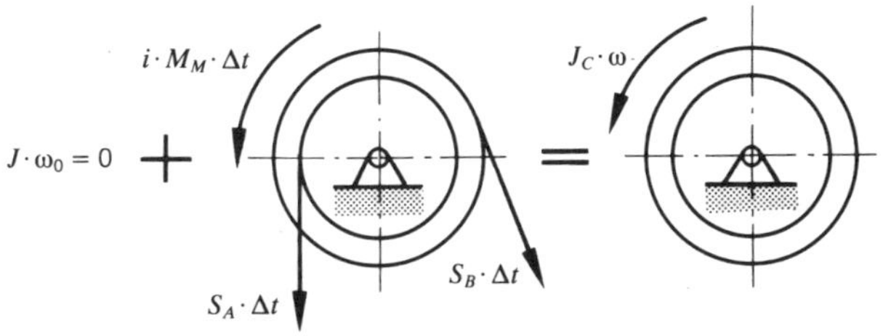

Die anderen Gleichungen (1; 2; 4; und 5) bleiben von dieser Rechnung unberührt. Das Einsetzen von S_A und S_B in die neue Gleichung ergibt

$$M_M = \frac{1}{i}\left[J_c \cdot \frac{\omega}{\Delta t} + r_B \cdot m_B\left(g \cdot \sin 60^\circ + \frac{r_B \cdot \omega}{\Delta t}\right) - \frac{1}{2}\, r_A \cdot m_A \cdot \left(g - \frac{r_A \cdot \omega}{2 \cdot \Delta t}\right)\right]$$

Das Zahlenergebnis für die vorgegebenen Werte (s. dort) ist

$$\mathbf{M = 2{,}537\ kN\,m}\,.$$

Die weitere Lösung verläuft analog. Es muß lediglich mit geänderten Zahlenwerten gerechnet werden.

Beispiel 3 (Abb. 6-47a)

Eine mit $n_{0\,III}$ rotierende Masse wird bis zum Stillstand abgebremst. Das mit M_0 einsetzende Moment an der Bremse nimmt (z.B. wegen Überhitzung der Bremsbeläge) um 3% pro Sekunde ab. Der Gesamtwirkungsgrad der Zahnradübersetzungen ist η. Für die nachstehend gegebenen Werte sind zu bestimmen

a) die Bremszeit bis zum Stillstand,
b) die Drehzahl nach der halben Bremszeit.

$n_{0\,\mathrm{III}} = 4{,}00\ \mathrm{s}^{-1}$ $M_0 = 76{,}0\ \mathrm{Nm}$ $\eta = 0{,}95$

$J_\mathrm{I} = 1{,}00\ \mathrm{kg\,m}^2$ $J_\mathrm{II} = 6{,}00\ \mathrm{kg\,m}^2$ $J_\mathrm{III} = 110\ \mathrm{kg\,m}^2$

$i_1 = 4{,}0$ $i_2 = 3{,}0$.

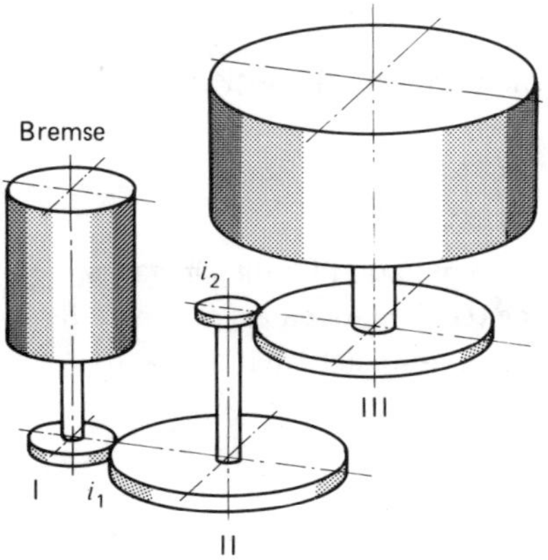

Abb. 6-47a

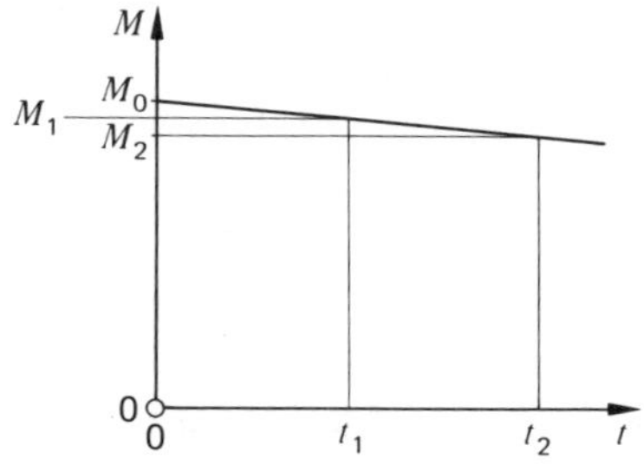

Abb. 6-47b

Lösung

zu a) In diesem Falle ist es zweckmäßig, die rotierenden Massen auf die Bremse zu reduzieren (Gl. 6-24).

$$J_{\mathrm{red\,I}} = J_\mathrm{I} + J_\mathrm{II}\left(\frac{\omega_\mathrm{II}}{\omega_\mathrm{I}}\right)^2 + J_\mathrm{III}\left(\frac{\omega_\mathrm{III}}{\omega_\mathrm{I}}\right)^2$$

$$J_{\mathrm{red\,I}} = \left(1{,}00 + 6{,}00 \cdot \frac{1}{4^2} + 110 \cdot \frac{1}{4^2 \cdot 3^2}\right)\ \mathrm{kg\,m}^2$$

$$J_{\mathrm{red\,I}} = J_\mathrm{red} = 2{,}139\ \mathrm{kg\,m}^2\ .$$

Der Impulssatz lautet für die reduzierte Welle

$$J_\mathrm{red} \cdot \omega_0 - \frac{1}{\eta}\int_0^{t_2} M \cdot \mathrm{d}t = 0\ . \tag{1}$$

Dabei wurde durch Einführung des Wirkungsgrades berücksichtigt, daß die mechanischen Verluste des Getriebes die Bremswirkung verstärken. Die Zeit t_2 ist die Bremszeit. Für die Auswertung des Integrals muß die Abhängigkeit des Momentes von der Zeit formuliert werden (Abb. 6-47b).

$$M = M_0(1 - k \cdot t) \tag{2}$$

$$\int_0^{t_2} M \cdot \mathrm{d}t = M_0\left(t_2 - \frac{k}{2} \cdot t_2^2\right).$$

Dieser Term wird in die Gleichung (1) eingesetzt.

$$J_{\text{red}} \cdot \omega_0 - \frac{M_0}{\eta}\left(t_2 - \frac{k}{2} \cdot t_2^2\right) = 0\,.$$

Das ist eine quadratische Gleichung für t_2. Sie wird in die Normalform gebracht.

$$t_2^2 - \frac{2}{k} \cdot t_2 + \frac{2 \cdot \eta \cdot J_{\text{red}} \cdot \omega_0}{M_0 \cdot k} = 0\,.$$

Die Lösungen lauten

$$t_2 = \frac{1}{k} \pm \sqrt{\frac{1}{k^2} - \frac{2 \cdot \eta \cdot J_{\text{red}} \cdot \omega_0}{M_0 \cdot k}}\,.$$

Nach Aufgabenstellung ist $k = 0{,}03\ \text{s}^{-1}$ und $\omega_0 = 2\pi \cdot n \cdot i_1 \cdot i_2 = 2\pi \cdot 4{,}0\ \text{s}^{-1} \cdot 12 = 301{,}6\ \text{s}^{-1}$ (Winkelgeschwindigkeit der Bremse). Zusammen mit den vorgegebenen Zahlenwerten erhält man mit dem negativen Vorzeichen vor der Wurzel

$$\mathbf{t_2 = 9{,}38\ s}\,.$$

Die andere Lösung hat keine physikalische Bedeutung. Das entsprechende Bremsmoment ist negativ. Das Ergebnis kann man folgendermaßen kontrollieren. Mit der Gleichung (2) wird M_2 bestimmt. Die „Fläche" zwischen 0 und t_2 im $M(t)$-Diagramm dividiert durch η muß $J_{\text{red}} \cdot \omega_0$ entsprechen.

zu b) Für diesen Fall gilt der Impulssatz in der Form

$$J_{\text{red}} \cdot \omega_0 - \frac{1}{\eta} \int_0^{t_1} M \cdot \text{d}t = J_{\text{red}} \cdot \omega_1\,. \tag{3}$$

Das Integral könnte man analog zu a) mit $t_1 = 4{,}69$ s lösen. Das sei dem Leser zur Kontrolle empfohlen. Hier soll die Trapezfläche im $M(t)$-Diagramm bestimmt werden (Gleichung (2)).

$$M_1 = 76{,}0\ \text{Nm}\,(1 - 0{,}03\ \text{s}^{-1} \cdot 4{,}69\ \text{s}) = 65{,}31\ \text{Nm}$$

$$\text{„Fläche"}\ \frac{M_0 + M_1}{2} \cdot t_1 = \frac{76{,}0 + 65{,}31}{2}\,\text{Nm} \cdot 4{,}69\ \text{s} = 331{,}4\ \text{Nm s}\,.$$

Die Gleichung (3) wird nach ω_1 aufgelöst und ausgewertet.

$$\omega_1 = \omega_0 - \frac{1}{J_{\text{red}} \cdot \eta} \int_0^{t_1} M \cdot \text{d}t$$

$$\omega_1 = 301{,}6\ \text{s}^{-1} - \frac{331{,}4\ \text{Nm s}}{2{,}139\ \text{kg m}^2 \cdot 0{,}95}$$

$$\omega_1 = 138{,}5\ \text{s}^{-1} \qquad n_1 = \frac{\omega_1}{2\pi} = 22{,}05\ \text{s}^{-1}\,.$$

Für die Drehmasse sind das 22,05/12 = 1,84 Umdrehungen pro Sekunde. Da die Bremswirkung nachläßt, ist es einleuchtend, daß in der ersten Halbzeit mehr als die halbe Drehzahl abgebremst wird.

6.3.4 Die Drehung um beliebige feste Achsen

Ohne Einschränkungen gilt:

1. Die Kräfte eines allgemeinen Kräftesystems können in einem beliebigen Punkt zu der Resultierenden und einem Moment (Kräftepaar) zusammengefaßt werden (s. Band 1, Kap. 6).
2. Nach dem Schwerpunktsatz kann man sich alle an einem Körper angreifenden Kräfte im Schwerpunkt vereinigt denken.
3. Nach den Erkenntnissen des Abschnittes 6.3.3 verursachen Kräftepaare Drehungen um die Schwerpunktachsen.

In diesem Abschnitt soll die Drehung eines Körpers um eine feste, im allgemeinen nicht im Schwerpunkt liegende Achse untersucht werden. Eine feste Achse kann man sich als feststehende Welle vorstellen. Wegen der oben aufgeführten Aussagen 2 und 3 muß jedoch zunächst auch hier von Schwerpunkt bzw. von der Schwerpunktachse ausgegangen werden. Unter Verwendung der Aussage der Gleichung 6-23

Drall vorher + Drehimpuls = Drall nachher

erhält man mit Hilfe der Abb. 6-48 für die Drehachse A

$$J_S \cdot \omega_0 + m \cdot v_0 \cdot r + \int M_S \cdot dt + \int \bar{r} \cdot F_{res} \cdot dt = J_S\ \omega_1 + m \cdot v_1 \cdot r.$$

Da hier nur die ebene Bewegung behandelt wird, stehen die Vektoren $\vec{M}$ und $\vec{\omega}$ jeweils senkrecht zu Zeichenebene und sind damit gleichgerichtet. Man kann deshalb auf die Vektorschreibweise verzichten. Die beiden Integrale kann man zu einem auf die Drehachse bezogenem Drehimpuls zusammenfassen. Weiter wird $v = r \cdot \omega$ eingeführt.

$$J_S \cdot \omega_0 + m \cdot r^2 \cdot \omega_0 + \int_{t_0}^{t_1} M_A \cdot dt = J_S \cdot \omega_1 + m \cdot r^2 \cdot \omega_1 \qquad \text{Gl. 6-25}$$

$$(J_S + m \cdot r^2)\,\omega_0 + \int_{t_0}^{t_1} M_A \cdot dt = (J_S + m \cdot r^2)\,\omega_1 .$$

Nach dem Steinerschen Satz ist $J_S + m \cdot r^2 = J_A$

$$\mathbf{J_A \cdot \omega_0 + \int_{t_0}^{t_1} M_A \cdot dt = J_A \cdot \omega_1 .} \qquad \text{Gl. 6-26}$$

Abb. 6-48

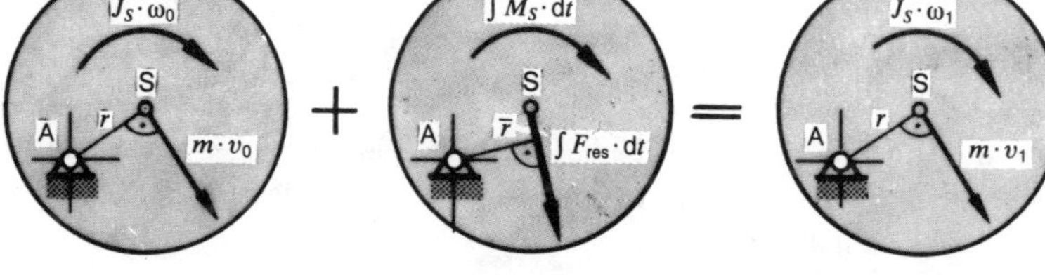

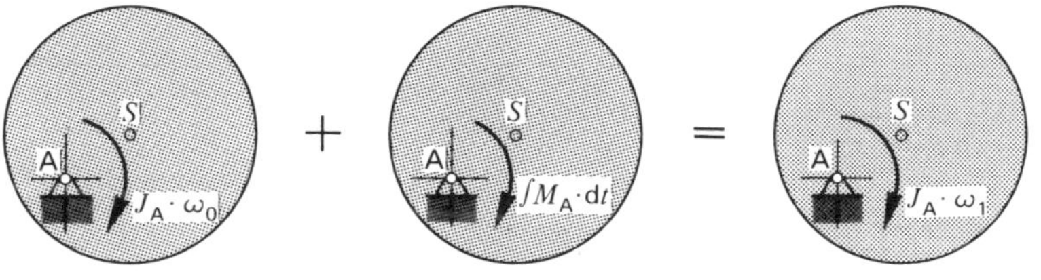

Abb. 6-49

Diese Beziehung mag sich geradezu als Beweis dafür anbieten, daß es unnötig und umständlich war, von der Drehung um die Hauptachsen (Schwerpunktachsen) auszugehen. Es sieht aus, als hätte man nicht vom System Abb. 6-48 sondern dem nach Abb. 6-49 ausgehen können. Der Vergleich beider ergibt, daß hier die Bewegungsgröße $m \cdot v$ nicht mehr vorhanden ist. Die beiden Systeme entsprechen in der Statik dem Fall wie er in Abb. 6-50a gezeigt wird. Hier ist eine Kraft durch ein Moment ersetzt worden. Das ist falsch (s. Band 1, Abschnitt 2.3.3). Die Abb. 6-50b zeigt zwei gleiche Systeme. Welche Schlußfolgerung ist aus dieser Diskussion zu ziehen?

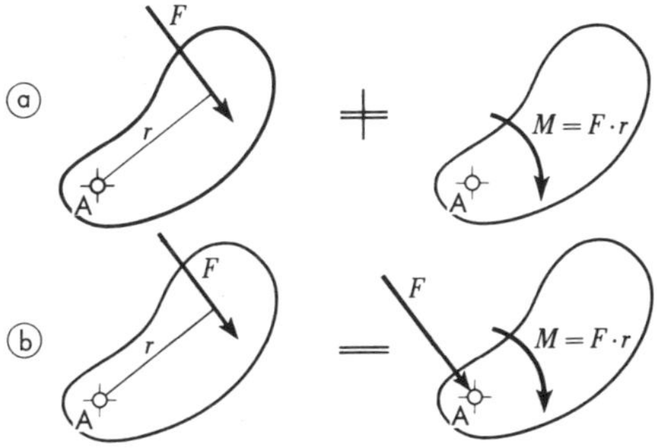

Abb. 6-50

Die Ableitung der Gl. 6-26 ist richtig, deshalb können für feste Achsen alle in dieser Gleichung enthaltenen Größen danach berechnet werden. In der Abb. 6-50a steckt eine in der *Statik* unerlaubte Operation. Deshalb führt dieses System zu Fehlern, wenn man *Kräfte* z.B. im Gelenk A berechnen will. Es wird nochmals ausführlich auf diesen Fall im Abschnitt 7.2.3 eingegangen.

Beispiel (Abb. 6-51a)

Eine homogene Platte rotiert um die senkrecht stehende Außenkante mit der Winkelgeschwindigkeit ω_0. Es greift eine Bremse ein. Für die unten gegebenen Daten sind zu bestimmen:

a) die Winkelgeschwindigkeit, nachdem die Platte den Winkel δ verzögert zurückgelegt hat,
b) die Zeit für das Zurücklegen des Winkels δ,
c) die in der Horizontalen durch die Bremsung verursachten mittleren Auflagerreaktionen während des Vorganges.

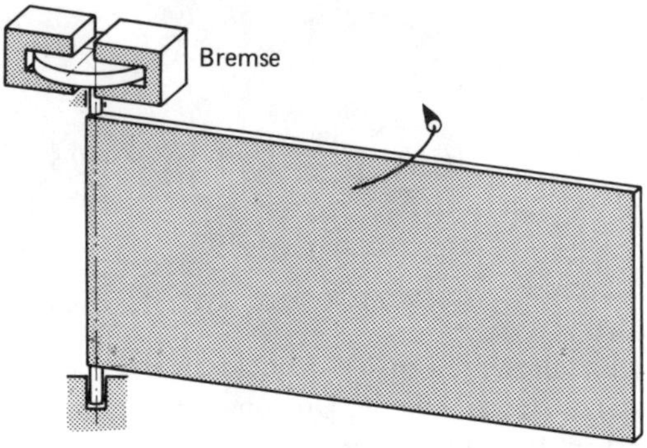

Abb. 6-51a

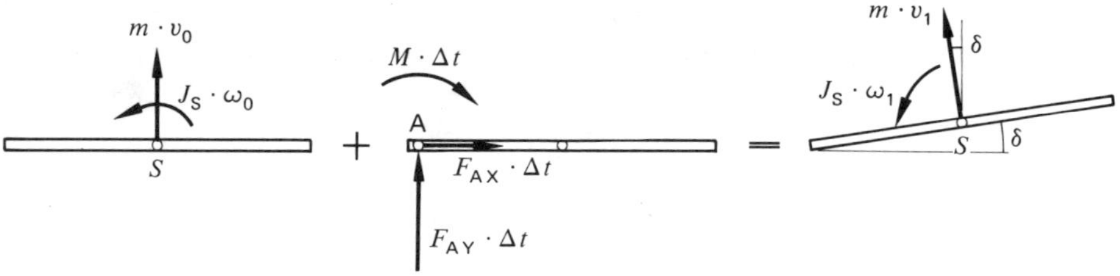

Abb. 6-51b

Masse der Platte:	$m \;= 100$ kg
Länge der Platte:	$l \;= 1{,}20$ m
Winkelgeschwindigkeit:	$\omega_0 = 1{,}50\ \mathrm{s}^{-1}$
Bremsmoment:	$M \;= 250$ Nm
Winkel:	$\delta \;= 10°$

Lösung

Die Platte dreht sich um eine zur Hauptachse parallele Achse. Der Ansatz des Impulssatzes wird durch eine Skizze nach Abb. 6-51b vorbereitet. Diese entspricht der Abb. 6-48 mit freigemachtem Gelenk. Dabei ist zu beachten, daß die Bewegungsgröße und der Drall auf den Schwerpunkt der Platte bezogen einzutragen sind. Für den kurzen Zeitabschnitt (s.u.) kann auch ein variables Moment als konstant angenommen werden. Der Impulssatz ermöglicht die Aufstellung von drei Gleichungen.

Drehimpulssatz für Drehachse A

$$m \cdot v_0 \cdot \frac{l}{2} + J_S \cdot \omega_0 - M \cdot \Delta t = m \cdot v_1 \cdot \frac{l}{2} + J_S \cdot \omega_1 \;. \tag{1}$$

Impulssatz für die x-Richtung

$$F_{Ax} \cdot \Delta t = - m \cdot v_1 \cdot \sin \delta \;. \tag{2}$$

Impulssatz für die y-Richtung

$$m \cdot v_0 + F_{Ay} \cdot \Delta t = m \cdot v_1 \cdot \cos \delta \;. \tag{3}$$

Für die 4 Unbekannten F_{Ax}; F_{Ay}; Δt und v_1 bzw. ω_1 reichen diese Gleichungen nicht aus. Es müssen Beziehungen aus der Kinematik zur Hilfe genommen werden. Wegen M = konstant gilt a bzw. α = konstant. Damit stehen noch die Gleichungen 4-4/7

$$\omega_1 = \alpha \cdot \Delta t + \omega_0 \qquad (4)$$

$$\omega_1^2 = 2 \cdot \alpha \cdot \delta + \omega_0^2 \qquad (5)$$

zur Verfügung. Als Unbekannte ist die Winkelbeschleunigung hinzugekommen. Den 5 Unbekannten stehen jetzt ebensoviel Gleichungen gegenüber. Aus (1) erhält man mit $v = \frac{l}{2} \cdot \omega$ und dem STEINERschen Satz

$$m \cdot \left(\frac{l}{2}\right)^2 \cdot \omega_0 + J_s \cdot \omega_0 - M \cdot \Delta t = m \cdot \left(\frac{l}{2}\right)^2 \cdot \omega_1 + J_s \cdot \omega_1$$

$$J_A \cdot \omega_0 - M \cdot \Delta t = J_A \cdot \omega_1 \ .$$

Diese Gleichung entspricht einem Ansatz nach Abb. 6-49. Dieser würde richtige kinematische Größen z.B. Δt ergeben. Die fehlenden Bewegungsgrößen $m \cdot v$ im Schwerpunkt führen jedoch zu Fehlern bei der Kraftbestimmung. Man erhält weiter

$$\frac{\omega_0 - \omega_1}{\Delta t} = \alpha = \frac{M}{J_A} \qquad J_A = m\frac{l^2}{3} = 48{,}0 \text{ kg m}^2$$

$$\alpha = \frac{250 \text{ Nm}}{48 \text{ kg m}^2} = 5{,}208 \text{ s}^{-2} \ .$$

Es handelt sich um eine Verzögerung. Das Vorzeichen ergibt sich trotzdem positiv, weil das Bremsmoment im tatsächlichen Wirkungssinn eingetragen wurde. In den nachfolgenden Beziehungen muß α negativ eingesetzt werden. Mit (5) ist

$$\omega_1^2 = 2 \cdot (-5{,}208 \text{ s}^{-2}) \cdot \frac{10^\circ}{180^\circ} \cdot \pi + 1{,}50^2 \text{ s}^{-2}$$

$$\omega_1 = 0{,}657 \text{ s}^{-1} \ .$$

Jetzt ist aus (4) der Zeitintervall für die ersten 10° errechenbar.

$$\Delta \mathrm{t} = \frac{\omega_1 - \omega_0}{\alpha} = \frac{0{,}657 - 1{,}50}{-5{,}208} \text{ s} = \mathbf{0{,}162 \text{ s}} \ .$$

Die Kräfte ergeben sich als Mittelwerte für diesen Zeitabschnitt aus (2) und (3).

$$F_{Ax} = -\frac{m}{\Delta t} \cdot \frac{l}{2} \cdot \omega_1 \cdot \sin \delta$$

$$F_{Ax} = -\frac{100 \text{ kg}}{0{,}162 \text{ s}} \cdot 0{,}60 \text{ m} \cdot 0{,}657 \text{ s}^{-1} \cdot \sin 10^\circ$$

$$\mathbf{F_{Ax} = -42{,}3 \text{ N}} \leftarrow$$

$$F_{Ay} = \frac{m}{\Delta t} \cdot \frac{l}{2} (\omega_1 \cdot \cos 10^\circ - \omega_0)$$

$$F_{Ay} = \frac{100\,\text{kg}}{0{,}162\,\text{s}} \cdot 0{,}60\,\text{m}\,(0{,}657 \cdot \cos 10^\circ - 1{,}50)\,\text{s}^{-1}$$

$$\mathbf{F_{Ay} = -315{,}9\,N} \downarrow$$

$$\mathbf{F_A = 319\,N}\,.$$

Diese Kraft wirkt in der horizontalen Ebene und verteilt sich auf beide Gelenke. Abschnittweise könnte man so den gesamten Bremsvorgang erfassen.

6.3.5 Der Satz von der Erhaltung des Dralls

Greift an einem rotierenden System kein äußeres Moment an, dann ergibt die Gleichung 6-22

$$\frac{\mathrm{d}}{\mathrm{d}t}(J \cdot \omega) = 0,$$

$$\mathbf{D = J \cdot \omega = konst.} \qquad \text{Gl. 6-27}$$

Greifen an einem rotierenden System keine äußeren Momente an (freies System), dann bleibt der Drall des Systems konstant (Satz von der Erhaltung des Dralls).

Das gilt sowohl für die Einzelmasse als auch für ein System von Massen. Die Richtigkeit dieser Aussage kann an einer Reihe von Beispielen demonstriert werden. Ein Hubschrauber muß, soll sich die Kanzel in der Luft bei Änderung der Rotordrehzahl nicht drehen, einen Ausgleichspropeller oder einen zusätzlichen gegenläufigen Rotor haben. Ein Eiskunstläufer zieht die Arme und Beine bei einer Pirouette an, um ein möglichst kleines Trägheitsmoment und damit eine größere Winkelgeschwindigkeit zu erreichen. Alle Tiere, die sicher auf große Entfernungen springen, haben einen großen Schwanz. Mit diesem können sie z.B. durch Gegendrehung den Körper in der Luft ohne äußeres Moment drehen. Das ist der Grund, weshalb Katzen immer auf den Beinen landen.

Beispiel (Abb. 6-52a)

Ein in der Umlaufbahn befindlicher Satellit rotiert um die Hauptachse, für die das Trägheitsmoment ein Maximum ist. Das sei für den skizzierten Satelliten die x-Achse. Diese Drehung soll durch die Rotation einer Zusatzmasse beeinflußt werden. Es ist eine allgemeine Gleichung für die Änderung der Drehzahl des Satelliten bei Änderung der Drehzahl der Zusatzmasse aufzustellen. Dabei sollen folgende Größen als vorgegeben gelten.

Trägheitsmoment des Satelliten ohne Zusatzmasse bezogen auf die x-Achse:	J_{Sat}
Trägheitsmoment der Zusatzmasse bezogen auf die eigene Schwerpunktachse:	J_m
Zusatzmasse:	m.

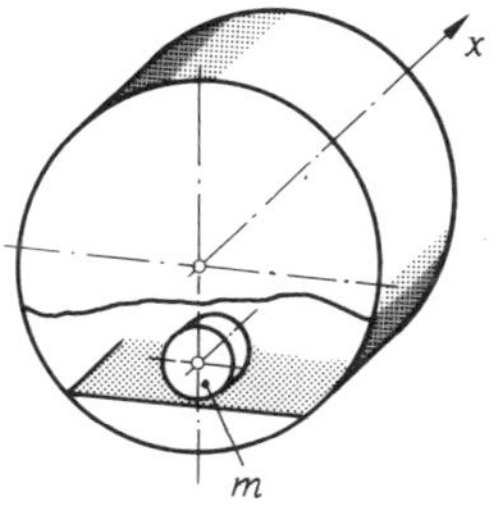

Abb. 6-52a

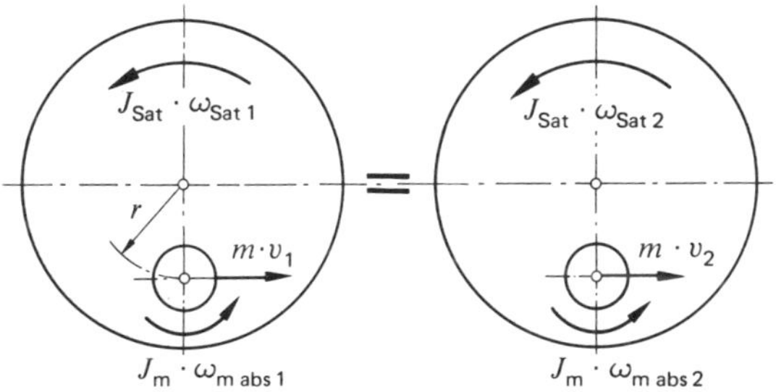

Abb. 6-52b

Lösung

Es handelt sich um zwei ineinander rotierende Systeme. Deshalb ist es notwendig, zwischen der absoluten und relativen Drehzahl der Zusatzmasse zu unterscheiden. Die erste würde ein außerhalb des Systems ruhender Beobachter wahrnehmen. Die zweite zeigt ein Drehzahlmesser im Satelliten an. Die Abbildung 6-52b veranschaulicht das System in zwei aufeinanderfolgenden Zeitpunkten von einem ruhenden Beobachter aus gesehen. Wegen der Überlagerung der Drehzahlen gilt für die Zusatzmasse

$$\omega_{abs} = \omega_{rel} + \omega_{sat} \,.$$

Der Drallerhaltungssatz lautet für den vorliegenden Fall

$$J_{Sat} \cdot \omega_{Sat\,1} + m \cdot v_1 \cdot r + J_m \cdot \omega_{m\,abs\,1}$$
$$= J_{Sat} \cdot \omega_{Sat\,2} + m \cdot v_2 \cdot r + J_m \cdot \omega_{m\,abs\,2} \,.$$

Insgesamt ergibt das mit $v = r \cdot \omega$

$$J_{Sat} \cdot \omega_{Sat\,1} + m \cdot r^2 \cdot \omega_{Sat\,1} + J_m(\omega_{m\,rel\,1} + \omega_{Sat\,1})$$
$$= J_{Sat} \cdot \omega_{Sat\,2} + m \cdot r^2 \cdot \omega_{Sat\,2} + J_m(\omega_{m\,rel\,2} + \omega_{Sat\,2})$$
$$\omega_{Sat\,1} \cdot (J_{Sat} + m \cdot r^2 + J_m) + J_m \cdot \omega_{m\,rel\,1}$$
$$= \omega_{Sat\,2} \cdot (J_{Sat} + m \cdot r^2 + J_m) + J_m \cdot \omega_{m\,rel\,2} \,.$$

In der Klammer steht – siehe STEINERscher Satz – das auf die x-Achse bezogene Trägheitsmoment des Gesamtsystems. Man erhält

$$J_{ges\,x}(\omega_{Sat\,1} - \omega_{Sat\,2}) = J_m(\omega_{m\,rel\,2} - \omega_{m\,rel\,1}) \,.$$

Das ist die gesuchte Beziehung. Man könnte sie unmittelbar aus der Anschauung hinschreiben, jedoch besteht dabei die Gefahr, die mit v umlaufende Zusatzmasse falsch zu berücksichtigen. Aus diesem Grunde wurde der ausführliche und exakte Ansatz vorgeführt.

Da in das Trägheitsmoment die Abstände quadratisch eingehen, hat die Zusatzmasse ein um Dezimalstellen kleineres Trägheitsmoment. Man könnte deshalb eine nennenswerte Beeinflussung der Satellitendrehung nur durch extrem hohe Drehzahlen der Zusatzmassen erreichen. Die technisch bessere Lösung ist, am Umfang Düsen anzubringen und durch Ausstoß eines Massenstroms die Rotation zu ändern (s. Abschnitt 6.2).

6.3.6 Die allgemeine ebene Bewegung

Wie im Abschnitt 4.3 erläutert, kann man eine allgemeine ebene Bewegung aus einer Schiebung (Translation) und einer Drehung (Rotation) um eine beliebige Achse zusammensetzen. Im Abschnitt 6.3.4 wurde dargelegt, daß für die Untersuchung kinetischer Vorgänge, von den Schwerachsen ausgegangen werden muß. Für den flachen Körper, der in der Ebene bewegt wird, ist das die senkrecht zur Bewegungsebene stehende Schwerpunktachse, die gleichzeitig eine Hauptachse des Systems ist.

Zusammenfassend kann man folgendes sagen:

Für die Berechnung einer allgemeinen ebenen Bewegung eines starren Körpers muß von der Schiebung mit der Schwerpunktgeschwindigkeit und der Drehung um die Schwerpunktachse – für die ebene Scheibe bei ebener Bewegung ist das gleichzeitig eine Hauptachse – ausgegangen werden. Entsprechend sind Kräfte und Momente bzw. Bewegungsgröße und Drall einzuführen.

Die sinngemäße Anwendung der Gleichungen 6-3 (Schiebung) und 6-24 (Drehung) liefert folgende Beziehungen

$$\mathbf{m \cdot v_{0x} + \int_{t_0}^{t_1} F_x \cdot dt = m \cdot v_{1x}},$$

$$\mathbf{m \cdot v_{0y} + \int_{t_0}^{t_1} F_y \cdot dt = m \cdot v_{1y}},$$

$$\mathbf{J_S \cdot \omega_0 + \int_{t_0}^{t_1} M_S \cdot dt = J_S \cdot \omega_1}.$$

Beispiel 1

In allgemeiner Form sollen im Beispiel 3, Abschnitt 6.1.1. (Abb. 6-6) die Masse und das Trägheitsmoment der losen Rolle berücksichtigt werden. Dazu sind die notwendigen Berechnungsgleichungen aufzustellen.

Lösung

Es ist zweckmäßig, die lose Rolle und die Masse A getrennt freizumachen. Besonders zu beachten ist, das die Gesetze der Statik nicht gelten. An der losen Rolle sind infolge der Beschleunigung eines Trägheitsmomentes die Seilkräfte nicht mehr gleich. Daraus folgt, daß es notwendig ist, zusätzliche Bezeichnungen einzuführen. Das ist nach Abb. 6-53 geschehen. Man kann insgesamt drei Gleichungen aufstellen.

Rolle (Impuls in y-Richtung)

$$S_E \cdot \Delta t + S_A \cdot \Delta t - S_D \cdot \Delta t - m_D \cdot g \cdot \Delta t = - m_D \cdot v_A \quad (1)$$

Drehimpuls für Rollenachse.

$$-S_E \cdot r_D \cdot \Delta t + S_A \cdot r_D \cdot \Delta t = -J_D \cdot \omega_D \tag{2}$$

Masse A

$$S_D \cdot \Delta t - m_A \cdot g \cdot \Delta t = -m_A \cdot v_A \tag{3}$$

Als kinematische Beziehung kommt hinzu

$$v_A = r_D \cdot \omega_D . \tag{4}$$

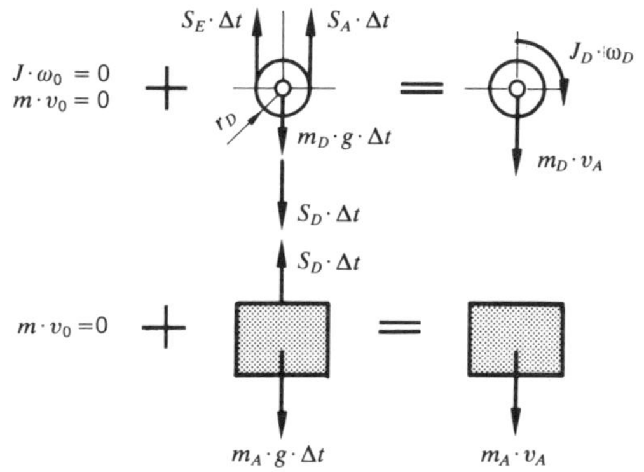

Abb. 6-53

Es soll zum Schluß eine Bilanz von Gleichungen und Unbekannten für den Fall aufgestellt werden, daß die rotierenden Massen für eine Aufgabe nach Abb. 6-6 berücksichtigt werden sollen. Zur Verfügung stehen

Gl. (1) (2) (3) aus diesem Beispiel
(lose Rolle mit anhängender Masse)
Gl. (3) von Beispiel 2 Abschnitt 6.3.3. (Seiltrommel)
Gl. (2) von Beispiel 3 Abschnitt 6.1.1. (Wagen)

Das sind 5 Gleichungen aus der Kinetik (Impuls-Drallsatz). Dazu kommen folgende Gleichungen aus der Kinematik

Gl. (4) (5) von Beispiel 3 Abschnitt 6.1.1.
Gl. (4) aus diesem Beispiel

Mit diesen acht Gleichungen kann man acht Unbekannte berechnen. Hier wurde von einer vorgegebenen Anfahrzeit für die Seiltrommel ausgegangen (ω_C und Δt). In diesem Fall sind unbekannt: das dazu notwendige Moment M, die Seilkräfte S_A S_B S_D S_E, die Geschwindigkeiten v_A, v_B und ω_D. Man kann in den ersten 5 Gleichungen alle Geschwindigkeiten sehr einfach durch ω_C ausdrücken und erhält dann 5 Gleichungen mit 5 Unbekannten.

Beispiel 2 (Abb. 6-54)

In diesem Beispiel soll ein von einem Motor über ein Getriebe angetriebener Wagen (Pkw, Werkzeugschlitten o.ä.) modellhaft behandelt werden. Dabei werden alle rotierenden Massen in ihrer Wirkung berücksichtigt. Summarisch ist ein Widerstand anzunehmen, der durch Luftwiderstand, Steigungswiderstand (Hangabtrieb), Rollwiderstand usw. verursacht sein kann. Für das vorgegebene System, dessen linke Achse angetrieben wird, sind in allgemeiner Form zu bestimmen:

a) das konstant angenommene Antriebsmoment des Motors, das das System von Ruhe in der Zeit Δt auf die Geschwindigkeit v_1 bringt,
b) die erforderliche Haftreibungszahl an den angetriebenen Rädern für den Fall, daß 70% der Gewichtskraft auf diesen lastet,
c) die am Umfang der rechten Räder tangential angreifende Kraft,
d) die maximale Beschleunigungsleistung.

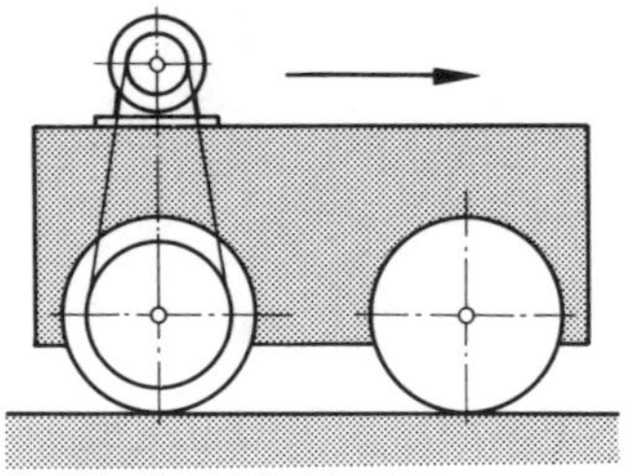

Abb. 6-54

Die Gleichungen sollen für folgende Größen ausgewertet werden:

Wagen:	m_W	= 100 kg
Achse mit 2 Rädern:	m_A	= 10 kg
(beide Achsen gleich)	J_A	= 0,050 kg m² (Schwerpunktachse)
	r	= 0,10 m
Motor, Scheibe usw.:	m_M	= 20 kg
	J_M	= 0,0040 kg m² (Schwerpunktachse)
Übersetzung:	i	= 6
Zeitintervall:	Δt	= 1,00 s
Endgeschwindigkeit:	v_1	= 1,60 m/s
Widerstandskraft:	F_W	= 300 N

Lösung

Es ist zweckmäßig, die rotierenden Massen des Motors auf die angetriebene Achse zu reduzieren.

$$J_{red} = J_A + J_M \left(\frac{\omega_M}{\omega_A}\right)^2$$

$$J_{red} = (0{,}050 + 0{,}0040 \cdot 6^2)\ \text{kg m}^2 = 0{,}194\ \text{kg m}^2\ .$$

Damit erhält man das System I nach Abb. 6-55. Dabei ist der Wagen an seinen Auflageflächen freigemacht, wobei es für die vorliegende Aufgabenstellung genügt, die horizontalen Kräfte einzuführen. Die Begründung dafür ist, daß die Bewegung in dieser Richtung erfolgt. An den linken Rädern wirkt die Antriebskraft, die den Wagen nach rechts bewegt, an den rechten eine Umfangskraft, die die rechten Räder in Drehung versetzt.

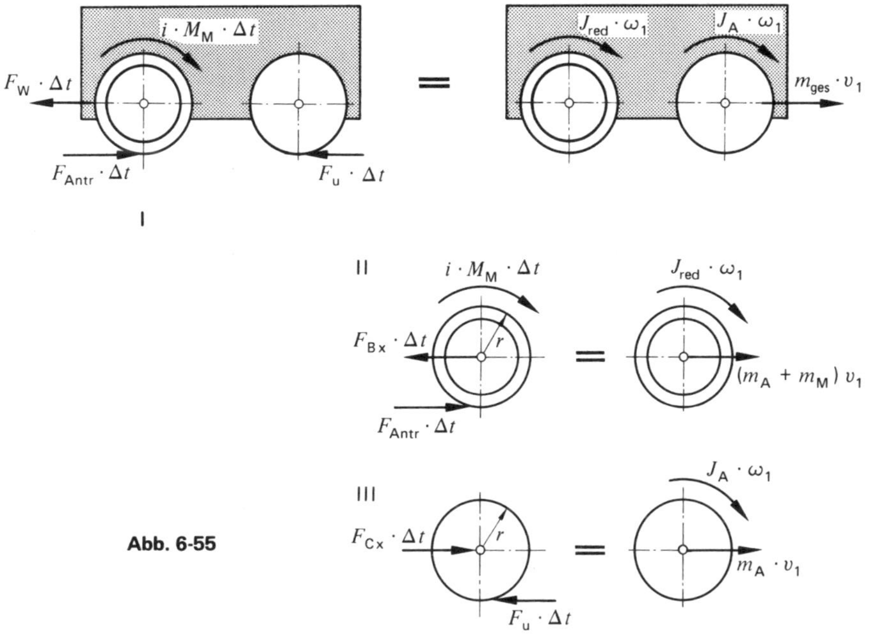

Abb. 6-55

Der Impulssatz für das System I lautet

$$(F_{\text{Antr}} - F_{\text{u}} - F_{\text{W}}) \cdot \Delta t = m_{\text{ges}} \cdot v_1 \ . \qquad (1)$$

Es ist notwendig, für die beiden Achsen den Impuls- und den Drehimpulssatz aufzustellen. Dabei dürfen in den Systemen II und III die Lagerkräfte nicht vergessen werden.

System II

$$(F_{\text{Antr}} - F_{\text{Bx}}) \cdot \Delta t = (m_{\text{A}} + m_{\text{M}}) \cdot v_1 \ . \qquad (2)$$

Drehimpulssatz für die Drehachse

$$i \cdot M_{\text{M}} \cdot \Delta t - F_{\text{Antr}} \cdot \Delta t \cdot r = J_{\text{red}} \cdot \omega_1 \ . \qquad (3)$$

System III

$$(F_{\text{Cx}} - F_{\text{u}}) \cdot \Delta t = m_{\text{A}} \cdot v_1 \ . \qquad (4)$$

Drehimpulssatz für die Drehachse

$$F_{\text{u}} \cdot \Delta t \cdot r = J_{\text{A}} \cdot \omega_1 \ . \qquad (5)$$

Mit $v_1 = r \cdot \omega_1$ sind das 6 Gleichungen für M_{M}; F_{Antr}; F_{u}; F_{Bx}; F_{Cx} und ω_1.

Aus (5) erhält man

$$F_{\text{u}} = \frac{J_{\text{A}} \cdot v_1}{r^2 \cdot \Delta t} \ .$$

Dieser Ausdruck wird in (1) eingesetzt und ergibt nach einer einfachen Umwandlung

$$F_{Antr} = \left(\frac{J_A}{r^2} + m_{ges}\right) \frac{v_1}{\Delta t} + F_W \ .$$

Die Gleichung (3) ermöglicht jetzt die Berechnung von

$$M_M = \frac{r \cdot v_1}{i \cdot \Delta t} \left(\frac{J_{red}}{r^2} + \frac{J_A}{r^2} + m_{ges}\right) + \frac{F_W \cdot r}{i} \ .$$

Diese Beziehung kann folgendermaßen gedeutet werden. Die Ausdrücke J/r^2 sind die für die translatorische Bewegung reduzierten Trägheitsmomente nach Gleichung 6-12a. Sie entsprechen einem Zuschlag auf die Gesamtmasse, der die rotierenden Massen in ihrer Wirkung berücksichtigt. Mit $v_1/\Delta t = a$ erkennt man die Struktur der Gleichung: Moment gleich Masse mal Beschleunigung mal Radius. Das Übersetzungsverhältnis i berücksichtigt den Übergang auf die Motorwelle. Die gleiche Beziehung für M_M erhält man unmittelbar aus dem System I wenn man den Drehimpulssatz für einen Auflagepunkt eines Rades ausstellt. Dazu ist es jedoch notwendig, die Widerstandskraft F_W und die Bewegungsgröße $m \cdot v$ auf die Höhe der Achse zu setzen. Diese Bedingung mag zunächst nicht ganz einsichtig sein. Deshalb und weil die notwendige Haftreibung zu bestimmen ist, wurde der exakte Lösungsweg vorgeführt.

Aus dem Moment kann man die Leistung berechnen. Ohne Berücksichtigung eines Wirkungsgrades ist

$$P_{max} = M_M \cdot \omega_{M\,max} = M_M \cdot \omega_1 \cdot i \ .$$

Die Antriebskraft muß durch Haftreibungswirkung übertragen werden.

$$F_{Antr} = \mu_0 \cdot F_n = \mu_0 \cdot 0{,}70 \cdot m_{ges} \cdot g$$

$$\mu_0 = \frac{F_{Antr}}{0{,}70 \cdot m_{ges} \cdot g} \ .$$

Die zahlenmäßige Auswertung ergibt mit

$$\frac{\Delta v_1}{\Delta t} = \frac{1{,}60 \text{ m/s}}{1{,}0 \text{ s}} = 1{,}60 \text{ m/s}^2$$

$$\frac{J_{red}}{r^2} = \frac{0{,}194 \text{ kg m}^2}{0{,}10^2 \text{ m}^2} = 19{,}4 \text{ kg} \ ; \quad \frac{J_A}{r^2} = \frac{0{,}05 \text{ kg m}^2}{0{,}10^2 \text{ m}^2} = 5{,}0 \text{ kg}$$

$$\mathbf{F_u = 5{,}0 \text{ kg} \cdot 1{,}60 \text{ m/s}^2 = 8{,}0 \text{ N}}$$

$$F_{Antr} = (5{,}0 + 140{,}0) \text{ kg} \cdot 1{,}60 \text{ m/s}^2 + 300 \text{ N} = 532 \text{ N}$$

$$M_M = \frac{0{,}1 \text{ m} \cdot 1{,}60 \text{ m/s}^2}{6} (19{,}4 + 5{,}0 + 140{,}0) \text{ kg} + \frac{300 \text{ N} \cdot 0{,}1 \text{ m}}{6}$$

$$\mathbf{M_M = 9{,}384 \text{ Nm}} \ .$$

Mit

$$\omega_1 = \frac{1{,}60 \text{ m/s}}{0{,}10 \text{ m}} = 16 \text{ s}^{-1}$$

ist

$$\mathbf{P_{max}} = 9{,}384\ \mathrm{Nm} \cdot 16\ \mathrm{s}^{-1} \cdot 6 = \mathbf{901\ W}\ .$$

In dieser Leistung ist sowohl die Überwindung des Widerstandes als auch der Beschleunigungsanteil unmittelbar vor Erreichen der Endgeschwindigkeit enthalten.

$$\mu_0 = \frac{532\ \mathrm{N}}{0{,}70 \cdot 140\ \mathrm{kg} \cdot 9{,}81\ \mathrm{m/s^2}} = 0{,}55\ .$$

Die Werkstoffpaarung Rad–Unterlage muß mindestens diese Haftreibungszahl ergeben, wenn die Motorleistung voll auf das System übertragen werden soll.

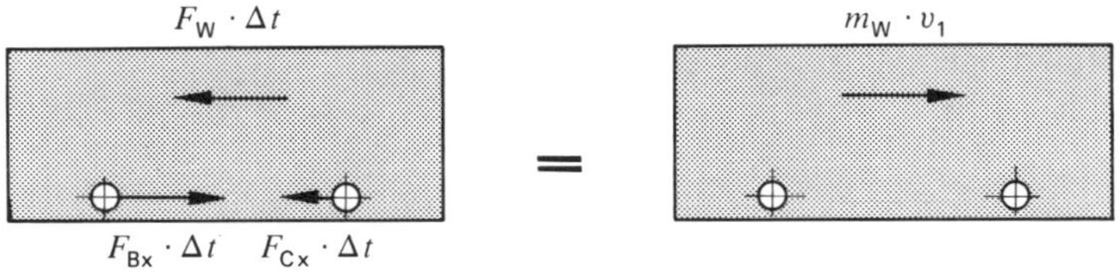

Abb. 6-56

Zur Kontrolle steht noch das System nach Abb. 6-56 zur Verfügung. Dazu müssen jedoch die Lagerkräfte F_{Bx} und F_{Cx} berechnet werden. Das kann mit Hilfe der Gleichungen (2) und (4) geschehen. Einfache Umwandlungen führen auf

$$F_{Bx} = \frac{v_1}{\Delta t}\left(\frac{J_A}{r^2} + m_{ges} - m_A - m_M\right) + F_W$$

$$F_{Bx} = 1{,}60\ \mathrm{m/s^2}\ (5{,}0 + 140{,}0 - 10{,}0 - 20{,}0)\ \mathrm{kg} + 300\ \mathrm{N} = 484\ \mathrm{N}$$

$$F_{Cx} = \frac{v_1}{\Delta t}\left(\frac{J_A}{r^2} + m_A\right)$$

$$F_{Cx} = 1{,}60\ \mathrm{m/s^2}\ (5{,}0 + 10{,}0)\ \mathrm{kg} = 24\ \mathrm{N}\ .$$

Der Impulssatz für den Wagen nach Abb. 6-56 ist

$$(F_{Bx} - F_{Cx} - F_W) \cdot \Delta t = m_W \cdot v_1$$

$$(484 - 24 - 300)\ \mathrm{N} \cdot 1{,}0\ \mathrm{s} = 100\ \mathrm{kg} \cdot 1{,}60\ \mathrm{m/s}$$

$$160\ \mathrm{Ns} = 160\ \mathrm{kg\ m/s}\ .$$

Damit sind die Ergebnisse bestätigt.

Alle Gleichungen und Werte dieses Beispieles gelten für die Beschleunigungsphase. Für eine anschließende Bewegung mit v = konstant muß in allen Beziehungen $v_1/\Delta t = a = 0$ gesetzt werden.

6.3.7 Der exzentrische Stoß (Drehstoß)

Es soll hier auf die Überlegungen des Abschnittes 6.1.3 (zentraler Stoß) zurückgegriffen werden.

Zwei Körper A und B rotieren um feste Drehachsen nach Abb. 6-57. Dabei stößt der Körper A wegen der größeren Geschwindigkeit auf den Körper B. Die Geschwindigkeiten unmittelbar vor dem Stoß betragen $v_{\mathrm{A}1}$ bzw. $v_{\mathrm{B}1}$. Senkrecht auf der Berührungsebene steht im Berührungspunkt die Stoßlinie, die die Wirkungslinie der beim Stoß auftretenden Kräfte ist. Während der Zeit der Berührung sind die Geschwindigkeiten im Berührungspunkt gleich. Wirken elastische Kräfte, dann lösen sich die Körper voneinander und bewegen sich nach dem Stoß wieder mit verschiedenen Geschwindigkeiten.

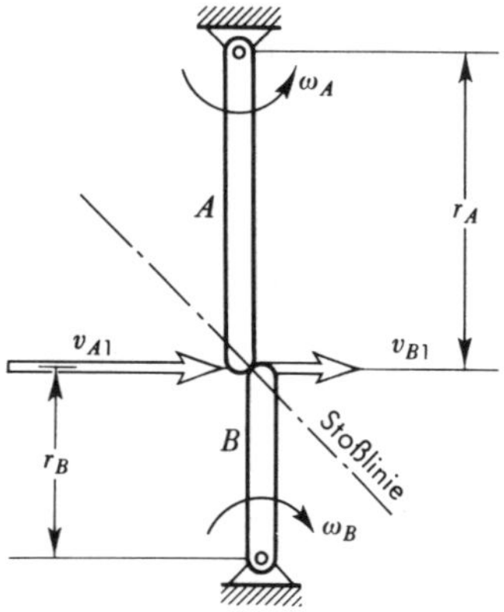

Abb. 6-57

Der Stoßvorgang wird nach Abb. 6-58 wie im Abschnitt 6.1.3 in zwei Phasen zerlegt. Zunächst wird der Körper A durch den Impuls $\int F \cdot dt$ auf die Geschwindigkeit abgebremst, die beide Körper während der Berührung haben (Kennzeichnung der Geschwindigkeiten durch einen Stern). Wenn die Werkstoffe elastisch sind, stoßen sich die Körper wieder ab (Impuls $\int K \cdot dt$), wodurch ein nochmaliges Abbremsen auf die mit dem Index 2 gekennzeichneten Geschwindigkeiten erfolgt. Das Gelenk wurde nicht freigemacht. Deshalb muß der Drehimpulssatz auf die Gelenkachse bezogen werden. Das Gelenk muß freigemacht werden, wenn die dort wirkenden Stoßkräfte berechnet werden sollen (siehe nachfolgende Beispiele).

1. Phase

$$J_{\mathrm{AS}} \cdot \omega_{\mathrm{A}1} + m_{\mathrm{A}} \cdot v_{\mathrm{AS}1} \cdot r_{\mathrm{S}} - \bar{r}_{\mathrm{A}} \cdot \int F \cdot \mathrm{d}t = J_{\mathrm{AS}} \cdot \omega_{\mathrm{A}}^{*} + m_{\mathrm{A}} \cdot v_{\mathrm{AS}}^{*} \cdot r_{\mathrm{S}} \,.$$

Mit $v_{\mathrm{AS}}/r_{\mathrm{S}} = \omega$ und $J_{\mathrm{A}} = J_{\mathrm{AS}} + m_{\mathrm{A}} \cdot r_{\mathrm{S}}^2$ (Trägheitsmoment bezogen auf die Drehachse) erhält man

$$J_{\mathrm{A}} \cdot \omega_{\mathrm{A}1} - \bar{r}_{\mathrm{A}} \cdot \int F \cdot \mathrm{d}t = J_{\mathrm{A}} \cdot \omega_{\mathrm{A}}^{*} \,, \tag{1}$$

2. Phase

$$J_{As} \cdot \omega_A^* + m_A \cdot v_{AS}^* \cdot r_S - \bar{r}_A \cdot \int K \cdot dt = J_{AS} \cdot \omega_{A2} + m_A \cdot v_{AS2} \cdot r_S \ .$$

Auf gleichem Wege führt das auf

$$J_A \cdot \omega_A^* - \bar{r}_A \cdot \int K \cdot dt = J_A \cdot \omega_{A2} \ . \qquad (2)$$

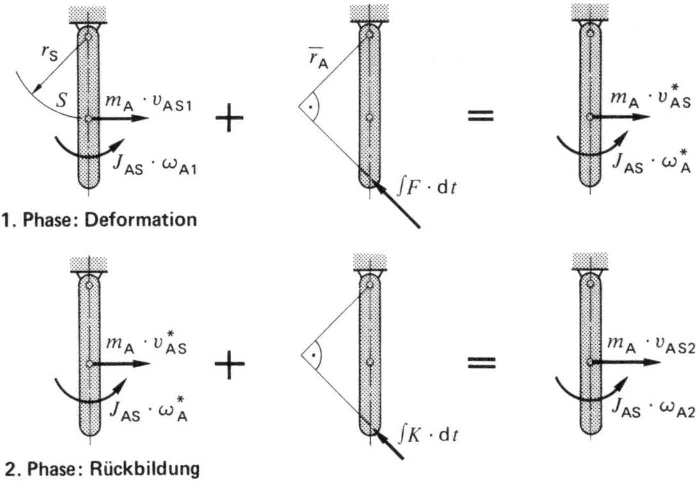

Abb. 6-58

Mit der *Stoßzahl*

$$k = \frac{\int K \cdot dt}{\int F \cdot dt}$$

(vergleiche Abschnitt 6.1.3) erhält man

$$k = \frac{\omega_A^* - \omega_{A2}}{\omega_{A1} - \omega_A^*} \ .$$

Ein analoger Ansatz für den Körper B liefert

$$k = \frac{\omega_{B2} - \omega_B^*}{\omega_B^* - \omega_{B1}} \ .$$

Die beiden Beziehungen werden mit r_A bzw. r_B erweitert.

Es gilt

$v_A = r_A \cdot \omega_A$, $\quad v_B = r_B \cdot \omega_B$, $\quad c = r_A \cdot \omega_A^* = r_B \cdot \omega_B^*$.

Gemeinsame Geschwindigkeit während der Berührung.

Man erhält

$$k = \frac{c - v_{A2}}{v_{A1} - c} = \frac{v_{B2} - c}{c - v_{B1}} \; .$$

Nach Eliminierung von c ergibt sich die Gleichung 6-7

$$k = \frac{v_{B2} - v_{A2}}{v_{A1} - v_{B1}} \; .$$

Das ist die gleiche Beziehung wie für den zentrischen Stoß. Für viele Aufgaben ist es zweckmäßig, mit den Winkelgeschwindigkeiten zu arbeiten,

$$\mathbf{k} = \frac{\mathbf{r_B} \cdot \omega_{\mathbf{B2}} - \mathbf{r_A} \cdot \omega_{\mathbf{A2}}}{\mathbf{r_A} \cdot \omega_{\mathbf{A1}} - \mathbf{r_B} \cdot \omega_{\mathbf{B1}}} \; . \qquad \textbf{Gl. 6-28}$$

Für die Masse B wird ein zu Abb. 6-58 analoger Ansatz durchgeführt

$$J_B \cdot \omega_{B1} + \int F \cdot dt \cdot \bar{r}_B = J_B \cdot \omega_B^* \qquad (3)$$

$$J_B \cdot \omega_B^* + \int K \cdot dt \cdot \bar{r}_B = J_B \cdot \omega_{B2} \qquad (4)$$

Die Gleichungen (1) und (3) werden nach $\int F \cdot dt$ aufgelöst und gleichgesetzt

$$\frac{J_B}{\bar{r}_B} (\omega_B^* - \omega_{B1}) = \frac{J_A}{r_A} (- \omega_A^* + \omega_{A1})$$

Die Gleichungen (2) und (4) werden nach $\int K \cdot dt$ aufgelöst und gleichgesetzt

$$\frac{J_B}{\bar{r}_B} (\omega_{B2} - \omega_B^*) = \frac{J_A}{\bar{r}_A} (- \omega_{A2} + \omega_A^*)$$

Diese beiden Gleichungen werden addiert

$$\frac{J_B}{\bar{r}_B} (- \omega_{B1} + \omega_{B2}) = \frac{J_A}{\bar{r}_A} (\omega_{A1} - \omega_{A2})$$

Es verhalten sich $\frac{\bar{r}_B}{\bar{r}_A} = \frac{r_B}{r_A}$ (ähnliche Dreiecke)

Nach einer einfachen Umwandlung erhält man

$$\frac{\mathbf{J_A}}{\mathbf{r_A}} \cdot \omega_{\mathbf{A1}} + \frac{\mathbf{J_B}}{\mathbf{r_B}} \cdot \omega_{\mathbf{B1}} = \frac{\mathbf{J_A}}{\mathbf{r_A}} \omega_{\mathbf{A2}} + \frac{\mathbf{J_B}}{\mathbf{r_B}} \cdot \omega_{\mathbf{B2}} \qquad \textbf{Gl. 6-29}$$

Wie aus der Ableitung folgt, muß bei der Anwendung der Gleichungen 28/29 folgendes beachtet werden:

ω_A und ω_B haben das gleiche Vorzeichen, wenn sie an der Berührungsstelle gleichgerichtete Geschwindigkeiten erzeugen.

Die Trägheitsmomente sind auf die Drehachsen bezogen.

Mit $\omega = v/r$ kann man diese Gleichung überführen in

$$\frac{J_A}{r_A^2} \cdot v_{A1} + \frac{J_B}{r_B^2} \cdot v_{B1} = \frac{J_A}{r_A^2} \cdot v_{A2} + \frac{J_B}{r_B^2} \cdot v_{B2} \; .$$

Diese Beziehung entspricht völlig der Gleichung 6-8 (Impulserhaltungssatz für den zentrischen Stoß), wenn man nach Gleichung 6-12a die Trägheitsmomente auf die entsprechenden Radien reduziert.

$$m_{red} = \frac{J}{r^2} .$$

In der oben durchgeführten Ableitung ist der Fall enthalten, daß eine Masse drehbar gelagert ist und von einer anderen gestoßen wird (Abb. 6-59). Da jetzt $r_A = r_B = r$ gilt, ist die Gl. 6-29 der Drallerhaltungssatz bezogen auf die Drehachse. Sinngemäß ist $J_A \cdot \omega_A$ der Drall der Masse $(m \cdot v)_A \cdot r = m_A \cdot r^2 \cdot \omega_A$ für diese Achse mit $v_A = r \cdot \omega_A$ (s. auch die Ausführungen zu Abb. 6-43).

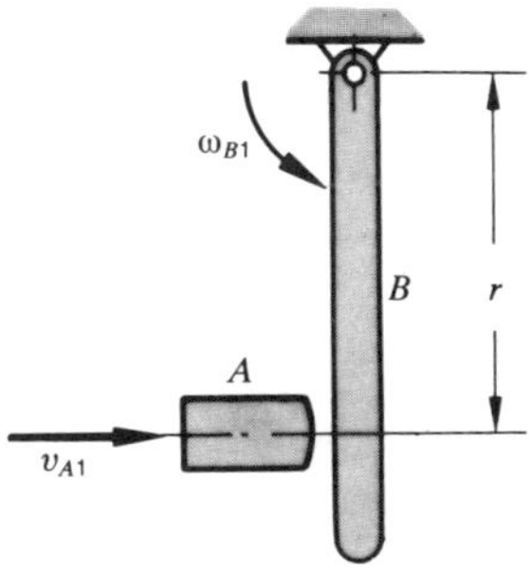

Abb. 6-59

Normalerweise liegen die Stoßzeiten im Bereich von Millisekunden. Aus diesem Grunde sind die *Stoßkräfte so groß, daß man daneben noch wirkende Kräfte (z.B. Gewichtskräfte) vernachlässigen kann.*

Für einen exzentrisch gestoßenen Körper soll der Punkt bestimmt werden, auf den keine Kraft übertragen wird. Dieser Punkt wird *Stoßmittelpunkt* genannt. Es muß der momentane Drehpol der durch den Stoß eingeleiteten Drehung sein, denn dieser ist ohne Bewegung und demnach ohne Krafteinwirkung.

Ein Körper nach Abb. 6-60a wird im Abstand s vom Schwerpunkt S gestoßen. Dieser Stoß bewirkt eine Schiebung und eine Drehung. Es gilt

$$\int F \cdot dt = m \cdot v, \qquad v = \frac{1}{m} \int F \cdot dt, \qquad \text{(Schwerpunktgeschw.)}$$

$$s \cdot \int F \cdot dt = J_S \cdot \omega, \qquad \omega = \frac{s}{J_S} \int F \cdot dt .$$

Der momentane Drehpol ist definitionsgemäß in Ruhe. Es gilt (vergleiche Abschnitt 4.3.2 und Abb. 6-60)

$$v - e \cdot \omega = 0,$$

$$e = \frac{v}{\omega} = \frac{J_S \cdot \int F \cdot dt}{m \cdot s \cdot \int F \cdot dt} = \frac{J_S}{m \cdot s} .$$

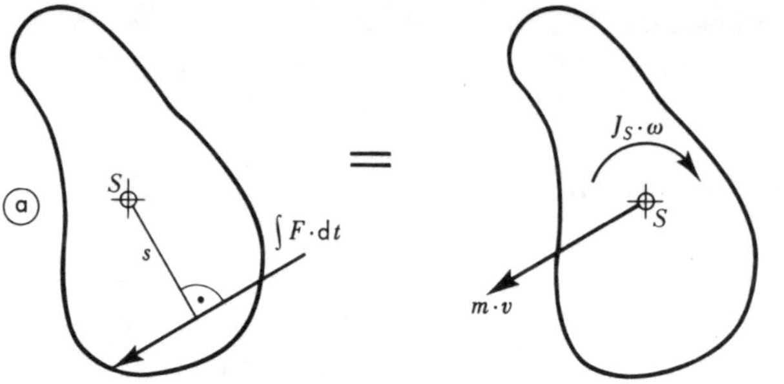

Der Trägheitsradius i wird eingeführt.

$$e = \frac{m \cdot i^2}{m \cdot s},$$

$$e = \frac{i^2}{s}. \qquad \text{Gl. 6-30}$$

Der Stoßmittelpunkt 0 liegt im Abstand e vom Schwerpunkt auf der Normalen zur Stoßlinie, die durch den Schwerpunkt geht (Abb. 6-60).

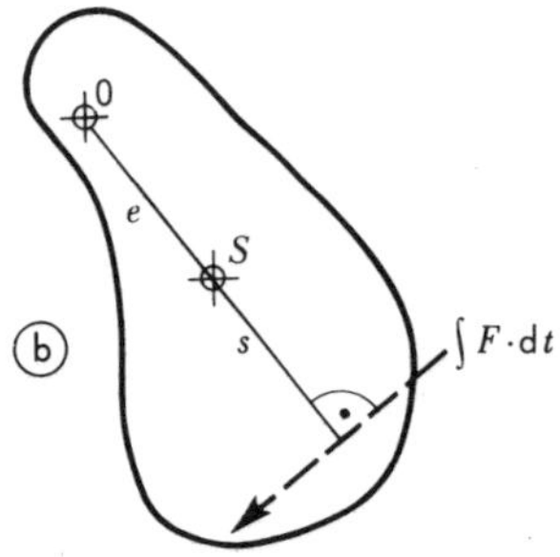

Abb. 6-60

Beispiel 1 (Abb. 6-61)

Eine homogene Walze B rotiert antriebsfrei im Uhrzeigersinn. Ein homogener Stab A hängt lotrecht herunter. Die Walze wird axial so verschoben, daß es zu einem Stoß Walze/Stab durch einen Nocken am Umfang der Walze kommt. Für die unten gegebenen Daten sind zu bestimmen

a) die Bewegungszustände von A und B unmittelbar nach dem Stoß,
b) die durch den Stoß bei einer angenommenen Stoßzeit Δt verursachten zusätzlichen Kräfte (Mittelwert) in den Lagern.

m_A = 180 kg l = 1,20 m
m_B = 60 kg r_B = 0,20 m
Ausgangsdrehzahl von B: $n_1 = 2{,}0\ s^{-1}$
Stoßzahl: $k \approx 0{,}60$ (Stahl/Stahl)
Stoßzeit: $\Delta t \approx 1$ ms

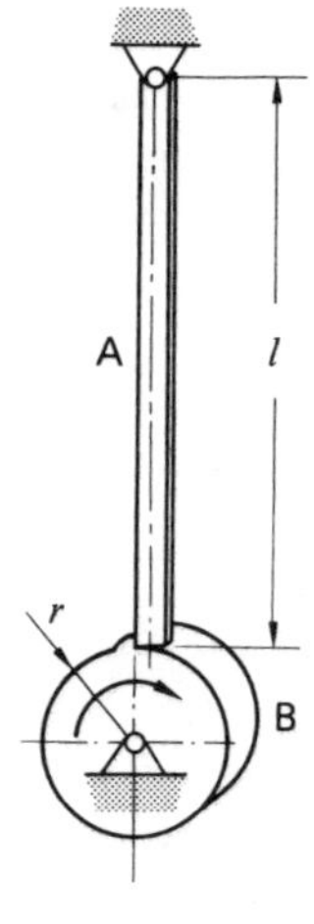

Abb. 6-61

Lösung

a) Für den Fall $\omega_{A1} = 0$ lautet die Gleichung 6-29

$$\frac{J_B}{r_B} \cdot \omega_{B1} = \frac{J_A}{r_A} \cdot \omega_{A2} + \frac{J_B}{r_B} \cdot \omega_{B2} \; . \tag{1}$$

Dabei sind die Trägheitsmomente auf die Drehachsen bezogen und betragen für den vorliegenden Fall

$$J_A = m_A \cdot \frac{l_A^2}{3} = m_A \cdot \frac{r_A^2}{3}$$

$$J_B = m_B \cdot \frac{r_B^2}{2} \; .$$

Nach dem Einsetzen in die Gleichung (1), der Einführung von $v = r \cdot \omega$ und der Multiplikation mit 6 erhält man

$$3 \cdot m_B \cdot v_{B1} = 2 \cdot m_A \cdot v_{A2} + 3 \cdot m_B \cdot v_{B2} \; . \tag{2}$$

Da hier Geschwindigkeiten eingeführt werden, ist es zweckmäßig, auch in der Gleichung 6-28 diese zu verwenden.

$$k = \frac{v_{B2} - v_{A2}}{v_{A1} - v_{B1}} \; . \tag{3}$$

Die Gleichungen (2) und (3) werden für v_{A2} und v_{B2} gelöst. Dazu wird (3) nach v_{A2} aufgelöst, wobei $v_{A1} = 0$ gilt

$$v_{A2} = v_{B2} + k \cdot v_{B1} \; . \tag{4}$$

Nach dem Einsetzen in (2) und einer einfachen Umwandlung erhält man

$$v_{B2} = \frac{3 m_B - 2 m_A \cdot k}{3 m_B + 2 m_A} \cdot v_{B1} \; .$$

Mit

$$\omega_{B1} = 2\pi \cdot n = 2\pi \cdot 2{,}0 \text{ s}^{-1} = 12{,}57 \text{ s}^{-1}$$

und

$$v_{B1} = r_B \cdot \omega_{B1} = 2{,}513 \text{ m/s}$$

führt das zu

$$v_{B2} = \frac{(3 \cdot 60 - 2 \cdot 180 \cdot 0{,}6) \text{ kg}}{(3 \cdot 60 + 2 \cdot 180) \text{ kg}} \cdot 2{,}513 \text{ m/s}$$

$$v_{B2} = -\,0{,}168 \text{ m/s} \leftarrow$$

und zu

$$\omega_{B2} = \frac{v_{B2}}{r_B} = -\,\mathbf{0{,}838\ s^{-1}} \circlearrowleft .$$

Durch den Stoß erfolgt eine Richtungsumkehr der Walze. Der ermittelte Wert wird in die Gleichung (4) eingesetzt

$$v_{A2} = -0{,}168\ \text{m/s} + 0{,}6 \cdot 2{,}513\ \text{m/s}$$

$$v_{A2} = 1{,}340\ \text{m/s} \rightarrow \omega_{A2} = \frac{v_{A2}}{r_A} = \mathbf{1{,}117\ s^{-1}} \circlearrowleft .$$

Unmittelbar nach dem Stoß drehen die Massen mit ω_{A2} bzw. ω_{B2} beide entgegengesetzt zum Uhrzeigersinn.

b) Zur Ermittlung der in den Lagern wirksam werdenden Stoßkräfte wird nach Abb. 6-62 der Impulssatz angesetzt.

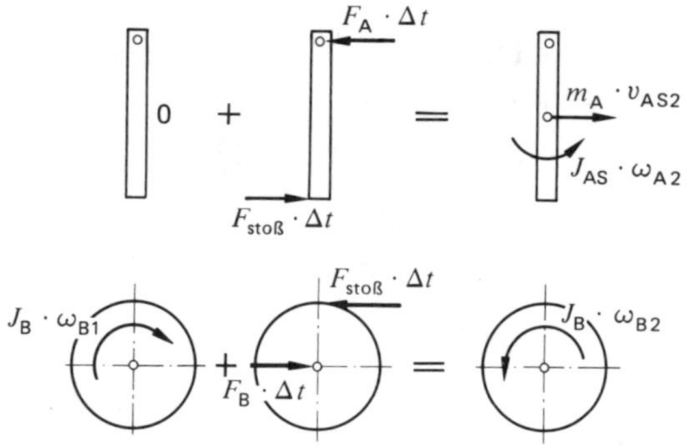

Abb. 6-62

Stab A

x-Richtung

$$F_{\text{Stoß}} \cdot \Delta t - F_A \cdot \Delta t = m_A \cdot v_{AS2} \ . \qquad (5)$$

Drehimpuls für Aufhängepunkt

$$F_{\text{Stoß}} \cdot \Delta t \cdot l = J_{AS} \cdot \omega_{A2} + m_A \cdot v_{AS2} \cdot \frac{l}{2} .$$

Mit $v_{AS2} = \frac{l}{2} \cdot \omega_{A2}$ und dem STEINERschen Satz erhält man

$$F_{\text{Stoß}} \cdot \Delta t \cdot l = J_A \cdot \omega_{A2} \qquad (6)$$

wobei J_A auf den Drehpunkt bezogen ist und

$$J_A = 180\ \text{kg} \cdot \frac{1{,}2^2\ \text{m}^2}{3} = 86{,}40\ \text{kg m}^2$$

beträgt. Damit liefert die Gleichung (6)

$$F_{\text{Stoß}} = \frac{J_A \cdot \omega_{A2}}{\Delta t \cdot l} = \frac{86{,}40\ \text{kg m}^2 \cdot 1{,}117\ \text{s}^{-1}}{10^{-3}\ \text{s} \cdot 1{,}20\ \text{m}}$$

$$F_{\text{Stoß}} = 80{,}4\ \text{kN} .$$

Die Lagerkraft läßt sich jetzt aus der Gleichung (5) berechnen:

$$F_A = F_{Stoß} - m_A \cdot \frac{v_{AS2}}{\Delta t}.$$

Aus dieser Gleichung ersieht man, daß der Stoß nicht voll auf das Lager übertragen wird. Die Stoßkraft wird durch den Anteil gemindert, der zur translatorischen Beschleunigung der im Schwerpunkt vereinigt gedachten Masse benötigt wird.

Die Schwerpunktgeschwindigkeit ist halb so groß wie die Außengeschwindigkeit

$$v_{AS2} = \frac{1}{2} \cdot 1{,}340 \text{ m/s} = 0{,}670 \text{ m/s}$$

$$F_A = 80{,}4 \cdot 10^3 \text{ N} - 180 \text{ kg} \cdot \frac{0{,}670 \text{ m/s}}{10^{-3} \text{ s}}$$

$$\boldsymbol{F_A = -40{,}2 \text{ kN}} \rightarrow (!) .$$

Die Lagerkraft wirkt während des Stoßes nach rechts, d.h. das obere Stabende will beim Stoß nach links ausweichen. Der Stoßmittelpunkt, der bei freier Lagerung seine Lage nicht verändert und damit kräftefrei bleibt, liegt unterhalb des Drehpunktes. Das kann man mit Hilfe der Gleichung 6-30 bestätigen.

Walze A

Beim Ansatz des Drehimpulses ist zu berücksichtigen, daß in der Abbildung 6-62 die Drehungen so eingezeichnet sind, wie sie tatsächlich erfolgen. Deshalb müssen in die abgeleiteten Beziehungen alle Werte von ω positiv eingesetzt werden.

x-Richtung

$$F_B = F_{Stoß}$$

Da die Walze in der Schwerpunktachse gelagert ist, wird der Stoß voll vom Lager übernommen.

Drehimpuls für Drehachse

$$J_B \cdot \omega_{B1} - F_{Stoß} \cdot \Delta t \cdot r_B = -J_B \cdot \omega_{B2} .$$

Das führt zu

$$F_B = F_{Stoß} = \frac{J_B \cdot (\omega_{B1} + \omega_{B2})}{\Delta t \cdot r_B}$$

$$\text{mit } J_B = 60 \text{ kg} \cdot \frac{0{,}2^2 \text{ m}^2}{2} = 1{,}20 \text{ kg m}^2 .$$

$$F_B = \frac{1{,}20 \text{ kg m}^2 \cdot (12{,}566 + 0{,}838) \text{ s}^{-1}}{10^{-3} \text{ s} \cdot 0{,}20 \text{ m}}$$

$$\mathbf{F_B = 80{,}4 \text{ kN} = F_{Stoß}} .$$

Das ist eine Bestätigung für die Richtigkeit der Rechnung. Die Stoßkräfte sind – wie mehrfach ausgeführt – wesentlich höher als die Gewichtskräfte.

Beispiel 2 (Abb. 6-63a)

Durch Zurückziehen der Sperrklinke wird das Umklappen der skizzierten Schranke ausgelöst. Sie schlägt gegen den Puffer P. Dabei können im Gelenk sehr große Stoßkräfte auftreten (siehe voriges Beispiel). Der Abstand x des Puffers soll so bestimmt werden, daß eine Stoßkraft auf das Lager nicht übertragen wird. Die Schranke kann als homogener Stab der Länge l aufgefaßt werden.

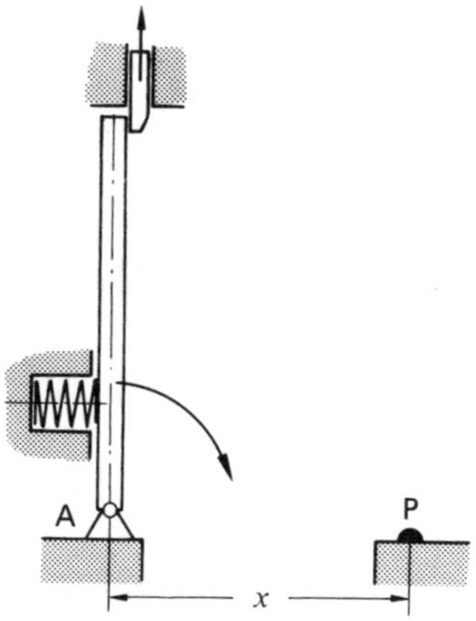

Abb. 6-63a

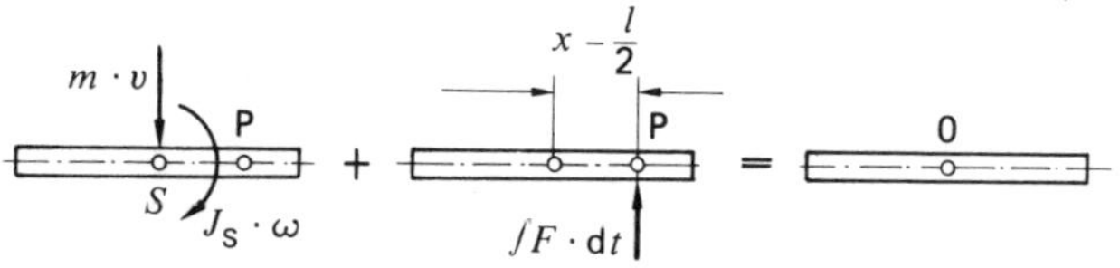

Abb. 6-63b

Lösung

Nach Aufgabenstellung soll die Kraft im Lager A verschwinden. Für den Ansatz des Impulssatzes ergibt sich damit ein System nach Abb. 6-63b. Dabei wird die Gewichtskraft gegenüber der viel größeren Stoßkraft vernachlässigt. Um die unbekannte Größe $\int F \cdot \mathrm{d}t$ zu eliminieren, wird der Drehimpulssatz für den Pol P aufgestellt.

$$m \cdot v \cdot \left(x - \frac{l}{2}\right) - J_s \cdot \omega + 0 = 0 .$$

$$\text{Mit } J_S = m \cdot \frac{l^2}{12} \quad \text{und} \quad v = \frac{l}{2} \cdot \omega$$

führt das zu

$$m \cdot \frac{l}{2} \cdot \omega \left(x - \frac{l}{2}\right) - m \cdot \frac{l^2}{12} \cdot \omega = 0 .$$

Nach Division durch $m \cdot \frac{l}{2} \cdot \omega$ erhält man

$$x = \frac{2}{3} \cdot l\,.$$

Diese Lösung gilt auch dann, wenn die Schranke am Puffer zurückspringt. Das folgt aus der Ableitung der Gleichung 6-30 für die Bestimmung des Stoßmittelpunktes. Mit dieser könnte man die Aufgabe auch lösen. Das Lager A soll beim Stoß kräftefrei bleiben, ist demnach der Stoßmittelpunkt. Nach Abbildung 6-60 und Gleichung 6-30 ist

$$e = \frac{l}{2} = \frac{i^2}{s} \qquad i^2 = \frac{J_s}{m} = \frac{l^2}{12}$$

$$s = \frac{2\,i^2}{l} = \frac{2 \cdot l^2}{12 \cdot l} = \frac{1}{6}\,l\,.$$

Damit erhält man das oben errechnete Ergebnis

$$x = s + \frac{l}{2} = \frac{2}{3}\,l\,.$$

6.3.8 Der Kreisel

In den vorangegangenen Abschnitten ist der Drallsatz für den Fall behandelt worden, daß der Momentenvektor und der Vektor der Winkelgeschwindigkeit kollinear sind. In diesem Abschnitt soll diese Einschränkung nicht mehr gelten. Es wird an dieser Stelle der flache rotationssymmetrische Kreisel (runde Scheibe) hoher Drehzahl behandelt, der um die Achse des maximalen Trägheitsmomentes (Hauptachse) rotiert.

In einem Rahmen nach Abb. 6-64, der um eine horizontale Achse drehbar gelagert ist, rotiert um eine senkrechte Achse ein Kreisel. Der Drallvektor liegt in der Drehachse und ist nach oben gerichtet. An diesem Rahmen greift ein Kräftepaar $d \cdot F = M$ entgegengesetzt dem Uhrzeigersinn während der Zeit Δt an. Der Momentenvektor steht auf der Rahmenebene senkrecht.

Nach Gleichung 6-23 ist

$$J \cdot \vec{\omega} + \int_{t_0}^{t_1} \vec{M} \cdot dt = J \cdot \vec{\omega}_1\,.$$

Der resultierende Vektor $J \cdot \vec{\omega}_1$ ist gegenüber dem Vektor $J \cdot \vec{\omega}$ um den Winkel φ aus der Rahmenebene herausgedreht. Es gilt (siehe Abb. 6-64)

$$M \cdot \Delta t = \Delta\varphi \cdot J \cdot \omega\,,$$

$$M = J \cdot \omega \cdot \frac{\Delta\varphi}{\Delta t}\,.$$

Für den Grenzübergang ist

$$\lim_{\Delta t \to 0} \frac{\Delta\varphi}{\Delta t} = \frac{d\varphi}{dt} = \omega_p\,.$$

Der Rahmen dreht sich mit der Winkelgeschwindigkeit ω_p um die horizontale Achse. Diese Bewegung wird *Präzession* genannt. Es gilt

$$\mathbf{M} = \mathbf{J} \cdot \omega_p \cdot \omega. \qquad \text{Gl. 6-31}$$

Diese Beziehung gilt für $\omega_p \ll \omega$. Die Achsen der Vektoren $\vec{\omega}_p$ $\vec{\omega}$ $\vec{M}$ stehen aufeinander senkrecht und bilden ein Rechtssystem. In Vektorenschreibweise lautet deshalb die Gleichung 6-31

$$\vec{\mathbf{M}} = \mathbf{J} \cdot \vec{\omega}_p \times \vec{\omega}. \qquad \text{Gl. 6-32}$$

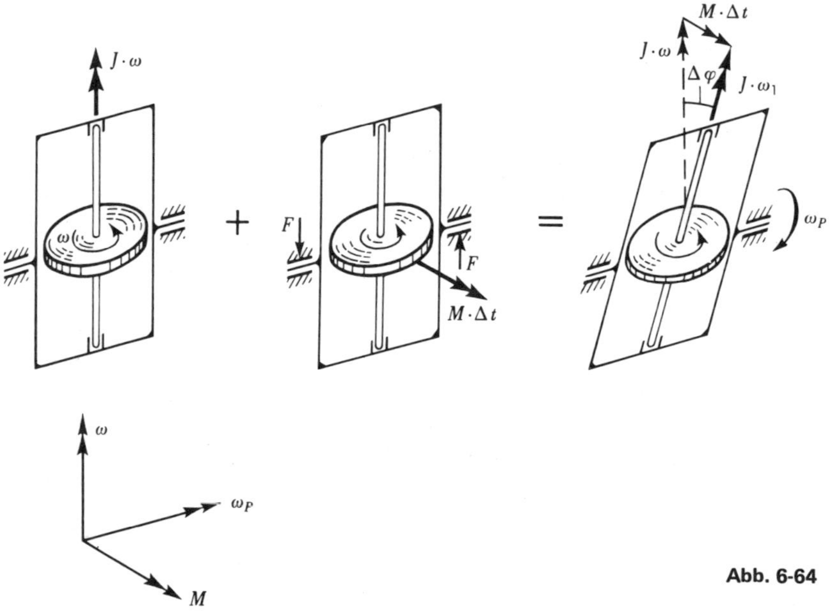

Abb. 6-64

Ein Kreisel, der mit der Winkelgeschwindigkeit ω rotiert, beschreibt eine Präzessionsbewegung, wenn ein Kräftepaar senkrecht zur Rotationsebene angreift.

Wird z.B. ein Kreisel nach Abb. 6-65 in einem Kugelgelenk außerhalb vom Schwerpunkt gelagert, dann wirkt dauernd das Moment $M = G \cdot e$ auf das System ein. Nach den obigen Ausführungen führt der Kreisel eine Präzessionsbewegung aus wobei $\omega_p \perp \omega$ ist und die 3 Vektoren $\vec{\omega}_p$ $\vec{M}$ $\vec{\omega}$ ein System nach Abb. 6-64 bilden.

Diese Bewegung kann man auf die Formel bringen „Kreiselachse jagt Momentenachse".

Abb. 6-65

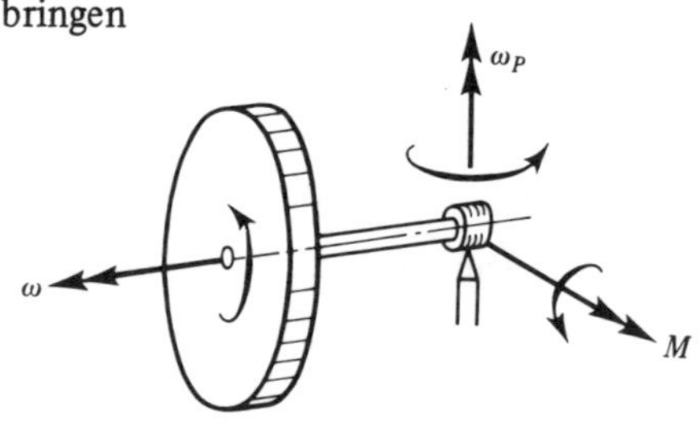

Umgekehrt muß eine erzwungene Präzession ein Moment verursachen. Dieses wird Kreiselmoment M_K genannt. Als Reaktionsmoment wirkt es umgekehrt wie das unter Gleichung 6-31/32 berechnete Moment. Man erhält damit ein System nach Abb. 6-66. Jetzt bilden die Vektoren $\vec{M}_K$ $\vec{\omega}$ $\vec{\omega}_p$ ein Rechtssystem. Die Kreiselmomente verursachen zusätzliche Belastungen in den Lagern rotierender Massen, die ihre Achse im Raum drehen. Das tritt in erheblichem Maße z.B. am Triebwerk eines Flugzeuges auf, das eine Kurve fliegt. Der Leser überlege sich auch die Wirkung der Kreiselmomente an den Rädern eines Fahrrades bei Kurvenfahrt.

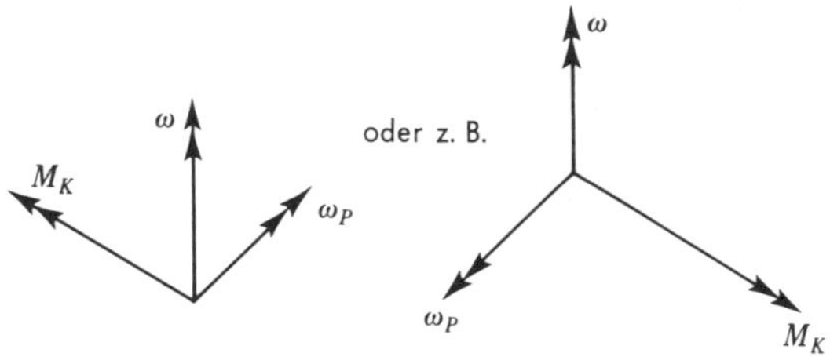

Abb. 6-66

Für den Fall, daß zwischen den Vektoren $\vec{\omega}$ und $\vec{\omega}_p$ der Winkel $\beta \neq 90°$ ist, gelten folgende Beziehungen (Abb. 6-67),

$$M \cdot \Delta t = J \cdot \omega \cdot \sin \beta \cdot \Delta\varphi,$$

$$M = J \cdot \omega \cdot \sin \beta \cdot \frac{\Delta\varphi}{\Delta t}.$$

Mit

$$\lim_{\Delta t \to 0} \frac{\Delta\varphi}{\Delta t} = \omega_p,$$

$$\mathbf{M = J \cdot \omega \cdot \omega_p \cdot \sin \beta.} \qquad \textbf{Gl. 6-33}$$

Das System Abb. 6-67 entspricht einem Spielkreisel. Das Moment ist dabei die Gewichtskraft multipliziert mit dem Abstand vom Unterstützungspunkt. Neben der Eigenrotation beschreibt die Achse des Kreisels die Präzessionsbewegung mit ω_p.

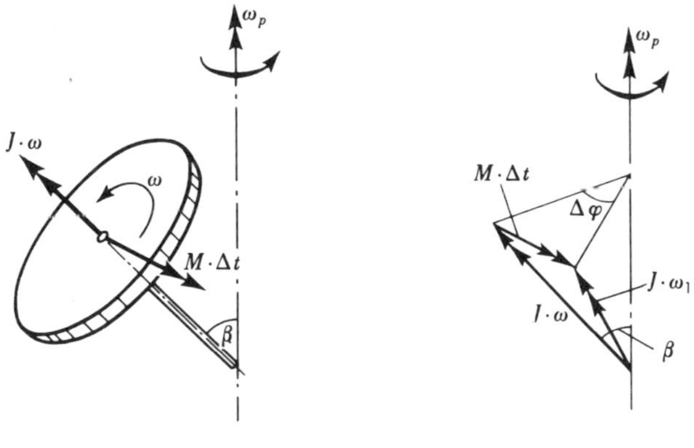

Abb. 6-67

Für einen kräftefrei im Kardangelenk*) gelagerten Kreisel (Abb. 6-68) ist $M = 0$ und damit nach Gleichung 6-24

$$J_S \cdot \vec{\omega} = J_S \cdot \vec{\omega}_1, \quad \text{bzw.} \quad \vec{\omega} = \vec{\omega}_1$$

Der Vektor $\vec{\omega}$ behält demnach seine Achse im absoluten Raum bei. Auf diesem Prinzip beruhen der Kreiselkompaß und viele stabilisierende Geräte in Navigationseinrichtungen (z.B. künstlicher Horizont im Flugzeug).

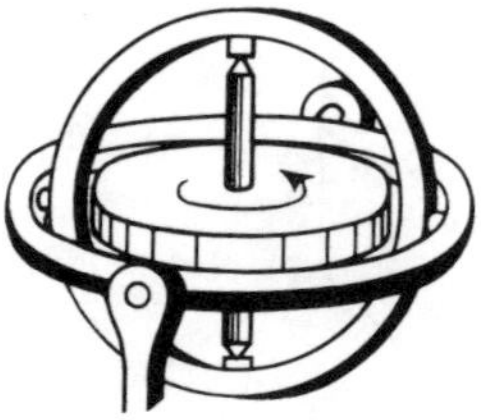

Abb. 6-68

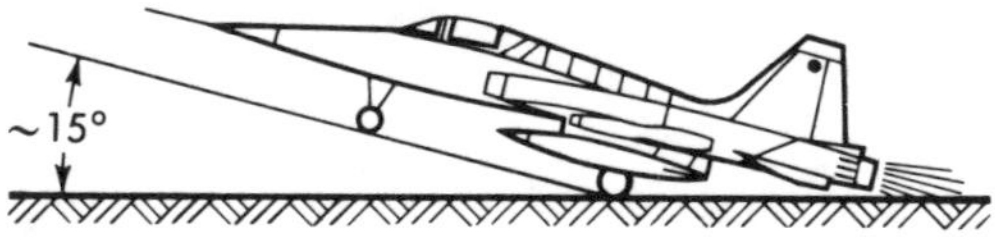

Abb. 6-69

Beispiel 1 (Abb. 6-69)

Ein Flugzeug setzt bei der Landung wie skizziert in einer Schräglage von ≈ 15° auf. Es kippt in etwa 0,2 s nach vorne auf das Bugrad. Der Läufer des Triebwerkes hat eine Masse von 250 kg, einen Trägheitsradius von $i = 0{,}3$ m und eine Drehzahl von $n = 8000 \text{ min}^{-1}$. Die Drehung erfolgt von hinten gesehen im Uhrzeigersinn. Zu berechnen ist überschläglich das Kreiselmoment nach Größe und Richtung, das während dieses Vorganges zusätzlich die Lager bzw. die Triebwerksbefestigung beansprucht.

Lösung (Abb. 6-70)

Die Größe des Kreiselmomentes ist nach Gleichung 6-31

$$M = J \cdot \omega \cdot \omega_p .$$

Mit

$$J = m \cdot i^2 = 250 \text{ kg} \cdot 0{,}3^2 \text{ m}^2 = 22{,}5 \text{ kg m}^2$$

und

$$\omega_p \approx \frac{15°}{0{,}2 \text{ s}} =$$

$$\frac{\pi}{180} \cdot \frac{15}{0{,}2} \text{ s}^{-1} = 1{,}31 \text{ s}^{-1},$$

$$\omega = 2\pi \cdot \frac{8000}{60} \text{ s}^{-1} = 838 \text{ s}^{-1}$$

ist

$$M \approx 22{,}5 \text{ kg m}^2 \cdot 838 \text{ s}^{-1} \cdot 1{,}31 \text{ s}^{-1}$$

$$\mathbf{M \approx 24{,}7 \text{ kNm}}.$$

*) CARDANO (1501 - 1576), italienischer Gelehrter.

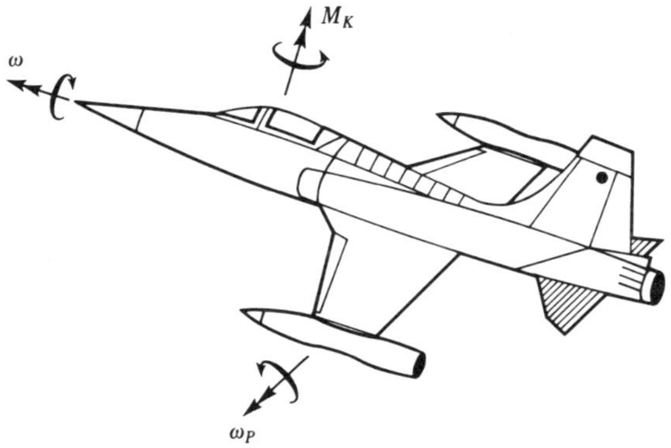

Abb. 6-70

Der Momentenvektor muß mit den Vektoren $\vec{\omega}$ und $\vec{\omega}_p$ ein System nach Abb. 6-66 bilden. Das Kreiselmoment versucht das Flugzeug von oben gesehen im umgekehrten Uhrzeigersinn zu drehen (Abb. 6-70).
Es handelt sich hier um eine Näherungsrechnung, da $\omega_p \neq$ konst. ist und eine Zeitangabe auch nur geschätzt werden kann. Jedoch ist es notwendig, sich für Annahmen dieser Art eine Vorstellung von der Größenordnung der möglichen Überlastung zu verschaffen und diese in einer Konstruktion zu berücksichtigen.

Beispiel 2 (Abb. 6-71)

Abgebildet ist vereinfacht ein Bauelement eines Navigationsgerätes. Der Kreisel, der als Scheibe angenommen wird, hat einen Durchmesser von 5,0 cm und eine Masse von 0,200 kg. Seine Drehzahl beträgt 15000 U/min. Die Länge der Achse ist l = 10 cm. Die Federkonstante (resultierend) auf jeder Seite ist c = 3,0 N/cm. Es wird beobachtet, daß sich die Kreiselachse um 1° neigt, wie es in der Skizze gestrichelt angedeutet ist. Mit welcher Winkelgeschwindigkeit und in welcher Richtung dreht sich das System?

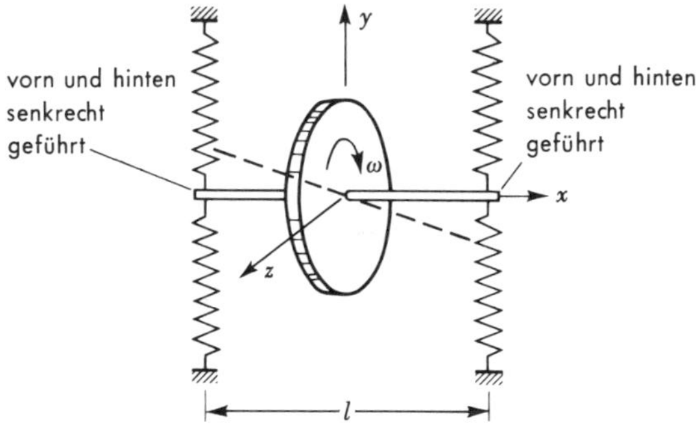

Abb. 6-71

Lösung

Die Federkraft beträgt

$$F = c \cdot \Delta y = c \cdot \frac{l}{2} \cdot \sin 1^\circ$$

$$F = 3{,}0 \text{ N/cm} \cdot 5 \text{ cm} \cdot \sin 1^\circ$$

$$F = 0{,}2618 \text{ N}.$$

Das Kreiselmoment hat die Größe

$$M_k = F \cdot l = 2{,}618 \text{ N cm}.$$

Der Momentenvektor zeigt in die negative z-Richtung, der Vektor $\vec{\omega}$ in die negative x-Richtung. Nach Abb. 6-66 muß damit $\vec{\omega}_p$ in Richtung der y-Achse liegen, d.h. der Bezugsraum dreht sich von oben gesehen entgegengesetzt dem Uhrzeigersinn. Die Winkelgeschwindigkeit ist nach Gleichung 6-31

$$\omega_p = \frac{M}{J \cdot \omega}.$$

Mit

$$M = 2{,}618 \text{ N cm},$$

$$J = \frac{m}{2} \cdot r^2 = 0{,}1 \text{ kg} \cdot 2{,}5^2 \text{ cm}^2 = 0{,}625 \text{ kg cm}^2,$$

$$\omega = 2\pi \cdot \frac{15\,000}{60} \text{ s}^{-1} = 1571 \text{ s}^{-1}$$

erhält man

$$\omega_p = \frac{2{,}618 \text{ N cm}}{0{,}625 \text{ kg cm}^2 \cdot 1571 \text{ s}^{-1}} \cdot \frac{100 \text{ cm}}{1 \text{ m}}$$

$$\omega_p = \mathbf{0{,}267 \text{ s}^{-1}}.$$

Der Raum, in dem sich der Kreisel befindet, dreht sich mit etwa 2,7 Umdrehung pro Minute um die senkrechte Achse.

6.4 Zusammenfassung

Der Impulssatz stellt eine Umformung des Dynamischen Grundgesetzes

$$\mathbf{F} = \frac{\mathbf{d}}{\mathbf{dt}} (\mathbf{m} \cdot \mathbf{v})$$

dar. Er eignet sich besonders für Aufgaben, die die Größen Kraft (bzw. Moment), Masse (bzw. Trägheitsmoment), Geschwindigkeit und Zeit miteinander vereinigen.

Für den Massenpunkt lautet der Impulssatz

$$\int_{t_0}^{t_1} \vec{F} \cdot dt = m \cdot \vec{v}_1 - m \cdot \vec{v}_0. \qquad \textbf{Gl. 6-1}$$

Der Impuls der äußeren, resultierenden Kraft ist gleich der Änderung der Bewegungsgröße. Diese Beziehung kann in Komponentenschreibweise oder vektoriell benutzt werden.

Für ein freies System ($F = 0$) erhält man aus den obigen Gleichungen den Satz von der Erhaltung des Impulses

$$\mathbf{m} \cdot \mathbf{v} = \textbf{konst.} \qquad \textbf{Gl. 6-6}$$

Die Bewegungsgröße eines freien Systems bleibt erhalten. Daraus folgt: Der Schwerpunkt eines freien Systems bewegt sich geradlinig mit konstanter Geschwindigkeit.

Wegen der nicht genau zu ermittelnden Stoßzeit können Stoßvorgänge nur mit dem Impulssatz berechnet werden. Die Stoßzahl k ist ein Maß für die elastische Rückbildung der zusammengestoßenen Massen.

$$k = \frac{v_{B2} - v_{A2}}{v_{A1} - v_{B1}} \,. \qquad \text{Gl. 6-7}$$

Elastischer Stoß $k = 1$ (Energie bleibt erhalten), unelastischer Stoß $k = 0$.

Da die beiden zusammenstoßenden Massen ein freies System darstellen, bzw. die Stoßkräfte wesentlich größer sind als u.U. andere wirkende Kräfte, muß der Impuls bzw. die Bewegungsgröße in der Stoßlinie erhalten bleiben.

$$m_A \cdot v_{A1} + m_B \cdot v_{B1} = m_A \cdot v_{A2} + m_B \cdot v_{B2} \,. \qquad \text{Gl. 6-8}$$

Aus den Gleichungen 6-7/8 können z.B. die Geschwindigkeiten der beiden Massen nach dem Stoß berechnet werden. Bei einem schiefen Stoß bleiben die Geschwindigkeiten senkrecht zur Stoßlinie erhalten.

Die Anwendung der Ausgangsgleichung 5-4 auf einen kontinuierlichen *Massenstrom* ergibt eine im Strom wirkende Kraft

$$F = \dot{m} \cdot v \,. \qquad \text{Gl. 6-9}$$

Das ist z.B. die Antriebskraft einer Rakete. Für die Berechnung von Systemen mit kontinuierlichen Massenströmen wird das von der Statik bekannte Schnittprinzip angewendet. An der Schnittstelle muß die vom Strahl übertragene Kraft nach Gleichung 6-9 eingezeichnet werden.

Die Anwendung der Dynamischen Grundgleichung auf einen *starren Körper* erfordert die Definition der Begriffe

Massenträgheitsmoment $$J = \int r^2 \cdot dm \,, \qquad \text{Gl. 6-10}$$

Zentrifugalmoment $$J_{xy} = \int x \cdot y \cdot dm \,. \qquad \text{Gl. 6-13}$$

Für geometrische Grundkörper sind die Trägheitsmomente im Anhang (Tabelle 1) gegeben.

Die Umrechnung auf parallele Achsen erfolgt mit dem STEINERschen Satz

$$J = J_S + r_S^2 \cdot m \,, \qquad \text{Gl. 6-11}$$

$$J_{xy} = J_{\bar{x}\bar{y}} + x_S \cdot y_S \cdot m \,. \qquad \text{Gl. 6-14}$$

J_S und $J_{\bar{x}\bar{y}}$ sind auf Schwerpunktachsen bezogen. Daraus folgt:

Von allen parallelen Achsen sind die Schwerpunktachsen die Achsen der minimalen Trägheitsmomente.

Die Schwerpunktachsen mit verschwindenden Zentrifugalmomenten nennt man *Hauptachsen.* Sie bilden ein räumliches kartesisches Koordinatensystem.

Für eine ebene Platte liegen sie unter einem Winkel von

$$\tan \delta_h = \frac{2 J_{xy}}{J_y - J_x} \qquad \text{Gl. 6-19}$$

zur x-Achse. Für diese Achsen betragen die Trägheitsmomente

$$J_{\substack{max \\ min}} = \frac{J_y + J_x}{2} \pm \sqrt{\left(\frac{J_y - J_x}{2}\right)^2 + J_{xy}{}^2}\,. \qquad \text{Gl. 6-20}$$

Die 3. Hauptachse steht im Schwerpunkt senkrecht auf der Platte

$$J_z = J_{max} + J_{min} = J_x + J_y\,. \qquad \text{Gl. 6-21}$$

Graphisch erfolgt die Ermittlung der Hauptachsen mit dem MOHRschen Trägheitskreis.

Aus dem *Schwerpunktsatz*
„Der Schwerpunkt eines starren Körpers bewegt sich so, als wäre die gesamte Masse in diesem Punkt vereinigt und als würde das Kräftesystem in ihm vereinigt“ folgt:

Für die *Schiebung* gelten alle für den Massenpunkt abgeleiteten Beziehungen.

Die Anwendung des Dynamischen Grundgesetzes auf eine *Drehung* ergibt

$$M = \frac{d}{dt}\,(J \cdot \omega).$$

Mit dem Drall $D = J \cdot \omega$ ist

$$M = \frac{dD}{dt}\,. \qquad \text{Gl. 6-22}$$

Die zeitliche Änderung des Dralls ist gleich dem äußeren Moment, das diese Änderung bewirkt.

Für Hauptachsen ist der Drall $D = J_S \cdot \omega$, der Drallvektor $\vec{D}$ ist kollinear mit dem Vektor $\vec{\omega}$. Für beliebige Achsen gehen in den Drall D die Zentrifugalmomente ein. Der Vektor $\vec{D}$ liegt für diesen Fall nicht in der Drehachse $\vec{\omega}$. Dieser Fall wird hier nicht behandelt.

Analog zu Gleichung 6-1 erhält man für die Drehung um die Hauptachse

$$J_S \cdot \vec{\omega}_0 + \int_{t_0}^{t_1} \vec{M}_S \cdot dt = J_S \cdot \vec{\omega}_1\,. \qquad \text{Gl. 6-23}$$

Diese Gleichung gilt für den Fall, daß die Vektoren $\vec{M}$ und $\vec{\omega}$ einen Winkel bilden (Kreiselmomente, s.u.). Falls sie gleichgerichtet sind, kann man auf das Vektorzeichen verzichten.

Für *beliebige feste Achsen* gilt eine entsprechende Gleichung

$$J_A \cdot \omega_0 + \int_{t_0}^{t_1} M_A \cdot dt = J_A \cdot \omega_1\,. \qquad \text{Gl. 6-26}$$

Der Drallsatz kann sowohl für Einzelmassen als auch für ein System starrer Körper angewendet werden.

Für ein freies System ($M = 0$) gilt

$$\mathbf{J \cdot \omega = konst.}$$

Wenn kein äußeres Moment angreift, bleibt der Drall erhalten.
Für die Berechnung einer allgemeinen *ebenen Bewegung* eines starren Körpers muß von der Schiebung mit der Schwerpunktgeschwindigkeit und der Drehung um die Schwerpunktachse (Hauptachse) ausgegangen werden. Entsprechend sind Kräfte bzw. Bewegungsgröße $m \cdot v_S$ und Momente bzw. Drall $J_S \cdot \omega$ einzuführen. Es gelten die Gleichungen 6-1/23.
Der Drehstoß wird analog zum zentrischen Stoß behandelt,

$$k = \frac{r_B \cdot \omega_{B2} - r_A \cdot \omega_{A2}}{r_A \cdot \omega_{A1} - r_B \cdot \omega_{B1}}, \qquad \text{Gl. 6-28}$$

$$\frac{J_A}{r_A} \cdot \omega_{A1} + \frac{J_B}{r_B} \cdot \omega_{B1} = \frac{J_A}{r_A} \cdot \omega_{A2} + \frac{J_B}{r_B} \cdot \omega_{B2}. \qquad \text{Gl. 6-29}$$

Der Punkt, der unmittelbar nach dem Stoß eines frei gelagerten Körpers in Ruhe bleibt, ist der Stoßmittelpunkt. Er liegt um den Betrag

$$e = \frac{i^2}{s} \qquad \text{Gl. 6-30}$$

vom Schwerpunkt entfernt.

Die Drallachse versucht ihre Lage im Raum beizubehalten. Darauf beruht die Wirkungsweise eines Kreisels. Versucht man die Achse eines Kreisels J, der mit ω rotiert, mit dem Moment M zu verlagern, dann weicht der Kreisel durch eine Drehung (Präzession) mit ω_p aus. Die genannten Größen hängen nach folgender Beziehung voneinander ab

$$\mathbf{M = J \cdot \omega_p \cdot \omega}. \qquad \text{Gl. 6-31}$$

Die Vektoren $\vec{\omega}_p$ $\vec{\omega}$ $\vec{M}$ bilden dabei ein System nach Abb. 6-64.

Dreht man die Kreiselachse mit ω_p, dann entsteht das Kreiselmoment $\vec{M}_K$ als Reaktionsmoment zu M, unterscheidet sich demnach nur im Vorzeichen. $\vec{M}_K$, $\vec{\omega}_p$, $\vec{\omega}$ bilden ein System nach Abb. 6-66.

Der Vergleich der Beziehung zwischen Schiebung und Drehung ergibt folgende Analogie (kinematische Größen siehe Zusammenfassung 4.6).

Schiebung		Drehung	
Kraft	F	Moment	M
Masse	m	Trägheitsmoment	J
Bewegungsgrößen	$m \cdot v$	Drall	$J \cdot \omega$
Impuls	$\int F \cdot dt$	Drehimpuls	$\int M \cdot dt$

7. Das Prinzip von d'Alembert *)

7.1 Der Massenpunkt

7.1.1 Die geradlinige Bewegung

Das im Abschnitt 5.2 formulierte Prinzip von d'ALEMBERT, das eine Folgerung aus dem Dynamischen Grundgesetz darstellt, soll hier ausführlich für verschiedene Bewegungszustände behandelt werden.
Auf einen Massenpunkt wirken nach Abb. 7-1 z.B. die beiden Kräfte F_1 und F_2. Sie bewirken nach dem NEWTONschen Gesetz (Gleichung 5-2)

$$\sum \vec{F} = m \cdot \vec{a}$$

eine Beschleunigung in Richtung der resultierenden Kraft. Die Gleichung 5-2 kann man in die Form

$$\sum \vec{F} - m \cdot \vec{a} = 0 \qquad \text{Gl. 7-1}$$

bringen und sie folgendermaßen deuten:

Führt man in das System der äußeren Kräfte die Kraft $m \cdot \vec{a}$ entgegengesetzt der Beschleunigung ein, dann erhält man ein neues Kräftesystem, dessen Resultierende null wird.

Das ist die statische Gleichgewichtsbedingung.

Mit Hilfe dieses Arbeitsprinzips, das nach d'ALEMBERT benannt ist, kann man auf ein beschleunigtes System die Gleichgewichtsbedingungen der Statik anwenden, d.h. es ist möglich, ein *Problem der Kinetik auf ein Problem der Statik zu reduzieren.*

Die Kraft $m \cdot \vec{a}$ wird d'ALEMBERTsche *Trägheitskraft* genannt. Sie ist in dem ruhenden System nicht wirksam, denn sie kann keine Bewegung einleiten. Die Kraft ist aber u.a. als Ursache einer Bewegungseinleitung definiert worden (4. Definition von

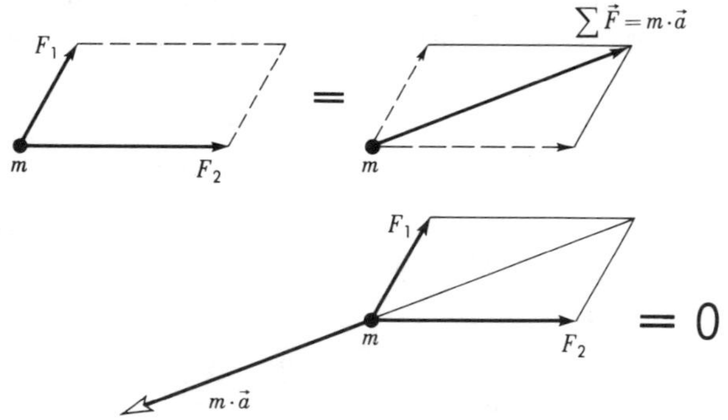

Abb. 7-1

*) d'ALEMBERT (1717 - 1783), französischer Gelehrter.

NEWTON). Aus diesem Grunde nennt man sie auch *Scheinkraft.* Jedoch wirkt die Trägheitskraft in einem beschleunigten System. In einem beschleunigten Wagen wird z.B. der Fahrer mit der Kraft $m \cdot \vec{a}$ gegen die Sitzlehne gedrückt.

Für viele Aufgaben ist es zunächst unbekannt, in welcher Richtung das System beschleunigt wird, bzw. ob eine Beschleunigung oder eine Verzögerung vorliegt. Es ist am einfachsten, die *Trägheitskraft* $m \cdot \vec{a}$ *entgegengesetzt der Bewegungsrichtung einzuführen. Erhält man für* $m \cdot \vec{a}$ *einen negativen Wert, dann erfolgt die Bewegung verzögert,* für einen positiven Wert $m \cdot \vec{a}$ beschleunigt ($\vec{v}$ und $\vec{a}$ entgegengesetzt bzw. gleichgerichtet). Dieses Verfahren, das aus der Statik stammt, ist genauso zulässig wie die Annahme einer Auflagerreaktion, deren tatsächliche Richtung das Vorzeichen festlegt (Band 1).

Ein negatives Ergebnis bedeutet grundsätzlich, daß die Kraft umgekehrt wie angenommen wirkt.

Die Anwendung des Prinzips von d'ALEMBERT ist für die Bestimmung von Kräften und Beschleunigungen vorteilhaft. Da dieses Verfahren von einem momentanen Zustand ausgeht (für den Zeitpunkt t freigemachtes System), eignet es sich besonders gut, bei veränderlichen Kräften bzw. Beschleunigungen Momentanwerte zu bestimmen (Beispiel 1).

Es kann auf Einzelmassen wie auf ein ganzes System angewendet werden. Das d'Alembertsche Prinzip folgt genauso unmittelbar aus dem Dynamischen Grundgesetz wie der Impulssatz. Man kann deshalb grundsätzlich mit beiden Verfahren arbeiten. Nur der Stoß entzieht sich wegen der unbestimmten Zeitdauer des Vorganges einer Berechnung mit dem d'Alembertschen Prinzip. Sonst führt je nach den gesuchten Größen das eine oder andere Verfahren schneller zum Ziel.

Beispiel 1

Das Beispiel 1 des Abschnittes 6.1.1 soll mit dem Prinzip von d'ALEMBERT gelöst werden.

Lösung

Es ist gleichgültig, ob die Einzelmassen oder das System im geschlossenen Zustand untersucht werden (Abb. 7-2a oder b). Zu beachten ist, daß die Geschwindigkeiten in den Ansatz nicht eingehen. Schon daraus folgt, daß man eine Bewegungsrichtung annehmen kann. Die Trägheitskräfte werden entgegengesetzt dazu eingeführt. Ergeben sich die Beschleunigungen negativ, sind die Beschleunigungsvektoren jeweils umgekehrt wie angenommen gerichtet. Je nach Lage des Geschwindigkeitsvektors (gleich- oder entgegengesetzt gerichtet) erfolgt die Bewegung beschleunigt oder verzögert.

Die Drehung der Rolle wird entgegengesetzt Uhrzeigersinn angenommen (System nach Abb. 7-2a)

$$\Sigma M_{\mathrm{I}} = 0 \qquad S_{\mathrm{A}} \cdot r_{\mathrm{A}} - S_{\mathrm{B}} \cdot r_{\mathrm{B}} = 0 \qquad \text{(Statik; gilt nur für } J = 0!)$$

$$\Sigma F_{\mathrm{y}} = 0 \qquad S_{\mathrm{A}} - m_{\mathrm{A}} \cdot g + m_{\mathrm{A}} \cdot a_{\mathrm{A}} = 0 \qquad S_{\mathrm{A}} = m_{\mathrm{A}}(g - a_{\mathrm{A}})$$

$$S_{\mathrm{B}} - \mathrm{m}_{\mathrm{B}} \cdot g - m_{\mathrm{B}} \cdot a_{\mathrm{B}} = 0 \qquad S_{\mathrm{B}} = m_{\mathrm{B}}(g + a_{\mathrm{B}})$$

Nach dem Einsetzen in die Momentengleichung erhält man mit

$a = r \cdot \alpha$

$$\alpha = \frac{m_A \cdot r_A - m_B \cdot r_B}{m_A \cdot r_A^2 + m_B \cdot r_B^2} \cdot g \, .$$

Die weitere Rechnung erfolgt wie im Beispiel des Abschnittes 6.1.1.

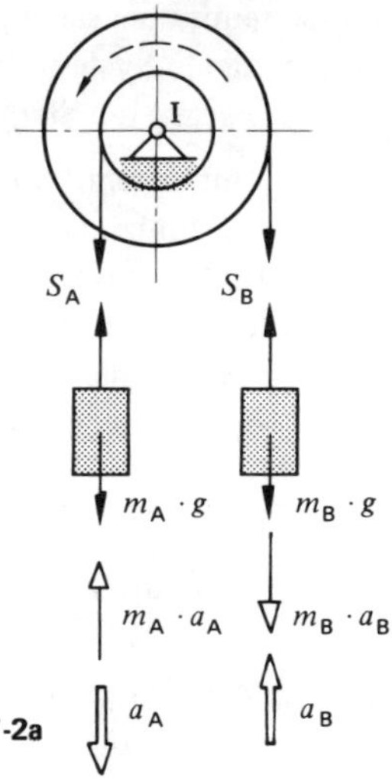

Abb. 7-2a

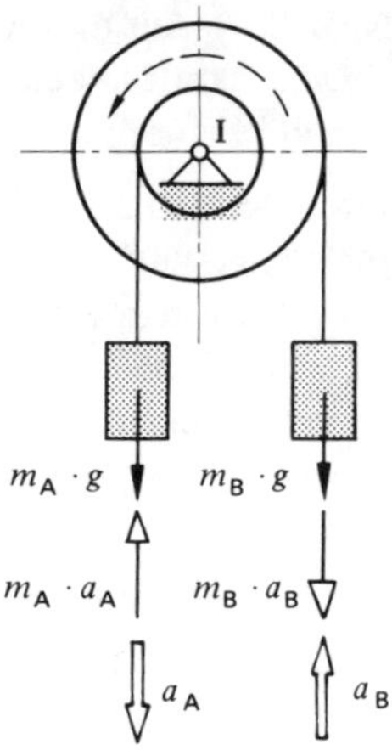

Abb. 7-2b

System nach Abb. 7-2b.

$$\Sigma M_I = 0 \qquad m_A \cdot g \cdot r_A - m_A \cdot a_A \cdot r_A - m_B \cdot a_B \cdot r_B - m_B \cdot g \cdot r_B = 0 \, .$$

Mit $a = r \cdot \alpha$ erhält man bereits aus dieser Gleichung das obige Ergebnis für α. Für die Berechnung der Seilkräfte ist es allerdings notwendig, die Einzelmassen wie angegeben freizumachen. Das positive Ergebnis von α bedeutet, daß die Vektoren $\vec{a}$ für den gesamten Vorgang wie angenommen wirken, d.h. bei Drehung im Uhrzeigersinn erfolgt die Bewegung bis zum Umkehrpunkt verzögert und nachher beschleunigt. Für den Fall einer „falschen" Annahme der Drehrichtung empfiehlt es sich, konsequent mit den negativen Vorzeichen weiter zu rechnen.

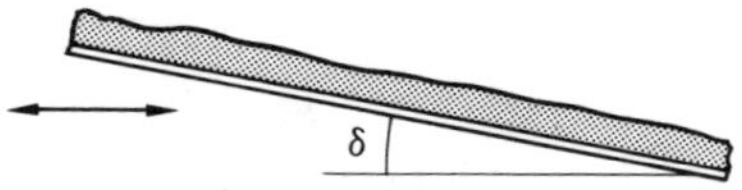

Abb. 7-3

Beispiel 2 (Abb. 7-3)

Auf einer schrägen Schüttelrutsche soll Fördergut abwärts bewegt werden. Die Rutsche wird dabei horizontal hin und her bewegt. Die Reibungszahl Fördergut/Unterlage wird als gegeben betrachtet. Zu bestimmen sind die Grenzbeschleunigungen so, daß das Fördergut sich nur abwärts bewegt. Die Lösung soll zunächst allgemein erfolgen und dann für $\delta = 10° / \mu_0 = 0{,}4$ ausgewertet werden.

Lösung

1. Rutsche beschleunigt nach links, Fördergut soll nach rechts gleiten.

Ein freigemachtes Teil zeigt die Abb. 7-4a. Die resultierende Oberflächenkraft muß eine Komponente haben, die dem Abwärtsgleiten entgegengerichtet ist. Entgegengesetzt zur Bewegung der Rutsche, auf der das Teil liegt, wird die d'ALEMBERTsche Trägheitskraft angetragen. Das zugehörige Kräftedreieck liefert die Beziehung

$$m \cdot a_{min} = m \cdot g \cdot \tan(\rho_0 - \delta)$$

$$a_{min} = g \cdot \tan(\rho_0 - \delta)\,.$$

Für die vorgegebenen Zahlen ist $\rho_0 = \text{arc} \tan \mu_0 = 21{,}8^\circ$ und damit

$$a_{min} = 9{,}81 \text{ m/s}^2 \cdot \tan 11{,}8^\circ$$

$$\mathbf{a_{min} = 2{,}05 \text{ m/s}^2}\,.$$

Diese Beschleunigung muß bei der Bewegung der Rutsche nach links überschritten werden, wenn das Gut abgleiten soll.

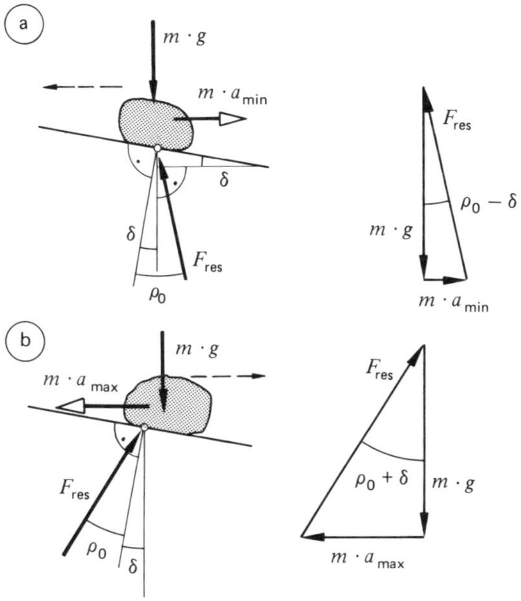

Abb. 7-4

2. Rutsche beschleunigt nach rechts, Fördergut soll dabei nicht heraufgleiten.

Für diesen Fall kehren sich die Richtungen der Reibungskraft und der Trägheitskraft um. Das führt zu (Abb. 7-4b).

$$a_{max} = g \cdot \tan(\rho_0 + \delta)$$

$$\mathbf{a_{max} = 6{,}08 \text{ m/s}^2}\,.$$

Diese Beschleunigung darf beim Zurückziehen der Rutsche nicht erreicht werden, da sonst das Fördergut wieder hochgleitet.

Die Lösung könnte auch über die Begriffe Normal-, Reibungskraft und Reibungszahl erfolgen. Man müßte dazu die Gewichts- und Trägheitskraft in Normal- und Hangrichtung zerlegen. Der Rechengang ist länger, sei jedoch dem Leser als Übungsaufgabe empfohlen.

7.1.2 Die krummlinige Bewegung

Im Kapitel 3 wurde die krummlinige Bewegung des Massenpunktes behandelt. Die Untersuchungen wurden im kartesischen und Polarkoordinatensystem durchgeführt. Besonders günstig erwies es sich für viele Aufgaben, den Beschleunigungsvektor in tangentiale und normale Richtung zu zerlegen. An einem Massenpunkt nach Abb. 7-5 greifen 2 Kräfte an. Der Punkt bewegt sich auf der eingezeichneten Bahn. Die resultierende Kraft $\Sigma \vec{F} = m \cdot \vec{a}$ zeigt nach innen in die Bahnkurve. Je nach verwendetem Koordinatensystem kann man die Kraft $m \cdot \vec{a}$ in x-y; r-φ; Normal- und Tangentialrichtung zerlegen (Abb. 7-5c bis e).

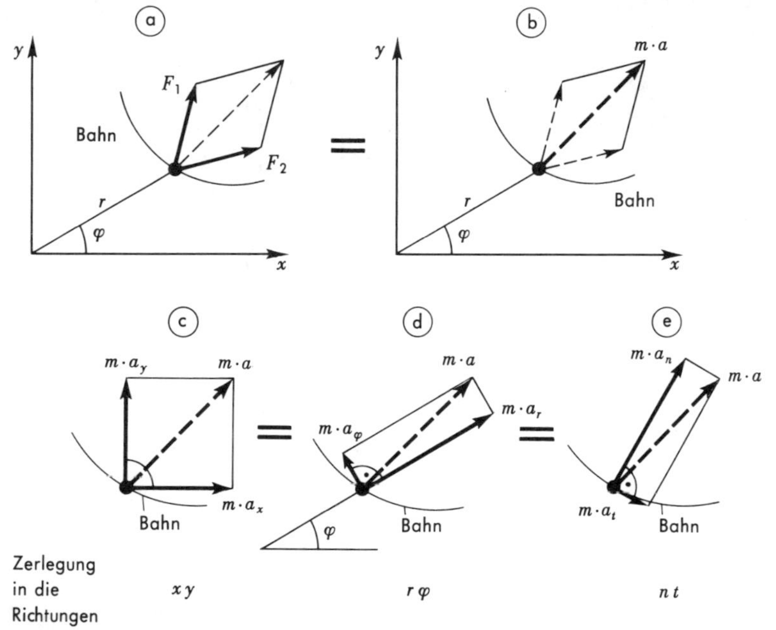

Abb. 7-5

Dreht man die Vektoren nach dem Prinzip von d'ALEMBERT in ihrer Richtung um, dann erhält man Kräftesysteme nach Abb. 7-6, die nach den Gesetzen der Statik im Gleichgewicht sind.

Man erhält:

Kartesisches Koordinatensystem

$$\sum F_x - m \cdot a_x = 0, \qquad \text{Gl. 7-2}$$

$$\sum F_y - m \cdot a_y = 0;$$

Polares Koordinatensystem

$$\sum F_r - m \cdot a_r = 0, \qquad \text{Gl. 7-3}$$

$$\sum F_\varphi - m \cdot a_\varphi = 0;$$

Natürliches Koordinatensystem

$$\sum \mathbf{F_n} - \mathbf{m \cdot a_n} = \mathbf{0},$$ Gl. 7-4

$$\sum \mathbf{F_t} - \mathbf{m \cdot a_t} = \mathbf{0}.$$

Wenn man die Trägheitskräfte wie äußere Kräfte behandelt, gilt allgemein

$$\mathbf{F_{res}} = \sum \mathbf{F} = \mathbf{0}.$$

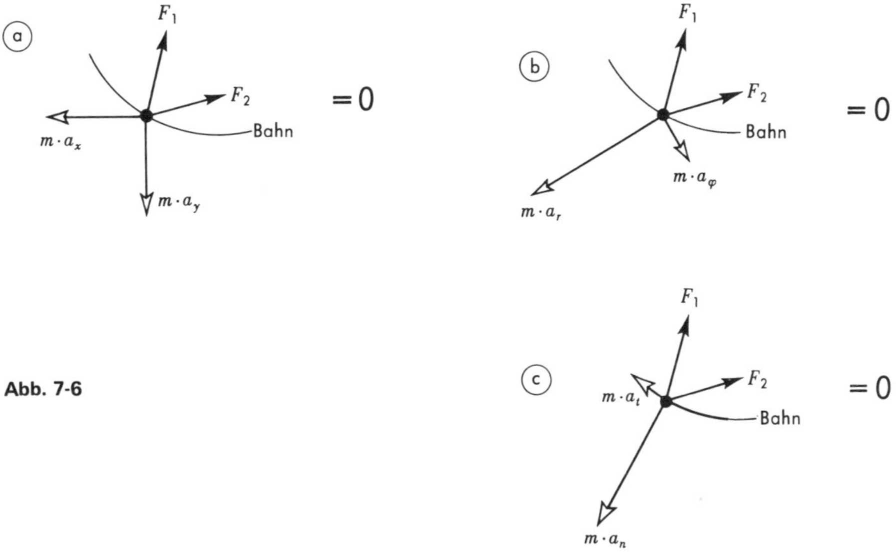

Abb. 7-6

Die einzelnen Beschleunigungskomponenten wurden im Kapitel 3 abgeleitet. Die Gleichung 7-1

$$\sum \vec{\mathbf{F}} - \mathbf{m \cdot \vec{a}} = \mathbf{0}$$

gilt für jeden Zeitpunkt für die resultierende Beschleunigung und Kraft.
Die Gleichungen 7-4 sollen hier weiterentwickelt werden. Nach den Gleichungen 3-10/14 ist

$$a_n = \frac{v^2}{r} \quad \text{bzw.} \quad a_n = r \cdot \omega^2.$$

Dabei ist r der Krümmungsradius der Bahn. Da die Normalbeschleunigung a_n bis auf die im Abschnitt 3.2 aufgeführten Sonderfälle immer vorhanden und zum Mittelpunkt des Krümmungskreises gerichtet ist, muß nach Abb. 7-6c eine nach außen gerichtete d'ALEMBERTsche Trägheitskraft $m \cdot a_n$

$$\mathbf{Z} = \mathbf{m} \cdot \frac{\mathbf{v}^2}{\mathbf{r}} = \mathbf{m \cdot r} \cdot \omega^2$$ Gl. 7-5

vorhanden sein. Diese Kraft wird *Zentrifugal-* oder *Fliehkraft* genannt.

Ein Körper will infolge seiner Trägheit auf einer geradlinigen Bahn verharren. Er kann nur durch eine Normalkraft aus der geradlinigen Bahn gelenkt werden. Die Normalkraft verursacht nach der Beziehung $F_n = m \cdot a_n$ die Normalbeschleunigung a_n. Diese, die Bahnkrümmung verursachende Kraft, wird *Zentripetalkraft* genannt. Sie ist in Abb. 7-5e mit der Bezeichnung $m \cdot a_n$ eingetragen. Die Zentrifugalkraft ist die Reaktionskraft, die versucht, den Körper auf der geradlinigen Bahn zu halten (actio = reactio). Sie selbst kann deshalb keine Bahnänderung verursachen (Scheinkraft).

Auf einen an einem Faden herumgeschleuderten Körper wirkt die nach innen gerichtete Fadenkraft, die die Kreisbahn erzwingt. Die Fliehkraft ist die Reaktionskraft, die allein nicht wirksam sein kann. Reißt der Faden, dann bewegt sich der Körper tangential geradlinig weiter. Das ist nur möglich, weil im Moment des Reißens auch die Fliehkraft verschwinden muß. In der Bewegungsebene greifen dann keine Kräfte an. Das ist die Bedingung für geradlinige Bewegung mit konstanter Geschwindigkeit.

Die d'ALEMBERTsche Trägheitskraft $m \cdot a_t$ entsteht durch die Beschleunigung bzw. Verzögerung in Bahnrichtung.

Beispiel 1 (Abb. 7-7)

Am Ende eines rotierenden Hebels ist auf einem Zapfen eine Masse m gesteckt. Der Hebel wird auf einem Weg $\Delta\varphi$ bis zum Stillstand gleichmäßig verzögert und nimmt dann die skizzierte Position ein. Für die unten gegebenen Daten ist die von der Masse auf den Zapfen ausgeübte Kraft

a) bei einsetzender Bremsung,
b) auf halbem Bremsweg,
c) am Ende der Bremsung

zu bestimmen.

$$m = 0{,}50\ \text{kg} \qquad r = 100\ \text{mm} \qquad \Delta\varphi = 45^\circ \qquad \omega_0 = 160\ \text{s}^{-1}\ .$$

Lösung

Zuerst wird die Verzögerung nach Gleichung 4-7 bestimmt.

$$\omega^2 = 2 \cdot \alpha \cdot \Delta\varphi + \omega_0^2\ .$$

Mit $\omega = 0$ ist

$$\alpha = -\frac{\omega_0^2}{2 \cdot \Delta\varphi} \qquad \Delta\varphi = \frac{45^\circ}{180^\circ} \cdot \pi = 0{,}7854$$

$$\alpha = -\frac{160^2\ \text{s}^{-2}}{2 \cdot 0{,}7854} = -\ 1{,}630 \cdot 10^4\ \text{s}^{-2}\ .$$

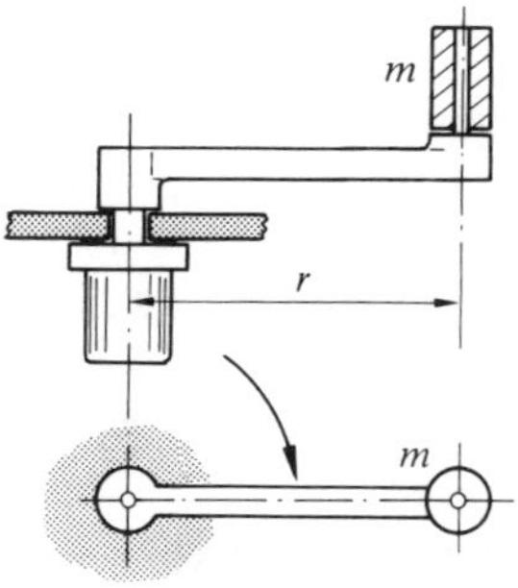

Abb. 7-7

Die Bahnbeschleunigung ist

$$a_t = r \cdot \alpha = -0{,}10\,\text{m} \cdot 1{,}63 \cdot 10^4\,\text{s}^{-2}$$
$$a_t = -1\,630\,\text{m/s}^2\,.$$

a) Einsetzende Bremsung (Abb. 7-8a)
Die Normalbeschleunigung ist zum Zentrum, die Bahnbeschleunigung entgegengesetzt zur Bewegung gerichtet. Jeweils entgegengesetzt liegen die Trägheitskräfte, die den Zapfen belasten. Nach Aufgabenstellung ist

$$a_{n0} = r \cdot \omega_0^2 = 0{,}10\,\text{m} \cdot 160^2\,\text{s}^{-2} = 2\,560\,\text{m/s}^2$$
$$m \cdot a_{n0} = 0{,}50\,\text{kg} \cdot 2\,560\,\text{m/s}^2 = 1\,280\,\text{N (Fliehkraft)}$$
$$m \cdot |a_{t0}| = 0{,}50\,\text{kg} \cdot 1\,630\,\text{m/s}^2 = 815\,\text{N}\,.$$

Die resultierende Kraft ist **$m \cdot a_{res}$ = 1 517 N** ∡ 12,5°.

b) Die Winkelgeschwindigkeit nach dem halben Bremsweg ist nach Gleichung 4-7

$$\omega_1^2 = 2 \cdot \alpha \cdot \Delta\varphi_1 + \omega_0^2$$
$$\omega_1^2 = 2 \cdot (-1{,}63 \cdot 10^4\,\text{s}^{-2}) \cdot \frac{0{,}7854}{2} + 160^2\,\text{s}^{-2}$$
$$\omega_1 = 113{,}1\,\text{s}^{-1}$$
$$a_{n1} = r \cdot \omega_1^2 = 1\,280\,\text{m/s}^2$$
$$m \cdot a_{n1} = 640\,\text{N (Fliehkraft)}\,.$$

Die Tangentialkraft bleibt wegen der gleichmäßigen Verzögerung erhalten. Das führt nach Abb. 7-8b zu

$m \cdot a_{res}$ = 1 036 N ∡ 29,4° .

c) Im letzten Moment der Bremsung ist nur noch die Tangentialkraft wirksam, da wegen $\omega = 0$ die Fliehkraft verschwindet (Abb. 7-8c)

$m \cdot a_{res}$ = 815 N ↓ .

Die ermittelten resultierenden Kräfte beanspruchen den Zapfen auf Biegung.

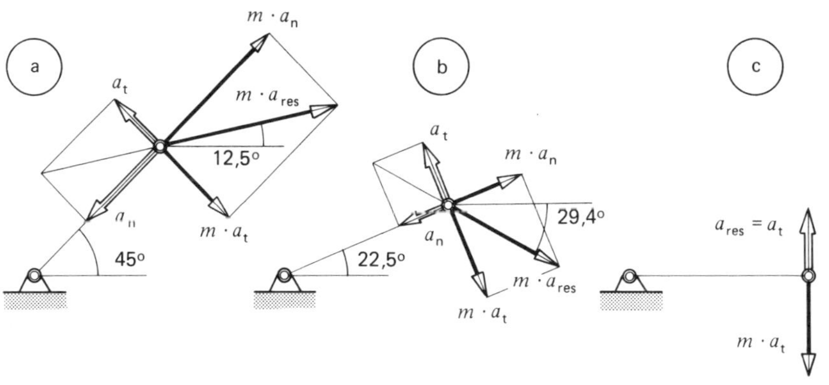

Abb. 7-8

Beispiel 2

Für den rotierenden Arm Abb. 3-18 sind die von der Masse m = 20 kg auf den rotierenden Arm übertragenen Trägheitskräfte für die Position $\varphi = 230°$ zu bestimmen. Es gelten die Angaben von Beispiel 3 Abschnitt 3.1.

Lösung

Die resultierende Beschleunigung und deren einzelne Komponenten wurden für verschiedene Koordinatensysteme im o.a. Beispiel berechnet. Daraus ergeben sich Trägheitskräfte, die nachfolgend berechnet und deren Wirkung gedeutet wird (Abb. 7-9).

$$m \cdot a_\varphi = 20{,}0\ \text{kg} \cdot 3{,}666\ \text{m/s}^2 = 73\ \text{N}\ .$$

Diese Kraft wirkt in angegebene Richtung quer auf den rotierenden Arm und ist wegen $\alpha = 0$ gleichzeitig die CORIOLISkraft (siehe Abschnitt 7.1.3).

$$m \cdot a_r = 20{,}0\ \text{kg} \cdot 4{,}657\ \text{m/s}^2 = 93\ \text{N}\ .$$

Diese Kraft belastet die Verstellspindel des Armes in Längsrichtung

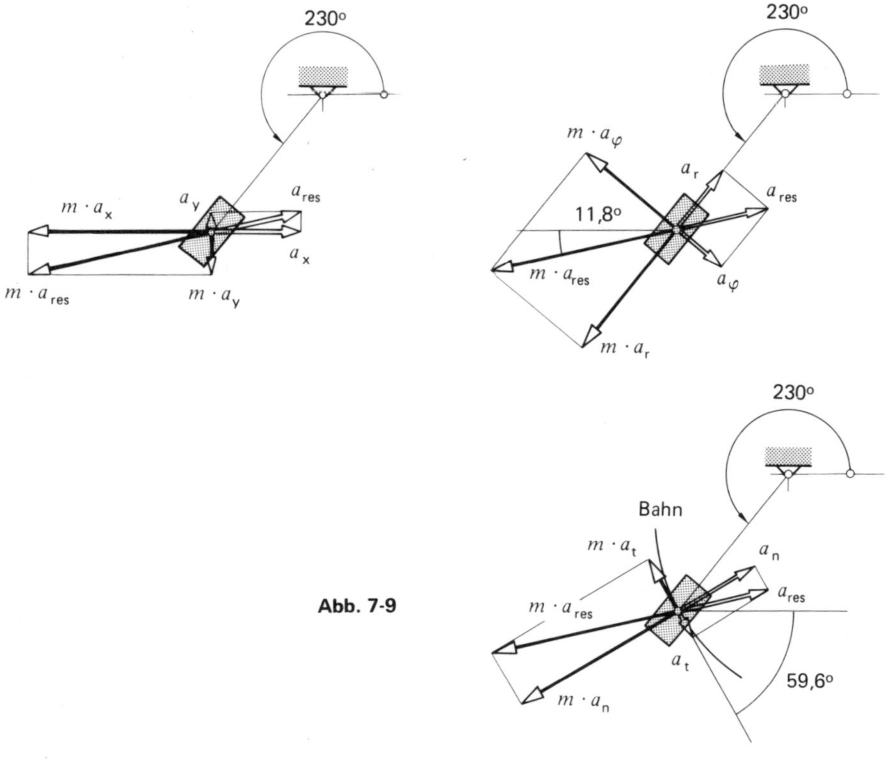

Abb. 7-9

$$m \cdot a_n = 20{,}0\ \text{kg} \cdot 5{,}616\ \text{m/s}^2 = 112\ \text{N}\ .$$

Das ist die Fliehkraft die in Richtung der Normalen zur Bahn wirkt.

$$m \cdot a_t = 20{,}0\ \text{kg} \cdot 1{,}895\ \text{m/s}^2 = 38\ \text{N}\ .$$

Die Bahnbeschleunigung verursacht diese Trägheitskraft.

Die Zerlegung der resultierenden Kraft in x- und y-Richtung liefert

$$m \cdot a_{res} = 20{,}0\ \text{kg} \cdot 5{,}927\ \text{m/s}^2 = 119\ \text{N}\ \measuredangle\ 11{,}8^\circ$$

$$m \cdot a_x = 116\ \text{N}\ \uparrow$$

$$m \cdot a_y = 24\ \text{N}\ \rightarrow .$$

Die errechneten Werte gelten für die skizzierte Position und ändern sich mit dieser.

Beispiel 3 (Abb. 6-38)

Das skizzierte System besteht aus den Punktmassen A B C und den gewichtslos angenommenen Verbindungsstangen. Es rotiert um die y-Achse.

Für die nachfolgend gegebenen Daten sind die durch die Zentrifugalkräfte verursachten Auflagerreaktionen in den Lagern zu bestimmen,

$x_A = -0{,}50$ m, $y_A = 0{,}50$ m, $m_A = 10$ kg,

$x_B = +0{,}75$ m, $y_B = 1{,}00$ m, $m_B = 20$ kg,

$x_C = -0{,}50$ m, $y_C = 1{,}25$ m, $m_C = 20$ kg,

$\omega = 100\ \text{s}^{-1}$.

Wie man sich durch eine einfache Rechnung überzeugen kann, liegt der Gesamtschwerpunkt in der Drehachse.

Lösung (Abb. 7-10)

Da ω = konst. ist, muß die Tangentialbeschleunigung gleich Null sein. Es verbleiben die Normalbeschleunigungen, die nach der Drehachse gerichtet sind. Die d'ALEMBERTschen Trägheitskräfte werden entgegengesetzt zu dieser Richtung eingetragen (Zentrifugalkräfte). Nach Einführung der Trägheitskräfte ist das System mit den Gleichgewichtsbedingungen der Statik lösbar. Das von den Zentrifugalkräften erzeugte Moment ist bezogen auf den 0-Punkt des Koordinatensystems

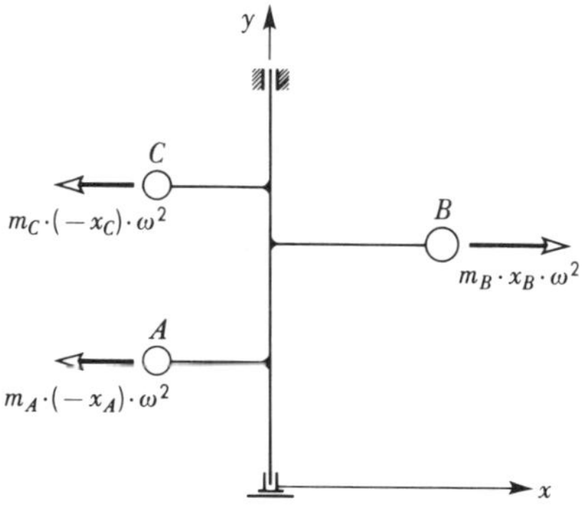

Abb. 7-10

$$M = +m_A \cdot (-x_A) \cdot \omega^2 \cdot y_A - m_B \cdot x_B \cdot \omega^2 \cdot y_B + m_C \cdot (-x_C)\, \omega^2 \cdot y_C\ .$$

Man kann ω^2 ausklammern,

$$M = -\omega^2 \,(x_A \cdot y_A \cdot m_A + x_B \cdot y_B \cdot m_B + x_C \cdot y_C \cdot m_C).$$

In der Klammer steht das Zentrifugalmoment (Name!)

$$M = -\,J_{xy} \cdot \omega^2.$$

Rotiert ein System, dessen Zentrifugalmoment J_{xy} einen endlichen Wert hat, mit konstanter Winkelgeschwindigkeit, dann entsteht ein umlaufendes Moment in einer zur Drehachse senkrechten Ebene. Ist das Zentrifugalmoment null, dann erfolgt die Drehung um eine Hauptachse (Definition für Hauptachse $J_{xy} = 0$), und das umlaufende Moment verschwindet. Eine solche Achse versucht demnach nicht, ihre Lage zu verändern. Daraus folgt, daß eine Drehung um die Hauptachse auch ohne Führungslager möglich ist (vergleiche Abschnitt 7.2.5). Ein freies System, z.B. ein in die Luft geworfener Körper, rotiert um die Hauptachse.

Im vorliegenden Fall ist $J_{xy} = 0$ (Beispiel 3, Abschnitt 6.3.1). Damit erfolgt auch keine zusätzliche Belastung der Lager durch Fliehkräfte. Es handelt sich hier um ein ausgewuchtetes System (vgl. Abschnitt 9.4.3).

7.1.3 Die Corioliskraft

Jede Beschleunigungskomponente ist nach dem Grundgesetz $F = m \cdot a$ mit einer entsprechenden Kraftkomponente gekoppelt. Die Kraft, die die CORIOLISbeschleunigung verursacht, wird CORIOLISkraft genannt. Ihre Größe ist

$$F_{cor} = m \cdot a_{cor}$$

$$= m \cdot 2\,\omega \cdot v_{rel}$$

$$\mathbf{F_{cor} = 2\,m \cdot \omega \cdot v_{rel}}. \qquad \text{Gl. 7-6}$$

Sie ist wegen der Vektoreigenschaften von Kraft und Beschleunigung mit a_{cor} gleichgerichtet. Der Wirkungssinn von a_{cor} wurde ausführlich im Abschnitt 4.4 behandelt (siehe Abb. 4-27/28 und die dazugehörige Diskussion).

Da man a_{cor} als Vektorprodukt deuten kann, gilt

$$\vec{\mathbf{F}}_{cor} = 2\,\mathbf{m} \cdot \vec{\omega} \times \vec{v}_r, \qquad \text{Gl. 7-7}$$

wobei $\vec{\omega}$, $\vec{v}_{rel}$, $\vec{F}_{cor}$ ein Rechtssystem nach Abb. 4-29 bilden.

Besondere physikalische Bedeutung haben CORIOLISkraft und -beschleunigung für die Relativbewegung (Abschnitt 4.4). Es soll hier nochmals auf den Fall der Bewegung auf einem rotierenden Führungssystem eingegangen werden (z.B. Abb. 4-27). Die Bewegung vom oder zum Drehpunkt ist nur möglich, wenn eine zur Radialgeschwindigkeit senkrechte Kraft wirkt. Die in die Rinne geschossene Kugel vom Beispiel Abb. 4-27 bewegt sich in Richtung zunehmender Umfangsgeschwindigkeit der Scheibe. Wenn sie mit der Scheibe mitgenommen werden soll, ist das nur möglich, wenn sie sich an den rechten Rand der Rinne anlegt. Die dort ausgeübte Kraft ist die CORIOLISkraft.

Beispiel (Abb. 7-11)

Die Abbildung zeigt das Laufrad eines Turboladers. Aus Festigkeitsgründen sind die Schaufeln radial nach außen gerichtet. So entstehen keine Biegespannungen. Damit beschreiben auch die Luftteile relativ zum Laufrad radiale Bahnen nach außen, wobei sich die Geschwindigkeit aus dem zur Verfügung stehenden Strömungsquerschnitt ergibt. Für die nachfolgend gegebenen Daten ist die CORIOLISkraft für ein Luftteil von 1,0 cm³ zu bestimmen.

Relative Geschwindigkeit der Luft im Laufrad	$v_{rel} = 50{,}0\ \text{m/s}$
Luftdichte	$\rho = 3{,}50\ \text{kg/m}^3$
Drehzahl des Turboladers im Uhrzeigersinn	$n = 30\,000\ \text{min}^{-1}$

Abb. 7-11*)

Lösung

Es gilt

$$\vec{F}_{cor} = m \cdot \vec{a}_{cor}$$

mit $m = \rho \cdot v$ und $a_{cor} = 2 \cdot v_{rel} \cdot \omega$. Zuerst soll die CORIOLISbeschleunigung berechnet werden.

$$a_{cor} = 2 \cdot 50\ \text{m/s} \cdot 2\,\pi \cdot \frac{30\,000}{60}\ \text{s}^{-1}$$

$$a_{cor} = 3{,}142 \cdot 10^5\ \text{m/s}^2\ (!)\,.$$

Die Richtung ist aus Abb. 7-12 ersichtlich.

Mit $m = 3{,}50\ \text{kg/m}^3 \cdot 10^{-6}\ \text{m}^3/\text{cm}^3 \cdot 1\ \text{cm}^3 = 3{,}5 \cdot 10^{-6}\ \text{kg}$

erhält man

$$F_{cor} = 3{,}50 \cdot 10^{-6}\ \text{kg} \cdot 3{,}142 \cdot 10^5\ \text{m/s}^2$$

$$\mathbf{F_{cor} = 1{,}10\ N} \leftarrow .$$

---

*) Foto MANNESMANN-DEMAG Verdichter und Drucklufttechnik – Duisburg.

Als d'ALEMBERTsche Kraft ist die CORIOLISkraft entgegengesetzt $\vec{a}_{cor}$ gerichtet, drückt demnach gegen die nach rechts bewegte Schaufel. Die von der Schaufel aufzubringende Reaktionskraft zeigt nach rechts.

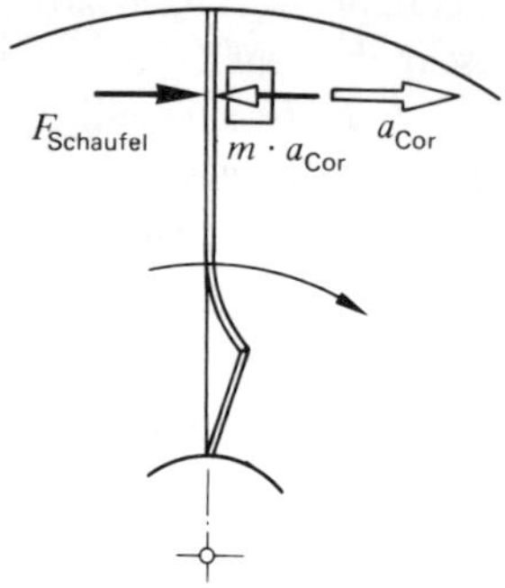

Abb. 7-12

7.2 Der starre Körper

7.2.1 Die Schiebung

Der starre Körper kann aus Massenpunkten zusammengesetzt gedacht werden. Nach dem Schwerpunktsatz (Abschnitt 6.3.2) kann man für die Schiebung die Masse im Schwerpunkt vereinigt annehmen. Die d'ALEMBERTsche Trägheitskraft muß demnach im Schwerpunkt angreifen. Es gelten sonst alle Überlegungen, die für den Massenpunkt angestellt wurden.

Beispiel 1 (Abb. 7-13)

Für den skizzierten Pkw, der mit Frontantrieb ausgerüstet ist, ist die maximal mögliche Anfahrbeschleunigung auf einer Steigung von 15% zu bestimmen. Die Wagenmasse beträgt $m = 900\,\text{kg}$, die Haftreibungszahl Reifen-Straße wird zu $\mu \approx 0{,}8$ geschätzt.

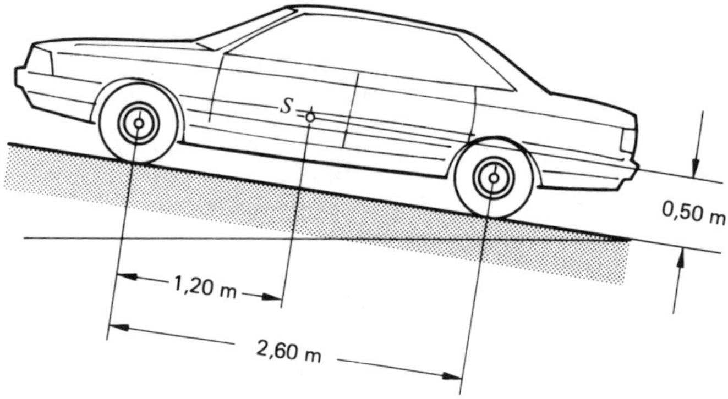

Abb. 7-13

Lösung (Abb. 7-14)

Das System wird freigemacht. Entgegengesetzt zur Bewegungsrichtung wird die Trägheitskraft eingeführt. Die drei Gleichgewichtsbedingungen ermöglichen die Berechnung der Unbekannten F_A; F_B; a. Als Pol für die Momentengleichung wird der Schnittpunkt I der unbekannten Kräfte F_A; $m \cdot a$ und $m \cdot g$ sind δ gewählt,

$\Sigma M_I = 0 \quad m \cdot g \cdot \cos\delta \cdot 1{,}40\,\text{m} - F_B \cdot 2{,}60\,\text{m} - F_B \cdot \mu \cdot 0{,}50\,\text{m} = 0$

$$F_B = \frac{900\,\text{kg} \cdot 9{,}81\,\text{m/s}^2 \cdot \cos 8{,}53^\circ \cdot 1{,}40\,\text{m}}{2{,}60\,\text{m} + 0{,}80 \cdot 0{,}50\,\text{m}} \quad \text{mit } \tan\delta = 0{,}15$$

$$F_B = 4{,}07\,\text{kN} \qquad F_{Antr} = \mu \cdot F_B = 3{,}26\,\text{kN}$$

$\Sigma F_x = 0 \quad F_{Antr} - m \cdot g \cdot \sin\delta - m \cdot a_0 = 0$

$$a_0 = \frac{F_{Antr}}{m} - g \cdot \sin\delta = \frac{3260\,\text{N}}{900\,\text{kg}} - 9{,}81\,\frac{\text{m}}{\text{s}^2} \cdot \sin 8{,}53^\circ$$

$$\boldsymbol{a_0 = 2{,}17\,\text{m/s}^2}$$

$\Sigma F_y = 0 \quad F_A + F_B - m \cdot g \cdot \cos\delta$

$$F_A = m \cdot g \cdot \cos\delta - F_B$$

$$F_A = 4{,}66\,\text{kN}\,.$$

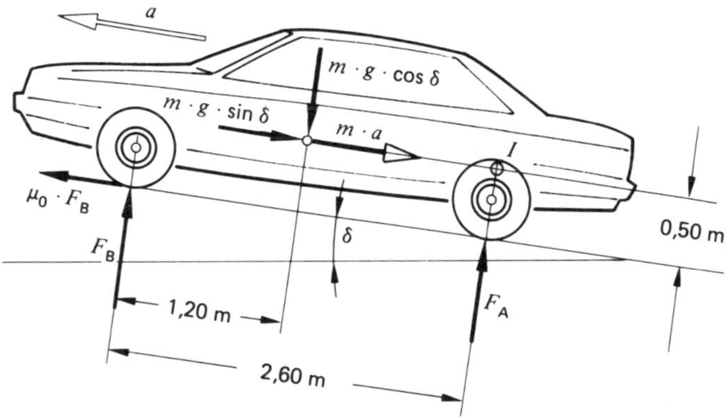

Abb. 7-14

Die Trägheitskraft entlastet die Vorderachse (für den ruhenden Wagen ist $F_B >$ 4,07 kN). Man erkennt das am Nicken des Fahrzeuges beim Anfahren. Die Bodenhaftung der Antriebsräder wird dabei vermindert. Dieser Effekt bliebe unberücksichtigt, wenn man die Antriebskraft aus den Achsbelastungen des ruhenden Wagens berechnen würde. Für die Beschleunigung im Zeitpunkt des Anfahrens ist die Leistung nur bedingt von Einfluß. Eine zu hohe Leistung kann nicht genutzt werden, da die Räder durchdrehen und infolge der einsetzenden Gleitreibung die Antriebskraft und Beschleunigung kleiner werden.

Beispiel 2 (Abb. 7-15)

Der abgebildete Anschlagbalken wird aus der skizzierten Position von Ruhe aus mit dem Moment M beschleunigt. Die parallelen und gleich langen Verbindungshebel sind wesentlich leichter als der Balken, dessen Schwerpunkt in der Mitte liegt. Für die nachfolgend gegebenen Daten sind die Gelenkkräfte in A und D und die einsetzende Beschleunigung zu berechnen.

$$m = 80\,\text{kg} \qquad M = 800\,\text{Nm} \qquad r = 1{,}0\,\text{m} \qquad l = 4{,}0\,\text{m} \qquad \beta = 30^\circ\,.$$

Die Berücksichtigung der Masse des Antriebshebels DE erfolgt im Beispiel des Abschnittes 7.2.3.

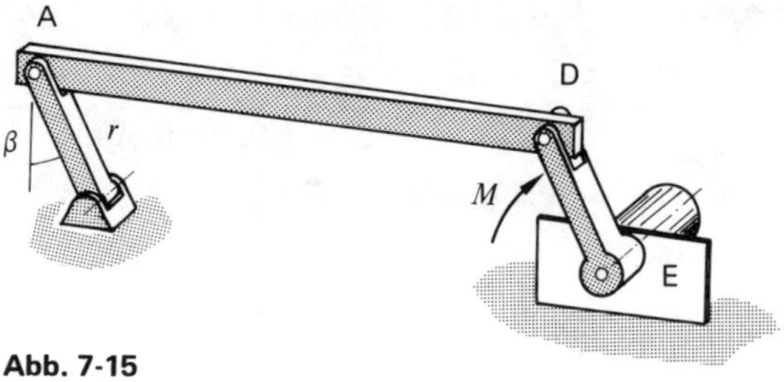

Abb. 7-15

Lösung

Das System wird nach Abb. 7-16 freigemacht. Die Zerlegung der Kräfte in die Tangential- und Normalrichtung ist hier am günstigsten. Die Kraft in A wirkt in Richtung des Stabes. Die Normalbeschleunigung und damit die Fliehkraft ist null, da zu Beginn noch $\omega = 0$ ist. Es verbleiben im Schwerpunkt, der einen Kreisbogen mit dem Radius r beschreibt, die Trägheitskraft $m \cdot a_t$ und die Gewichtskraft. In D wirkt neben der, durch das angreifende Moment verursachten Tangentialkraft, die entlang der Stabachse wirkende Normalkraft. In dem System sind F_A; F_{Dn} und $m \cdot a_t$ unbekannt.

Abb. 7-16

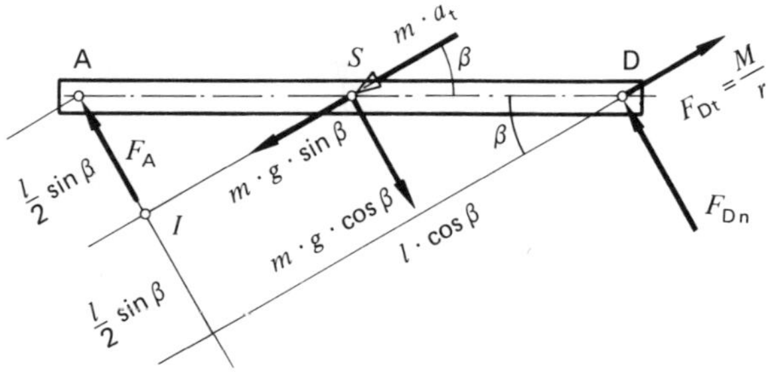

Mit

$$F_{Dt} = \frac{M}{r} = \frac{800 \text{ Nm}}{1{,}0 \text{ m}} = 800 \text{ N}$$

erhält man aus

$$\sum F_t = 0 \qquad F_{Dt} - m \cdot g \cdot \sin\beta - m \cdot a_t = 0$$

$$a_t = \frac{M}{r \cdot m} - g \cdot \sin\delta$$

$$a_t = \frac{800 \text{ Nm}}{1{,}0 \text{ m} \cdot 80 \text{ kg}} - 9{,}81 \text{ m/s}^2 \cdot \sin 30^\circ$$

$$a_t = 5{,}10 \text{ m/s}^2 \; .$$

Die Momentengleichung für den Pol I liefert

$$F_{Dn} \cdot l \cdot \cos\beta + F_{Dt} \cdot \frac{l}{2} \cdot \sin\beta - m \cdot g \cdot \cos\beta \cdot \frac{l}{2} \cdot \cos\beta = 0$$

$$F_{Dn} = \frac{1}{2}(m \cdot g \cdot \cos\beta - F_{Dt} \cdot \tan\beta)$$

$$F_{\mathrm{Dn}} = \frac{1}{2}(80 \cdot 9{,}81\ \mathrm{N} \cdot \cos 30^\circ - 800\ \mathrm{N} \cdot \tan 30^\circ)$$

$$F_{\mathrm{Dn}} = 109\ \mathrm{N}\ \measuredangle\ 60^\circ\ .$$

Gemeinsam mit der Kraft F_{Dt} gibt das

$$\boldsymbol{F_{\mathrm{D}} = 807\ \mathrm{N}\ \measuredangle\ 37{,}8^\circ}\ .$$

$\sum F_{\mathrm{n}} = 0$ liefert

$$F_{\mathrm{A}} = m \cdot g \cdot \cos\beta - F_{\mathrm{Dn}} = 80 \cdot 9{,}81\ \mathrm{N} \cdot \cos 30^\circ - 109\ \mathrm{N}$$

$$\boldsymbol{F_{\mathrm{A}} = 571\ \mathrm{N}}\ \measuredangle\ 60^\circ\ .$$

Die Reaktionskraft belastet den Hebel A auf Druck.

7.2.2 Die Drehung um Hauptachsen

Hauptachsen sind Schwerpunktachsen. Wie im Abschnitt 6.3.3 ausgeführt, erfolgt eine Drehung um die Schwerpunktachse, wenn die resultierende Kraft null ist und an dem System insgesamt nur ein resultierendes Kräftepaar angreift. Die Kräfte in Abb. 7-17 lassen sich in diesem Fall durch ein Moment ersetzen. Dieses verursacht nach der Gleichung 5-8 eine Winkelbeschleunigung

$$M = J_{\mathrm{S}} \cdot \alpha.$$

Die Gleichung $M = J \cdot \alpha$ kann man umstellen,

$$\mathbf{M - J_S \cdot \alpha = 0}, \qquad \textbf{Gl. 7-8}$$

und diese Beziehung folgendermaßen deuten (Abb. 7-18):

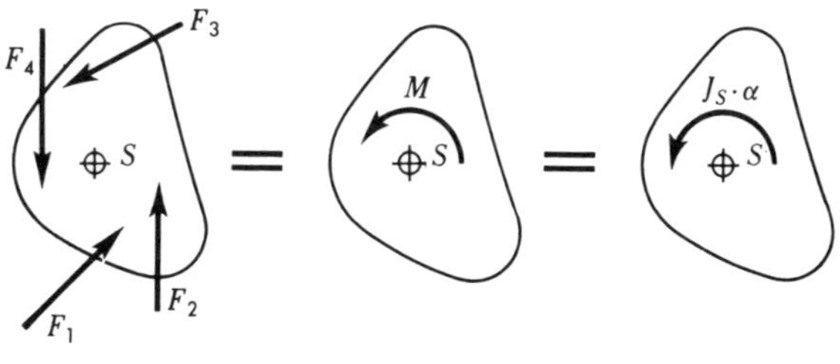

Abb. 7-17

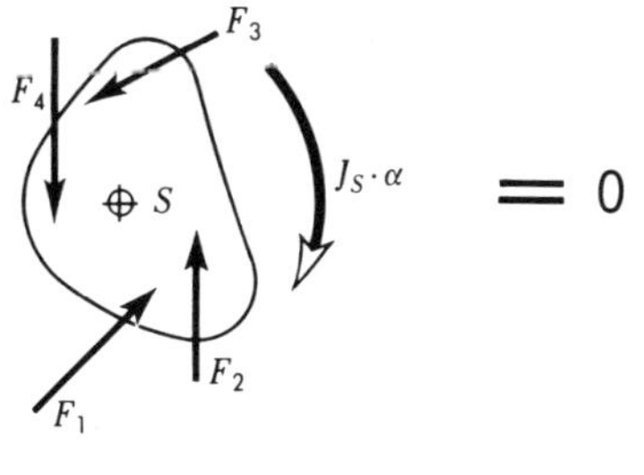

Abb. 7-18

Führt man in das Kräftesystem, das die Drehung um die Schwerpunktachse verursacht, das Moment $J_S \cdot \alpha$ entgegengesetzt der Drehrichtung ein, dann erhält man ein neues Kräftesystem, dessen resultierendes Moment verschwindet.

Das ist das d'ALEMBERTsche Prinzip, angewendet auf eine Drehung. Damit wird ein Problem der Kinetik auf ein Problem der Statik reduziert. Das Moment $J_S \cdot \alpha$ wird d'ALEMBERT*sches Kräftepaar* genannt. Es ist im ruhenden Koordinatensystem nicht wirksam, sondern nur im beschleunigten (vergleiche Abschnitt 7.1.1).

Genau wie bei der Einführung der Trägheitskraft ist es auch hier in vielen Fällen zweckmäßig, das *Moment $J_S \cdot \alpha$ entgegengesetzt der Bewegungsrichtung und nicht der Beschleunigungsrichtung anzunehmen. Ein negativer Wert für α bedeutet dann eine verzögerte Drehung.* Grundsätzlich ist es gleich, in welcher Richtung $J_S \cdot \alpha$ eingeführt wird. Über den tatsächlichen Wirkungssinn gibt das Vorzeichen Auskunft.

Es gilt für das Trägheitskräftepaar sinngemäß alles, was über die Trägheitskraft gesagt wurde.

Beispiel 1

Das Beispiel 3 (Abb. 6-6) von Abschnitt 6.1.1 soll mit Berücksichtigung des Trägheitsmomentes der Seiltrommel $J_c = 2000$ kg m^2 nach dem d'ALEMBERTschen Prinzip gelöst werden. Die Massen der rotierenden Teile des Motors können vernachlässigt werden.

Lösung (Abb. 7-19)

Die Teilelemente des Systems werden einzeln freigemacht. Schnitt- bzw. Gewichtskräfte, sowie das angreifende Moment werden eingetragen. Wenn die Lagerkraft der Seiltrommel nicht bestimmt werden muß, ist es nicht notwendig, dieses Lager freizumachen. Damit ist jedoch festgelegt, daß für die Seiltrommel nur eine auf die Drehachse bezogene Momentengleichung aufgestellt werden darf. Nun ist es notwendig, eine Bewegungsrichtung für das Gesamtsystem festzulegen. Im vorliegenden Falle: Trommel dreht entgegen Uhrzeigersinn, deshalb kann sich A nur nach unten und B nach oben bewegen. Jeweils entgegengesetzt werden die Trägheitsreaktionen eingeführt. Für die so ergänzten Systeme werden die Gleichgewichtsbedingungen aufgestellt.

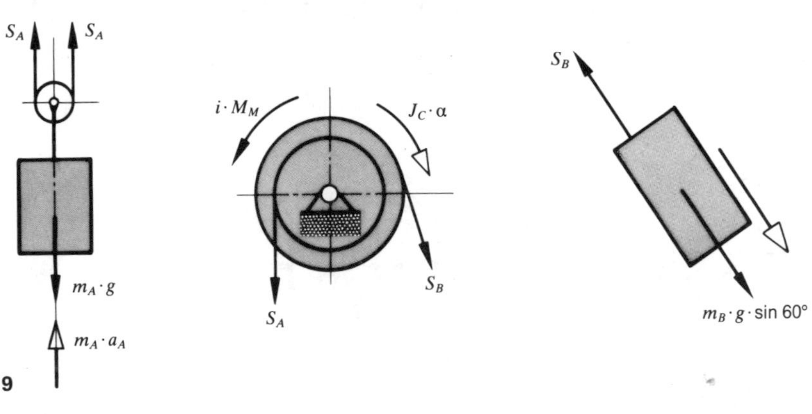

Abb. 7-19

Lose Rolle

$$\Sigma F = 0 \quad 2S_A - m_A \cdot g + m \cdot a_A = 0. \tag{1}$$

Wagen

$$\Sigma F = 0 \quad S_B - m_B \cdot g \cdot \sin 60° - m_B \cdot a_B = 0. \tag{2}$$

Seiltrommel

$$\Sigma M = 0 \quad \text{für Drehachse}$$

$$i \cdot M_M - J_C \cdot \alpha - S_B \cdot r_B + S_A \cdot r_A = 0. \tag{3}$$

Die Kinematik liefert

$$a_A = r_A \cdot \alpha \cdot \tfrac{1}{2} \quad (\text{Faktor } \tfrac{1}{2} \text{ wegen loser Rolle}) \tag{4}$$

$$a_B = r_B \cdot \alpha. \tag{5}$$

Aus der Aufgabenstellung folgt

$$\alpha = \frac{\Delta\omega}{\Delta t} = \frac{2\pi \cdot n}{\Delta t} = \frac{2\pi \cdot 0{,}5}{0{,}80}\ \mathrm{s}^{-2} = 3{,}927\ \mathrm{s}^{-2}.$$

Man kann für die Lösung folgendermaßen vorgehen. Die Gleichungen (4), (5) werden in (1) und (2) eingesetzt, diese nach S aufgelöst und in 3 eingesetzt. Umwandlungen ergeben

$$M_M = \frac{1}{i}\left[(J_C + m_B \cdot r_B^2 + \tfrac{1}{4} m_A \cdot r_A^2) \cdot \alpha + r_B \cdot m_B \cdot g \cdot \sin 60° - \tfrac{1}{2} r_A \cdot m_A \cdot g\right] \tag{6}$$

$$= \frac{1}{16}\left[(2 \cdot 10^3 + 15 \cdot 10^3 \cdot 0{,}40^2 + \tfrac{1}{4} \cdot 20 \cdot 10^3 \cdot 0{,}30^2)\ \mathrm{kg\,m^2} \cdot 3{,}927\ \mathrm{s}^{-2} + 0{,}40\ \mathrm{m} \cdot 15 \cdot 10^3\ \mathrm{kg} \cdot 9{,}81\ \mathrm{m/s^2} \cdot \sin 60° - \tfrac{1}{2} \cdot 0{,}30\ \mathrm{m} \cdot 20 \cdot 10^3\ \mathrm{kg} \cdot 9{,}81\ \mathrm{m/s^2}\right]$$

$$\mathbf{M_M = 2{,}537\ kNm.}$$

Die maximale Beschleunigungsleistung gibt der Motor in der letzten Phase der Beschleunigung bei n_{max} ab

$$P_{max} = M_M \cdot \omega_{M\,max} = M_M \cdot 2\pi \cdot n \cdot i$$

$$= 2{,}537\ \mathrm{kNm} \cdot 2\pi \cdot 0{,}50\ \mathrm{s}^{-1} \cdot 16$$

$$\mathbf{P_{max} = 127{,}5\ kW.}$$

Für den stationären Betrieb nach Erreichen der Endgeschwindigkeit gilt $\alpha = 0$ und damit aus der Gl. (6)

$$M_{M\,st} = 1{,}347\ \mathrm{kNm}.$$

Daraus errechnet sich die Leistung

$$\mathbf{P_{st} = 67{,}7\ kW.}$$

Beispiel 2 (Abb. 7-20)

Skizziert ist ein Windwerk, das eine Last nach oben beschleunigen soll. Bekannt seien alle Abmessungen des Getriebes und die Trägheitsmomente der rotierenden Teile. Vorgegeben wird die Masse der Last und die Beschleunigung, mit der sie gehoben werden soll. In allgemeiner Form sind Gleichungen für folgende Größen aufzustellen:

a) erforderliches Motormoment $M_I = M_{Mot}$,
b) Momente in den Wellen II und III,
c) Umfangskomponenten der Zahnkräfte an den Eingriffsstellen der Zahnräder.

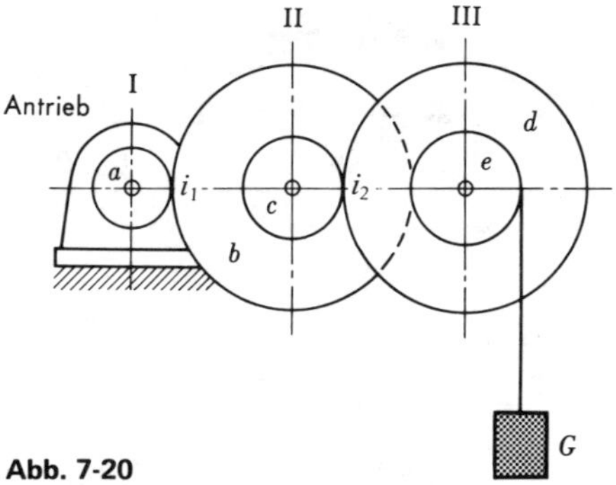

Abb. 7-20

Lösung

Es ist zweckmäßig, die Trägheitsmomente auf eine Welle zu reduzieren. Auf welche Welle reduziert wird, ist gleich. Gewählt wird die Seiltrommel mit der anhängenden Last (III). Der Leser bestätige die Ergebnisse als Übungsbeispiel durch Reduktion auf die Motorwelle. Die Masse *m* wird in ihrem Trägheitsverhalten nach Abb. 6-43 der rotierenden Trommel zugeschlagen (s. dazu Erläuterung zu Abb. 6-43 im Abschnitt 6.3.3). Damit ist nach Gleichung 6-24 (Index L zur Kennzeichnung, daß die Last berücksichtigt ist)

$$J_{\text{red III L}} = J_{III} + m \cdot r_e^2 + J_{II} \left(\frac{\omega_{II}}{\omega_{III}}\right)^2 + J_I \left(\frac{\omega_I}{\omega_{III}}\right)^2$$

$$J_{\text{red III L}} = J_{III} + m \cdot r_e^2 + J_{II} \cdot i_2^2 + J_I \cdot (i_1 \cdot i_2)^2 \,. \tag{1}$$

Das zur Beschleunigung der Massen und zum Heben der Last notwendige Moment ist

$$M_{III} = J_{\text{red III L}} \cdot \alpha_{III} + m \cdot g \cdot r_e \,.$$

Die Umrechnung auf die Motorwelle und die Einführung der Beschleunigung *a* führt auf

$$M_I = M_{Mot} = \frac{1}{i_1 \cdot i_2} \left(J_{\text{red III L}} \cdot \frac{a}{r_e} + m \cdot g \cdot r_e\right). \tag{2}$$

Für ein vorgegebenes Getriebe und eine festgelegte Beschleunigung kann aus den Gleichungen (1) und (2) das notwendige Motormoment bestimmt werden. Es ist möglich, Reibungsverluste durch Einführung eines Wirkungsgrades zu berücksichtigen. Die anderen Wellen müssen die Momente

$$M_{II} = i_1 \cdot M_{Mot} \quad \text{und} \quad M_{III} = i_1 \cdot i_2 \cdot M_{Mot}$$

übertragen.

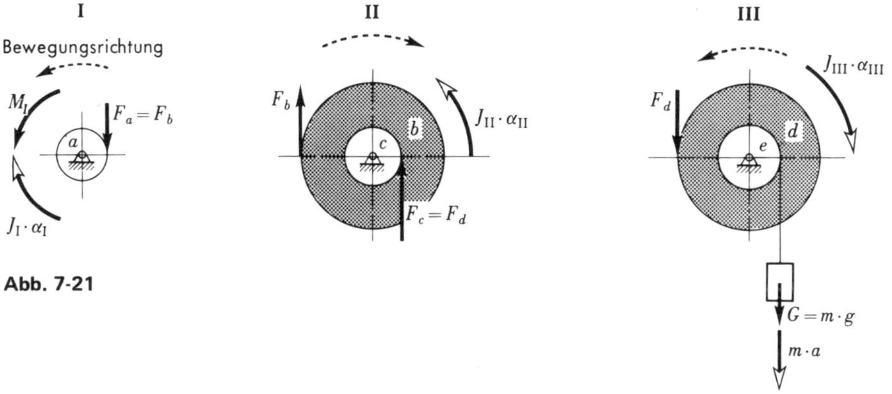

Abb. 7-21

Zur Berechnung der Umfangskomponenten der Zahnkräfte werden die einzelnen Zahnradblöcke freigemacht (Abb. 7-21). Die Momentengleichungen für die Drehachsen führen auf:

System I

$$M_I - J_I \cdot \alpha_I - F_a \cdot r_a = 0 .$$

Dabei ist

$$\alpha_I = i_1 \cdot i_2 \cdot \alpha_{III} = i_1 \cdot i_2 \cdot \frac{a}{r_e}$$

$$F_a = F_b = \frac{1}{r_a}\left(M_I - J_I \cdot i_1 \cdot i_2 \cdot \frac{a}{r_e}\right). \tag{3}$$

System II

$$F_c \cdot r_c + J_{II} \cdot \alpha_{II} - F_b \cdot r_b = 0 .$$

Jetzt gilt

$$\alpha_{II} = i_2 \cdot \alpha_{III} = i_2 \cdot \frac{a}{r_e}$$

$$F_c = F_d = \frac{1}{r_c}\left(F_b \cdot r_b - J_{II} \cdot i_2 \cdot \frac{a}{r_e}\right). \tag{4}$$

Die Gleichungen (3) und (4) liefern die Umfangskomponenten der Zahnkräfte an den beiden Eingriffsstellen des Getriebes. Das System III kann zur Kontrolle der berechneten Werte dienen.

Beispiel 3 (Abb. 7-22)

In diesem Beispiel soll grundsätzlich der Anfahrvorgang einer von einem Motor angetriebenen Arbeitsmaschine untersucht werden. Dazu müssen Motor- und Lastkennlinie bekannt sein. Unter Kennlinie versteht man in diesem Zusammenhang die Abhängigkeit des Moments von der Drehzahl. Als Beispiel wird eine von einem Elektromotor angetriebene Kreiselpumpe gewählt. Die Motorkennlinie nach Abb. 7-23 ist für den Asynchronmotor typisch. Die Lastkennlinie setzt mit dem Losreißmoment ein und steigt etwa quadratisch an. Das entspricht dem Widerstandsgesetz für das in der Flüssigkeit rotierende Laufrad. Für ein Massenträgheitsmoment (Elektromotor + Pumpe) von 41,00 kg m^2 soll das Anfahrdiagramm $n = f(t)$ ermittelt werden.

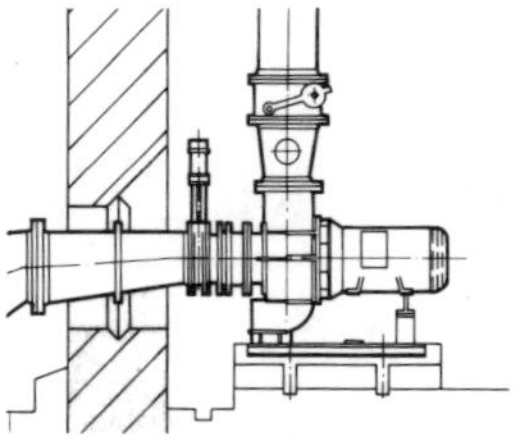

Abb. 7-22

Lösung

Das System wird durch das Differenzmoment

$$\Delta M = M_{\text{Motor}} - M_{\text{Last}}$$

nach dem Gesetz

$$\Delta M = J_{\text{ges}} \cdot \alpha$$

beschleunigt. Für $\Delta M = 0$ ist die Beschleunigung $\alpha = 0$, d.h. der Maschinensatz hat die Enddrehzahl erreicht. Der Anfahrvorgang ist beendet. Diese Bedingung wird durch den Schnittpunkt der beiden Kennlinien dargestellt. Dieser wird deshalb Betriebspunkt der Anlage genannt. Im vorliegenden Fall beträgt die Enddrehzahl ca. 1 480 min^{-1}, wobei ein Moment von 1,94 kNm übertragen wird.

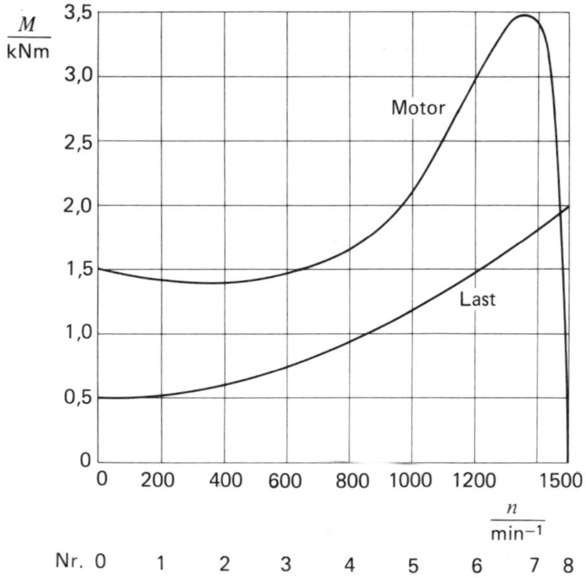

Abb. 7-23

In Abhängigkeit von der Drehzahl n bzw. der Winkelgeschwindigkeit ω kann man die Beschleunigung aus

$$\alpha = \frac{\Delta M}{J_{ges}} \tag{1}$$

berechnen. Das entspricht dem im Abschnitt 2.4.2 behandelten Fall 6. Es wird die Beziehung

$$\Delta t = \frac{\Delta\omega}{\alpha_m} \tag{2}$$

ausgewertet werden. Dazu muß zunächst das Diagramm $\alpha = f(\omega)$ gezeichnet werden. Die Berechnung erfolgt tabellarisch. Es ist zweckmäßig, die einzelnen Abschnitte zu numerieren.

Tabelle 1

Nr.	$\frac{n}{\text{min}^{-1}}$	$\frac{\omega}{\text{s}^{-1}}$	$\frac{M_{Motor}}{\text{kNm}}$	$\frac{M_{Last}}{\text{kNm}}$	$\frac{\Delta M}{\text{kNm}}$	$\frac{\alpha}{\text{s}^{-2}}$
0	0	0,0	1,50	0,50	1,00	24,39
1	200	20,94	1,42	0,52	0,90	21,95
2	400	41,89	1,38	0,60	0,78	19,02
3	600	62,83	1,46	0,75	0,71	17,32
4	800	83,78	1,65	0,94	0,71	17,32
5	1000	104,72	2,09	1,19	0,90	21,95
6	1200	125,66	2,97	1,48	1,49	36,34
7	1400	146,61	3,45	1,82	1,63	39,76
8	1480	154,96	1,94	1,94	0	0

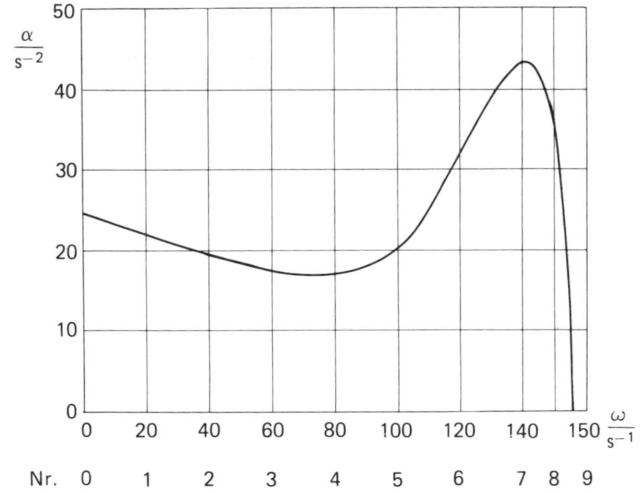

Abb. 7-24

Die Abhängigkeit der Winkelbeschleunigung von der Winkelgeschwindigkeit zeigt die Abb. 7-24. Dieses Diagramm ist die Grundlage für die Berechnung der einzelnen Zeitabschnitte nach der Gleichung (2). Auch dieser Graph wird in numerierte Abschnitte eingeteilt, für die die mittleren Beschleunigungen abgelesen werden.

Tabelle 2

Nr.	$\frac{\omega}{s^{-1}}$	$\frac{\Delta\omega}{s^{-1}}$	$\frac{\alpha_m}{s^{-2}}$	$\frac{\Delta t}{s}$	$\frac{t = \Sigma \Delta t}{s}$	$\frac{n}{min^{-1}}$
0	–	–	–	–	0,0	0
1	20	20	23,0	0,87	0,87	191
2	40	20	20,3	0,99	1,86	382
3	60	20	18,0	1,11	2,97	573
4	80	20	16,8	1,19	4,16	764
5	100	20	18,0	1,11	5,27	955
6	120	20	25,5	0,78	6,05	1146
7	140	20	39,0	0,51	6,56	1337
8	150	10	42,0	0,24	6,80	1432
9	155	5	24,0	0,21	7,01	1480

Die beiden letzten Spalten ergeben das gesuchte Anfahrdiagramm Abb. 7-25. Da jedem Wert ω ein Wert α zugeordnet ist (Abb. 7-24), könnte man die Tabelle 2 mit einer Spalte α erweitern und erhielte so die Abhängigkeit der Beschleunigung von der Zeit. Die $\varphi(t)$ Funktion kann man durch graphische Integration der $\omega(t)$-Kurve

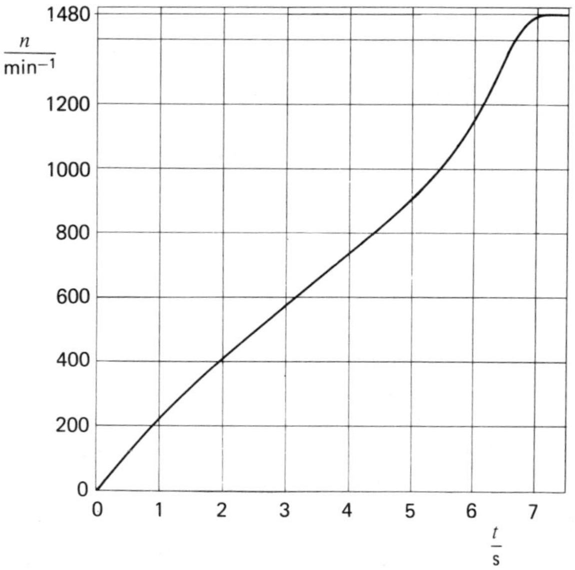

Abb. 7-25

gewinnen, bzw. auf dem im Abschnitt 2.4.2 unter Fall 6 beschriebenen zweiten Weg. Die Auftragung zugeordneter Werte ergibt die Diagramme $\omega(\varphi)$ und $\alpha(\varphi)$.

Das Diagramm Abb. 7-25 kann kontrolliert werden. Die Anfahrbeschleunigung ist nach Tabelle 1 $\alpha_A = 24{,}39\ s^{-2}$. Dieser Wert entspricht der Tangentensteigung im Anfangspunkt, was leicht bestätigt werden kann. Ähnlich kann man die maximale Steigung zwischen der 6. und 7. Sekunde – verursacht durch das maximale Moment – oder eine etwa konstante Steigung im Bereich der 4. Sekunde kontrollieren.

7.2.3 Die Drehung um Achsen, die parallel zu den Hauptachsen liegen

Ein Körper ist nach Abb. 7-26a im Gelenk A aufgehängt. Die Kraft F bewirkt eine Winkelbeschleunigung entgegengesetzt dem Uhrzeigersinn. Das vorhandene System von 3 Kräften $(F; G; F_A)$ wird im Schwerpunkt durch die Resultierende und ein

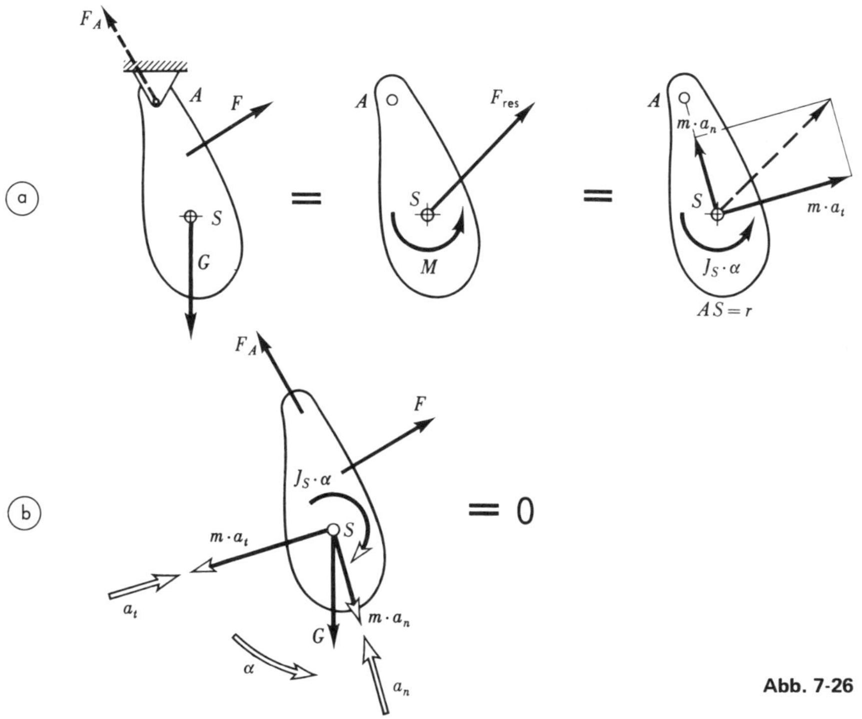

Abb. 7-26

Moment ersetzt. Die Resultierende wird durch eine Tangential- und eine Normalkraft ersetzt. Die Tangentialkraft erzeugt die Tangentialbeschleunigung, die Normalkraft die Normalbeschleunigung des Schwerpunktes und das Moment die Drehung um die Schwerpunktachse (allgemeiner Bewegungszustand). Dabei gelten die Beziehungen

$$F_n = m \cdot a_n, \qquad F_t = m \cdot a_t, \qquad M = J_S \cdot \alpha.$$

Führt man diese Größen nach dem Prinzip von d'ALEMBERT mit umgekehrten Vorzeichen ein, dann erhält man das Kräftesystem nach Abb. 7-26b, für das die Gleichgewichtsbedingungen der Statik gelten. Man kann z.B. für kartesische Koordinaten schreiben.

$$\sum \mathbf{F_x} - \mathbf{m \cdot a_x} = 0, \qquad \sum \mathbf{F_y} - \mathbf{m \cdot a_y} = 0, \qquad \sum \mathbf{M} - \mathbf{J_S \cdot \alpha} = 0. \qquad \text{Gl. 7-10}$$

Das ist die Vereinigung der Gleichungen 7-2 und 7-8. Es gilt sinngemäß, was dort zu diesen Beziehungen gesagt wurde. *Behandelt man die Trägheitsreaktionen wie äußere Kräfte, dann gelten die aus der Statik bekannten Gleichgewichtsbedingungen*

$$\sum \mathbf{F_x} = 0, \qquad \sum \mathbf{F_y} = 0, \qquad \sum \mathbf{M} = 0.$$

Für das rechte System Abb. 7-26a soll die Momentengleichung für den Drehpunkt aufgestellt werden. Es gilt

$$J_S \cdot \alpha + m \cdot a_t \cdot r = M_A.$$

Mit $a_t = r \cdot \alpha$ erhält man

$$M_A = J_S \cdot \alpha + m \cdot r^2 \cdot \alpha,$$

$$M_A = \alpha \cdot (J_S + m \cdot r^2).$$

Nach dem STEINERschen Satz ist der Ausdruck in der Klammer gleich dem Trägheitsmoment für die Drehachse A

$$M_A = J_A \cdot \alpha.$$

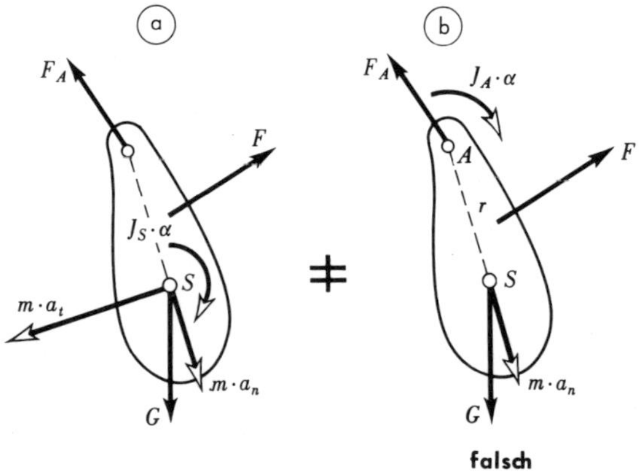

Abb. 7-27

Es wäre jedoch falsch, die Kraft $F_t = m \cdot a_t$ und das Moment $J_S \cdot \alpha$ zusammenzufassen, denn eine Kraftwirkung kann nicht durch ein Moment (Kräftepaar) ersetzt werden und umgekehrt (vergleiche Band 1, Abschnitt 2.3.3). Nach diesen Überlegungen ist die Einführung der d'ALEMBERTschen Reaktion nach Abb. 7-27b falsch. Man kann die Beziehung

$$M_A = J_A \cdot \alpha$$

anwenden, wenn man nicht mit Kräftegleichungen arbeitet, sondern nur mit der Momentengleichung für den Drehpunkt A. Das ist z.B. dann der Fall, wenn man zwar die Winkelbeschleunigung, aber nicht die Gelenkkraft ausrechnen will.

Beispiel 1 (Abb. 7-24)

In diesem Beispiel soll die Lagerkraft eines Schlagpendels bestimmt werden, das von Ruhe aus der Horizontalen zu schwingen beginnt. Die Lagerreibung kann vernachlässigt werden. Das Pendel besteht aus homogenem Werkstoff. In allgemeiner Form sind Gleichungen für die Berechnung der Gelenkkraft in D aufzustellen und für die nachfolgend gegebenen Daten auszuwerten.

$$m_A = 30\ \text{kg} \quad m_B = 50\ \text{kg} \quad l = 1{,}00\ \text{m} \quad r = 0{,}20\ \text{m} \quad \delta = 20^\circ\ .$$

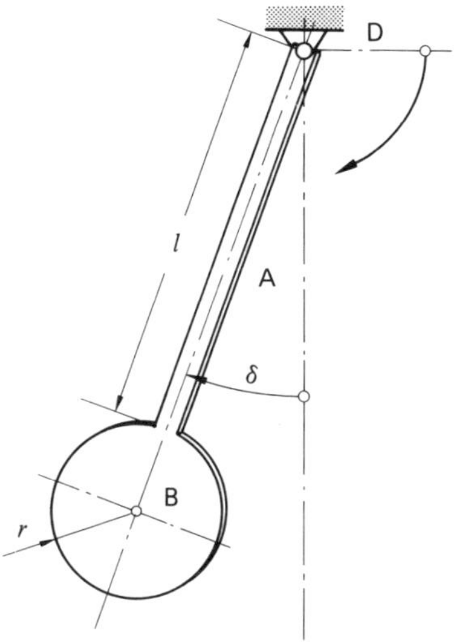

Abb. 7-28

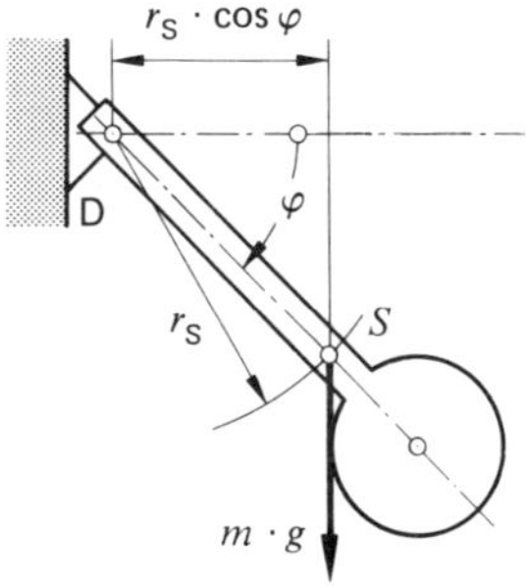

Abb. 7-29

Lösung

Im Gegensatz zum nachfolgenden Beispiel handelt es sich hier um die Beschleunigung einer Drehmasse durch ein veränderliches Moment. Die Winkelgeschwindigkeit des Pendels kann man für eine vorgegebene Position mit Hilfe des Energiesatzes ermitteln: Änderung der potentiellen Energie ist gleich der kinetischen Energie. Hier soll jedoch diese Winkelgeschwindigkeit aus kinematischen Beziehungen berechnet werden. Nach Abb. 7-25 ist das beschleunigende Moment (s. auch Gl. 5-8)

$$M = m \cdot g \cdot r_s \cdot \cos\varphi = J_D \cdot \alpha\ .$$

Es handelt sich demnach um den im Abschnitt 2.4.1 behandelten Fall 5, bei dem die Beschleunigung in Abhängigkeit von der Lage gegeben ist. Der Ansatz ist

$$\alpha \cdot d\varphi = \omega \cdot d\omega$$

$$\frac{1}{J_D} \cdot m \cdot g \cdot r_s \cdot \cos\varphi \cdot d\varphi = \omega \cdot d\omega\ .$$

In dieser Form kann die Gleichung integriert werden.

$$\int \omega \cdot \mathrm{d}\omega = \frac{1}{J_D} \cdot m \cdot g \cdot r_s \int \cos \varphi \cdot \mathrm{d}\varphi$$

$$\frac{\omega^2}{2} = \frac{1}{J_D} \cdot m \cdot g \cdot r_s \cdot \sin \varphi + C$$

Für $\varphi = 0$ ist $\omega = 0$. Daraus folgt $C = 0$

$$\omega^2 = \frac{2}{J_D} \cdot m \cdot g \cdot r_s \cdot \sin \varphi \, .$$

Diese Gleichung ergibt die Winkelgeschwindigkeit des Pendels in Abhängigkeit von der Schwingungsphase. Das Massenträgheitsmoment ist auf den Drehpunkt D bezogen

$$J_D = m_A \cdot \frac{l^2}{12} + m_A \cdot \left(\frac{l}{2}\right)^2 + m_B \cdot \frac{r^2}{2} + m_B \cdot (l + r)^2 = 83{,}0 \text{ kg m}^2 \, .$$

Die Lage des Schwerpunktes ist

$$r_s = \frac{m_A \cdot \frac{l}{2} + m_B(l + r)}{m_A + m_B} = 0{,}9375 \text{ m} \, .$$

Diese Werte ergeben

$$\omega = \sqrt{\frac{2}{83{,}0 \text{ kg m}^2} \cdot 80 \text{ kg} \cdot 9{,}81 \text{ m/s}^2 \cdot 0{,}9375 \text{ m} \cdot \sin 110^\circ}$$

$$\omega = 4{,}082 \text{ s}^{-1} \, .$$

Mit dieser Winkelgeschwindigkeit schwingt das Pendel in der gegebenen Position.

Für die weitere Bearbeitung der Aufgabe muß das System freigemacht werden. Das kann grundsätzlich nach zwei Methoden erfolgen. Die Trägheitsreaktionen werden 1. im Gesamtschwerpunkt, 2. in den Einzelschwerpunkten eingetragen. Der Rechenaufwand ist für die erste Methode normalerweise geringer, da die Umrechnungen der einzelnen Schwerpunktbeschleunigungen entfällt. Deshalb sollen die drei Gleichgewichtsbedingungen für das System Abb. 7-26 aufgestellt werden. Dabei sind die Trägheitsreaktionen entgegengesetzt zur Bewegungsrichtung eingeführt. Unbekannt sind α bzw. a_t; F_{Dx}; F_{Dy}.

$$\sum M_D = 0 \quad m \cdot a_t \cdot r_s + J_s \cdot \alpha + m \cdot g \cdot r_s \cdot \sin \delta = 0 \, .$$

Mit $a_t = r_s \cdot \alpha$ ist

$$\alpha = -\frac{m \cdot g \cdot r_s \cdot \sin \delta}{m \cdot r_s^2 + J_s} \, .$$

Im Nenner steht das auf D bezogene Massenträgheitsmoment.

$$\alpha = -\frac{80\,\text{kg}\cdot 9{,}81\,\text{m/s}^2\cdot 0{,}9375\,\text{m}\cdot\sin 20^\circ}{83{,}0\,\text{kg m}^2}$$

$$\alpha = -3{,}032\,\text{s}^{-2}\,.$$

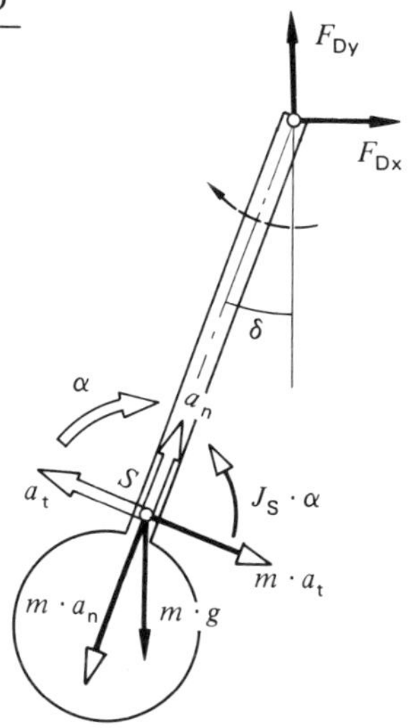

Abb. 7-30

Das negative Vorzeichen zeigt an, daß die Bewegung verzögert erfolgt, was hier offenkundig ist. Die entsprechenden Reaktionen sollten nicht umgekehrt werden. Es ist günstiger, weiter vorzeichenrichtig mit dem gleichen System zu arbeiten.

$$\sum F_x = 0 \quad F_{Dx} + m\cdot a_t\cdot\cos\delta - m\cdot r_s\cdot\omega^2\cdot\sin\delta = 0$$

$$F_{Dx} = m\cdot r_s\cdot(\omega^2\cdot\sin\delta - \alpha\cdot\cos\delta)$$

$$F_{Dx} = 80\,\text{kg}\cdot 0{,}9375\,\text{m}\,(4{,}082^2\cdot\sin 20^\circ + 3{,}032\cdot\cos 20^\circ)\,\text{s}^{-2}$$

$$F_{Dx} = 641\,\text{N} \rightarrow .$$

$$\sum F_y = 0 \quad F_{Dy} - m\cdot g - m\cdot a_t\cdot\sin\delta - m\cdot r_s\cdot\omega^2\cdot\cos\delta = 0$$

$$F_{Dy} = m\cdot g + m\cdot r_s(\alpha\cdot\sin\delta + \omega^2\cdot\cos\delta)$$

$$F_{Dy} = 80\cdot 9{,}81\,\text{N} + 80\,\text{kg}\cdot 0{,}9375\,\text{m}\cdot(-3{,}032\cdot\sin 20^\circ + 4{,}082^2\cdot\cos 20^\circ)\,\text{s}^{-2}$$

$$F_{Dy} = 1\,881\,\text{N} \uparrow .$$

In der hier untersuchten Schwingungsphase beträgt die resultierende Gelenkkraft

$$\mathbf{F_D = 1\,988\,N} \measuredangle\, 71{,}2^\circ\,.$$

Beispiel 2

Für den Anschlagbalken Abb. 7-15 sollen die Gelenkkräfte für den Fall berechnet werden, daß die Masse des antreibenden Hebels nicht vernachlässigbar ist. Dieser soll als homogener Stab mit einer Masse von 30 kg angenommen werden. Sonst gelten die Aufgaben des Beispiels 2 vom Abschnitt 7.2.1.

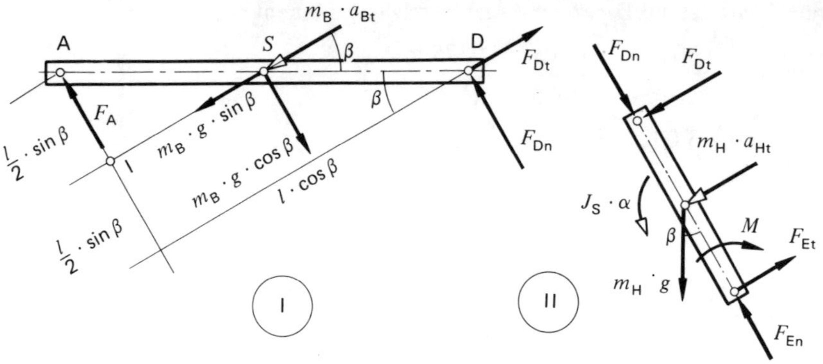

Abb. 7-31

Lösung

Das System wird nach Abb. 7-31 freigemacht. Da der Balken eine Kreisbahn beschreibt, ist es günstig, die Kräfte in die normale und tangentiale Richtung zu zerlegen. Es stehen zwei Systeme und demnach 6 Gleichungen zur Verfügung. Unbekannt sind F_A; F_{Dt}; F_{Dn}; F_{Et}; F_{En}; und a_t bzw. α. Grundsätzlich handelt es sich darum, 6 Gleichungen mit 6 Unbekannten zu lösen. Durch überlegte Wahl des Rechenweges kann man den Rechenaufwand klein halten.

Folgende Indizes werden eingeführt:

B = Balken H = Hebel

System I

$$\sum F_t = 0 \quad F_{Dt} - m_B \cdot a_{Bt} - m_B \cdot g \cdot \sin\beta = 0$$

$$F_{Dt} = m_B (a_{Bt} + g \cdot \sin\beta) . \tag{1}$$

System II

$$\sum M_E = 0 \quad F_{Dt} \cdot r + m_H \cdot a_{Ht} \cdot \frac{r}{2} + m_H \cdot g \cdot \frac{r}{2} \cdot \sin\beta + J_{Hs} \cdot \alpha - M = 0 .$$

Kinematik:
$$a_{Ht} = \frac{a_{Bt}}{2} = \frac{r}{2} \cdot \alpha$$

$$\alpha = \frac{a_{Bt}}{r}$$

Trägheitsmoment:
$$J_{Hs} = m_H \cdot \frac{r^2}{12} .$$

Diese Größen werden in die obigen Gleichungen eingeführt. Nach einer einfachen Zusammenfassung führt das zu

$$F_{Dt} = \frac{M}{r} - m_H \cdot \left(\frac{1}{2} \cdot g \cdot \sin\beta + \frac{1}{3} a_{Bt} \right) . \tag{2}$$

Die Gleichungen (1) und (2) werden gleichgesetzt und nach a_{Bt} aufgelöst. Das Ergebnis ist

$$a_{Bt} = \frac{\dfrac{M}{r} - g \cdot \sin\beta \cdot \left(\dfrac{m_H}{2} + m_B\right)}{m_B + \dfrac{m_H}{3}}$$

$$a_{Bt} = \frac{\dfrac{800\ \text{Nm}}{1{,}0\ \text{m}} - 9{,}81\ \text{m/s}^2 \cdot \sin 30^\circ \cdot (15 + 80)\ \text{kg}}{(80 + 10)\ \text{kg}}$$

$$a_{Bt} = 3{,}711\ \text{m/s}^2\ .$$

Dieser Wert wird in die Gleichung (1) eingesetzt.

$$F_{Dt} = 80\ \text{kg}\ (3{,}711 + 9{,}81 \cdot \sin 30^\circ)\ \text{m/s}^2 = 689\ \text{N}\ .$$

System I

$$\sum M_I = 0$$

$$F_{Dn} \cdot l \cdot \cos\beta + F_{Dt} \cdot \frac{l}{2} \cdot \sin\beta - m_B \cdot g \cdot \cos\beta \cdot \frac{l}{2} \cdot \cos\beta = 0$$

$$F_{Dn} = \frac{1}{2} \cdot (m_B \cdot g \cdot \cos\beta - F_{Dt} \cdot \tan\beta) = 141\ \text{N}$$

Die Resultierende ist $\boldsymbol{F_D}$ **= 703 N** $\measuredangle$ 41,6° am Balken

$$\sum F_n = 0 \Rightarrow F_A = m_B \cdot g \cdot \cos\beta - F_{Dn}$$

$$\boldsymbol{F_A = 539\ \text{N}}$$

in Richtung des Stabes.

System II

$$\sum F_n = 0 \Rightarrow F_{En} = F_{Dn} + m_H \cdot g \cdot \cos\beta = 396\ \text{N}$$

$$\sum F_t = 0 \Rightarrow F_{Et} = F_{Dt} + m_H \cdot \left(g \cdot \sin\beta + \frac{a_{Bt}}{2}\right)$$

$$F_{Et} = 892\ \text{N}$$

Insgesamt gibt das $\boldsymbol{F_E}$ **= 976 N** $\measuredangle$ 53,9° .

Kontrollgleichungen: z.B. $\sum F_x = 0$; $\sum F_y = 0$; $\sum M = 0$ für beide Systeme.

Die Berücksichtigung der Masse des linken Hebels würde einen analogen Ansatz erfordern. Die Kraft F_A wirkt dann nicht mehr in Richtung der Hebelachse. Im Schwerpunkt werden die Trägheitsreaktionen eingeführt. Man erhält für diesen Fall $3 \times 3 = 9$ Gleichungen für 4 (Gelenke) $\times\ 2 = 8$ Kräfte und 1 Beschleunigung.

Beispiel 3 (Abb. 7-32)

Das Verhalten eines Pkw während der Kurvenfahrt soll untersucht werden. Das soll sowohl für Bremsen als auch für Beschleunigen in einer nicht überhöhten Kurve geschehen. Dazu sind die bei einsetzender Bremsung bzw. Beschleunigung am Wagen wirkenden Trägheitsreaktionen für die nachfolgenden Daten zu bestimmen und in eine Skizze einzutragen. Aus den Ergebnissen ist das unterschiedliche Verhalten beim Bremsen und Beschleunigen in einer Kurve zu begründen.

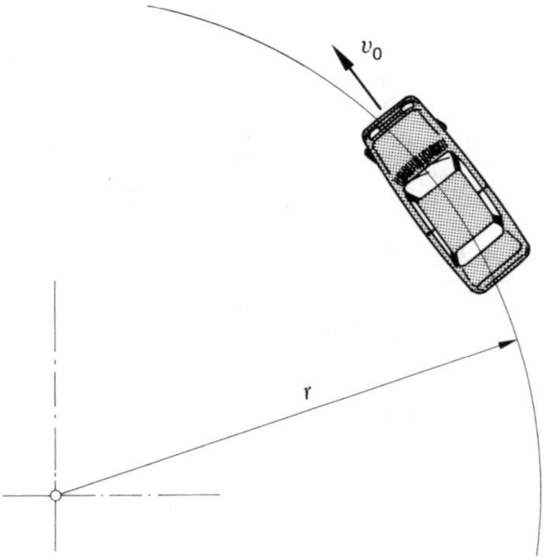

Abb. 7-32

Wagenmasse	$m = 1\,200$ kg
Trägheitsmoment bezogen auf die senkrecht zur Fahrebene stehende Schwerpunktachse	$J_S = 2\,000$ kg m^2
Kurvenradius	$r = 10$ m
Geschwindigkeit	$v_0 = 7{,}0$ m/s ($\approx$ 25 km/h)
Bremsverzögerung	$a = 6{,}0$ m/s^2
Fahrbeschleunigung	$a = 2{,}0$ m/s^2

Lösung

Verzögerung

Normalbeschleunigung $$a_n = \frac{v_0^2}{r} = \frac{(7{,}0\text{ m/s})^2}{10\text{ m}} = 4{,}90\text{ m/s}^2$$

Bahnbeschleunigung $a_t = 6{,}0$ m/s^2

resultierende Beschleunigung $a_{res} = 7{,}75$ m/s^2 .

Die daraus resultierenden Trägheitskräfte betragen

$$m \cdot a_n = 1\,200\text{ kg} \cdot 4{,}90\text{ m/s}^2 = 5{,}88\text{ kN}$$
$$m \cdot a_t = 1\,200\text{ kg} \cdot 6{,}0\text{ m/s}^2 = 7{,}20\text{ kN} .$$

Die Resultierende dieser beiden Kräfte beträgt

$$F_{res} = 9{,}30 \text{ kN}$$

unter einem Winkel von $\beta = 39{,}2°$ zur Bahntangente (Abb. 7-33).

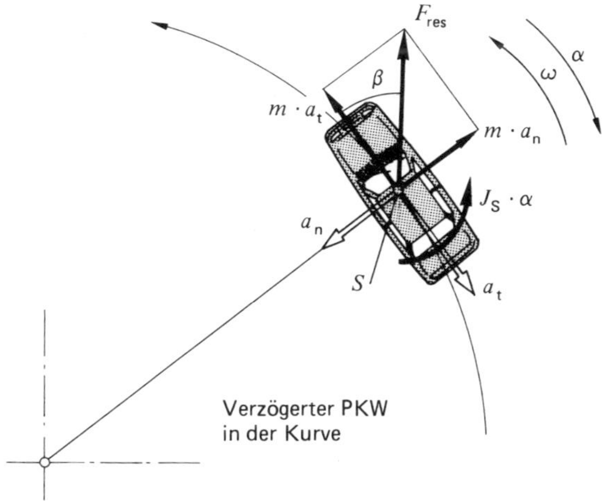

Abb. 7-33

Während der Kurvenfahrt dreht sich der Wagen um seine eigene, senkrecht zur Fahrebene stehende Schwerpunktachse verzögert mit

$$\alpha = \frac{a_t}{r} = \frac{6{,}0 \text{ m/s}^2}{10 \text{ m}} = 0{,}60 \text{ s}^{-2} \ .$$

Das führt auf ein Trägheitskräftepaar $J_s \cdot \alpha = 1\,200$ Nm.

Das erkennt man z.B. an der Abb. 4-2a, wo die markierte Scheibe während eines Umlaufs sich gleichzeitig einmal um ihre eigene Achse dreht. Diese Drehung will der Wagen infolge der Trägheit beibehalten, deshalb wirkt das Trägheitskräftepaar $J_s \cdot \alpha$ im gleichen Sinne. Diese auf Anschaulichkeit abgestellte Erklärung für den Wirkungssinn soll mehr abstrakt kontrolliert werden. Dazu ist die Richtung der Winkelgeschwindigkeit ω in die Abb. 7-33 eingetragen. Wegen der Verzögerung ist die Winkelbeschleunigung α entgegengesetzt gerichtet und die d'ALEMBERTsche Reaktion $J_s \cdot \alpha$ wieder entgegengesetzt zu dieser, was den diskutierten Wirkungssinn ergibt.

Welche Auswirkungen haben die Trägheitsreaktionen auf das Fahrzeug? Die Vorderachse – besonders das rechte Rad – wird zusätzlich belastet, die Hinterachse entlastet. Die Haftreibung an den Hinterrädern wird dadurch deutlich vermindert. Besonders wenn die Hinterräder beim Bremsen blockieren sollten, verlieren die Reifen die Fähigkeit, größere Seitenführungskräfte zu übertragen. In diesem ungünstigen Zustand wird die Fliehkraftwirkung durch das Moment (in diesem Beispiel 1200 Nm!) verstärkt, was sehr leicht zum Ausbrechen des Fahrzeughecks führen kann. Beginnt der Wagen auch nur gering auszuweichen, entsteht – bezogen auf den Mittelpunkt der Vorderachse – ein nochmals verstärkendes Moment durch die nach vorne gerichtete Kraft $m \cdot a_t$ (Abb. 7-35). Alle Trägheitsreaktionen verstärken sich demnach in ihrer Wirkung, den Wagen ins Schleudern zu bringen.

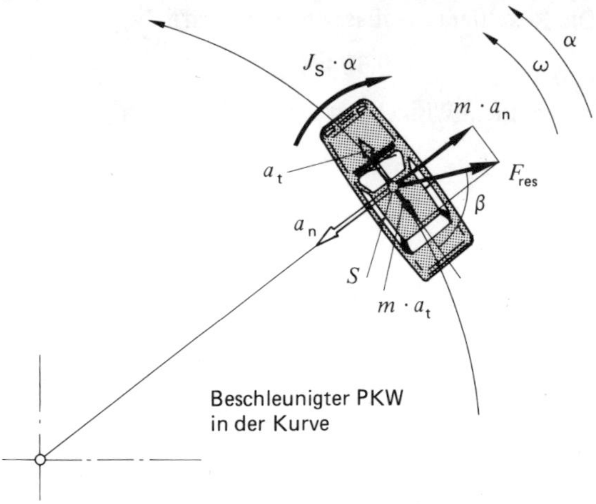

Abb. 7-34 Beschleunigter PKW in der Kurve

Beschleunigung

Wegen der gleichen Ausgangsdaten für Geschwindigkeit und Radius bleibt die Normalbeschleunigung gleich. Zusammen mit der Bahnbeschleunigung erhält man eine resultierende Beschleunigung von

$$a_{res} = 5{,}29\ \mathrm{m/s^2}\ .$$

Die Trägheitskräfte betragen (Abb. 7-34)

$$m \cdot a_n = 5{,}88\ \mathrm{kN} \qquad m \cdot a_t = 2{,}40\ \mathrm{kN}$$

$F_{res} = 6{,}35$ kN unter einem Winkel $\beta =$ von $67{,}8°$ zur Längsachse.

Die Winkelbeschleunigung ist

$$\alpha = \frac{a_t}{t} = \frac{2{,}0\ \mathrm{m/s^2}}{10\ \mathrm{m}} = 0{,}20\ \mathrm{s^{-2}} \circlearrowleft .$$

Das ergibt ein Trägheitskräftepaar von

$$J_s \cdot \alpha = 2000\ \mathrm{kg\,m^2} \cdot 0{,}20\ \mathrm{s^{-2}} = 400\ \mathrm{Nm} \circlearrowright .$$

entgegengesetzt zu α. Diese Wirkung kann man sich folgendermaßen veranschaulichen. Der Wagen dreht sich während der Kurvenfahrt auch um seine Körperachse (s.o.). Diese Drehung soll beschleunigt werden. Infolge der Trägheit versucht der Wagen zurückzubleiben.

In diesem Beispiel wurde eine Fahrbeschleunigung angenommen, die deutlich kleiner ist als die Bremsverzögerung. Das entspricht normalem Fahrbetrieb. Die Veränderung der Achsbelastungen ist deshalb nicht so groß wie bei der Bremsung. Jetzt wird – nur im verminderten Maß – die Vorderachse entlastet, was nicht so gefährlich ist, weil der Motorblock ohnehin eine gute Bodenhaftung der Vorderräder gewährleistet. Hinzu kommt, daß die Räder abrollen und die Reifen damit Seitenführungskräfte gut übertragen können. Die nach hinten gerichtete Trägheitskraft $m \cdot a_t$ wirkt, im Gegensatz zum vorher behandelten Fall, stabilisierend. Jetzt entsteht ein Moment, das bei Schiefstellung die Tendenz hat, den Wagen wieder in Fahrtrichtung zu drehen (Abb. 7-35). Insgesamt verhält sich deshalb der in der Kurve beschleunigte Wagen wesentlich günstiger als der verzögerte.

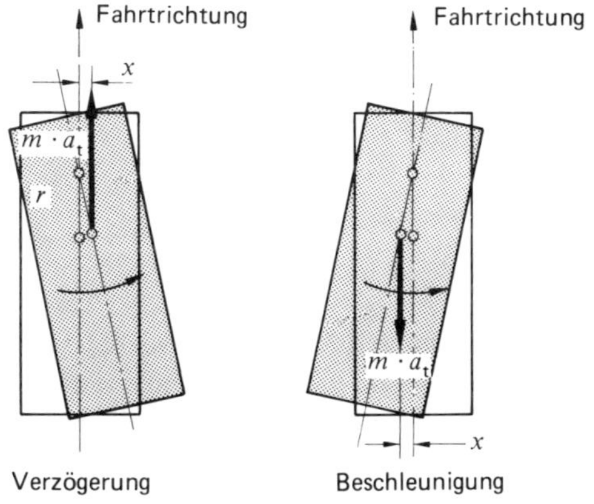

Abb. 7-35

7.2.4 Die allgemeine ebene Bewegung

Die allgemeine ebene Bewegung kann als Überlagerung von Schiebung und Drehung aufgefaßt werden. Die Schiebung wird durch die im Schwerpunkt angreifende resultierende Kraft verursacht, die Drehung durch das resultierende Moment, bezogen auf die Schwerpunktachse.

Nach Abb. 7-36 werden die am Körper angreifenden Kräfte im Schwerpunkt zur Resultierenden und zu einem Moment zusammengefaßt. Bei Umkehrung von $m \cdot a$ und $J_S \cdot \alpha$ erhält man nach dem d'ALEMBERTschen Prinzip ein System, für das die statischen Gleichgewichtsbedingungen erfüllt sind. Es gelten die Gleichungen 7-10.

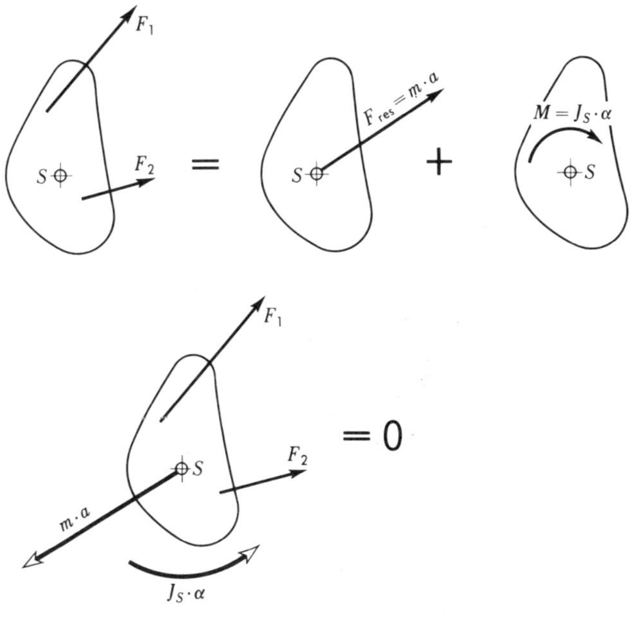

Abb. 7-36

Behandelt man die *Trägheitsreaktionen wie äußere Kräfte bzw. Momente, dann gelten die Gleichgewichtsbedingungen der Statik*

$$\sum \mathbf{F_x} = \mathbf{0},$$

$$\sum \mathbf{F_y} = \mathbf{0},$$

$$\sum \mathbf{M} = \mathbf{0}.$$

Auch die im vorigen Abschnitt behandelte Drehung um Achsen, die parallel zu den Hauptachsen liegen, kann als allgemeine ebene Bewegung aufgefaßt werden (Abb. 7-26). Dort ist es jedoch sinnvoll, zunächst die Zerlegung der resultierenden Kraft in Normal- und Tangentialrichtung vorzunehmen.
In diesen Abschnitt fällt die Behandlung der in der Technik vielfältig vorkommenden Abrollbewegung und der Bewegung von Teilen kinematischer Getriebe.

Beispiel 1

In dem System Abb. 6-6 sollen in allgemeiner Form das Trägheitsmoment und die Masse der losen Rolle berücksichtigt werden. Es sind die notwendigen Bestimmungsgleichungen aufzustellen.

Lösung (Abb. 7-37)

Die lose Rolle und die angehängte Masse werden getrennt freigemacht. Zu beachten ist, daß infolge der Massenträgheit die lose Rolle die Seilkraft nicht nur umlenkt, sondern auch ihre Größe verändert. Es muß sich eine Differenz ergeben, die eine Beschleunigung von J_c bewirkt. Deshalb ist die Einführung zusätzlicher Bezeichnungen notwendig.

Rolle

$$\Sigma F = 0 \quad S_E + S_A - S_D - m_D \cdot g + m_D \cdot a_A = 0$$

$$\Sigma M = 0 \quad S_A \cdot r_D - S_E \cdot r_D + J_D \cdot \alpha = 0$$

Masse

$$\Sigma F = 0 \quad S_D - m_A \cdot g + m_A \cdot a_A = 0.$$

Die Beziehung

$$a_A = r_D \cdot \alpha_D$$

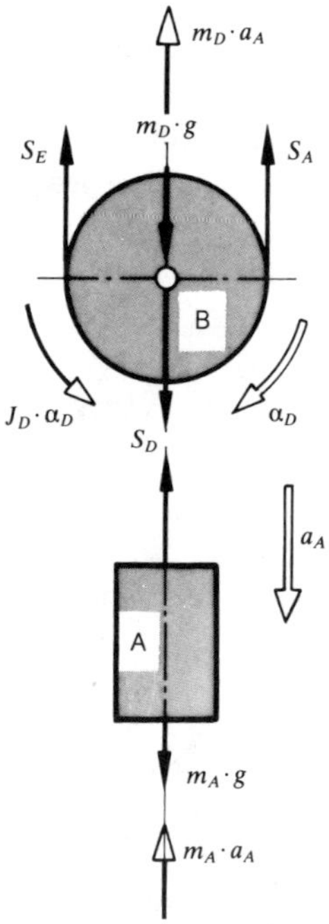

Abb. 7-37

verbindet die Rotation der Rolle und die Translation der Masse. Eine Bilanz der aufzustellenden Gleichungen und der Unbekannten für ein System nach Abb. 6-6 ist in Beispiel 1 des Abschnittes 6.3.6 aufgestellt.

Beispiel 2

Für den Greifarm Abb. 4-36 sind die in der angegebenen Position wirkenden Kräfte in den Gelenken A und B zu bestimmen. Neben den in Beispiel 3 Abschnitt 4.4 gegebenen Werten soll für die Berechnung zugrunde gelegt werden:

$$m_{AB} = 40{,}0\ \text{kg} \qquad m_{BC} = 30{,}0\ \text{kg}$$
$$J_{AB} = 8{,}0\ \text{kg m}^2 \qquad J_{BC} = 4{,}0\ \text{kg m}^2$$
$$m_B = 12{,}0\ \text{kg} \qquad m_C = 10{,}0\ \text{kg}\,.$$

Die Stäbe AB bzw. BC sollen homogen und zylindrisch angenommen werden. Die Trägheitsmomente sind auf die Schwerpunktachsen E bzw. D bezogen.

Lösung

Im Abschnitt 4-4 wurden die Beschleunigungen der einzelnen Punkte berechnet. Damit können die in den Schwerpunkten angreifenden Trägheitsreaktionen berechnet werden. Die d'ALEMBERTschen Reaktionen sind jeweils entgegengesetzt zu den Beschleunigungen gerichtet.

Stab AB; Schwerpunktachse E

$$m_{AB} \cdot a_{Ex} = 40\ \text{kg} \cdot 35{,}36\ \text{m/s}^2 = 1414\ \text{N} \rightarrow$$
$$m_{AB} \cdot a_{Ey} = 40\ \text{kg} \cdot 1{,}24\ \text{m/s}^2 = 50\ \text{N} \uparrow$$
$$m_{AB} \cdot g = \qquad = 392\ \text{N} \downarrow$$
$$J_{SAB} \cdot \alpha_{AB} = 8{,}0\ \text{kg m}^2 \cdot 40\ \text{s}^{-2} = 320\ \text{Nm} \circlearrowright .$$

Masse in B

$$m_B \cdot a_{Bx} = 12\ \text{kg} \cdot 70{,}71\ \text{m/s}^2 = 849\ \text{N} \rightarrow$$
$$m_B \cdot a_{By} = 12\ \text{kg} \cdot 2{,}48\ \text{m/s}^2 = 30\ \text{N} \uparrow$$
$$m_B \cdot g = \qquad = 118\ \text{N} \downarrow .$$

Stab BC, Schwerpunktachse D

$$m_{BC} \cdot a_{Dx} = 30\ \text{kg} \cdot 30{,}28\ \text{m/s}^2 = 908\ \text{N} \rightarrow$$
$$m_{BC} \cdot a_{Dy} = 30\ \text{kg} \cdot 8{,}96\ \text{m/s}^2 = 269\ \text{N} \downarrow$$
$$m_{BC} \cdot g = \qquad = 294\ \text{N} \downarrow$$
$$J_{BC} \cdot \alpha_{res} = 40\ \text{kg m}^2 \cdot 70{,}0\ \text{s}^{-2} = 280\ \text{Nm} \circlearrowright .$$

Greifer C

$$m_C \cdot a_{Cx} = 10\ \text{kg} \cdot 10{,}11\ \text{m/s}^2 = 101\ \text{N} \leftarrow$$
$$m_C \cdot a_{Cy} = 10\ \text{kg} \cdot 20{,}42\ \text{m/s}^2 = 204\ \text{N} \downarrow$$
$$m_C \cdot g = \qquad = 98\ \text{N} \downarrow .$$

Das System wird freigemacht, und die oben errechneten Kräfte bzw. Momente in den Schwerpunkten eingetragen (Abb. 7-38). In A wirkt neben den Gelenkkräften das durch einen Verstellmotor aufzubringende Moment M_A. Das Moment des Verstellmotors B ist ein inneres Moment, das sich im System aufhebt (actio = reactio). Aus diesem Grunde darf es hier nicht aufgeführt werden. Für das Gesamtsystem werden die Gleichgewichtsbedingungen aufgestellt.

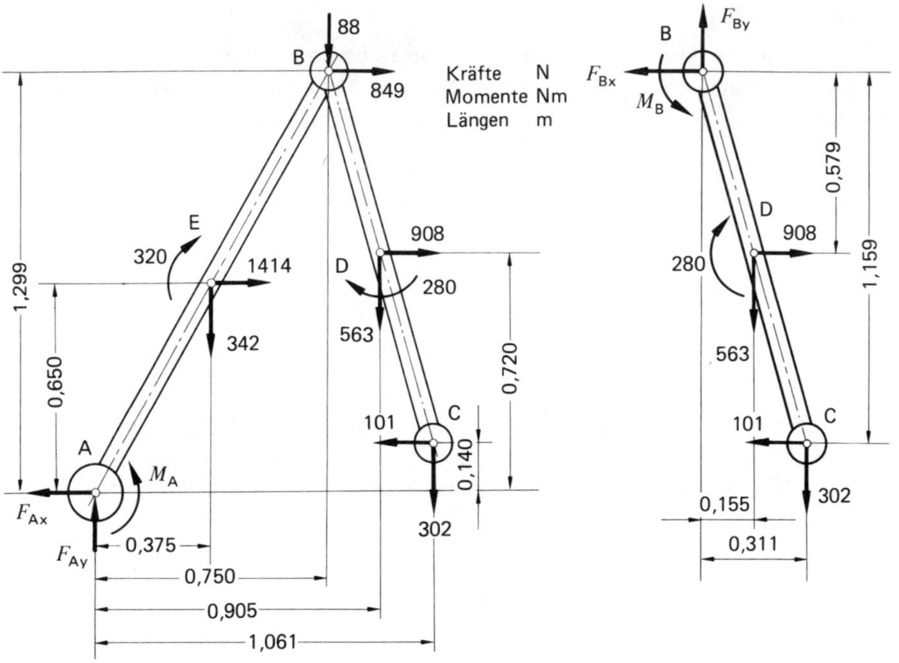

Abb. 7-38

$\sum M = 0$ für Gelenk A führt auf

$$M_A = (302 \cdot 1{,}061 - 101 \cdot 0{,}140 + 280 + 563 \cdot 0{,}905 + 908 \cdot 0{,}72 + 88 \cdot 0{,}75 + 849 \cdot 1{,}299 + 320 + 1414 \cdot 0{,}65 + 342 \cdot 0{,}375)\ \text{Nm}$$

$$\boldsymbol{M_A = 4286\ \text{Nm}} \circlearrowleft$$

$\sum F_x = 0$

$$F_{Ax} = (1414 + 849 + 908 - 101)\ \text{N}$$

$$\boldsymbol{F_{Ax} = 3070\ \text{N}} \leftarrow$$

$\sum F_y = 0$

$$F_{Ay} = (342 + 88 + 563 + 302)\ \text{N}$$

$$\boldsymbol{F_{Ay} = 1295\ \text{N}} \uparrow .$$

Für die Berechnung der Reaktionen im Gelenk B wird ein Teilabschnitt freigemacht (Abb. 7-38). Jetzt muß in B das Verstellmoment M_B eingezeichnet werden. Die Masse m_B sei starr mit dem Arm AB verbunden. Deshalb werden die Trägheitskräfte (88 N und 849 N) von diesem aufgenommen und nicht vom Gelenkbolzen in B.

$\sum M = 0$ für Gelenk B

$$M_B = (302 \cdot 0{,}311 + 101 \cdot 1{,}159 + 280 + 563 \cdot 0{,}155 - 908 \cdot 0{,}579)\ \text{Nm}$$

$M_B = 51{,}6$ Nm ↺ am Teil BC

$\sum F_x = 0$ $\qquad F_{Bx} = (908 - 101)$ N

$\mathbf{F_{Bx} = 807\ N}$ ← Teil BC

$\sum F_y = 0$ $\qquad F_{By} = (563 + 302)$ N

$\mathbf{F_{By} = 865\ N}$ ↑ Teil BC .

Als Kontrollsystem kann man den Arm AB verwenden, wobei in B neben den Trägheitskräften die oben ermittelten Reaktionen in Gegenrichtung einzutragen sind.

Beispiel 3

Das Beispiel 2 aus dem Abschnitt 6.3.6 (Abb. 6-54) soll mit dem Prinzip von d'ALEMBERT gelöst werden.

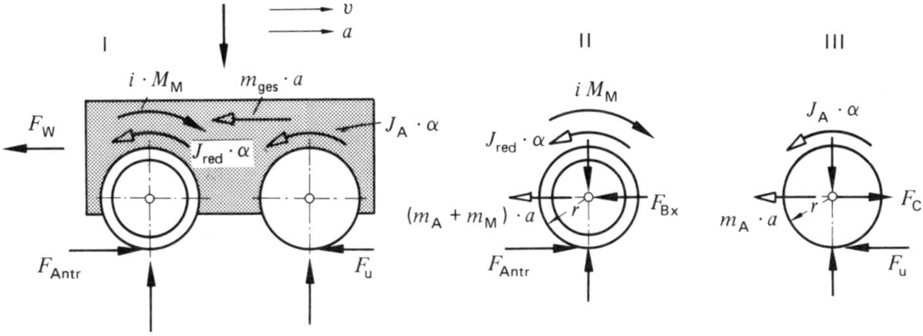

Abb. 7-39

Lösung (Abb. 7-39)

Die Motorwelle wird auf die angetriebene Achse reduziert. Das Ergebnis wird übernommen.

$$J_{red} = J_A + J_M \cdot i^2 \ .$$

Der Wagen und die beiden Achsen werden freigemacht. Die Vertikalkräfte gehen für diese Aufgabenstellung nicht ein und werden deshalb ohne Bezeichnung nur symbolisch eingeführt. Für ihre Berechnung müßten zusätzliche Angaben (Lage der Schwerpunkte) gemacht werden. In diesem Zusammenhang soll auf das Beispiel 1 im Abschnitt 7.2.1 hingewiesen werden (Beschleunigter Pkw).

Die Gleichgewichtsbedingungen werden aufgestellt.

System I

$$\sum F_x = 0 \quad F_{\text{Antr}} - F_W - F_u - m_{\text{ges}} \cdot a = 0 \,. \tag{1}$$

System II

$$\sum F_x = 0 \quad F_{\text{Antr}} - F_{Bx} - (m_A + m_M) \cdot a = 0 \tag{2}$$

$$\sum M_B = 0 \quad i M_{\text{Mot}} - F_{\text{Antr}} \cdot r - J_{\text{red}} \cdot \alpha = 0 \,. \tag{3}$$

System III

$$\sum F_x = 0 \quad F_{Cx} - F_u - m_A \cdot a = 0 \tag{4}$$

$$\sum M_C = 0 \quad - F_u \cdot r + J_A \cdot \alpha = 0 \,. \tag{5}$$

Mit $a = r \cdot \alpha$ sind das 6 Gleichungen für $M_M; F_{\text{Antr}}; F_u; F_{Bx}; F_{Cx}$ und α. Der weitere Lösungsweg ist analog zu dem im Beispiel des Abschnittes 6. Aus (5) erhält man

$$F_u = \frac{J_A}{r^2} \cdot a \,.$$

Dieser Wert wird in (1) eingesetzt.

$$F_{\text{Antr}} = \left(\frac{J_A}{r^2} + m_{\text{ges}} \right) \cdot a + F_W \,.$$

Die Gleichung (3) liefert

$$M_{\text{Mot}} = \frac{a \cdot r}{i} \left(\frac{J_{\text{red}}}{r^2} + \frac{J_A}{r^2} + m_{\text{ges}} \right) + \frac{F_W \cdot r}{i} \,.$$

Hier sei nochmals darauf hingewiesen, daß die Terme J/r^2 nach Gleichung 6-12a reduzierte Massen sind, die der Gesamtmasse zugeschlagen werden. Sie berücksichtigen das Trägheitsverhalten der rotierenden Massen.

Die Berechnung der weiteren Größen und die Zahlenrechnung hängen nicht vom angewendeten Prinzip ab und können dem Beispiel im Abschnitt 6.3.6 entnommen werden.

Die Kontrolle mit Hilfe des Systems Abb. 7-40 soll hier allgemein durchgeführt werden. Dazu ist es notwendig, die horizontalen Lagerkräfte mit den Gleichungen (2) und (4) auszurechnen.

$$F_{Bx} = \left(\frac{J_A}{r^2} + m_{\text{ges}} - m_A - m_M \right) \cdot a + F_W$$

Da $m_{ges} = m_W + m_M + 2\,m_A$ ist, gilt

$$F_{Bx} = \left(\frac{J_A}{r^2} + m_W + m_A\right)\cdot a + F_W$$

$$F_{Cx} = \left(\frac{J_A}{r^2} + m_A\right)\cdot a$$

$$\sum F_x = 0 \quad F_{Bx} - F_{Cx} - m_W \cdot a - F_W = 0$$

$$\left(\frac{J_A}{r^2} + m_W + m_A\right)\cdot a + F_W - \left(\frac{J_A}{r^2} + m_A\right)\cdot a - m_W \cdot a - F_W = 0\,.$$

Diese Gleichung ist erfüllt.

Abb. 7-40

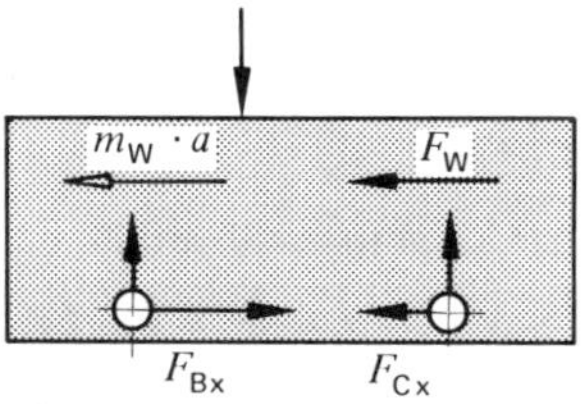

Beispiel 4

Für den Kurbelantrieb Abb. 4-9 sind die durch die Massenkräfte verursachten Gelenkkräfte in B und D zu bestimmen,

$m_{Pleuel} = 0{,}80$ kg, $m_{Kolben} = 0{,}50$ kg,

$J_{Pleuel} = 3{,}4 \cdot 10^{-3}$ kgm² bezogen auf die Schwerpunktachse.

Der Schwerpunkt des Pleuels ist 80 mm vom Punkt B entfernt.

$\omega_{AB} = 100\ s^{-1}$ im Uhrzeigersinn.

Lösung (Abb. 7-41/42)

Der Kurbeltrieb wurde kinematisch im Beispiel 1 des Abschnittes 4.3.3 untersucht. Danach bewegt sich der Kolben verzögert nach rechts mit

$a_D = 356\ m/s^2$ (←).

Das Pleuel dreht sich beschleunigt entgegen Uhrzeigersinn mit

$\omega_{DB} = 17{,}96\ s^{-1}$,

$\alpha_{DB} = 1738\ s^{-2}$.

Die beiden letzten Werte ermöglichen die Berechnung der Schwerpunktbeschleunigung durch Zerlegung in eine Schiebung und Drehung nach Abb. 7-41 (vergleiche auch Abb. 4-24).

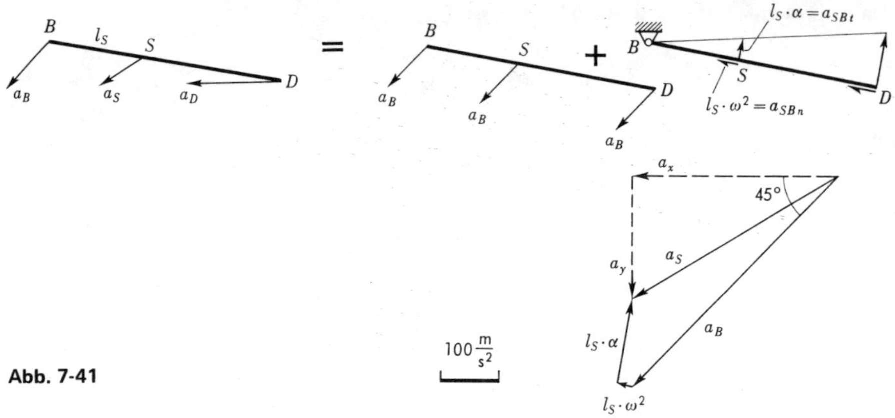

Abb. 7-41

Aus dem Beschleunigungsviereck erhält man

$$a_x = 354 \text{ m/s}^2 \ (\leftarrow), \qquad a_y = 212 \text{ m/s}^2 \ (\downarrow).$$

Jetzt kann man die am Pleuel wirkenden d'ALEMBERTschen Reaktionen berechnen,

$$m_{Pl} \cdot a_x = 0{,}8 \text{ kg} \cdot 354 \text{ m/s}^2 = 283{,}2 \text{ N},$$
$$m_{Pl} \cdot a_y = 0{,}8 \text{ kg} \cdot 212 \text{ m/s}^2 = 169{,}6 \text{ N},$$
$$J_S \cdot \alpha = 3{,}4 \cdot 10^{-3} \text{ kg m}^2 \cdot 1738 \text{ s}^{-2} = 5{,}91 \text{ Nm}.$$

Die Trägheitskraft am Kolben beträgt

$$F_{Dx} = m_k \cdot a_D = 0{,}5 \text{ kg} \cdot 356 \text{ m/s}^2 = 178{,}0 \text{ N}.$$

Diese Kraft wirkt wegen der Verzögerung nach rechts.

Jetzt ist es möglich, das System freizumachen (Abb. 7-42). Die Gleichgewichtsbedingungen ergeben am Pleuel wirkend

$\mathbf{F_{Dx}} = \mathbf{178\ N}$ $(\rightarrow)$,
$\mathbf{F_{Dy}} = \mathbf{87\ N}$ $(\downarrow)$,
$\mathbf{F_{Bx}} = \mathbf{461\ N}$ $(\leftarrow)$,
$\mathbf{F_{By}} = \mathbf{75\ N}$ $(\downarrow)$.

Trotz der kleinen Drehzahl kann man die Eigengewichte gegenüber den Massenkräften praktisch vernachlässigen.

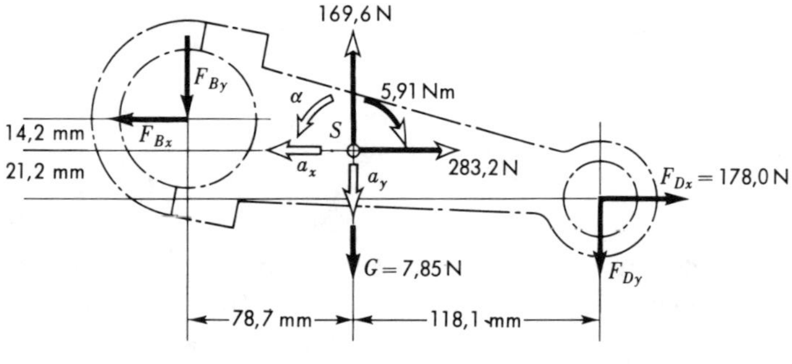

Abb. 7-42

7.2.5 Die Drehung um Achsen, die mit den Hauptachsen einen Winkel bilden

Ein Körper nach Abb. 7-43 rotiert beschleunigt um die im Schwerpunkt liegende y-Achse. Am Massenelement $\mathrm{d}m$ greifen die beiden Trägheitskräfte $\mathrm{d}m \cdot r \cdot \omega^2$ und $\mathrm{d}m \cdot r \cdot \alpha$ an. Da der Schwerpunkt in Ruhe ist, muß die Resultierende aller dieser Kräfte null sein. Es entstehen jedoch Momente, die in Bezug auf die Koordinatenachsen folgende Größen haben

$$\mathrm{d}M_y = - r \cdot \mathrm{d}m \cdot r \cdot \alpha \ ,$$

$$M_y = - \alpha \cdot \int r^2 \cdot \mathrm{d}m ,$$

$$\mathbf{M_y} = - \mathbf{J_y} \cdot \alpha. \qquad \textbf{Gl. 7-11}$$

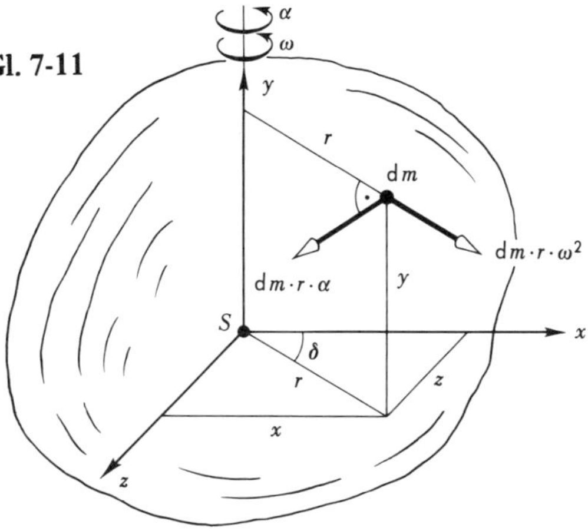

Abb. 7-43

Diese Beziehung entspricht der Gleichung 5-8. Da das Trägheitskräftepaar entgegengesetzt zum angreifenden Moment wirkt, ist das Vorzeichen negativ,

$$\mathrm{d}M_x = + \mathrm{d}m \cdot r \cdot \alpha \cdot \cos \delta \cdot y + \mathrm{d}m \cdot r \cdot \omega^2 \cdot \sin \delta \cdot y.$$

Dabei sind $r \cdot \sin \delta = z$ und $r \cdot \cos \delta = x$,

$$\mathrm{d}M_x = + x \cdot y \cdot \mathrm{d}m \cdot \alpha + z \cdot y \cdot \mathrm{d}m \cdot \omega^2 ,$$

$$\mathbf{M_x} = \mathbf{J_{xy}} \cdot \alpha + \mathbf{J_{yz}} \cdot \omega^2 ; \qquad \textbf{Gl. 7-12}$$

$$\mathrm{d}M_z = - \mathrm{d}m \cdot r \cdot \omega^2 \cdot \cos \delta \cdot y + \mathrm{d}m \cdot r \cdot \alpha \cdot \sin \delta \cdot y ,$$

$$= - x \cdot y \cdot \mathrm{d}m \cdot \omega^2 + y \cdot z \cdot \mathrm{d}m \cdot \alpha ,$$

$$\mathbf{M_z} = - \mathbf{J_{xy}} \cdot \omega^2 + \mathbf{J_{yz}} \cdot \alpha. \qquad \textbf{Gl. 7-13}$$

Für den Fall, daß die y-Achse gleichzeitig Hauptachse ist, gilt

$$J_{xy} = 0, \qquad J_{yz} = 0$$

und damit

$$M_x - 0, \qquad M_z = 0 .$$

Daraus folgt:

Nur bei Drehung um die Hauptachse liegt der Momentenvektor in der Drehachse. Bei Drehung um eine zur Hauptachse gedrehte Achse treten Momente auf, deren Vektoren senkrecht auf der Drehachse stehen.

Als Beispiele sollen die beiden Systeme Abb. 7-44a) und b) betrachtet werden. Im System a) sind 4 gleiche Massen symmetrisch angeordnet. Damit ist die Drehachse y gleichzeitig Hauptachse. Es wirkt nur das beschleunigende Moment M_y, das eine zusätzliche Belastung der Lager nicht verursachen kann. Die Lagerkräfte sind also für Stillstand und Drehung gleich.

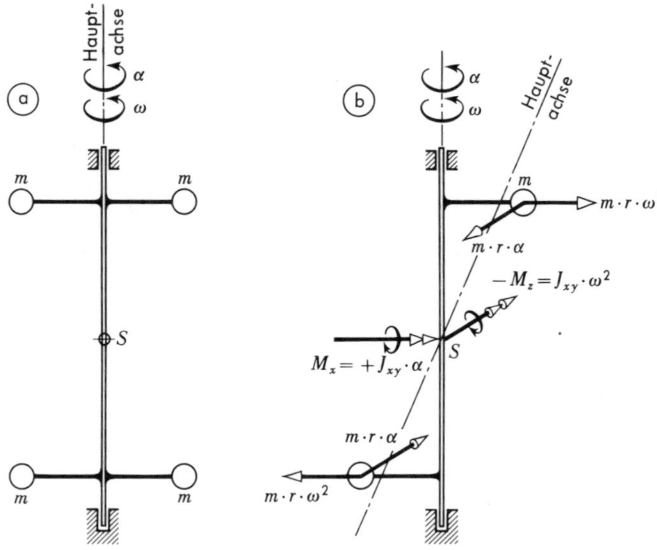

Abb. 7-44

Ein solches System nennt man dynamisch ausgewuchtet. *Durch das dynamische Auswuchten,* dessen Durchführung im Abschnitt 9.4.3 erläutert ist, *sollen Haupt- und Drehachse zur Deckung gebracht werden.*

Bei Wegnahme von zwei diagonal liegenden Massen bleibt der Gesamtschwerpunkt erhalten, d.h. er liegt in der Drehachse (Abb. b). Dieses System nennt man *statisch ausgewuchtet,* da die Welle in horizontaler Lage immer im Gleichgewicht ist. Bei Drehung entsteht jedoch ein Kräftepaar aus den Fliehkräften an beiden Massen. Es liegt in der x-y-Ebene und hat die Größe $-J_{xy} \cdot \omega^2$ (das beweise der Leser). Da das System eben und in der x-y-Ebene liegt, muß $J_{yz} = 0$ sein. Für den vorliegenden Fall ist so die Gleichung 7-13 bestätigt. Bei beschleunigter Drehung wirken an den beiden Massen tangential die Trägheitskräfte $m \cdot r \cdot \alpha$, die das Moment $M_x = J_{xy} \cdot \alpha$ verursachen (Beweis wie oben). Das ist die Gleichung 7-12 für $J_{zy} = 0$. Die Momente M_x und M_z müssen als zusätzliche Auflagerreaktionen von den Lagern aufgenommen werden. Ungenügend ausgewuchtete Teile verursachen vor allem bei größerer Drehzahl hohe zusätzliche Lagerbelastungen.

Erfolgt die Drehung nicht um eine Schwerpunktachse, dann müssen im Schwerpunkt zusätzlich die d'ALEMBERTschen Kräfte $m \cdot r \cdot \alpha$ und $m \cdot r \cdot \omega^2$ eingetragen werden. Abb. 7-45 zeigt eine schräge Platte, die an einem Arm um die Achse gedreht wird. Von der Halterung der Platte müssen die Kräfte und Momente $m \cdot r \cdot \alpha$; $m \cdot r \cdot \omega^2$; M_y; M_x; M_z (nach Gl. 7-11/12/13) und die Gewichtskraft aufgenommen werden.

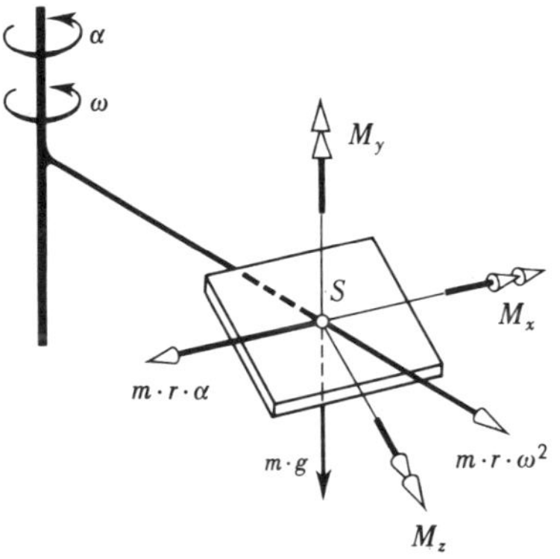

Abb. 7-45

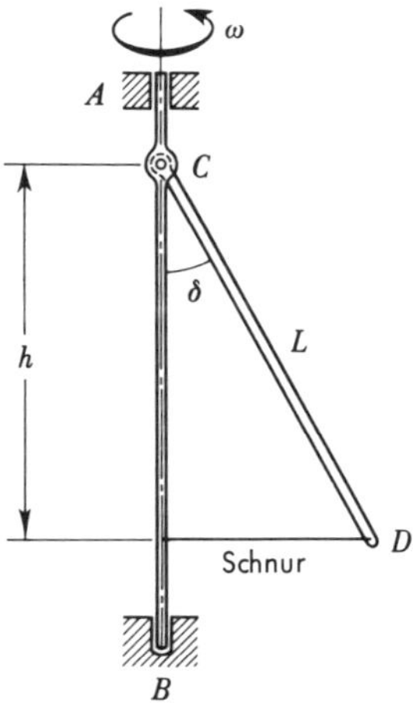

Abb. 7-46

Beispiel 1 (Abb. 7-46)

Ein Stab *A B* rotiert mit konstanter Winkelgeschwindigkeit um eine senkrechte Achse. Im Gelenk *C* ist ein homogener Stab befestigt der mit einer Schnur in *D* gehalten wird. Für die nachfolgend gegebenen Daten sind die Gelenkkraft in *C* und die von der Schnur aufgenommene Kraft *S* gesucht

$$\omega = 10\,\mathrm{s}^{-1}, \qquad h = 1{,}50\,\mathrm{m},$$
$$m = 5{,}0\,\mathrm{kg}, \qquad \delta = 30^\circ.$$

Lösung

Das System wird freigemacht (Abb. 7-47) und im Schwerpunkt ein Koordinatensystem eingeführt. Da es sich um ein ebenes Gebilde handelt, sind $J_{xz} = 0$ und $J_{yz} = 0$. Da außerdem für konstante Winkelgeschwindigkeit $\alpha = 0$ ist, folgt aus den Gleichungen 7-11/12/13

$$M_x = 0, \qquad M_y = 0, \qquad M_z = -J_{xy} \cdot \omega^2 .$$

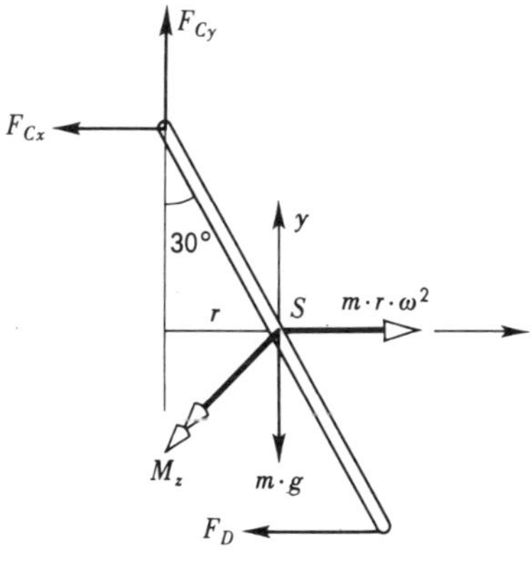

Abb. 7-47

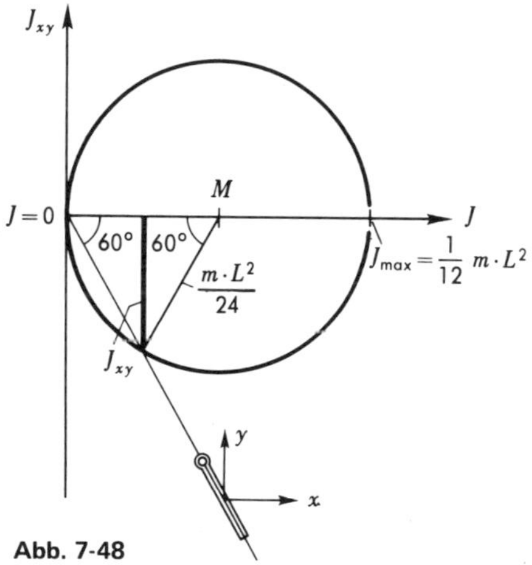

Abb. 7-48

Zur Berechnung von M_z muß das Zentrifugalmoment J_{xy} berechnet werden. Nach dem MOHRschen Trägheitskreis (Abb. 7-48, vergleiche auch Abb. 6-32 und Band 2, Abschnitt 5.6.3) ist

$$J_{xy} = -\frac{m \cdot L^2}{24} \cdot \sin 60^\circ .$$

Dieses Ergebnis erhält man auch durch Integration (Abb. 7-49).

$$J_{xy} = \int_{-\frac{L}{2}}^{+\frac{L}{2}} (-x) \cdot y \cdot \mathrm{d}m, \qquad \mathrm{d}m = \rho \cdot A \cdot \mathrm{d}l,$$

$$= -\rho \cdot A \cdot \int_{-\frac{L}{2}}^{+\frac{L}{2}} l \cdot \cos 60^\circ \cdot l \cdot \sin 60^\circ \cdot \mathrm{d}l$$

$$= -\rho \cdot A \cdot \cos 60^\circ \cdot \sin 60^\circ \cdot 2 \int_0^{\frac{L}{2}} l^2 \cdot \mathrm{d}l .$$

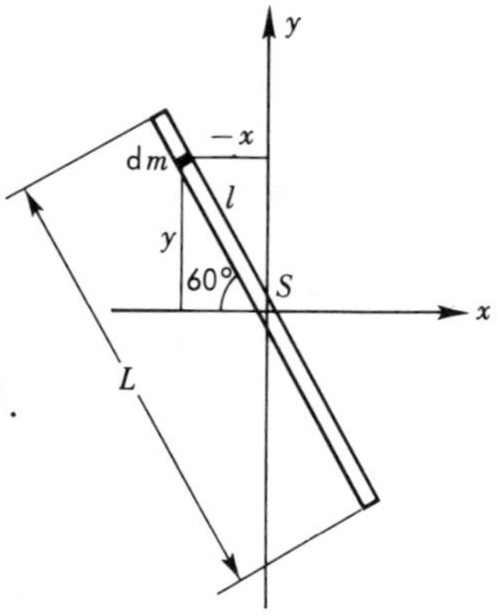

Abb. 7-49

Mit

$$2 \cdot \cos 60^\circ = 1 \qquad \text{und}$$

$$m = \rho \cdot A \cdot L \quad \text{ist}$$

$$J_{xy} = -\frac{1}{24} \cdot m \cdot L^2 \cdot \sin 60^\circ .$$

Aus den Gleichgewichtsbedingungen für das System Abb. 7-47 erhält man nach dem Einsetzen der gegebenen Zahlenwerte (zu beachten ist, daß M_z wegen des negativen Zentrifugalmomentes positiv wird)

$$\mathbf{S = F_D = 130{,}1\,N}, \qquad \mathbf{F_{Dx} = 86{,}4\,N}, \qquad \mathbf{F_{Cy} = 49{,}1\,N}.$$

Zum besseren Verständnis der Wirkung des Momentes M_z soll das Ergebnis auf anderem Wege bestätigt werden. Der Stab wird dazu in einzelne Massenelemente aufgeteilt (Abb. 7-50). An jedem greift eine Fliehkraft $\mathrm{d}m \cdot r \cdot \omega^2$ an. Da der Radius von C aus linear zunimmt, gilt das auch für die Fliehkräfte. Der Leser beweise durch einfache Integration, daß die Größe der Resultierenden $F_{res} = m \cdot r_S \cdot \omega^2$ ist, sich also so berechnet, als wäre die gesamte Masse im Schwerpunkt vereinigt. Mit dieser Vorstellung kann man jedoch nicht die Lage dieser Resultierenden festlegen. Die Resultierende einer dreieckförmigen Streckenlast liegt bei $\frac{1}{3}\,L$ bzw. $\frac{1}{3}\,h$ und nicht wie der Schwerpunkt des Stabes bei $\frac{1}{2}\,L$. Verschiebt man die Resultierende um $\frac{1}{6}\,h$ in den

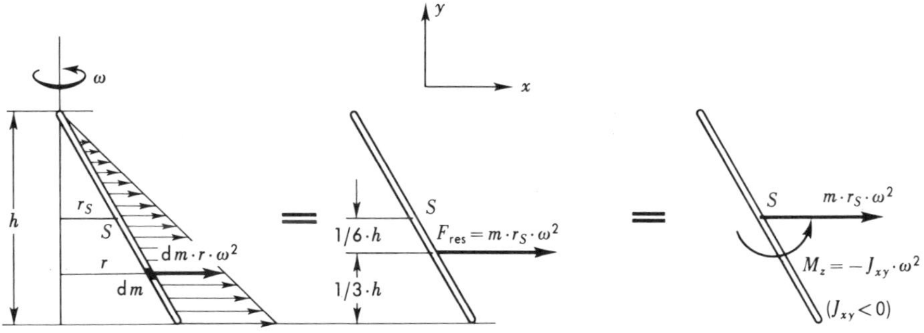

Abb. 7-50

Schwerpunkt, dann muß ein Moment $M = F_{res} \cdot \frac{1}{6} h$ addiert werden (Band 1, Abschnitt 2.3.4). Es soll bewiesen werden, daß dieses Moment gerade das Moment M_z ist,

$$M = F_{res} \cdot \frac{1}{6} \cdot h$$
$$= m \cdot r_S \cdot \omega^2 \cdot \frac{1}{6} \cdot h .$$

Mit

$$r_S = \frac{L}{2} \cdot \sin 30^\circ = \frac{L}{4} \qquad \text{und} \qquad h = L \cdot \sin 60^\circ$$

erhält man

$$M = \frac{1}{24} \cdot m \cdot L^2 \cdot \sin 60^\circ \cdot \omega^2$$
$$M = -J_{xy} \cdot \omega^2 = M_z .$$

Das ist, wie zu beweisen war, die Gleichung 7-13 für $J_{yz} = 0$. Das Moment M_z versucht den Stab so zu drehen, daß er in horizontaler Lage rotiert. Dafür wäre die y-Achse die Hauptachse.

Beispiel 2 (Abb. 7-51)

Die Abbildung zeigt einen Axialventilator mit verstellbaren Schaufeln (System Verstellpropeller). Die einzelnen Schaufeln stehen schräg zur Drehachse. Deshalb entstehen Momente, die eine Drehung um die Längsachsen der Profile einleiten. Das Laufrad würde ohne Einwirkung weiterer Kräfte „schließen". Um die notwendigen Verstellkräfte klein zu halten, sollen durch Anbringen von Zusatzmassen die durch die Trägheitswirkungen verursachten Verstellmomente kompensiert werden. Dazu soll modellhaft ein Profil durch eine Platte nach Abb. 7-52 ersetzt werden. Für die unten gegebenen Daten ist das Moment zu berechnen, das ohne Vorhandensein der Ausgleichsmasse die Platte um die z-Achse zu drehen versucht. Im zweiten Schritt ist die Größe der Ausgleichsmasse so zu bestimmen, daß dieses Moment vollständig kompensiert wird.

Abb. 7-51*)

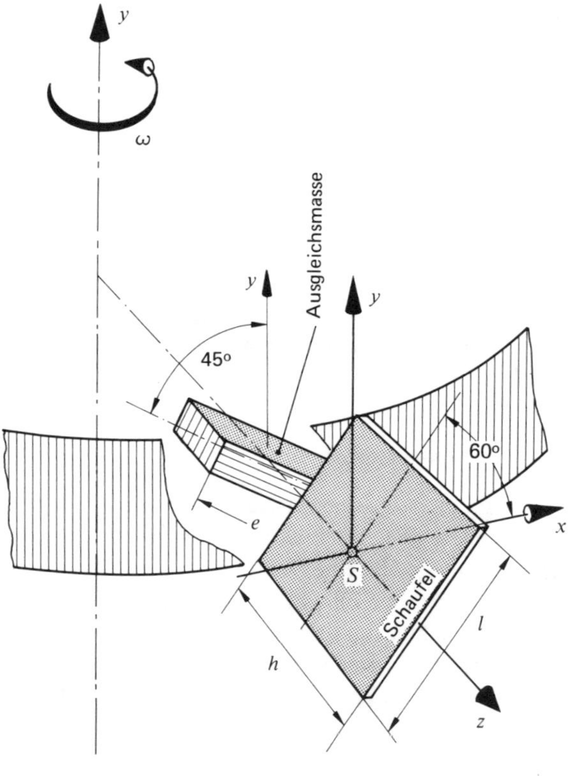

Abb. 7-52

*) Foto: KÜHNLE, KOPP & KAUSCH-Turbomaschinen – Frankenthal/Pfalz.

Schaufel (homogene Platte)	$m = 2{,}0$ kg
	$l = 150$ mm
	$h = 200$ mm
Ausgleichsmasse (homogener Quader)	$e = 100$ mm
	unter 45° zur y-Achse
Drehzahl des Ventilators	$n = 1450\ \text{min}^1$

Lösung

Die Platte dreht sich bei Rotation des Laufrades auch um ihre eigene senkrechte Schwerpunktachse (s. z.B. Abb. 4-2a). Beachtet man dieses, dann versteht man die Tendenz der Platte, sich horizontal zu legen.

Die Gleichung 7-13 gibt für $\alpha = 0$

$$M_z = -J_{xy} \cdot \omega^2 \ .$$

Die Bestimmung des Zentrifugalmomentes soll mit Hilfe des MOHR'schen Trägheitskreises erfolgen (Abb. 7-53). Der Radius dieses Kreises beträgt

$$\tfrac{1}{2}(J_{max} - J_{min}) \, ,$$

wobei gilt

$$J_{max} = \frac{m}{12}(h^2 + l^2)$$

$$J_{min} = \frac{m}{12} \cdot h^2 \ .$$

Das in Abb. 7-53 gekennzeichnete Dreieck liefert

$$J_{xy} = \overline{OA} \cdot \sin 2\varphi = \tfrac{1}{2}(J_{max} - J_{min}) \cdot \sin 2\varphi$$

$$J_{xy} = \frac{m}{24} \cdot l^2 \cdot \sin 2\varphi \ .$$

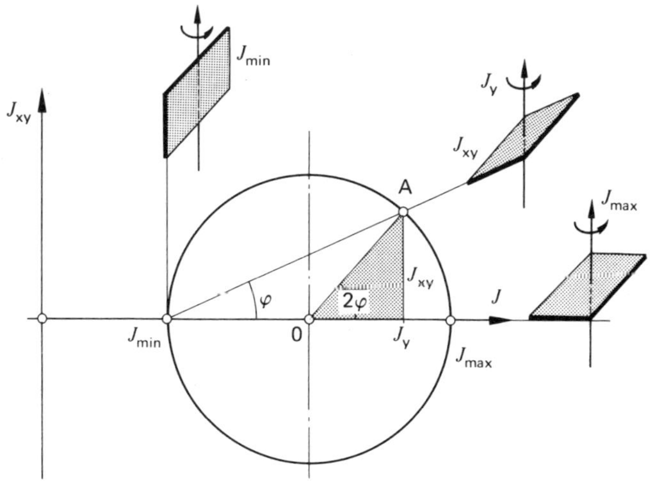

Abb. 7-53

Im vorliegenden Fall

$$J_{xy} = \frac{2{,}0\ \text{kg}}{24} \cdot 0{,}150^2\ \text{m}^2 \cdot \sin 120^\circ = 1{,}624 \cdot 10^{-3}\ \text{kg m}^2\ .$$

Mit $\omega = 2\pi \cdot n = 151{,}8\ \text{s}^{-1}$ erhält man

$$M_z = -\ 1{,}624 \cdot 10^{-3}\ \text{kg m}^2 \cdot 151{,}8^2\ \text{s}^{-2}$$

$$\mathbf{M_z = -\ 37{,}42\ Nm}\ .$$

Das Moment ist negativ, d.h. es wirkt in der Ansicht der Abb. 7-52 im Uhrzeigersinn, was mit den anfangs angestellten Überlegungen übereinstimmt. Die vollständige Kompensation dieses Momentes erfordert eine Ausgleichsmasse mit

$$J_{xy\,A} = -\ 1{,}624 \cdot 10^{-3}\ \text{kg m}^2\ .$$

Mit dieser ist die y-Achse eine Hauptachse ($M_z = 0$).

$$m_A = \frac{24 \cdot J_{xy\,A}}{e^2 \cdot \sin 2\varphi}\ .$$

Der Winkel φ wird von der positiven x-Achse ausgehend in der x-y-Ebene gemessen

$$m_A = \frac{24 \cdot (-\ 1{,}624 \cdot 10^{-3})\ \text{kg m}^2}{0{,}10^2\ \text{m}^2 \cdot \sin 270^\circ}$$

$$\mathbf{m_A = 3{,}90\ kg}\ .$$

An einem Ventilator sind normalerweise die Schaufeln aus Leichtmetall, die Ausgleichsmassen aus Stahl gefertigt. Deshalb können sie verhältnismäßig kompakt ausgeführt werden.

7.3 Zusammenfassung

Das d'ALEMBERTsche Prinzip stellt genau wie der Impulssatz eine Umformung des Dynamischen Grundgesetzes dar. Es ermöglicht die Rückführung eines Problems der Kinetik auf eines der Statik. Die Anwendung dieses Prinzips empfiehlt sich für Aufgaben, die die Größen Kraft (bzw. Moment), Masse (bzw. Trägheitsmomente) und Beschleunigung miteinander vereinigen. Besonders geeignet ist das Verfahren, wenn Momentanwerte ermittelt werden sollen, z.B. bei veränderlichem Kraftangriff eine Beschleunigung für einen vorgegebenen Zeitpunkt.

Bei der beschleunigten Bewegung eines *Massenpunktes* wird außer den äußeren Kräften – am besten entgegengesetzt der Bewegungsrichtung – die Trägheitskraft $m \cdot a$ eingeführt. Bei verzögerter Bewegung ergibt die Rechnung dann für $m \cdot a$ einen negativen Wert. Zerlegt man den Vektor $\vec{a}$ in Komponenten, so ist es notwendig, jeder Komponente die entsprechende Trägheitskraft zuzuordnen. Angewendet auf die Normalbeschleunigung einer krummlinigen Bewegung erhält man als Trägheitskraft, die die Masse auf geradliniger Bahn halten will, die Fliehkraft

$$\mathrm{Z = m \cdot a_n = m \cdot \frac{v^2}{r} = m \cdot r \cdot \omega^2}. \qquad \text{Gl. 7-5}$$

Für das durch die d'ALEMBERTschen Trägheitskräfte ergänzte Kräftesystem gelten die Gleichgewichtsbedingungen der Statik. z.B.

$$\sum F_x = 0, \qquad \sum F_y = 0.$$

Für überlagerte Bewegungsabläufe erhält man bei einer Drehung die der CORIOLIS-beschleunigung zugeordnete CORIOLISkraft

$$F_{Cor} = m \cdot a_{Cor} = 2\, m \cdot \omega \cdot v_{rel}, \qquad \text{Gl. 7-6}$$

in Vektorschreibweise

$$\vec{F}_{Cor} = 2\, m \cdot \vec{\omega} \times \vec{v}_{rel}. \qquad \text{Gl. 7-7}$$

Dabei bilden $\vec{\omega}$ $\vec{v}_{rel}$ $\vec{F}_{Cor}$ ein Rechtssystem nach Abb. 4-29.
Für die *Schiebung* eines starren Körpers gilt für den Schwerpunkt alles, was zum Massenpunkt gesagt wurde.

Eine *Drehung* um die Hauptachse wird durch Kräfte verursacht, deren Resultierende null ist und die sich zu einem Kräftepaar zusammensetzen lassen.

Diesen Kräften wird das d'ALEMBERTsche Trägheitskräftepaar $J_S \cdot \alpha$ am besten entgegen der Drehrichtung überlagert. Bei verzögerter Drehung erhält man für α dann einen negativen Wert. Für das so entstandene Kräftesystem ist die statische Gleichgewichtsbedingung $\Sigma M = 0$ erfüllt.

Die *allgemeine ebene Bewegung* wird aus Schiebung und Drehung zusammengesetzt. Dabei müssen alle Größen auf den Schwerpunkt bezogen sein ($m \cdot a_S$ und $J_S \cdot \alpha$). Je nach Aufgabenstellung arbeitet man dabei mit x-y-Koordinaten oder zerlegt in Normal- und Tangentialrichtung. Für das mit den d'ALEMBERTschen Reaktionen ergänzte Kräftesystem gelten die Bedingungen

$$\sum F_x = 0, \qquad \sum F_y = 0, \qquad \sum M = 0.$$

Bei Drehung um Achsen, die mit den Hauptachsen einen Winkel bilden, fallen die Vektoren $\vec{M}$ und $\vec{\omega}$ nicht mehr zusammen. Erfolgt die Drehung um die y-Achse, dann besteht der Momentenvektor aus folgenden Komponenten

$$M_x = J_{xy} \cdot \alpha + J_{yz} \cdot \omega^2, \qquad \text{Gl. 7-12}$$

$$M_y = - J_y \cdot \alpha, \qquad \text{Gl. 7-11}$$

$$M_z = - J_{xy} \cdot \omega^2 + J_{yz} \cdot \alpha. \qquad \text{Gl. 7-13}$$

Es entstehen demnach senkrecht zur Drehachse stehende umlaufende Momente, die zusätzlich von der Lagerung aufgenommen werden müssen. Diese verschwinden für $J_{xy} = 0, J_{yz} = 0$, d.h. für Hauptachsen. *Bei Drehung um eine Hauptachse versucht eine rotierende Masse nicht, die Lage der Drehachse zu ändern.* Die Lager werden bei Rotation nicht zusätzlich belastet. Die Aufgabe des Auswuchtens rotierender Körper ist, Dreh- und Hauptachse zur Deckung zu bringen.

8. Die Energie

8.1 Die Definition von Arbeit und Leistung

Eine Punktmasse dm wird auf einer Bahn nach Abb. 8-1 von einer Kraft F bewegt. Als *Arbeit* auf dem Wegdifferential ds wird definiert

$$\mathbf{dW = F \cdot \cos\delta \cdot ds.} \quad \text{Gl. 8-1}$$

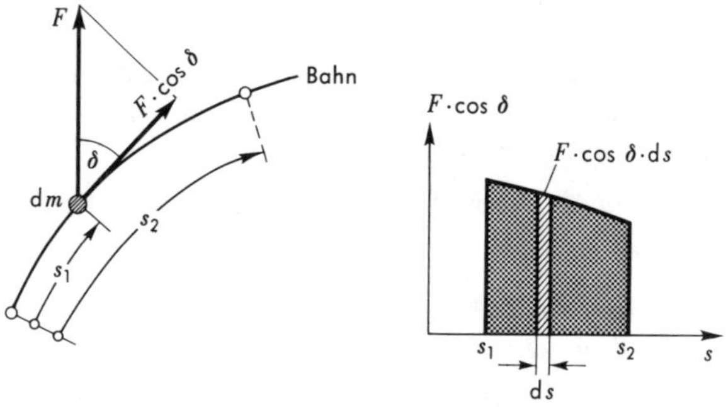

Abb. 8-1

Die Arbeit d$W = F \cdot \cos\delta \cdot ds$ wird verrichtet, wenn eine in Wegrichtung liegende Kraftkomponente $F \cdot \cos\delta$ um den Betrag ds verschoben wird.
Auf dem Weg von s_1 nach s_2 wird die Arbeit

$$\mathbf{W = \int_{s_1}^{s_2} F \cdot \cos\delta \cdot ds} \quad \text{Gl. 8-2}$$

aufgewendet. Dabei ändert sich das Produkt $F \cdot \cos\delta$ mit dem Weg. Die vom Kraft-Weg Diagramm eingeschlossene Fläche kann als die verrichtete Arbeit gedeutet werden (Abb. 8-1b). Die Gleichung 8-1 kann als skalares Produkt der Vektoren „Kraft" und „Weg" aufgefaßt werden

$$\mathbf{dW = \vec{F} \cdot d\vec{s}.} \quad \text{Gl. 8-3}$$

Eine Arbeit ist ein Skalar, d.h. sie wird durch einen Zahlenwert als Maß ihrer Größe bestimmt.

Auf eine Drehung angewendet, ergibt die Gleichung 8-2 (Abb. 8-2)

$$\mathbf{W = \int_{\varphi_1}^{\varphi_2} M \cdot d\varphi.} \quad \text{Gl. 8-4}$$

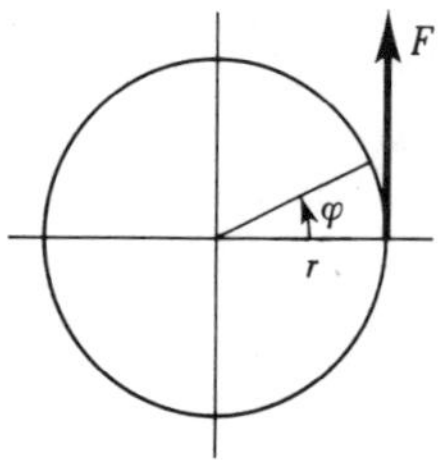

Abb. 8-2

Für den Sonderfall konstantes Moment bzw. konstante Kraft in Bewegungsrichtung erhält man

$$\mathbf{W = F \cdot s, \qquad W = M \cdot \varphi.} \qquad \text{Gl. 8-5}$$

Die Dimension der Arbeit ist Kraft × Länge, die Einheiten je nach Größenordnung Nm, kNm usw. Für die Arbeit 1 Nm wird als Einheit der Arbeit die Bezeichnung 1 J (Joule) eingeführt:

$$1\ \text{Nm} = 1\ \text{J}.$$

Aus den oben gegebenen Erläuterungen folgt unmittelbar der Unterschied zwischen der Arbeit und dem Moment, das die gleiche Dimension hat.

Sind Kraftkomponente F und Weg s gleichgerichtet, dann ist die Arbeit W positiv, sind sie entgegengesetzt gerichtet, dann ist wegen der Vektoreigenschaft von $\vec{\mathbf{F}}$ und $\vec{s}$ die Arbeit negativ. Die Arbeit wird null, wenn

1. die angreifende Kraft senkrecht zur Verschiebungsrichtung steht ($\cos \delta = 0$),
2. die Kraft nicht verschoben wird ($\mathrm{d}s = 0$),
3. es sich um innere Kräfte handelt, die als actio und reactio immer paarweise entgegengesetzt gerichtet auftreten. Beide verrichten bei Verschiebung die gleiche Arbeit, jedoch von entgegengesetzten Vorzeichen, so daß insgesamt die Arbeit null ist.

Nach diesen Ausführungen wird z.B. keine Arbeit von den Gewichtskräften geleistet, wenn die Gewichte horizontal verschoben werden. Von dieser Aussage unberührt sind die Kräfte, die diese Verschiebung einleiten bzw. aufrecht erhalten. Die Bedingung $\mathrm{d}s = 0$ ist erfüllt, wenn die Kraftkomponente $F \cdot \cos \delta$ sich nicht relativ zur Unterlage verschiebt. Nach dieser Feststellung kann auch eine ruhende Kraft eine Arbeit leisten. Als Beispiel wird eine Bremstrommel betrachtet, die an die Bremsbacke gedrückt wird. Die Bremskraft ist in Ruhe. Der Weg $\mathrm{d}s$ wird von der umlaufenden Trommel zurückgelegt. So entsteht die durch Wärme abgeführte Bremsarbeit.
Die 3. Bedingung lautet in anderen Worten:

An einem System verrichten nur die äußeren Kräfte eine Arbeit.
Gelenkkräfte z.B. leisten unabhängig von den Verschiebungen keine Arbeit.

Es soll die Arbeit einer Kraft konstanter Größe bestimmt werden, die im Raum ihre Richtung nicht ändert und dabei auf einer beliebigen Bahn bewegt wird. Das ist z.B. die Gewichtskraft, die das Abgleiten eines Körpers auf einer geneigten Unterlage verursacht (Abb. 8-3).

Nach Gleichung 8-1 ist

$$\mathrm{d}W = G \cdot \cos \delta \cdot \mathrm{d}s\,;$$

dabei ist $\cos \delta \cdot \mathrm{d}s = \mathrm{d}y$,

$$\mathrm{d}W = G \cdot \mathrm{d}y\,,$$

$$\mathbf{W = G \cdot (y_2 - y_1).} \qquad \text{Gl. 8-6}$$

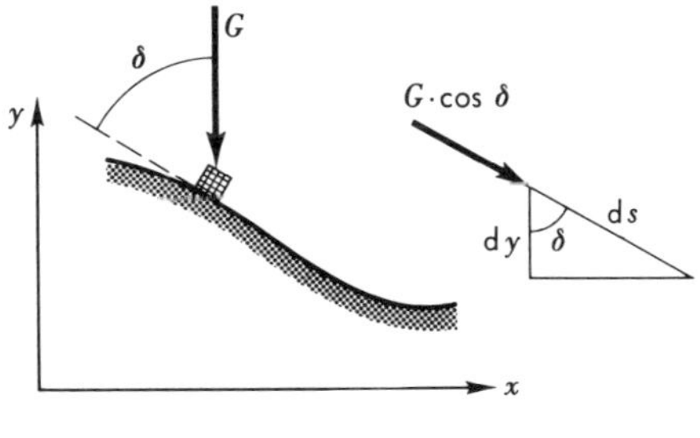

Abb. 8-3

Für den oben beschriebenen Fall ist die Arbeit unabhängig von dem tatsächlich zurückgelegten Weg. Sie ist gleich der Kraft multipliziert mit der auf die Kraftrichtung projizierten Entfernung zwischen Anfang und Endzustand.

Die an einer Feder angreifende Kraft nimmt linear mit der Deformation der Feder zu. In einem Kraft-Weg-Diagramm erhält man eine Gerade, deren Gleichung in allgemeiner Form $F = c \cdot s$ lautet. Man nennt c die *Federkonstante.* Sie ist ein Maß für die Steifheit der Feder und hat die Dimension Kraft pro Länge (vergleiche E-Modul und HOOKEsches Gesetz Band 2). Da $\vec{s}$ und $\vec{F}$ kollinear sind, lautet die Gleichung 8-1

$$dW = F \cdot ds = c \cdot s \cdot ds,$$

$$W = c \int_{s_1}^{s_2} s \cdot ds,$$

$$\mathbf{W = \frac{c}{2} (s_2^2 - s_1^2).} \qquad \textbf{Gl. 8-7}$$

Das ist die Arbeit, die notwendig ist, um die Feder von s_1 nach s_2 zu verlängern. Graphisch wird sie von der Fläche im Kraft-Weg-Diagramm dargestellt (Abb. 8-4).

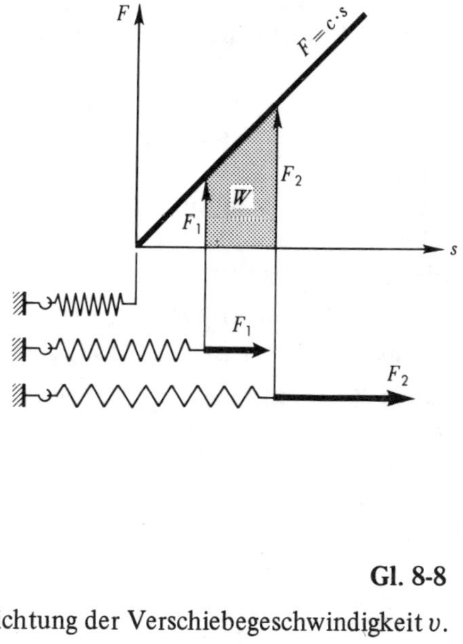

Abb. 8-4

Die Leistung ist definiert als die auf die Zeit bezogene Arbeit.

$$\mathbf{P = \frac{dW}{dt}.}$$

Nach Gleichung 8-1 ist

$$P = F \cdot \cos\delta \cdot \frac{ds}{dt},$$

$$\mathbf{P = F \cdot \cos\delta \cdot v.} \qquad \textbf{Gl. 8-8}$$

Dabei ist $F \cdot \cos\delta$ die Kraftkomponente in Richtung der Verschiebegeschwindigkeit v.

Für den Fall einer Kraft in Verschiebungsrichtung erhält man aus Gleichung 8-8

$$\mathbf{P = F \cdot v.} \qquad \textbf{Gl. 8-9}$$

Für eine Kreisbahn folgt daraus mit $v = r \cdot \omega$

$$P = F \cdot r \cdot \omega$$

$$\mathbf{P = M \cdot \omega.} \qquad \textbf{Gl. 8-10}$$

Verursacht eine Kraft F die Beschleunigung a einer Masse m, dann ist dazu die Beschleunigungsleistung

$$P = F \cdot v$$

$$\mathbf{P = m \cdot a \cdot v} \qquad \text{Gl. 8-11}$$

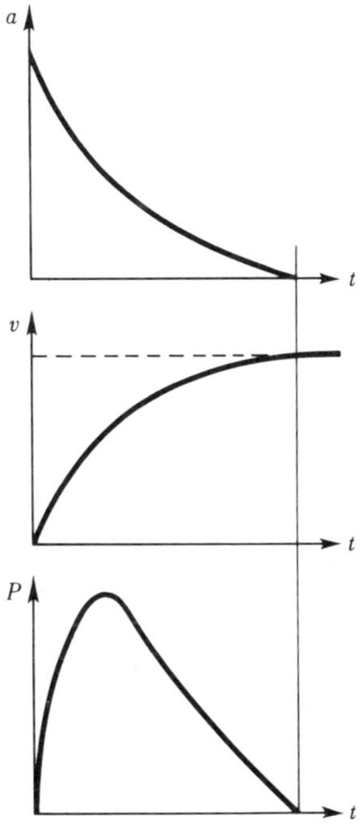

notwendig. Während eines Anfahrvorganges nimmt normalerweise die Beschleunigung a ab, während die Geschwindigkeit v zunimmt. Wenn die Endgeschwindigkeit erreicht ist, geht die Beschleunigung nach Null. Geht die Bewegung von der Ruhelage aus, dann ist im Anfangspunkt die Geschwindigkeit $v = 0$ (Abb. 8-5). Die Beschleunigungsleistung, die sich mit dem Produkt $a \cdot v$ ändert, wird null für den Moment des Bewegungsbeginnes und beim Erreichen der Endgeschwindigkeit. Zwischen diesen beiden Punkten erreicht die Beschleunigungsleistung einen Maximalwert.

Analoge Überlegungen für die Drehung führen zu der Beziehung (Gleichung 8-10 und 5-8)

$$P = M \cdot \omega,$$

$$\mathbf{P = J \cdot \alpha \cdot \omega.} \qquad \text{Gl. 8-12}$$

Abb. 8-5

Auch hier handelt es sich nicht um einen konstanten Wert, sondern um eine mit der Zeit je nach Anfahrvorgang veränderliche Funktion.

Es gilt alles sinngemäß für die Bremsung eines Systems. Die errechnete negative Leistung wird z.B. in einer Bremse in Wärme umgesetzt.

Die Dimension der Leistung ist danach Kraft·Länge·Zeit^{-1}, (Gl. 8-9/10), die Einheiten sind je nach Größenordnung $\frac{\text{Nm}}{\text{s}}$, $\frac{\text{kNm}}{\text{s}}$ usw. Für die Leistung $1\,\frac{\text{Nm}}{\text{s}}$ wird als Einheit der Leistung die Bezeichnung 1 W (Watt) eingeführt. Man erhält damit

$$1\,\frac{\text{Nm}}{\text{s}} = 1\,\frac{\text{J}}{\text{s}}\left(\frac{\text{Joule}}{\text{s}}\right) = 1\,\text{W (Watt)}$$

$$1\,\frac{\text{kNm}}{\text{s}} = 1\,\frac{\text{kJ}}{\text{s}} = 1\,\text{kW.}$$

Für die Arbeit wird oft die Einheit

$$1\,\text{Nm} = 1\,\text{J} = 1\,\text{Ws}$$

$$1\,\text{kNm} = 1\,\text{kJ} = 1\,\text{kWs}$$

verwendet.

Beispiel

Ein Pkw (m = 1 100 kg) fährt mit konstanter Geschwindigkeit v = 130 km/h eine Steigung von 5% hinauf. Dabei betragen Luft- und Rollwiderstand F_W = 800 N.

Der Wirkungsgrad der Leistungsübertragung von der Motorkupplung zu den Rädern wird mit $\eta = 0{,}90$ angenommen. Während der Fahrt wird das Gaspedal voll durchgetreten. Dabei wird eine momentane Beschleunigung von $a = 0{,}60\ \text{m/s}^2$ gemessen. Zu bestimmen sind

a) die auf die Fahrbahn übertragene Leistung für v = konst.,
b) die abgegebene Motorleistung für a),
c) die bei der Beschleunigung abgegebene Motorleistung,
d) die für c) notwendige Haftreibungszahl an den angetriebenen Rädern, wenn diese mit $0{,}50 \cdot m \cdot g$ belastet sind.

Lösung

zu a) Die an den Rädern übertragene Leistung muß die Widerstände und den Hangabtrieb überwinden.

$$P_R = F \cdot v = (F_W + m \cdot g \cdot \sin\delta) \cdot v$$
$$= (800 + 1\,100 \cdot 9{,}81 \cdot \sin 2{,}86^\circ)\ \text{N} \cdot 36{,}11\ \text{m/s}$$
$$\mathbf{P_R = 48{,}3\ kW}\ .$$

zu b) Die am Motor abgegebene Leistung ist um die Verluste auf dem Weg Motorkupplung – Rad höher.

$$\mathbf{P_{Mot}} = \frac{P_R}{\eta} = \frac{48{,}3\ \text{kW}}{0{,}9} = \mathbf{53{,}7\ kW}\ .$$

zu c) Zu der Fahrleistung kommt die Beschleunigungsleistung hinzu.

$$\Delta P = m \cdot a \cdot v$$
$$\Delta P = 1\,100\ \text{kg} \cdot 0{,}60\ \text{m/s}^2 \cdot 36{,}11\ \text{m/s}$$
$$\Delta P = 23{,}8\ \text{kW}\ .$$

Damit ist $P_{R\,max} = (48{,}3 + 23{,}8)\ \text{kW} = 72{,}1\ \text{kW}$.

Das entspricht einer Motorleistung von

$$\mathbf{P_{Motmax}} = \frac{72{,}1\ \text{kW}}{0{,}9} = \mathbf{80{,}1\ kW}\ .$$

zu d) Die Fahrleistung wird von den durch Reibung erzeugten Umfangskräften an den Reifen übertragen.

$$P_{R\,max} = 0{,}50 \cdot m \cdot g \cdot \mu_0 \cdot v$$
$$\mu_0 = \frac{P_{R\,max}}{0{,}50 \cdot m \cdot g \cdot v} = \frac{72{,}1 \cdot 10^3\ \text{W}}{0{,}50 \cdot 1\,100\ \text{kg} \cdot 9{,}81\ \text{m/s}^2 \cdot 36{,}11\ \text{m/s}}$$
$$\mu_0 = \mathbf{0{,}37}\ .$$

Dieser Wert entspricht etwa nasser Fahrbahn. Auf einer solchen wäre damit die Übertragungsfähigkeit der Reifen erschöpft. Seitenführungskräfte könnten nicht oder nur im geringen Maße übertragen werden.

8.2 Der Energiesatz

Energie ist das Vermögen, Arbeit zu verrichten.

Die Energie hat die gleiche Dimension wie die Arbeit und ist wie diese ein Skalar.

Wird eine Masse um die Höhe h gehoben, dann hat sie in bezug auf die Ausgangshöhe einen Arbeitsvorrat, der gleich der beim Heben verrichteten Arbeit ist. Diesen nennt man potentielle oder Lageenergie,

$$\mathbf{E_{pot} = m \cdot g \cdot h.} \qquad \textbf{Gl. 8-13}$$

Eine Kraft F beschleunigt nach Abb. 8-6 die Masse m. Es gilt das NEWTONsche Gesetz $F \cdot \cos\delta = m \cdot a$. Nach Gleichung 2-8 ist

$$a = \frac{v \cdot dv}{ds}.$$

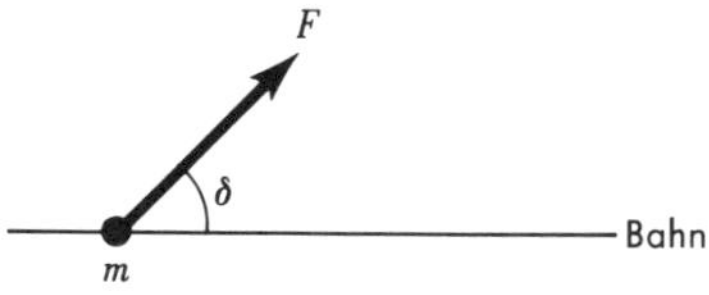

Abb. 8-6

Man erhält

$$F \cdot \cos\delta \cdot ds = m \cdot v \cdot dv,$$

$$\int_{s_1}^{s_2} F \cdot \cos\delta \cdot ds = m \cdot \int_{v_1}^{v_2} v \cdot dv,$$

$$\int_{s_1}^{s_2} F \cdot \cos\delta \cdot ds = \frac{m}{2} v_2^2 - \frac{m}{2} v_1^2.$$

Das auf der linken Seite stehende Integral ist nach Gleichung 8-2 die bei Beschleunigung verrichtete Arbeit. Die bewegte Masse hat diese Arbeit aufgenommen und sie in der Form der kinetischen oder Bewegungsenergie gespeichert. Demnach ist

$$\mathbf{E_{kin} = \frac{m}{2} v^2.} \qquad \textbf{Gl. 8-14}$$

Für die Deformation eines elastischen Systems (z.B. Feder) ist eine Arbeit notwendig, die nach Gleichung 8-7 die Größe

$$W = \frac{c}{2}(s_2^2 - s_1^2)$$

hat. Im gespannten Zustand hat die Feder ein gleich großes Arbeitsvermögen (Voraussetzung: innere Reibung vernachlässigbar). Die Deformations- bzw. elastische Energie der Feder ist deshalb

$$\mathbf{E_{el} = \frac{c}{2} s^2} \qquad \textbf{Gl. 8-15}$$

(siehe dazu Abb. 8-4).

Außer diesen 3 genannten, denen in der Technischen Mechanik eine besondere Rolle zukommt, gibt es noch eine ganze Reihe anderer Energieformen. Als Beispiel seien aufgeführt: Wärmeenergie, chemische Energie, elektrische Energie, magnetische Energie, Strahlungsenergie, Kernenergie.

Der Energiesatz sagt aus, daß es zwar möglich ist, eine Energieform in eine andere überzuführen, jedoch die Gesamtenergie als Summe aller Energieformen innerhalb des Weltalls konstant ist.

Mit der Definition des Energiebegriffes ist es gelungen, eine Größe zu finden, die bei dem steten Wechsel aller Naturvorgänge konstant ist. Die Kernphysik hat bewiesen, daß Masse und Energie gleichwertig sind. Schon die Umwandlung geringster Mengen von Materie setzt ungeheuer große Energien frei.

Für ein betrachtetes System lautet der Energiesatz:

Die Summe der Energien im Endzustand ist gleich der Summe der Energien im Anfangszustand, vermehrt um die zugeführte bzw. vermindert um die abgeführte Energie:

$$\sum E_1 \pm \Delta E = \sum E_2 . \qquad \text{Gl. 8-16}$$

In dem Term ΔE können zu- bzw. abgeführte Arbeiten enthalten sein. Im ersten Fall kann es sich z.B. um eine über ein Motormoment in einem Hubwerk eingebrachte Arbeit handeln, im zweiten, um eine über einen Generator abgeführte. Die von Reibungskräften verrichtete Arbeit wird in Wärmeenergie umgesetzt, die jedoch technisch nicht mehr nutzbar ist. Deshalb ist es sinnvoll, sie als „Energieverlust" von der Ausgangsenergie abzuziehen. Nach diesen Ausführungen kann man schreiben

$$\sum E_1 \begin{matrix} + W_{\text{Mot}} \\ - W_{\text{Masch}} \end{matrix} - W_{\text{R}} = \sum E_2 . \qquad \text{Gl. 8-17}$$

Dabei ist W_{Mot} die über z.B. einen Motor dem Anfangszustand zugeführte Arbeit, W_{Masch} die z.B. von einer Arbeitsmaschine dem System entzogene Arbeit, W_{R} die Reibungsarbeit. Die ΣE enthalten dann die Anteile potientielle, kinetische und elastische Energieen. Bei der Anwendung des Energiesatzes ist es gleichgültig, wie der Vorgang verläuft, es kommt nur auf die Zustände zu den Zeitpunkten 1 und 2 an. Da die inneren Kräfte keine Arbeit leisten (Ausnahme: innere Reibung), ist es auch möglich, den Energiesatz auf ein System mehrerer Massen anzuwenden, die über Seile, Stangen, Federn usw. miteinander verbunden sind.

Die Anwendung des Energieprinzips empfiehlt sich besonders für Aufgaben, in denen die Größen Geschwindigkeit, Weg und Kraft miteinander verbunden sind.

8.3 Der Massenpunkt

In diesem Abschnitt wird der Energiesatz für den Massenpunkt angewendet. Ein Stoß ist, wie im Kapitel 6 bereits ausgeführt, nur mit dem Impulssatz zu erfassen. Das ist zu beachten, wenn zwischen den Zuständen 1 und 2 der Energiegleichung 8-16 ein Stoß stattfindet (siehe nachfolgendes Beispiel 2).

Beispiel 1

Für einen zentrischen Stoß zweier Massen m_{A} und m_{B} ist in Abhängigkeit von den Geschwindigkeiten vor dem Stoß $v_{\text{A}1}$ und $v_{\text{B}1}$ und von der Stoßzahl k die in Wärme umgesetzte Reibungsarbeit zu berechnen. Diese nennt man *Stoßverlust* (vergleiche dazu den Abschnitt 6.1.3).

Lösung

Die Reibungsarbeit ist nach der Gleichung 8-17 gleich der Differenz der Energien vor und nach dem Stoß,

$$W_R = E_1 - E_2 .$$

Dabei sind E_1 und E_2 die kinetischen Energien der beiden Massen vor und nach dem Stoß. Die Differenz der potentiellen Energien ist null, da während des Vorganges die Höhenlage sich nicht ändert,

$$W_R = \frac{m_A}{2}(v_{A1}^2 - v_{A2}^2) + \frac{m_B}{2}(v_{B1}^2 - v_{B2}^2). \qquad (1)$$

Die beiden Geschwindigkeiten v_{A2} und v_{B2} nach dem Stoß müssen aus den Gleichungen 6-7/8 berechnet werden

$$m_A \cdot v_{A1} + m_B \cdot v_{B1} = m_A \cdot v_{A2} + m_B \cdot v_{B2}, \qquad (2)$$

$$v_{B2} - v_{A2} = k\,(v_{A1} - v_{B1}) \qquad (3)$$

Dabei geht man zweckmäßig folgendermaßen vor. Aus (2) berechnet man die Änderung der Bewegungsgröße für jede Masse. Diese Größe soll hier ΔB genannt werden

$$\Delta B = m_A\,(v_{A1} - v_{A2}) = m_B\,(v_{B2} - v_{B1}). \qquad (4)$$

Daraus ergibt sich

$$v_{A2} = v_{A1} - \frac{\Delta B}{m_A} \qquad v_{B2} = v_{B1} + \frac{\Delta B}{m_B}.$$

Das wird in (3) eingesetzt

$$v_{B1} + \frac{\Delta B}{m_B} - v_{A1} + \frac{\Delta B}{m_A} = k\,(v_{A1} - v_{B1}).$$

Nach ΔB aufgelöst ergibt diese Gleichung

$$\Delta B = \frac{m_A \cdot m_B}{m_A + m_B}(v_{A1} - v_{B1})(1 + k). \qquad (5)$$

Man entwickelt (1) weiter

$$W_R = \frac{m_A}{2}(v_{A1} - v_{A2})(v_{A1} + v_{A2}) + \frac{m_B}{2}(v_{B1} - v_{B2})(v_{B1} + v_{B2})$$

und führt (4) ein

$$W_R = \frac{\Delta B}{2}(v_{A1} + v_{A2}) - \frac{\Delta B}{2}(v_{B1} + v_{B2}).$$

Nach Ausklammern und Einführung von (3) erhält man

$$W_R = \frac{\Delta B}{2}(v_{A1} - v_{B1})(1 - k).$$

Setzt man hier (5) ein, erhält man das Endergebnis:

$$W_R = \frac{m_A \cdot m_B}{2\,(m_A + m_B)}\,(v_{A1} - v_{B1})^2\,(1 - k^2).$$

Die Richtigkeit dieser Beziehung soll durch Anwendung auf einige einfache Fälle kontrolliert werden.

1. Elastischer Stoß.
   Mit $k = 1$ erhält man, wie zu erwarten war, $W_R = 0$.
2. Unelastischer Stoß gegen eine feste Wand (B = Index Wand). Es ist

   $$W_R = \frac{1}{2}\,\frac{m_A}{\left(\frac{m_A}{m_B} + 1\right)}\,(v_{A1} - v_{B1})^2\,(1 - k^2).$$

   Mit $k = 0$; $\frac{m_A}{m_B} \to 0$; $v_{B1} = 0$ ist $W_R = \frac{m_A}{2}\,v_{A1}^2$.

   Die kinetische Energie der bewegten Masse wird in Wärme bzw. bleibende Formänderung umgesetzt.
3. Unelastischer Stoß von zwei gleich großen Massen, die mit gleicher Geschwindigkeit gegeneinander fliegen.

   Mit $m_A = m_B = m$; $|v_{A1}| = |v_{A2}| = v$; $v_{A1} - v_{A2} = 2\,v$; $k = 0$

   ist $W_R = \frac{1}{2} \cdot \frac{m}{2}\,(2\,v)^2 = 2 \cdot \frac{m}{2}\,v^2.$

   Da im vorliegenden Fall die Massen nach dem Stoß in Ruhe sind, werden beide kinetischen Energien in Wärme bzw. Formänderungsarbeit umgesetzt.

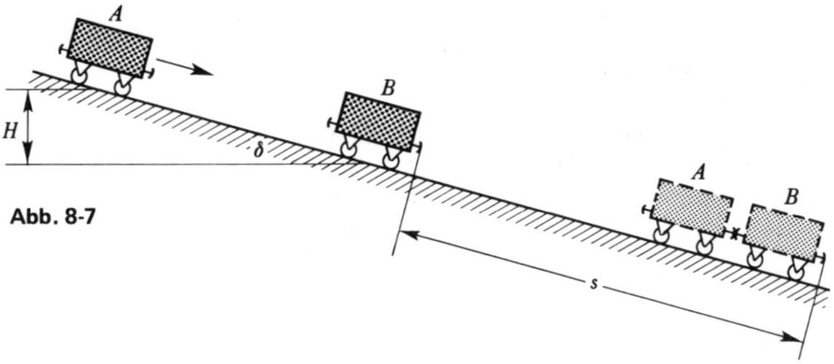

Abb. 8-7

Beispiel 2 (Abb. 8-7)

Auf einer Eisenbahnstrecke von 5 % Gefälle stehen festgebremst die beiden Wagen A und B. Der Höhenunterschied beträgt $H = 2{,}0$ m. Die Bremsen von Wagen A werden gelöst. Der Wagen beginnt zu rollen und stößt (unelastischer Stoß) gegen den Wagen B, der mit blockierten Rädern dabei heruntergeschoben wird. Die Gleitreibungszahl Stahl – Stahl ist $\mu \approx 0{,}1$.

Über dem Verhältnis der Massen m_B/m_A sind aufzutragen für $m_A = 20000$ kg

a) die Bremswege s,
b) der Stoßverlust und die Reibungsarbeit auf den Schienen,
c) das Verhältnis Stoßverlust/Reibungsarbeit.

Alle Diagramme sind zu diskutieren. Die Rollreibung kann vernachlässigt werden.

Lösung (Abb. 8-8)

zu a) In Abb. 8-8 ist der Vorgang in die 3 Phasen Abrollen – Stoß – Bremsen zerlegt. Die Berechnung erfolgt für Abrollen und Bremsen mit dem Energiesatz und für den Stoß mit dem Impulssatz. Wenn man den Energiesatz „durchgehend" (1 bis 4) aufstellt, ist es notwendig, den Stoßverlust (s. voriges Beispiel) in die Energiebilanz einzuführen.

Abrollen (Energiesatz; $W_R = 0$).

$$(E_{kin} + E_{pot})_1 = (E_{kin} + E_{pot})_2,$$

$$0 + m_A \cdot g \cdot H = \frac{m_A}{2} v_{A2}^2 + 0,$$

$$v_{A2} = \sqrt{2gH}.$$

Das ist die Geschwindigkeit unmittelbar vor dem Stoß.

Stoß (Satz von der Erhaltung des Impulses).

$$m_A \cdot v_{A2} + 0 = (m_A + m_B) v_3,$$

$$v_3 = \frac{m_A}{m_A + m_B} v_{A2} = \frac{m_A}{m_A + m_B} \sqrt{2gH}. \tag{1}$$

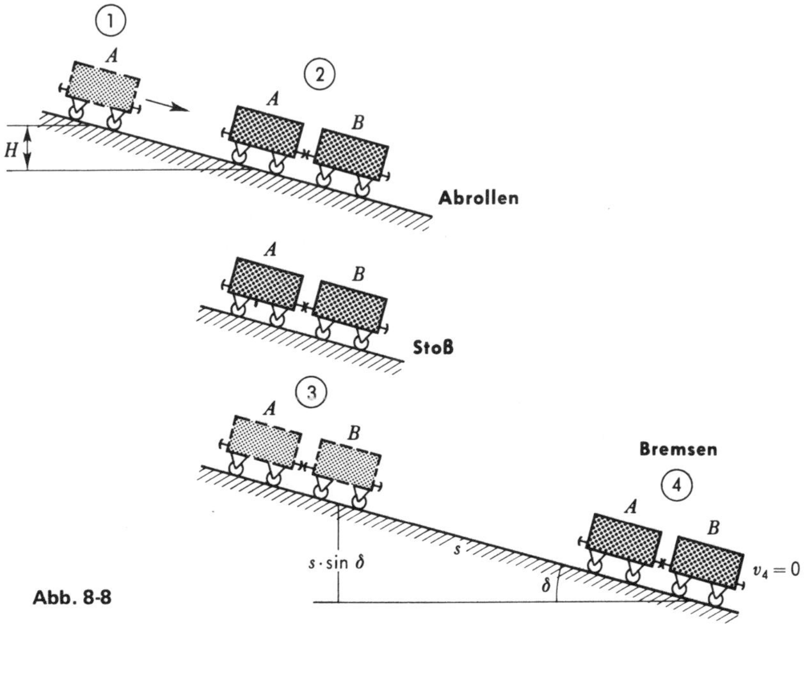

Abb. 8-8

Das ist die gemeinsame Geschwindigkeit der Massen unmittelbar nach dem Stoß.

Bremsen (Energiesatz).

$$(E_{kin} + E_{pot})_3 - W_R = (E_{kin} + E_{pot})_4,$$

$$\frac{m_A + m_B}{2} v_3^2 + (m_A + m_B) \cdot g \cdot s \cdot \sin \delta - m_B \cdot g \cdot \cos \delta \cdot \mu \cdot s = 0 + 0.$$

Für v_3 wird die Beziehung (1) eingesetzt,

$$\frac{m_A^2}{m_A + m_B} \cdot H + (m_A + m_B) \cdot s \ \sin \delta - m_B \cdot \mu \cdot s \cdot \cos \delta = 0.$$

Die Gleichung wird mit $(m_A + m_B)$ multipliziert,

$$m_A^2 \cdot H + (m_A + m_B)^2 \cdot s \cdot \sin \delta - m_B (m_A + m_B) \mu \cdot \cos \delta \cdot s = 0.$$

Es wird eingesetzt: $\sin \delta \approx \tan \delta = 0{,}05$ (5 % Gefälle) und wegen der Unsicherheit der Schätzung der Reibungszahl $\mu \cdot \cos \delta \approx 0{,}1$,

$$m_A^2 \cdot H + 0{,}05\, s\, [(m_A + m_B)^2 - 2\, m_B \cdot (m_A + m_B)] = 0,$$

$$m_A^2 \cdot H + 0{,}05 \cdot s\, [m_A^2 + m_B^2 - 2\, m_B^2] = 0,$$

$$20 H + s \left[1 - \left(\frac{m_B}{m_A}\right)^2\right] = 0,$$

$$s = \frac{20\,H}{\left(\frac{m_B}{m_A}\right)^2 - 1}.$$

Da es physikalisch sinnvolle Lösungen nur für $s > 0$ gibt, muß $\frac{m_B}{m_A} > 1$ sein, d.h. ein Abbremsen ist nur möglich, wenn die Masse $m_B > m_A$ ist. Für $m_B = m_A$, d.h. für gleiche Massen, wird der Bremsweg unendlich lang, da die Bremskraft und die beim Stoß aufgezehrte Energie zu klein sind, um die beiden Wagen auf der Gefällstrecke zum Stehen zu bringen. Eine beliebig große Masse m_B wird von der aufprallenden Masse nicht in Bewegung gesetzt, d.h. für $m_B \to \infty$ muß $s \to 0$ gehen. Die Rechnung wird tabellarisch durchgeführt. Die Ergebnisse sind in Abb. 8-9a aufgetragen.

zu b) Die nach dem Stoß auf der Schiene verrichtete Reibungsarbeit ist

$$W_R = m_B \cdot g \cdot \cos \delta \cdot \mu \cdot s\,.$$

Für $\mu \cdot \cos \delta$ wird 0,1 eingesetzt (s.o.), die Gleichung für s wird eingeführt. Nach Umwandlungen erhält man

$$W_R = 2\, g \cdot H \cdot m_A \cdot \frac{\frac{m_B}{m_A}}{\left(\frac{m_B}{m_A}\right)^2 - 1}.$$

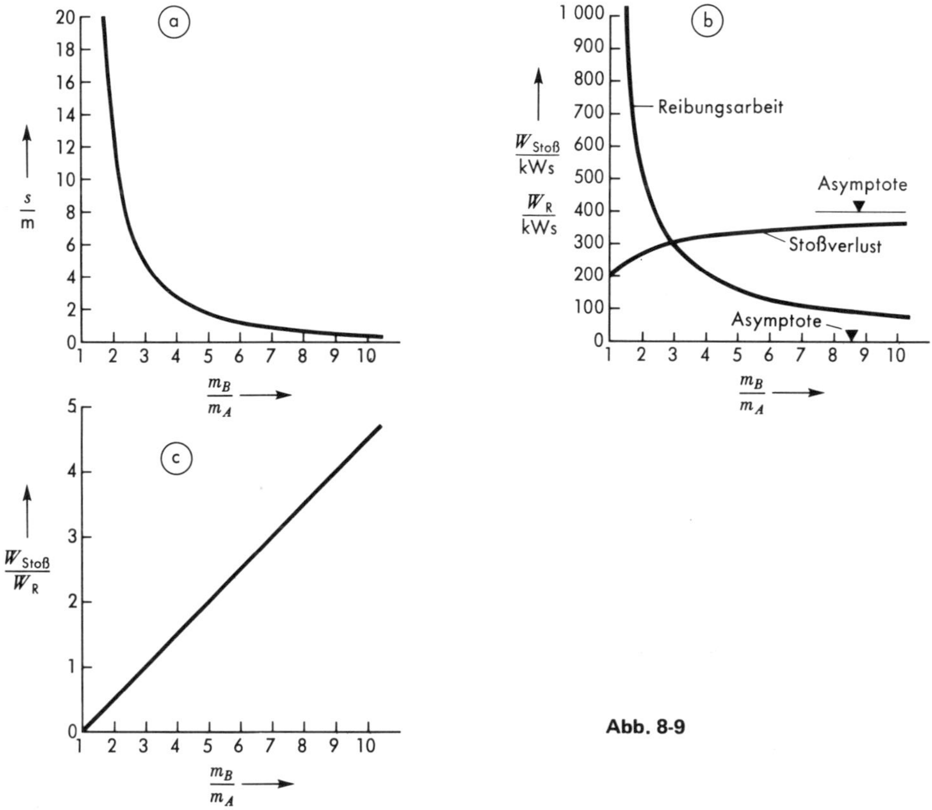

Abb. 8-9

Den Funktionsverlauf zeigt die Abb. 8-9b. Kommen die Wagen nicht zum Stehen, geht die Reibungsarbeit $\rightarrow \infty$ ($m_A = m_B$). Für größer werdende Masse m_B wird zwar die Reibungskraft größer, es überwiegt aber bei weitem der Einfluß des kürzer werdenden Weges. Für eine sehr große Masse, die nicht in Bewegung gesetzt werden kann, ist die Reibungsarbeit null.

Die beim Stoß aufgezehrte Energie beträgt nach dem vorigen Beispiel für $k = 0$ und $v_{B1} = 0$

$$W_{St} = \frac{m_A \cdot m_B}{2\,(m_A + m_B)} \cdot v_{A1}^2 = \frac{m_A \cdot m_B}{2\,(m_A + m_B)} \cdot 2\,g \cdot H$$

$$\mathbf{W_{St} = g \cdot H \cdot m_A \cdot \frac{\frac{m_B}{m_A}}{\frac{m_B}{m_A} + 1}}$$

Auch diese Größe ist in der Abb. 8-9b aufgetragen. Je größer die Masse m_B ist, um so größer muß der Stoßverlust sein. Für eine unendlich große Masse B wird die gesamte potentielle Energie der Masse A $m_A \cdot g \cdot H = 400$ kNm im Stoß in Wärme umgesetzt. Für kleine Massen m_B überwiegt beim Abbremsen die Reibung auf den Schienen, für große Massen der Stoßverlust.

zu c) Das Verhältnis beider Anteile ist nach einfachen Umwandlungen

$$\frac{W_{St}}{W_R} = \frac{1}{2}\left(\frac{m_B}{m_A} - 1\right).$$

Der Anteil der beim Stoß „vernichteten" Energie nimmt linear mit größer werdender Masse B zu, Abb. 8-9c.

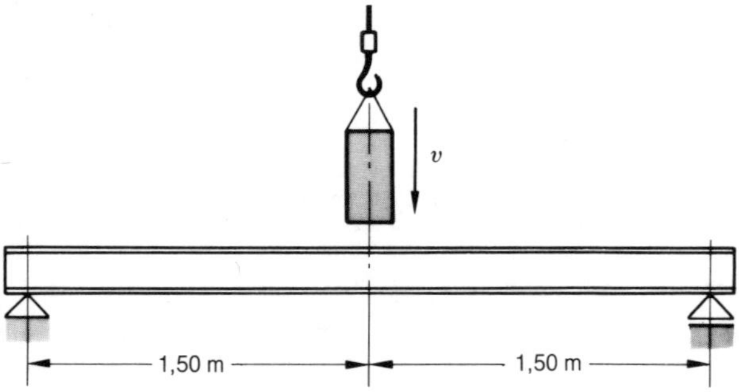

Abb. 8-10

Beispiel 3 (Abb. 8-10)

Auf einem Träger I 200 wird mittig mit einem Kran eine Last von m = 1000 kg aufgesetzt. Dabei fährt der Kranhaken mit konstanter Geschwindigkeit von v = 0,3 m/s bis die Last voll vom Träger aufgenommen ist. Da die Masse des Trägers wesentlich kleiner ist als die der Last, kann man die Stoßverluste vernachlässigen. Unter dieser Voraussetzung sind zu bestimmen

a) das Verhältnis von dynamischer und statischer Beanspruchung,
b) die durch die dynamische Beanspruchung verursachte maximale Spannung im Träger.

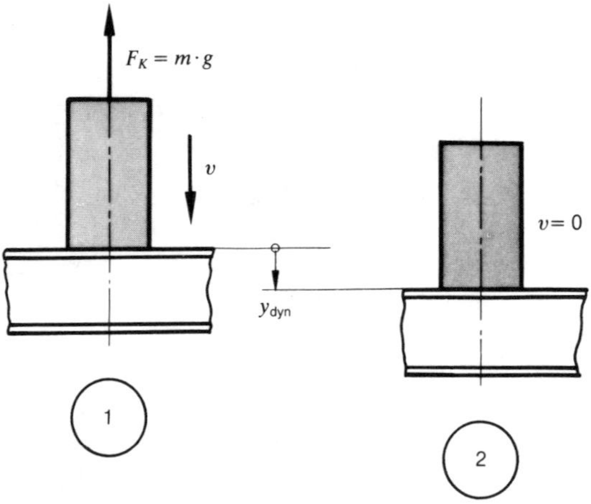

Abb. 8-11

Lösung

a) Für das System Last plus Träger wird der Energiesatz für den Zustand 1 (= erste Berührung) und 2 (= maximale Durchbiegung im durchgeschwungenen Zustand) angesetzt (Abb. 8-11). Es muß gelten:

$$(E_{kin} + E_{pot})_{Last} - W_{Kranhaken} = E_{el\ Träger}.$$

Während des Absetzvorganges geht die Last vom Kranhaken auf den Träger über. Der Vorgang ist im Diagramm Abb. 8-12 dargestellt. Bei der ersten Berührung hängt die Last noch voll am Haken, wenn sich der Träger um y_{st} durchgebogen hat, ist der Haken ganz entlastet. Wegen des elastischen Verhaltens ist der Verlauf dazwischen linear. Die eingeschlossene Fläche entspricht der Arbeit am Kranhaken. Deshalb gilt

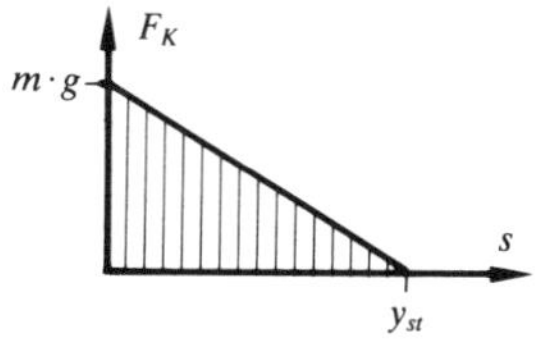

Abb. 8-12

$$\frac{m}{2}\,v^2 + m \cdot g \cdot y_{dyn} - \frac{1}{2}\,m \cdot g \cdot y_{stat} = \frac{c}{2}\,y_{dyn}^2\,.$$

Aus der Definition einer Federkonstanten folgt

$$\frac{m \cdot g}{c} = y_{st}\,.$$

Erweitert man den ersten Term mit g und multipliziert insgesamt mit $2/c$, dann erhält man nach einer einfachen Umstellung

$$y_{dyn}^2 - 2\,y_{st} \cdot y_{dyn} - y_{st}\left(\frac{v^2}{g} - y_{st}\right) = 0\,.$$

Die Lösung der quadratischen Gleichung für y_{dyn} lautet nach Vereinfachungen

$$y_{dyn} = y_{st}\left(1 + \sqrt{\frac{v^2}{g \cdot y_{st}}}\right).$$

Im elastischen Bereich hängen Deformationen, Kräfte und Spannungen linear zusammen.

$$\frac{y_{dyn}}{y_{st}} = \frac{F_{dyn}}{F_{st}} = \frac{\sigma_{dyn}}{\sigma_{st}} = 1 + \sqrt{\frac{v^2}{g \cdot y_{st}}}\,.$$

Die Wurzel stellt die durch die dynamische Beanspruchung verursachte Zusatzbelastung dar. Im vorliegenden Fall ist (s. Bd. 2)

$$y_{st} = \frac{m \cdot g \cdot l^3}{48 \cdot E \cdot I} = \frac{(10^3 \cdot 9{,}81)\,\mathrm{N} \cdot 300^3\,\mathrm{cm}^3}{48 \cdot 2{,}1 \cdot 10^7\,\mathrm{N/cm}^2 \cdot 2140\,\mathrm{cm}^4} = 0{,}123\,\mathrm{cm}$$

$$\frac{v^2}{g} = \frac{0{,}30^2\,\mathrm{m}^2/\mathrm{s}^2}{9{,}81\,\mathrm{m/s}^2} = 0{,}00917\,\mathrm{m} = 0{,}917\,\mathrm{cm}$$

$$\frac{\sigma_{dyn}}{\sigma_{St}} = 1 + \sqrt{\frac{0{,}917\,\mathrm{cm}}{0{,}123\,\mathrm{cm}}} = \mathbf{3{,}73}$$

b) Die statische Belastung beträgt

$$\sigma_{St} = \frac{M_b}{W} = \frac{m \cdot g \cdot l}{4 \cdot W} = \frac{(10^3 \cdot 9{,}81)\,\mathrm{N} \cdot 300\,\mathrm{cm}}{4 \cdot 214\,\mathrm{cm}^3} = 3438\,\mathrm{N/cm}^2$$

$$\sigma_{St} = 34{,}38\,\mathrm{N/mm}$$

$$\sigma_{dyn} = 3{,}73 \cdot 34{,}38 = \mathbf{128\,N/mm^2}.$$

8.4 Der kontinuierliche Massenstrom

In diesem Abschnitt soll der Energiesatz auf ein strömendes Medium angewendet werden. Grundsätzlich gilt auch in diesem Fall die Gleichung 8-16, jedoch muß überlegt werden, aus welchen Anteilen sich die Gesamtenergie ΣE zusammensetzt.

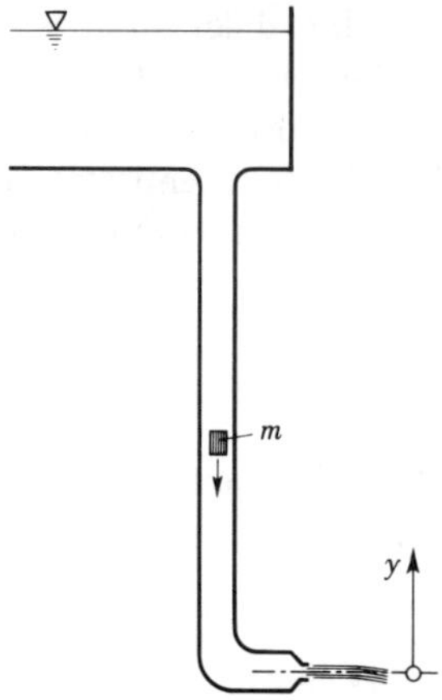

Abb. 8-13

Es wird das Ausströmen aus dem Behälter nach Abb. 8-13 untersucht. Eine herausgetrennt gedachte Flüssigkeitsmenge m hat zunächst genau wie ein starrer Körper eine kinetische und eine potentielle Energie. Die Masse bewegt sich im Fallrohr wegen des gleichmäßigen Ausflusses mit konstanter Geschwindigkeit nach unten. Dabei nimmt zwar die potentielle Energie ab, die kinetische Energie bleibt jedoch erhalten. Da die Gesamtenergie nach dem Energiesatz konstant ist, muß bei diesem Vorgang eine dritte Energieform vorhanden sein und größer werden. Der statische Druck nimmt in einer Flüssigkeit nach unten hin zu. Eine unter erhöhtem Druck stehende Flüssigkeit ist in der Lage, Arbeit zu verrichten, z.B. durch das Verschieben eines Kolbens. Diese Energie wird *Druckenergie* genannt. Sie muß um so größer sein, je höher Druck und Flüssigkeitsmenge sind,

$$E_{\mathrm{Dr}} = p \cdot V.$$

Die Dimensionskontrolle bestätigt die Richtigkeit der Überlegungen.
Für den Fall, daß Energie einem betrachteten System weder zu- noch abgeführt wird, gilt

$$(E_{\mathrm{kin}} + E_{\mathrm{pot}} + E_{\mathrm{Dr}})_1 = (E_{\mathrm{kin}} + E_{\mathrm{pot}} + E_{\mathrm{Dr}})_2 ,$$

$$\frac{m}{2} v_1^2 + m \cdot g \cdot y_1 + p_1 \cdot V = \frac{m}{2} v_2^2 + m \cdot g \cdot y_2 + p_2 \cdot V .$$

Die Energien werden zweckmäßig auf das Volumen des strömenden Mediums bezogen, d.h. die Gleichung wird durch $V = m/\rho$ dividiert:

$$\frac{\rho}{2} \mathrm{v}_1^2 + \mathrm{y}_1 \cdot \rho \cdot \mathrm{g} + \mathrm{p}_1 = \frac{\rho}{2} \mathrm{v}_2^2 + \mathrm{y}_2 \cdot \rho \cdot \mathrm{g} + \mathrm{p}_2 . \qquad \text{Gl. 8-18}$$

Diese Gleichung wird nach BERNOULLI*) benannt. In dieser Form handelt es sich um Addition von Drücken, jedoch sollte man von der Ableitung her im Auge behalten,

*) BERNOULLI, Daniel (1700 - 1782), schweizer Mathematiker.

daß es sich um auf die Volumeneinheit bezogene Energieanteile handelt, denn es gilt $N/m^2 = Nm/m^3 = J/m^3$.
Die Zu- bzw. Abführung von Energie kann in einem System auf mehrere Arten erfolgen. Die in der Strömung auftretende Reibung wird in Wärme umgesetzt und verursacht damit eine Abnahme der kinetischen, potentiellen und Druckenergie. Die gleiche Wirkung für die Strömung hat eine eingeschaltete Turbine, die einen Teil der Strömungsenergie in mechanische Arbeit an der Kupplung bzw. elektrische Arbeit am Generator umwandelt. Umgekehrt wird durch eine eingebaute Pumpe die Energie erhöht. Für den allgemeinen Fall muß deshalb die Gleichung 8-18 lauten (vergleiche Gleichung 8-16/17):

$$\frac{\rho}{2}\, v_1^2 + y_1 \cdot \rho \cdot g + p_1 \begin{matrix} + \Delta p_{\text{Pumpe}} \\ - \Delta p_{\text{Turbine}} \end{matrix} - \Delta p_{\text{Verlust}} =$$

$$\frac{\rho}{2}\, v_2^2 + y_2 \cdot \rho \cdot g + p_2 . \qquad \text{Gl. 8-19}$$

Dabei sind Δp_{Ppe} Pumpendruck, Δp_{Tu} Turbinendruck und Δp_{Verl}. Druckverlust in der Leitung infolge Rohrreibung. Alle Beziehungen gelten sowohl für Flüssigkeiten als auch für Gase bei nicht zu großer Druck- und damit Dichteänderung.

Beispiel (Abb. 8-14)

Gegeben ist das skizzierte System, das aus einer Pumpe mit Ansaug- und Druckleitung besteht. Die Pumpe fördert eine Flüssigkeit einer Dichte $\rho = 1{,}2\ \text{kg/dm}^3$, wobei sie bei einem Volumenstrom von 15 l/s eine Leistung von 4,9 kW aufnimmt. Der Wirkungsgrad der Pumpe wird zu 0,65 geschätzt. Zu bestimmen ist der Druckverlust bis zum Anschluß des Druckmanometers. Der Leitungsdurchmesser für beide Leitungen beträgt 100 mm.

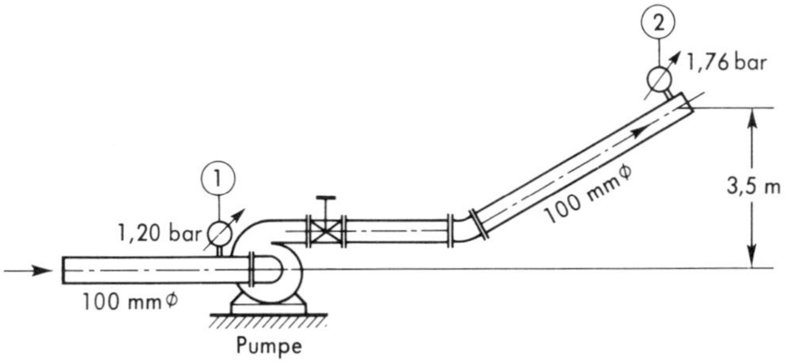

Abb. 8-14

Lösung

Es wird für die Stellen (1) und (2) die BERNOULLIsche Gleichung 8-19 angewendet. Die Gleichung wird nach Δp_{verl} aufgelöst.

$$\Delta p_{\text{verl}} = \Delta p_{\text{Ppe}} - (y_2 - y_1) \cdot \rho \cdot g - (p_2 - p_1) - \frac{\rho}{2}(v_2^2 - v_1^2).$$

Das letzte Glied ist null, da bei gleichen Rohrquerschnitten $v_1 = v_2$ ist. Aus der aufgenommenen Leistung muß zunächst die Förderhöhe der Pumpe berechnet werden. Da die vom Motor abgegebene Leistung z.T. in den Dichtungen, Lagern und durch Flüssigkeitsreibung in Wärme umgesetzt wird, wird nur der Anteil

$$\eta \cdot P_{\text{Motor}} = 0{,}65 \cdot 4{,}9\ \text{kW} = 3{,}19\ \frac{\text{kNm}}{\text{s}}$$

der Flüssigkeit zugeführt. Diese Leistung führt zur Erhöhung des Druckes um den Betrag Δp im Volumenstrom $\dot{V} = V/t$. Allgemein ist die Leistung

$$P = \dot{V} \cdot \Delta p$$

und damit

$$\Delta p_{\text{Ppe}} = \frac{P}{\dot{V}} = \frac{3{,}19 \cdot 10^3\ \text{Nm/s}}{15 \cdot 10^{-3}\ \text{m}^3/\text{s}} = 2{,}13 \cdot 10^5\ \frac{\text{N}}{\text{m}^2} = 2{,}13\ \text{bar}.$$

Dieser Wert wird zusammen mit $y_2 - y_1 = 3{,}5$ m und $p_2 - p_1 = 0{,}56$ bar in die Ausgangsgleichung eingesetzt:

$$\Delta p_{\text{verl}} = 2{,}13\ \text{bar} - 3{,}5 \cdot 1{,}2 \cdot 10^3 \cdot 9{,}81\ \frac{\text{N}}{\text{m}^2} - 0{,}56\ \text{bar}$$

$$\boldsymbol{\Delta p_{\text{verl}} = 1{,}16\ \text{bar}.}$$

Das entspricht einer Verlustleistung, die laufend im Rohr in Wärme umgesetzt wird von

$$P_{\text{verl}} = \dot{V} \cdot \Delta p_{\text{verl}} = 15 \cdot 10^{-3}\ \frac{\text{m}^3}{\text{s}} \cdot 1{,}16 \cdot 10^5\ \frac{\text{N}}{\text{m}^2} = 1{,}74\ \text{kW}.$$

Diese Leistung wird auch vom Pumpenmotor aufgebracht.

8.5 Der starre Körper

8.5.1 Die Schiebung

Es gelten alle Überlegungen und Gleichungen des Abschnittes 8.3 (Massenpunkt) für den Fall, daß man sich die gesamte Masse im Schwerpunkt vereinigt denkt (Schwerpunktsatz).

8.5.2 Die Drehung um feste Achsen

Ein starrer Körper nach Abb. 8-15 rotiert um eine feste Achse A. Ein Massenelement im Abstand r von der Drehachse bewegt sich mit der Geschwindigkeit $r \cdot \omega$ und hat damit eine kinetische Energie,

$$dE_{kin} = \frac{dm}{2}(r\cdot\omega)^2.$$

Die kinetische Energie der rotierenden Masse beträgt

$$E_{kin} = \frac{\omega^2}{2}\int r^2\cdot dm.$$

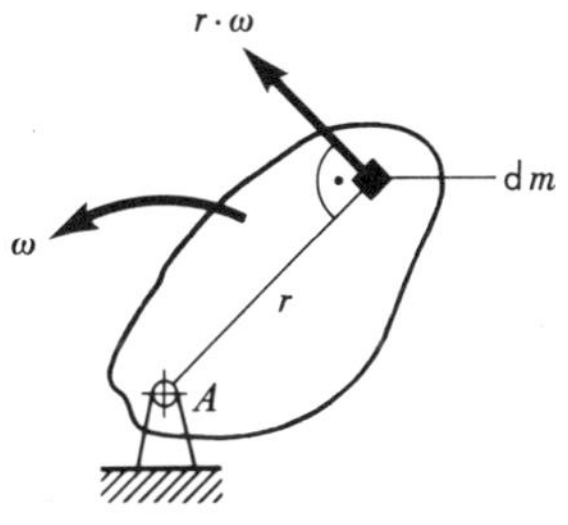

Abb. 8-15

Das Integral ist das Massenträgheitsmoment in bezug auf die Drehachse A,

$$\mathbf{E_{kin} = \frac{J}{2}\,\omega^2.} \qquad \textbf{Gl. 8-20}$$

Auch hier erkennt man wieder den analogen Aufbau der Beziehungen von Schiebung und Drehung (vergleiche Gleichung 8-14).

Die Gleichung 8-20 gilt für beliebige Drehachsen, d.h. sowohl für Hauptachsen als auch für gedrehte Achsen bzw. Achsen, die beliebig außerhalb des Schwerpunktes liegen. Das Massenträgheitsmoment J muß für die jeweilige Drehachse bestimmt werden. Erfolgt die Drehung um eine feststehende Schwerpunktachse, dann bleibt die potentielle Energie konstant. In anderen Fällen kann sich u.U. die potentielle Energie ändern (z.B. waagerechte Achse außerhalb des Schwerpunktes). Hier kann es sinnvoller sein, die Drehung um Achsen außerhalb des Schwerpunktes als allgemeine Bewegung aufzufassen. Diese wird im nächsten Abschnitt behandelt.

Beispiel 1

Ein Maschinensatz läuft mit $n = 50{,}0\,s^{-1}$. Er wird abgeschaltet und mit einem etwa konstanten Bremsmoment $M = 0{,}50$ kNm bis zum Stillstand abgebremst. Ein Zählwerk zeigt an, daß während der Bremsphase 800 Umdrehungen erfolgten. Zu bestimmen sind:

a) das Massenträgheitsmoment der rotierenden Massen
b) die Bremsleistung in Abhängigkeit von der Zeit.

Lösung

a) Der Energiesatz lautet (Gl. 8-17; Gl. 8-5)

$$\frac{1}{2}\,J\cdot\omega_0^2 - M\cdot\varphi = 0 \qquad J = \frac{2M\cdot\varphi}{\omega_0^2}$$

$$\mathbf{J} = \frac{2\cdot 500\ \text{Nm}\cdot 2\pi\cdot 800}{(2\pi\cdot 50{,}0)^2\ s^{-2}} = \mathbf{50{,}93\ kg\,m^2}\,.$$

b) Es muß die Gleichung 8-12 ausgewertet werden.

$$P = J\cdot\alpha\cdot\omega.$$

Ein konstantes Bremsmoment bewirkt eine konstante Verzögerung α. Deshalb gilt die Gleichung 4-7 für $\omega = 0$

$$\alpha = -\frac{\omega_0^2}{2\varphi} = -\frac{(2\pi \cdot 50{,}0)^2}{2 \cdot 2\pi \cdot 800}\,\mathrm{s}^{-2} = -9{,}82\,\mathrm{s}^{-2}$$

mit der Gleichung 4-4

$$\omega = \omega_0 + \alpha \cdot t$$

erhält man

$$P = J \cdot \alpha \cdot (\omega_0 + \alpha \cdot t)$$

$$P = J \cdot \alpha \cdot \omega_0 + J \cdot \alpha^2 \cdot t$$

$$P = -50{,}93\,\mathrm{kg\,m^2} \cdot 9{,}82\,\mathrm{s}^{-2} \cdot 2\pi \cdot 50\,\mathrm{s}^{-1} + 50{,}93\,\mathrm{kg\,m^2} \cdot 9{,}82^2\,\mathrm{s}^{-4} \cdot t\,.$$

Eine zugeschnittene Größengleichung wird für folgendenEinheiten aufgestellt

$$-P = 157{,}1 - 4{,}908 \cdot t$$

P	t
kW	s

Die Leistung ergibt sich wegen der Verzögerung negativ, d.h. diese Leistung muß nicht aufgebracht werden, sondern sie wird in der Bremse in Wärme umgesetzt. Vom Maximalwert von ca. 160 kW ausgehend nimmt sie linear mit der Zeit ab. Nach $t = 32\,\mathrm{s}$ wird $P = 0$, d.h. der Bremsvorgang ist beendet.

Beispiel 2

Das System Abb. 6-6 ist zunächst in Ruhe. Es greift am Motor im Uhrzeigersinn das konstant angenommene Moment von 2,50 kNm an. Zu bestimmen sind die Beschleunigungen des Systems und die Geschwindigkeiten, nachdem der Wagen B einen Weg von 1,0 m zurückgelegt hat.

$$m_A = 20 \cdot 10^3\,\mathrm{kg};$$
$$r_A = 0{,}30\,\mathrm{m};$$
$$m_B = 15 \cdot 10^3\,\mathrm{kg};$$
$$r_B = 0{,}40\,\mathrm{m}$$
$$J_C = 2000\,\mathrm{kg\,m^2};$$
$$i = 16.$$

Lösung

Der Energiesatz wird nach Abb. 8-16 aufgestellt. Zur Arbeitsvereinfachung werden im Ausgangszustand die Massen A und B auf gleiche Höhe gezeichnet. Von diesem Niveau aus werden die potentiellen Energien gemessen (negativ nach unten)

$$\Sigma E_1 + M_C \cdot \varphi_C = \Sigma E_2$$

$$0 + i \cdot M_M \cdot \varphi_C = \tfrac{1}{2}(m_A \cdot v_A^2 + m_B \cdot v_B^2 + J_C \cdot \omega^2)$$

$$+ m_B \cdot g \cdot s_B \cdot \sin 60^\circ - m_A \cdot g \cdot s_A$$

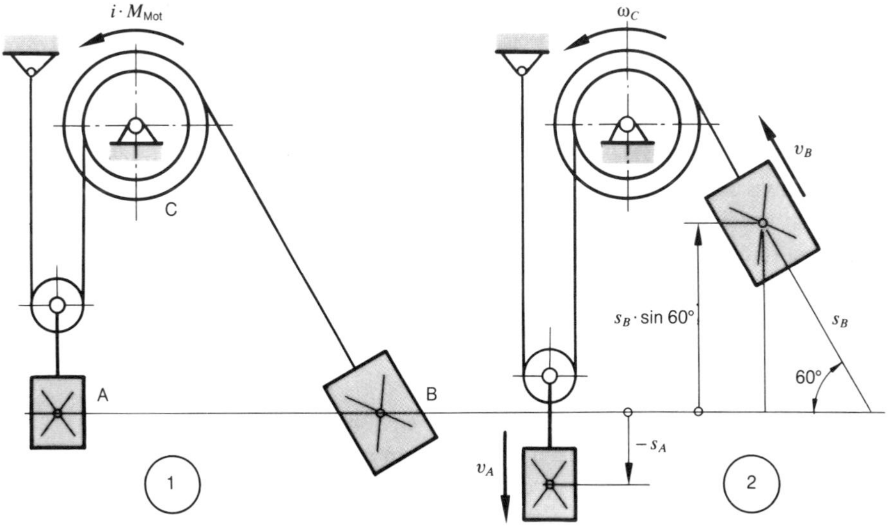

Abb. 8-16

Es müssen noch Aussagen über den Zusammenhang der Geschwindigkeiten und Wege gemacht werden.

$$v_A = r_A \cdot \omega \cdot \frac{1}{2} \quad \text{(lose Rolle)}$$

$$v_B = r_B \cdot \omega$$

$$s_A = r_A \cdot \varphi_C \cdot \frac{1}{2} = r_A \cdot \frac{s_B}{r_B} \cdot \frac{1}{2} \quad \text{(lose Rolle)}$$

$$\varphi_C = \frac{s_B}{r_B}.$$

Diese Beziehungen werden oben eingesetzt. Die Gleichung wird nach ω aufgelöst

$$\omega^2 = \frac{2 \cdot s_B \left(i \cdot M_M \cdot \frac{1}{r_B} - m_B \cdot g \cdot \sin 60° + m_A \cdot g \cdot \frac{r_A}{2 r_B} \right)}{J_C + m_B \cdot r_B^2 + \frac{1}{4} m_A \cdot r_A^2}$$

Mit den vorgegebenen Daten errechnet man

$$\boldsymbol{\omega = 4{,}36\,s^{-1} \quad v_A = 0{,}654\,m/s \quad v_B = 1{,}75\,m/s}.$$

Mit der Gleichung 2-9 erhält man

$$\mathbf{a_B} = \frac{v_B^2}{2 s_B} = \mathbf{1{,}52\,m/s^2}.$$

und nachdem vorher s_A aus kinematischer Beziehung oben berechnet wurde

$$\mathbf{a_A = 0{,}57\,m/s^2 \quad \alpha_c = 3{,}81\,s^{-2}}.$$

Beispiel 3

Das Schwungrad einer Stanze rotiert mit einer Drehzahl von $n = 300\ \text{min}^{-1}$. Der Stanzvorgang erfordert eine Arbeit von $W = 0{,}40$ kNm. Wie groß muß das Massenträgheitsmoment des Schwungrades sein, wenn dabei die Drehzahl nicht mehr als 10 % abnehmen darf? Der Stanzvorgang soll im Abstand von 1 s wiederholt werden. Wie groß muß das am Schwungrad angreifende Moment sein, wenn bei Beginn jeder Stanzung die volle Rotationsenergie vorhanden sein soll? Wieviel Umdrehungen macht das Rad zwischen 2 Stanzungen und welche Leistung nimmt es auf? Die Energie der anderen bewegten Massen (z.B. Werkzeug) kann vernachlässigt werden.

Lösung

Zuerst wird das Massenträgheitsmoment des Schwungrades bestimmt. Da die Stanzzeit sehr kurz ist, kann die dem Schwungrad vom Antrieb zugeführte Energie während dieser Zeitdauer vernachlässigt werden. Der Energiesatz lautet dann (Gleichung 8-17)

$$\frac{J}{2}\,\omega_1^2 - W = \frac{J}{2}\,\omega_2^2,$$

$$J\cdot(\omega_1^2 - \omega_2^2) = 2\,W, \qquad \omega_2 = 0{,}9\cdot\omega_1,$$

$$J\cdot\omega_1^2\cdot(1 - 0{,}9^2) = 2\,W,$$

$$J = \frac{2\,W}{0{,}19\cdot\omega_1^2} = \frac{2\cdot 0{,}4\ \text{kNm}}{0{,}19\cdot 31{,}4^2\ \text{s}^{-2}},$$

$$\mathbf{J = 4{,}27\ kg\ m^2}.$$

Wenn der Stanzvorgang nach 1 s wiederholt werden soll, muß in dieser Zeit das Schwungrad von $0{,}9\,\omega_1$ nach ω_1 beschleunigt werden,

$$\alpha = \frac{\Delta\omega}{t} = \frac{0{,}1\cdot\omega_1}{t} = \frac{0{,}1\cdot 31{,}4}{1}\ \text{s}^{-2} = 3{,}14\ \text{s}^{-2}.$$

Das erforderliche Moment ist

$$\mathbf{M} = J\cdot\alpha = 4{,}27\ \text{kg m}^2\cdot 3{,}14\ \text{s}^{-2} = \mathbf{13{,}4\ Nm}.$$

Die Berechnung der Umdrehungen zwischen 2 Stanzvorgängen könnte aus kinematischen Beziehungen erfolgen, jedoch ist es einfacher, den Energiesatz anzuwenden (Gleichung 8-5/16),

$$\frac{J}{2}\,\omega_2^2 + M\cdot\varphi = \frac{J}{2}\,\omega_1^2,$$

$$\varphi = \frac{J}{2M}\cdot\omega_1^2\cdot(1 - 0{,}9^2) = \frac{4{,}27\ \text{kg m}^2}{2\cdot 13{,}4\ \text{Nm}}\cdot 31{,}4^2\,\text{s}^{-2}\cdot 0{,}19$$

$$\varphi = 29{,}8.$$

Das entspricht $\mathbf{z} = \dfrac{29{,}8}{2\pi} = \mathbf{4{,}75}$ Umdrehungen.

Bei konstantem Moment schwankt die Leistung mit der Drehzahl. Die maximal vom Schwungrad aufgenommene Leistung ist

$$\mathbf{P} = M \cdot \omega_1 = 13{,}4\ \mathrm{Nm} \cdot 31{,}4\ \mathrm{s}^{-1} = \mathbf{421\ W}.$$

Die zugeführte Leistung muß wegen der Verluste in Lagern usw. höher liegen.

8.5.3 Die allgemeine ebene Bewegung

Wie mehrfach ausgeführt, kann man sich die *allgemeine Bewegung als Überlagerung einer Schiebung mit Schwerpunktsgeschwindigkeit und einer Drehung um die Schwerpunktachsen* denken. Die kinetische Energie eines starren Körpers muß sich deshalb bei der allgemeinen Bewegung aus den beiden Anteilen Schiebung und Drehung zusammensetzen,

$$\mathbf{E_{kin}} = \frac{\mathbf{m}}{2} \mathbf{v_s}^2 + \frac{\mathbf{J_s}}{2} \omega^2. \qquad \textbf{Gl. 8-21}$$

Diese Energie muß in den Energiesatz nach den Gleichungen 8-16/17 eingesetzt werden. Alle anderen Punkte bleiben von diesen Überlegungen unberührt.

Für viele Aufgaben ist es einfacher, mit dem *momentanen Drehpol* zu arbeiten (Abschnitt 4.3.2). Jede allgemeine ebene Bewegung läßt sich als eine Drehung um einen Drehpol deuten, der sich jedoch mit dem Bewegungsablauf verschiebt und jeweils nur für einen bestimmten Zeitpunkt gilt. Da, wie im vorigen Abschnitt ausgeführt, die Gleichung

$$E_{kin} = \frac{J}{2} \omega^2$$

für alle Achsen gilt, muß es auch möglich sein, sie für den momentanen Drehpol anzuwenden. Die Schwerpunktgeschwindigkeit v_S wird für den betrachteten Zeitpunkt als Umfangsgeschwindigkeit bezogen auf den Drehpol M aufgefaßt (Abb. 8-17).
Es gilt

$$E_{kin} = \frac{1}{2} J_M \cdot \omega^2.$$

Nach dem STEINERschen Satz ist $J_M = J_S + m \cdot r_S^2$

$$E_{kin} = \frac{1}{2} \omega^2 \cdot (J_S + m \cdot r_S^2)$$

$$E_{kin} = \frac{J_S}{2} \omega^2 + \frac{m}{2} v_S^2.$$

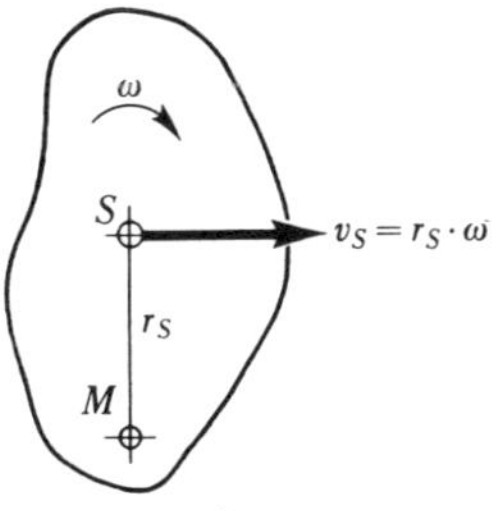

Abb. 8-17

Als Bestätigung für die Richtigkeit der Überlegungen erhält man die Gleichung 8-21. Es soll nochmals betont werden, daß *beim Arbeiten mit dem momentanen Drehpol der Anteil der kinetischen Energie der Schiebung bereits berücksichtigt ist* ($J_M > J_S$).

Beispiel 1 (Abb. 8-18)

Eine homogene Stange der Länge l und der Masse m wird in der Lage $A'\,B'$ losgelassen. Sie gleitet in der horizontalen und vertikeln Schiene reibungslos. Zu bestimmen sind für die Lage $A\,B$ die Geschwindigkeiten v_A, v_B und die Winkelgeschwindigkeit ω der Stange.

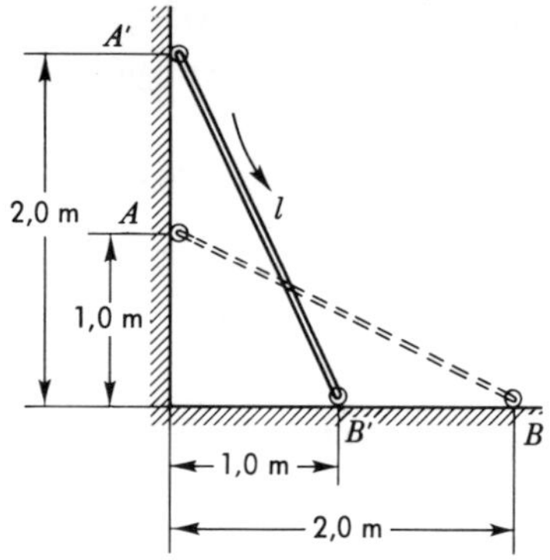

Abb. 8-18

Lösung (Abb. 8-19)

Es ist hier am einfachsten, mit dem momentanen Drehpol zu arbeiten. Die Änderung der potentiellen Energie muß gleich sein der kinetischen Energie der Drehung um den Pol M. Bei dieser Betrachtung ist der Anteil $\frac{m}{2}\,v_S^{\,2}$ bereits enthalten. Die Lage von M ergibt sich mit Hilfe einer Konstruktion nach Abb. 4-15. Nach dem oben gesagten ist

$$m \cdot g \cdot h = \frac{J_M}{2}\,\omega^2 .$$

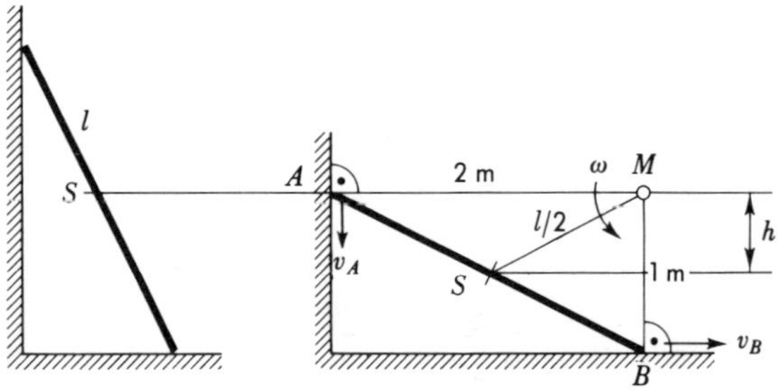

Abb. 8-19

Dabei sind

$$J_M = J_S + m\left(\frac{l}{2}\right)^2 = m\,\frac{l^2}{12} + m\,\frac{l^2}{4} = m\,\frac{l^2}{3}\,,$$

$$h = 0{,}50\ \mathrm{m};\quad l = \sqrt{2^2 + 1^2}\ \mathrm{m} = \sqrt{5}\ \mathrm{m}.$$

Man erhält

$$m \cdot g \cdot h = \frac{1}{2}\, m\, \frac{l^2}{3} \cdot \omega^2,$$

$$\omega = \sqrt{\frac{6\,g \cdot h}{l^2}} = \sqrt{\frac{6 \cdot 9{,}81\ \mathrm{m/s^2} \cdot 0{,}50\ \mathrm{m}}{5\ \mathrm{m^2}}} = 2{,}43\ \mathrm{s^{-1}}.$$

Aus den Beziehungen für die Drehung ergeben sich

$$v_A = 2\ \mathrm{m} \cdot \omega = 2 \cdot 2{,}43\ \frac{\mathrm{m}}{\mathrm{s}} = \mathbf{4{,}86}\ \frac{\mathrm{m}}{\mathrm{s}}$$

$$v_B = 1\ \mathrm{m} \cdot \omega = \mathbf{2{,}43}\ \frac{\mathrm{m}}{\mathrm{s}}\,.$$

Beispiel 2 (Abb. 8-20)

Eine homogene Walze (m = 1000 kg) wird eine schiefe Ebene (l = 30 m) herabgelassen. Sie wird dabei von v_0 = 8,0 m/s ausgehend gleichmäßig verzögert mit $v \approx 0$ unten abgesetzt. Zu bestimmen sind

a) die in der Bremse erzeugte Wärmemenge,
b) die Seilkraft,
c) die mittlere und maximale Leistung der Bremse.

Der Beitrag der Rollreibung zum Abbremsen des Systems ist von untergeordneter Bedeutung.

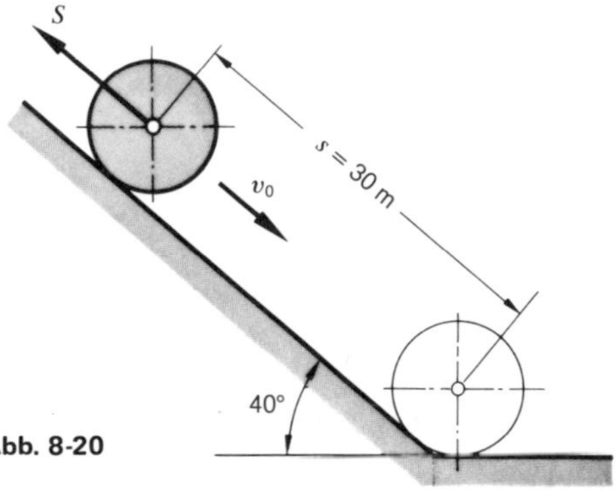

Abb. 8-20

Lösung

a) Der Energiesatz lautet nach Abb. 8-21

$$m \cdot g \cdot s \cdot \sin 40^\circ + \frac{1}{2}\, m \cdot v^2 + \frac{1}{2}\, J_S \cdot \omega^2 - W_R = 0\,.$$

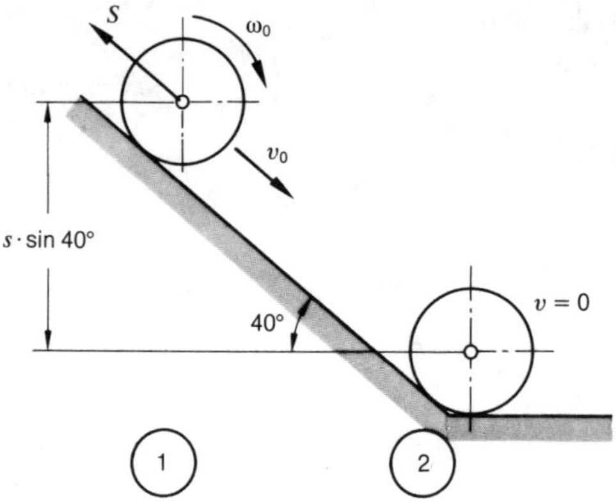

Abb. 8-21

Mit $J = \frac{1}{2} m \cdot r^2$

führt das zu

$$W_R = m \cdot (g \cdot s \cdot \sin 40^\circ + \frac{v^2}{2} + \frac{v^2}{4})$$

$$W_R = 10^3\ \text{kg} \cdot (9{,}81\ \text{m/s}^2 \cdot 30\ \text{m} \cdot \sin 40^\circ + \frac{3}{4}\ 8{,}0^2\ \text{m}^2/\text{s}^2)$$

$$\mathbf{W_R = 237\ kJ}.$$

b) Aus $W_R = S \cdot s$ errechnet man

$$\mathbf{S} = \frac{W_R}{s} = \frac{237\ \text{kNm}}{30\ \text{m}} = \mathbf{7{,}91\ kN}.$$

c) Es wird zunächst die Zeitdauer des Vorganges berechnet. Aus Gleichung 2-9 erhält man für $v = 0$

$$a = -\frac{v_0^2}{2s} = -\frac{64}{2 \cdot 30}\ \frac{\text{m}}{\text{s}^2} = -1{,}07\ \text{m/s}^2$$

und mit Gl. 2-6

$$t = -\frac{v_0}{a} = +\frac{8{,}0\ \text{m/s}}{1{,}07\ \text{m/s}^2} = 7{,}50\ \text{s}.$$

Die mittlere Leistung ist

$$\mathbf{P_m} = \frac{W_R}{t} = \frac{237\ \text{kJ}}{7{,}50\ \text{s}} = \mathbf{31{,}6\ kW}.$$

Die Bremse setzt mit der Maximalleistung ein ($v_0 = v_{max}$).

$$\mathbf{P_{max}} = S \cdot v_0 = 7{,}91\ \text{kN} \cdot 8{,}0\ \text{m/s} = \mathbf{63{,}3\ kW}.$$

Wegen der konstant angenommenen Verzögerung ist sie doppelt so groß wie die mittlere Leistung.

Beispiel 3 (Abb. 8-22)

Ein homogener Zylinder rollt eine schiefe Ebene hinunter. Die beschleunigte Drehung der Scheibe ist nur möglich, wenn an der Auflage des Zylinders durch Haftung verursachte Umfangskräfte wirken. Auf einer ideal glatten Unterlage würde die Walze translatorisch, d.h. ohne Drehung, heruntergleiten. In diesem Beispiel soll untersucht werden, ob bzw. wie die an der Auflagestelle wirkende Umfangskraft in die Energiebilanz eingeht, bzw. ob die durch diese Kraft verrichtete Arbeit in Wärme umgesetzt wird.

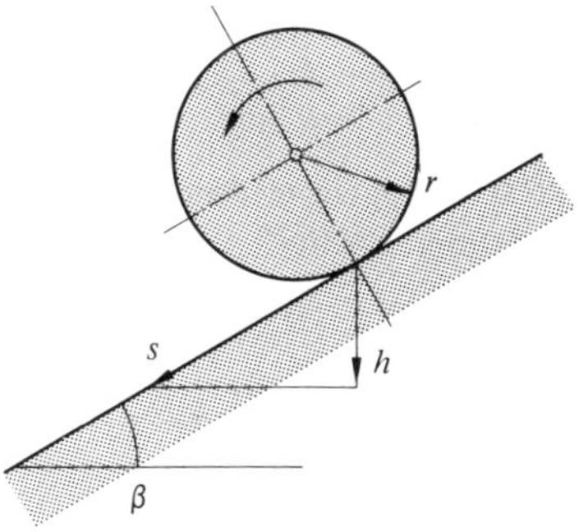

Abb. 8-22

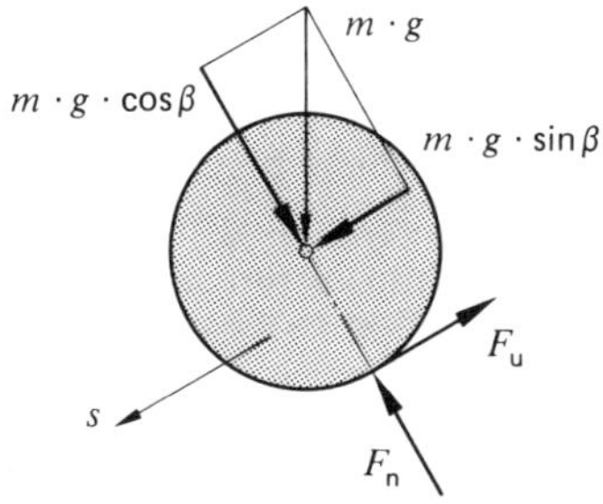

Abb. 8-23

Lösung

Die Abb. 8-23 zeigt die an der Walze wirkenden Kräfte. Auf dem Weg s wird von den Kräften folgende Arbeit verrichtet

$$W = (m \cdot g \cdot \sin\beta - F_u) \cdot s + F_u \cdot r \cdot \varphi .$$

Der erste Summand entspricht dem Anteil der Arbeit, der für die Verschiebung, der zweite dem, der für die Drehung notwendig ist. Mit $s = r \cdot \varphi$ bzw. $\varphi = s/r$ und mit $h = s \cdot \sin\beta$ erhält man

$$W = m \cdot g \cdot h - F_u \cdot s + F_u \cdot s .$$

Dieser Wert entspricht der Änderung der potentiellen Energie, die nach dem Energiesatz in Bewegungsenergie umgesetzt wird

$$m \cdot g \cdot h = \frac{1}{2} \cdot m \cdot v^2 + \frac{1}{2} \cdot J \cdot \omega^2 .$$

In der Arbeitsgleichung heben sich die Anteile der Kraft F_u insgesamt auf. In dem Maße, in dem die Kraft F_u durch Verlangsamung der Geschwindigkeit die Energie $\frac{1}{2} \cdot m \cdot v^2$ verringert, erzeugt sie die Rotationsenergie $\frac{1}{2} \cdot J \cdot \omega^2$. Der Anteil $F_u \cdot s$ wird nicht als Reibungsarbeit in Wärme umgesetzt. Aus diesem Grunde darf er nicht als Verlustarbeit in den Energiesatz eingeführt werden.

Das mag zunächst überraschend sein, denn die Umfangskraft wird durch Reibungswirkung erzeugt. Die Idealisierung liegt in der oben verwendeten Beziehung $s = r \cdot \varphi$. Diese setzt Rollen ohne Gleiten voraus. Eine Umfangskraft kann aber nur durch einen Schlupf zwischen Rad und Unterlage erzeugt werden. Das abrollende Rad bleibt in der Drehung gegenüber dem idealen Rad zurück

$$s = r \cdot \varphi - \Delta s .$$

Mit dieser genauen Fassung erhält man

$$W = m \cdot g \cdot h - F_u \cdot s + F_u \cdot (s - \Delta s)$$
$$W = m \cdot g \cdot h - F_u \cdot \Delta s\,.$$

Der in Wärme umgesetzte Anteil beträgt danach $F_u \cdot \Delta s$. Die Berechnung dieser Größe ist sehr schwierig. Vereinfachend arbeitet man mit dem „Arm der rollenden Reibung" f (s. Kapitel 11, Band 1). In Wärme wird die Arbeit $F_n \cdot \frac{f}{R} \cdot s$ verwandelt.

Es soll abschließend berechnet werden, wie groß mindestens die Haftreibungszahl für das Abrollen der homogenen Walze sein soll. Das beschleunigte Abrollen wird durch die Umfangskraft verursacht

$$F_u \cdot r = J_s \cdot \alpha \qquad\qquad J_s = m \cdot \frac{r^2}{2}\,.$$

Die Normalkraft beträgt $F_n = m \cdot g \cdot \cos\beta$. Damit ist

$$F_u = \mu_{0\,\min} \cdot F_n = \mu_{0\,\min} \cdot m \cdot g \cdot \cos\beta\,.$$

Dieser Ausdruck wird in die Ausgangsgleichung eingesetzt

$$r \cdot \mu_{0\,\min} \cdot m \cdot g \cdot \cos\beta = m \cdot \frac{r^2}{2} \cdot \alpha \qquad\qquad \alpha = \frac{a}{r}$$

$$r \cdot \mu_{0\,\min} \cdot g \cdot \cos\beta = \frac{1}{2} \cdot r^2 \cdot \frac{a}{r}\,.$$

Die Beschleunigung ist $a = g \cdot \sin\beta$

$$\mu_{0\,\min} \cdot g \cdot \cos\beta = \frac{1}{2} \cdot g \cdot \sin\beta$$

$$\mu_{0\,\min} = \frac{1}{2} \cdot \tan\beta\,.$$

In diesem Zusammenhang soll noch einmal darauf hingewiesen werden, daß aus der Haftreibungszahl die maximal mögliche Kraft errechnet wird und nicht die, die sich u.U. wirklich am System einstellt. Diese ermittelt man aus den Gleichgewichtsbedingungen am System.

8.6 Zusammenfassung

Bei Verschiebung einer Kraft wird eine Arbeit verrichtet

$$\mathbf{W = \int_{s_1}^{s_2} F \cdot \cos\delta \cdot ds.} \qquad \text{Gl. 8-2}$$

Die Arbeit kann als skalares Produkt der Vektoren $\vec{F}$ und $\vec{s}$ aufgefaßt werden.

Für eine konstante Kraft, die in Verschiebungsrichtung angreift, ist

$$W = F \cdot s. \qquad \text{Gl. 8-5}$$

Für die Drehung gilt

$$W = \int_{\varphi_1}^{\varphi_2} M \cdot d\varphi, \qquad \text{Gl. 8-4}$$

für ein konstantes Moment

$$W = M \cdot \varphi. \qquad \text{Gl. 8-5}$$

Die Arbeit ist null, wenn

1. die Kraft senkrecht auf der Verschiebungsrichtung steht,
2. die Kraft nicht verschoben wird,
3. es sich um innere Kräfte handelt, d.h. nur äußere Kräfte verrichten eine Arbeit.

Eine konstante Kraft, die ihre Richtung beibehält (z.B. Gewichtskraft), verrichtet eine Arbeit, die unabhängig vom tatsächlich zurückgelegten Weg ist. Die Arbeit ist gleich der Kraft multipliziert mit dem in Kraftrichtung projizierten Weg

$$W = G \cdot (y_2 - y_1). \qquad \text{Gl. 8-6}$$

Zur Deformation einer Feder muß eine Arbeit

$$W = \frac{c}{2} (s_2^2 - s_1^2) \qquad \text{Gl. 8-7}$$

aufgewendet werden.

Die Leistung ist definiert als die auf die Zeit bezogene Arbeit

$$P = \frac{dW}{dt} = F \cdot \cos\delta \cdot v. \qquad \text{Gl. 8-8}$$

Für eine Kraft in Bewegungsrichtung erhält man:

Schiebung

$$P = F \cdot v, \qquad \text{Gl. 8-9}$$

Drehung

$$P = M \cdot \omega. \qquad \text{Gl. 8-10}$$

Die zur Beschleunigung einer Masse notwendige Leistung ist:

Schiebung

$$P = m \cdot a \cdot v, \qquad \text{Gl. 8-11}$$

Drehung

$$P = J \cdot \alpha \cdot \omega. \qquad \text{Gl. 8-12}$$

Energie ist das Vermögen, Arbeit zu verrichten.

Im Rahmen dieser Technischen Mechanik werden folgende Energieformen angewendet.

Potentielle Energie

$$E_{pot} = m \cdot g \cdot h, \qquad \text{Gl. 8-13}$$

Kinetische Energie

Schiebung

$$E_{kin} = \frac{m}{2} v^2, \qquad \text{Gl. 8-14}$$

Drehung

$$E_{kin} = \frac{J}{2} \omega^2, \qquad \text{Gl. 8-20}$$

Elastische Energie

$$E_{el} = \frac{c}{2} s^2. \qquad \text{Gl. 8-15}$$

Der Energiesatz sagt aus, daß die Summe aller vorhandenen Energien konstant ist.

Für ein Teilsystem angewendet, lautet er:

Die Summe der Energie im Endzustand ist gleich der Summe im Anfangszustand, vermehrt oder vermindert um die zugeführte bzw. vermindert um die abgeführte Energie

$$\sum E_1 \pm \sum E = \sum E_2. \qquad \text{Gl. 8-16}$$

Wird ein Teil der anfangs vorhandenen Energie in Reibungswärme umgesetzt, dann erhält man

$$\sum E_1 - W_R = \sum E_2. \qquad \text{Gl. 8-17}$$

Nach dieser Beziehung ergibt sich für den Stoßverlust

$$W_R = \frac{m_A \cdot m_B}{2\,(m_A + m_B)} \; (v_{A1} - v_{B1})^2 \, (1 - k^2).$$

Der Energiesatz für die allgemeine ebene Bewegung des starren Körpers wird mit den Energieanteilen für Schiebung und Drehung aufgestellt.

Da die Beziehung

$$E_{kin} = \frac{J}{2} \omega^2$$

für beliebige Achsen gilt, ist es oft vorteilhaft, mit dem momentanen Drehpol zu arbeiten. Dabei ist dann der Anteil der kinetischen Energie der Schiebung berücksichtigt.

Die BERNOULLIsche Gleichung ist der Energiesatz, angewendet auf einen Massenstrom.

$$\frac{\rho}{2} v_1^2 + \rho \cdot g \cdot y_1 + p_1 \begin{matrix} + \Delta p_{Pumpe} \\ - \Delta p_{Turbine} \end{matrix} - \Delta p_{Verlust} = \frac{\rho}{2} v_2^2 + \rho \cdot g \cdot y_2 + p_2 .$$

Gl. 8-19

9. Mechanische Schwingungen

9.1 Freie, ungedämpfte Schwingungen

9.1.1 Die Grundgleichung der harmonischen Schwingung des Massenpunktes

Wird die Masse eines Feder-Masse-Systems ausgelenkt, dann setzt eine periodische Bewegung ein, die man als Schwingung bezeichnet.

In diesem Kapitel werden *lineare Schwingungen mit einem Freiheitsgrad* behandelt. Der Begriff „linear" bezieht sich auf die *Federkraft,* deren Größe *proportional zur Auslenkung* ist. Die *Schwingung mit einem Freiheitsgrad erfolgt entlang einer Geraden oder um eine Achse.*

Ein System schwingt dann frei und ungedämpft, wenn ihm weder von außen Energie zugeführt (z.B. durch Erregung) *noch welche entzogen wird* (z.B. durch Schwingungsdämpfer).

Eine freie, ungedämpfte, lineare Schwingung nennt man auch *harmonische Schwingung.*

In einem linearen Schwinger, wie er z.B. in Abb. 9-1 gezeigt wird, ist immer eine Kraft zur statischen Ruhelage hin gerichtet, deren Größe proportional zum Abstand von dieser Ruhelage ist (*Rückstellkraft*). Diese Kraft versucht während des ganzen Vorganges das System in statische Ruhelage zu bringen. Die Massenträgheit verursacht jedoch beim Erreichen der statischen Ruhelage das „über das Ziel hinausschießen".

Zur Ausschaltung der Gewichtskraft soll zunächst die horizontale Bewegung eines Schwingers betrachtet werden (Abb. 9-1). Es wird angenommen, daß die Feder sich ohne Ausknicken zusammendrücken läßt und ihre Masse vernachlässigbar klein ist. Die Berücksichtigung der Federmasse wird weiter unten behandelt. Die 4 verschiedenen Schwingungsphasen werden untersucht, wobei das eingezeichnete Koordinatensystem verwendet wird. Die Vorzeichen der einzelnen Größen sind tabellarisch aufgeführt.

Lage der Masse	*a*	*b*	*c*	*d*
	rechts	rechts	links	links
y	+	+	–	–
Bewegungsrichtung	→	←	←	→
Beschleunigung oder Verzögerung	–	+	–	+
Richtung der Federkraft $c \cdot y$	–	–	+	+

Nach dem d'ALEMBERTschen Prinzip wird mit Massen- und Federkraft die Gleichgewichtsbedingung für die 4 Phasen aufgestellt. Man erhält für alle Zustände die Gleichung

$$m \cdot \ddot{y} + c \cdot y = 0. \qquad \text{Gl. 9-1}$$

Das ist die *Grundgleichung der harmonischen Schwingung.*

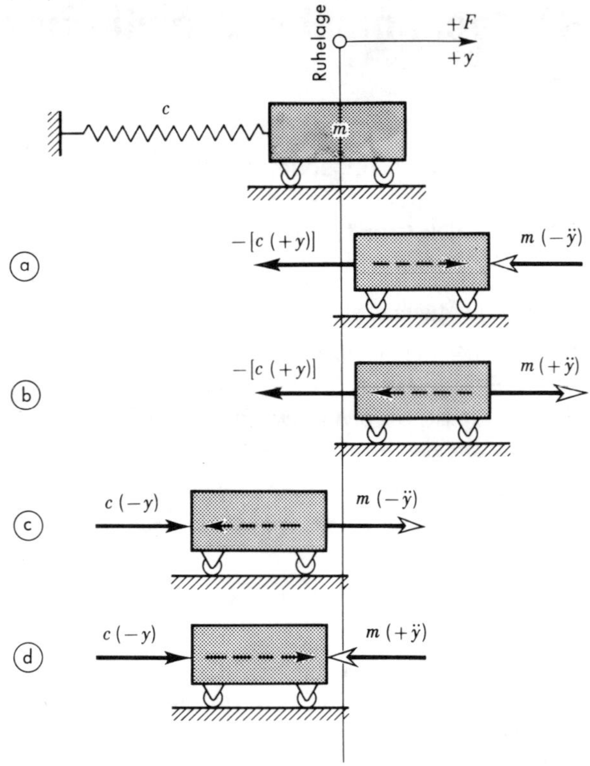

Abb. 9-1

Wie oben vorgeführt, ist es gleich, für welche Phase sie aufgestellt wird. Man vermeidet alle Schwierigkeiten mit den Vorzeichen, wenn man den physikalischen Inhalt der Gleichung im Auge behält, nämlich die Aussage, daß

$$\textit{Trägheitskraft} + \textit{Federkraft} = 0$$

ist. Eine Summe von 2 positiven Werten kann nicht null sein. In Wirklichkeit ist jeweils eine Größe entgegengesetzt gerichtet, was sich der Leser unabhängig von den Vorzeichen am Modell Abb. 9-1 klar machen möge.

Zur Bestimmung des Einflusses der Gewichtskraft wird das System aufgehängt betrachtet (Abb. 9-2). Durch die statische Belastung der Masse m wird die Feder um y_0 vorgespannt. Wird sie darüber hinaus ausgelenkt und losgelassen, dann beginnt sie zu schwingen. Für die Lage y bei Bewegung nach unten wird nach Einführung der Trägheitskraft $m \cdot a = m \cdot \ddot{y}$ die Gleichgewichtsbedingung aufgestellt

$$m \cdot \ddot{y} - m \cdot g + c\,(y + y_0) = 0.$$

Aus der statischen Belastung der Feder erhält man

$$G = m \cdot g = c \cdot y_0.$$

Es ergibt sich

$$m \cdot \ddot{y} + c \cdot y = 0.$$

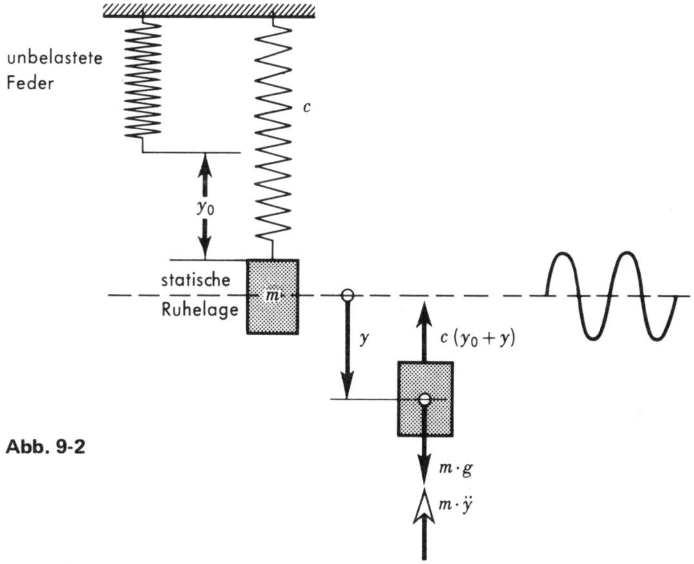

Abb. 9-2

Das ist die Gleichung 9-1. Aus der obigen Berechnung folgt:

1. **Eine Schwingung erfolgt immer um die statische Ruhelage.**
2. **Der Schwingungsvorgang wird nicht durch eine Vorspannung des elastischen Elementes beeinflußt.**
3. **Geht man bei einer Schwingungsberechnung von der statischen Ruhelage aus, dann brauchen Gewichts- und Vorspannungskräfte nicht eingeführt zu werden, da sie insgesamt die statischen Gleichgewichtsbedingungen erfüllen, d.h. Null ergeben.**

Für die Lösung wird die Gleichung 9-1 umgeformt

$$\ddot{y} + \frac{c}{m}\, y = 0.$$

Es wird

$$\omega_0 = \sqrt{\frac{c}{m}} \qquad \textbf{Gl. 9-2}$$

gesetzt,

$$\ddot{y} + \omega_0^2 \cdot y = 0. \qquad \textbf{Gl. 9-3}$$

Grundsätzlich muß Bestandteil der Lösung eine Funktion sein, deren 2. Ableitung gleich der negativen Ursprungsfunktion ist. Das trifft für die sin- und cos-Funktionen zu. Nach dieser Überlegung kommt man durch Dimensionsbetrachtung auf den Ansatz

$$y = A_I \cdot \sin(\omega_0 \cdot t) + A_{II} \cdot \cos(\omega_0 \cdot t) \qquad \textbf{Gl. 9-4}$$

oder

$$y = A \cdot \sin(\omega_0\, t - \varphi). \qquad \textbf{Gl. 9-5}$$

Gleichung 9-4 wird in die Ausgangsgleichung 9-3 eingesetzt. Man erhält mit

$$\ddot{y} = -A_I \cdot \omega_0^2 \cdot \sin(\omega_0 t) - A_{II} \cdot \omega_0^2 \cdot \cos(\omega \cdot t),$$
$$-\omega_0^2 [A_I \cdot \sin(\omega_0 \cdot t) + A_{II} \cdot \cos(\omega_0 \cdot t)] +$$
$$+\omega_0^2 [A_I \cdot \sin(\omega_0 \cdot t) + A_{II} \cdot \cos(\omega_0 \cdot t)] = 0.$$

Damit ist bewiesen, daß Gleichung 9-4 eine Lösung der Schwingungsgleichung ist. Der Leser tue das Gleiche für Gleichung 9-5*).

Abb. 9-3 zeigt das Weg-Zeit-Diagramm der Schwingung. Im allgemeinen Fall ist die *Amplitude* der Schwingung gleich $\sqrt{A_I^2 + A_{II}^2}$ (Gleichung 9-4) oder A (Gleichung 9-5). Den Winkel φ, um den das Koordinatensystem gegenüber der sinus-Schwingung verschoben ist, nennt man *Phasenwinkel,* und ω_0 ist die *Eigenkreisfrequenz* der Schwingung.

Abb. 9-3

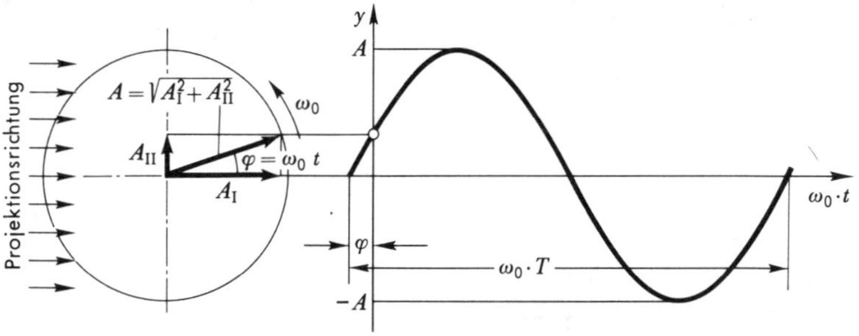

Man kann die Schwingung durch die Projektion des Endpunktes eines rotierenden Zeigers der Länge $\sqrt{A_I^2 + A_{II}^2} = A$ darstellen. Dieser Zeiger rotiert mit der Winkelgeschwindigkeit ω_0 im mathematisch positiven Sinn.

Es ist einleuchtend, daß man sich den Zeiger aus 2 bzw. mehr beliebigen Zeigern entstanden denken kann (Abb. 9-4).

Daraus folgt:

Zwei (mehr) harmonische Schwingungen gleicher Frequenz, aber verschiedener Amplitude und Phase, ergeben bei Überlagerung eine harmonische Schwingung unveränderter Frequenz.

Die Amplitude und Schwingungsphase dieser resultierenden Schwingung wird vektoriell nach Abb. 9-4 ermittelt.

Die Zeitdauer für eine Vollschwingung bzw. einen Umlauf des Zeigers beträgt (siehe auch Gleichung 9-4)

$$T \cdot \omega_0 = 2\pi$$

$$\mathrm{T} = \frac{2\pi}{\omega_0} = 2\pi \cdot \sqrt{\frac{\mathrm{m}}{\mathrm{c}}} \qquad \text{Gl. 9-6}$$

*) Die exakte Ableitung der Lösung folgt im Abschnitt 9.2.

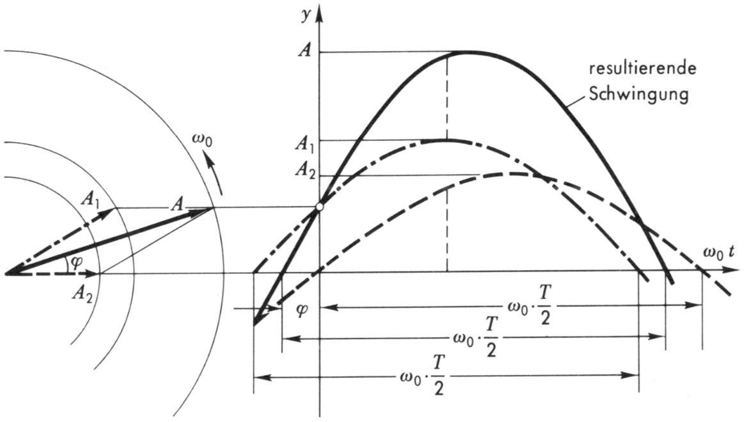

Abb. 9-4

und die Frequenz

$$f_0 = \frac{1}{T} = \frac{\omega_0}{2\pi} = \frac{1}{2\pi}\sqrt{\frac{c}{m}}\,. \qquad \text{Gl. 9-7}$$

Die Frequenz einer harmonischen Schwingung ist unabhängig von der Größe der Amplitude.

Im Rahmen der Technischen Mechanik interessieren besonders die maximalen Beschleunigungen, die bei einer Schwingung auftreten, weil sich daraus die Beanspruchungen der Bauteile ergeben. Da die Phasenverschiebung in diesem Fall keine Rolle spielt, genügt es, eine reine sinus-Schwingung zu untersuchen ($\varphi = 0$; Amplitude A). Es ist

$$y = A \cdot \sin(\omega_0 \cdot t),$$
$$\dot{y} = A \cdot \omega_0 \cdot \cos(\omega_0 \cdot t).$$

Da $\cos \omega t \leqslant 1$ ist, erhält man als *maximale Geschwindigkeit*

$$v_{max} = \dot{y}_{max} = A \cdot \omega_0\,. \qquad \text{Gl. 9-8}$$

Für die Beschleunigung ergibt sich

$$\ddot{y} = -A \cdot \omega_0^2 \cdot \sin(\omega_0 \cdot t)$$

und damit die *maximale Beschleunigung*

$$a_{max} = |\ddot{y}_{max}| = A \cdot \omega_0^2\,. \qquad \text{Gl. 9-9}$$

Es ist sehr anschaulich, auch die Geschwindigkeits- und Beschleunigungsfunktionen mit einem Zeigerdiagramm darzustellen (Abb. 9-5). Man erhält ein System von 3 senkrecht aufeinander stehenden Zeigern, das mit ω_0 umläuft. Zuerst kommt der Beschleunigungszeiger $A \cdot \omega_0^2$, um 90° nachlaufend folgt der Geschwindigkeitszeiger $A \cdot \omega_0$ und dem wiederum um 90° folgend rotiert der Amplitudenzeiger A. Mit diesem Zeigersystem kann man für jede Lage der Masse sehr schnell momentane Beschleunigung und Geschwindigkeit angeben (Abb. 9-6). Die Beschleunigungen erreichen jeweils an den Umkehrpunkten ihre Maximalwerte. Dort ist die Geschwindigkeit null. Die maximale Geschwindigkeit und damit keine Beschleunigung tritt beim Null-Durchgang auf.

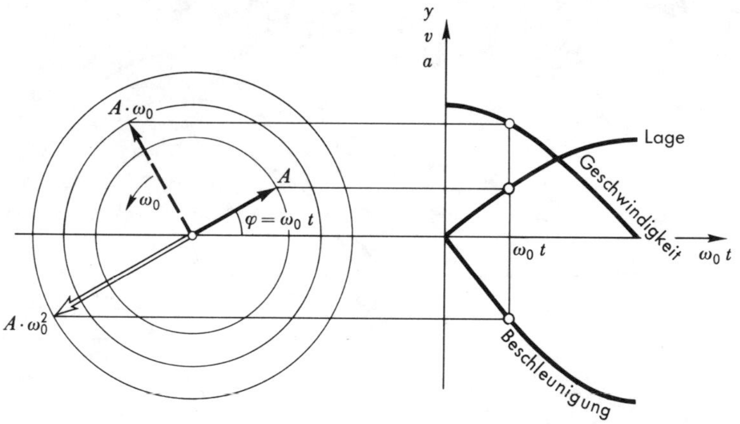

Abb. 9-5

Man kann eine *Schwingung* auch als *laufende und wiederkehrende Umwandlung von zwei Energieformen* auffassen. Die beim Null-Durchgang maximale kinetische Energie wird bei der nachfolgenden Zusammendrückung der Feder in elastische Energie der Feder umgewandelt. Im Umkehrpunkt ist die gesamte Energie des Systems in der Feder gespeichert. Nach diesen Ausführungen ist (vergleiche Gleichung 8-14/15)

$$\frac{m}{2} \cdot v_{\max}^2 = \frac{c}{2} A^2 .$$

Mit Gleichung 9-8 ist

$$m \cdot A^2 \cdot \omega_0^2 = c \cdot A^2 ,$$

$$\omega_0 = \sqrt{\frac{c}{m}} .$$

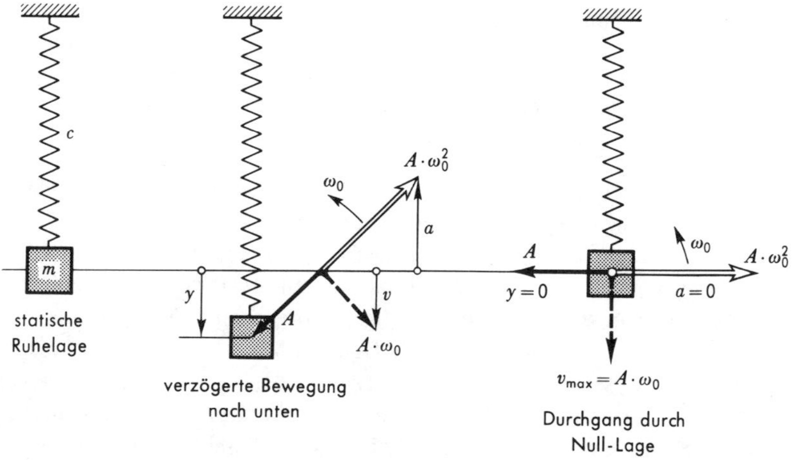

Abb. 9-6

Das ist die Bestätigung der Gleichung 9-2. Diese Überlegungen gestatten eine Abschätzung des Einflusses der Federmasse auf die Kreisfrequenz. Es handelt sich darum, die Größe der kinetischen Energie der Feder während der Schwingung näherungsweise zu bestimmen. Feder und Masse schwingen mit gleicher Frequenz. Die Amplitude eines Massenelementes $\mathrm{d}m$ in der Nähe der Aufhängung ist null, während die Teile an der Masse m mit voller Amplitude mitschwingen. Es wird angenommen, daß die Amplitude der einzelnen Massenteile linear vom Aufhängepunkt zunimmt (Abb. 9-7),

$$A_{\text{Feder}} = K \cdot y = A_{\text{f}}.$$

Damit ist die kinetische Energie der Feder beim Null-Durchgang der Masse

$$E_{\text{kinf}} = \int_0^l \frac{\mathrm{d}m_{\text{f}}}{2} \cdot A_{\text{f}}^2 \cdot \omega_0^2 = \frac{1}{2} \int_0^l K^2 \cdot y^2 \cdot \omega_0^2 \cdot \mathrm{d}m_{\text{f}}.$$

Da über die Länge integriert wird, muß $\mathrm{d}m$ in Beziehung zur Längenkoordinate $\mathrm{d}y$ gesetzt werden. Es gilt folgende einfache Proportion

$$\frac{\mathrm{d}m_{\text{f}}}{\mathrm{d}y} = \frac{m_{\text{f}}}{l} \qquad \mathrm{d}m_{\text{f}} = \frac{m_{\text{f}}}{l} \cdot \mathrm{d}y.$$

Nach dem Einsetzen erhält man

$$E_{\text{kinf}} = \frac{1}{2} \cdot K^2 \cdot \frac{m_{\text{f}}}{l} \cdot \omega_0^2 \int_0^l y^2 \cdot \mathrm{d}y$$

$$= \frac{1}{2} \cdot K^2 \cdot \frac{m_{\text{f}}}{l} \cdot \omega_0^2 \cdot \frac{l^3}{3}.$$

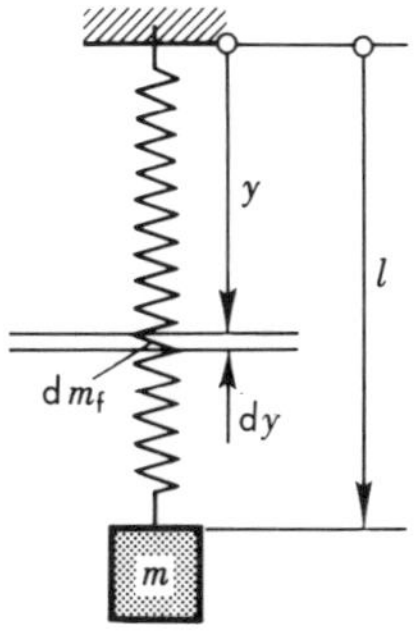

Abb. 9-7

Für $y = l$ ist $A_{\text{f}} = A$ (voller Ausschlag): $A = K \cdot l$.

Die kinetische Energie beträgt

$$E_{\text{kinf}} = \frac{\frac{1}{3} m_{\text{f}}}{2} \cdot A^2 \cdot \omega_0^2.$$

Der Energieansatz lautet demnach

$$\frac{1}{2}\left(m + \frac{m_{\text{f}}}{3}\right) \cdot A^2 \cdot \omega_0^2 = \frac{c}{2} \cdot A^2, \quad \omega_0 = \sqrt{\frac{c}{m + \frac{m_{\text{f}}}{3}}}.$$

Aus dieser Gleichung folgt, daß man einen wesentlich genaueren Wert für die Frequenz des Feder-Masse-Systems erhält, wenn man 1/3 der Federmasse als voll mitschwingend betrachtet.

Der Leser beweise auf gleichem Wege, daß für Schwinger nach Abb. 9-8 der Zuschlag $\frac{33}{140}\, m_{\text{f}}$ (a) bzw. $\frac{17}{35}\, m_{\text{f}}$ (b) ist. Voraussetzung ist eine Feder konstanten Querschnitts.

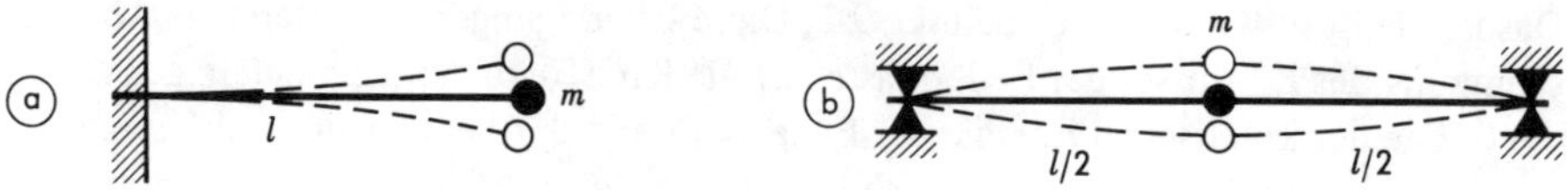

Abb. 9-8

Hierbei ist zu berücksichtigen, daß sich die Amplitude nach der Biegelinie ändert (Band 2). Wegen der Vernachlässigung der potentiellen Energie und weil eine Feder, bzw. ein Balken bei einer Schwingung ein Kontinuum darstellt, das ∞ viele Freiheitsgrade hat (vergleiche Abschnitt 9.4), gelten die Berechnungen für $m_f \ll m$. Es ist deshalb besonders überraschend, daß die Ergebnisse auch im weiten Bereich außerhalb dieser Bedingung für praktische Berechnungen genügend genaue Ergebnisse liefern. Beim System Spiralfeder-Masse beträgt der Fehler 0,8 % für $m_f = m$ und 3 % für $m_f = 2\,m$. Für Stabfedern (Balken, Wellen) kann man mit den Zuschlägen auch dann rechnen, wenn die Feder alleine schwingt, d.h. wenn $m_f/m \to \infty$ gilt. Man denkt sich das $\frac{33}{140} = 0{,}236$-fache der Federmasse am Ende (Fall a) oder das $\frac{17}{35} = 0{,}486$-fache der Federmasse in der Mitte (Fall b) der dann masselos angenommenen Feder vereinigt. Nach den gleichen Überlegungen kann man die Grundschwingungen für weitere Belastungsfälle bestimmen (siehe Abschnitt 9.4).

9.1.2 Die Bestimmung der Federkonstante; Ersatzfeder

Die Rückstellkraft eines linearen Schwingers ist proportional zum Ausschlag,

$$F \sim y, \qquad F = c \cdot y\,.$$

Die Proportionalitätskonstante c wird Federkonstante genannt,

$$c = \frac{F}{y}\,.$$

Zur Bestimmung der Federkonstanten muß demnach die Deformation y des elastischen Systems unter einer beliebigen Kraft F rechnerisch, zeichnerisch oder experimentell ermittelt werden. Für die wichtigsten Fälle soll das hier getan bzw. erläutert werden.

1. Stabfedern konstanten Querschnitts mit kleinen Durchbiegungen.

Man benutzt die Belastungstabellen der Biegung (z.B. Tabelle 11, Band 2). Für den eingespannten Stab mit Masse am Ende (Abb. 9-8 a) erhält man

$$y_F = \frac{F \cdot l^3}{3 \cdot E \cdot I}\,, \qquad c = \frac{F}{y_F} = \frac{3 \cdot E \cdot I}{l^3}\,.$$

Analog dazu für beidseitig gelagerten Stab mit Masse in der Mitte (Abb. 9-8 b)

$$y_F = \frac{F \cdot l^3}{48 \cdot E \cdot I}\,, \qquad c = \frac{48 \cdot E \cdot I}{l^3}\,.$$

Eine Stabfeder wird sehr weich bei großer Länge (l^3) und ist um so steifer, je größer die Biegesteifigkeit $E \cdot I$ ist.

2. Parallelschaltung von Federn (Abb. 9-9).

Mehrere parallelgeschaltete Federn sollen durch eine Feder mit gleichem elastischen Verhalten ersetzt werden. Diese Feder wird *Ersatzfeder* genannt. Im vorliegenden Falle addieren sich die einzelnen Kräfte, während die Deformation für alle Federn gleich ist,

$$F = F_1 + F_2 + \ldots = \sum F,$$

$$c_e \cdot y = c_1 \cdot y + c_2 \cdot y + \ldots = y \cdot \sum c,$$

$$\mathbf{c_e = \sum c.} \qquad \textbf{Gl. 9-10}$$

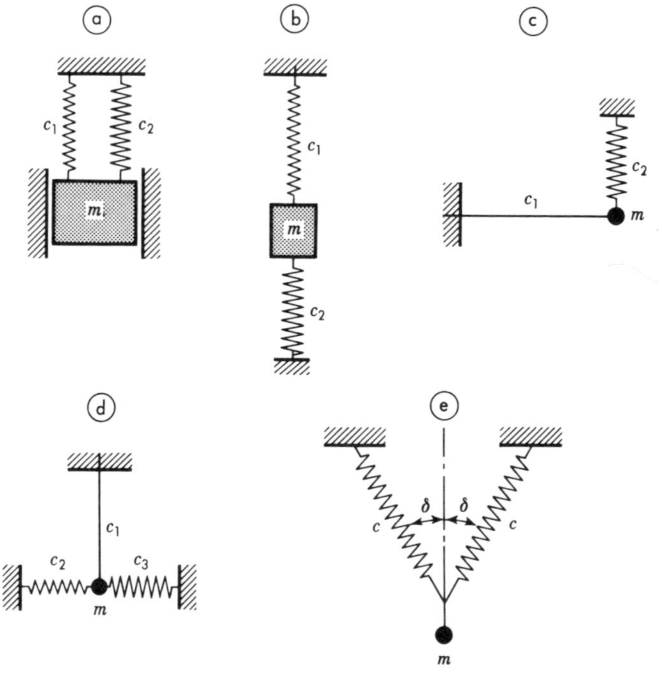

Abb. 9-9

Die Ersatzfederkonstante ist gleich der Summe der einzelnen Federkonstanten. Für die schrägen Federn nach Abb. 9-9 e ist es notwendig, die Verlängerungen und Kraftkomponenten der Einzelfedern zu bestimmen. Unter der Voraussetzung langer Federn und geringer Deformationen erhält man nach Abb. 9-10:

Ersatzfederkonstante	$c_e = \dfrac{F}{y}$,
Verlängerung einer Feder	$\Delta l = y \cdot \cos \delta$,
Gesamtkraft	$F = 2 F_f \cdot \cos \delta$,
Federkraft	$F_f = \Delta l \cdot c$.

Die Vereinigung dieser Beziehungen ergibt für den vorliegenden Fall

$$c_e = 2\,c \cdot \cos^2 \delta\,.$$

Für die Systeme 9-9 b/c/d ist zu beachten, daß *es nicht auf die Vorspannungen der Federn ankommt* (siehe vorigen Abschnitt). Es muß lediglich gewährleistet sein, daß keine Feder bei der Schwingung ausknickt. Ist es von der Anschauung her nicht sofort klar, ob die Federn parallel oder hintereinander geschaltet sind, dann denkt man sich eine Feder weggenommen. Wird dabei das System „weicher", dann handelt es sich um parallel geschaltete Federn.

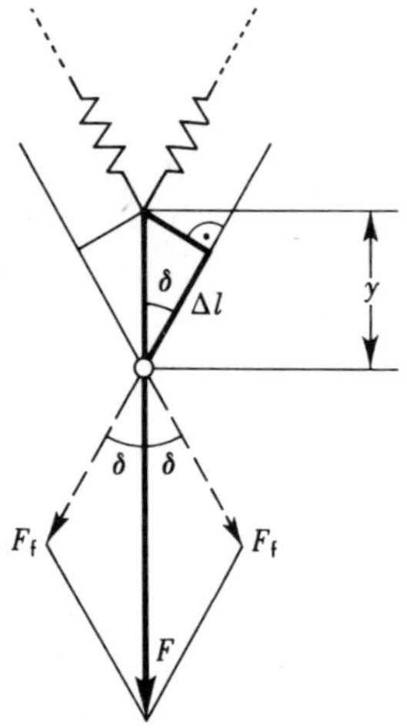

Abb. 9-10

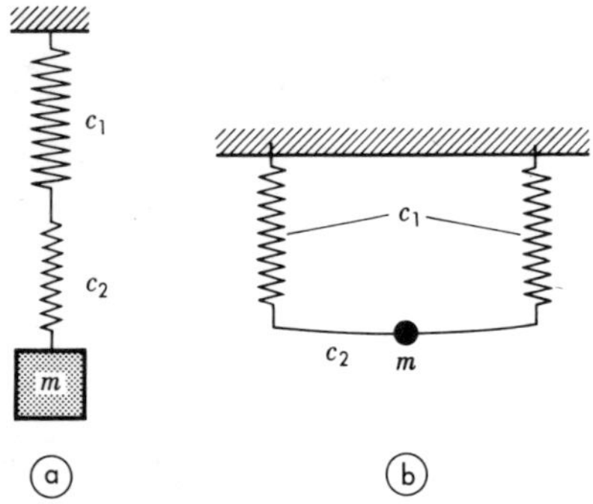

Abb. 9-11

3. Hintereinander geschaltete Federn (Abb. 9-11).

In diesem Falle addieren sich die Verlängerungen, während die Kraft gleich ist

$$y_e = y_1 + y_2 + \ldots = \sum y\,,$$

$$\frac{F}{c_e} = \frac{F}{c_1} + \frac{F}{c_2} + \ldots = F \cdot \sum \frac{1}{c}\,,$$

$$\frac{1}{c_e} = \sum \frac{1}{c}. \qquad \text{Gl. 9-11}$$

Der Kehrwert der Ersatzfederkonstante ist gleich der Summe der Kehrwerte der einzelnen Federkonstanten.

Ersetzt man bei der Hintereinanderschaltung eine Feder durch ein starres Element, dann wird das System immer steifer.

Es sind beliebige Variationen von 1, 2 und 3 möglich.

4. Welle mit veränderlichem Querschnitt.

Für die Stelle, wo die schwingende Masse sitzt, muß die Durchbiegung y unter einer beliebig anzunehmenden Kraft F bestimmt werden. Es empfiehlt sich, das im Band 2, Abschnitt 5.5.4 behandelte graphische Verfahren nach MOHR oder das analytische von FÖPPL anzuwenden.

Es können an dieser Stelle nur Einzelfälle behandelt werden. Für hier nicht behandelte Kombinationen von Federn muß sinngemäß verfahren werden (siehe Beispiele).

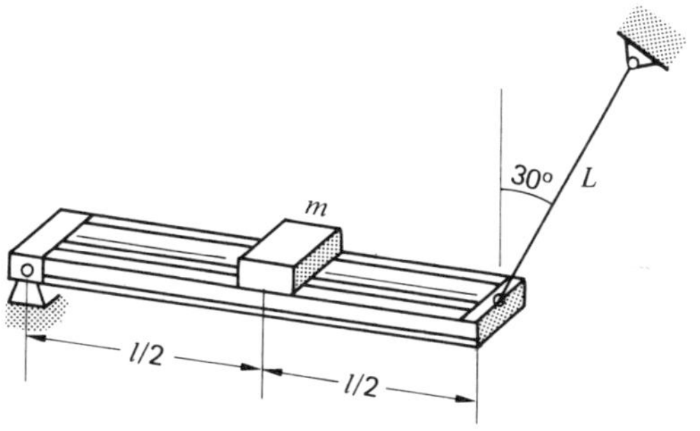

Abb. 9-12

Beispiel 1 (Abb. 9-12)

Die skizzierte Bühne ist mit der Masse m belastet und besteht aus zwei I-Trägern. Sie ist links gelenkig gelagert und rechts mit einem Stahlseil in der Mitte abgehängt. Zu bestimmen ist die Eigenfrequenz des Systems für folgende Werte:

Träger	I140	Länge	$l = 3{,}00$ m
Seil		Länge	$L = 2{,}00$ m
		metallischer Querschnitt	$A = 60\ \text{mm}^2$
		E-Modul	$E = 6 \cdot 10^4\ \text{N/mm}^2$
Masse			$m = 400$ kg

Lösung

Zuerst soll die Ersatzfederkonstante des aus der elastischen Bühne und dem Seil gebildeten Systems ermittelt werden. Für einen Träger gilt nach Abschnitt 9.1.2

$$c = \frac{48 \cdot E \cdot I}{l^3} .$$

Dabei ist nach Tabelle 10A Band 2: $I = I_x = 573\ \text{cm}^4$.
Damit ist

$$c = \frac{48 \cdot 2{,}1 \cdot 10^7\ \text{N/cm}^2 \cdot 573\ \text{cm}^4}{300^3\ \text{cm}^3} \cdot \frac{100\ \text{cm}}{1\ \text{m}} = 2{,}14 \cdot 10^6\ \text{N/m} .$$

Die Bühne besteht aus zwei Trägern. Deshalb ist die Federkonstante der Bühne

$$c_B = 2c = 4{,}28 \cdot 10^6\ \text{N/m} .$$

Jetzt muß die elastische Wirkung der Seilaufhängung an der Stelle der Masse berechnet werden. Dazu ist es notwendig, die Federkonstante des Seils zu bestimmen. Die Definition für den E-Modul ist (s. Band 2 Abschnitt 2.2.1)

$$E = \frac{\sigma}{\epsilon} = \frac{F \cdot l}{A \cdot \Delta l} .$$

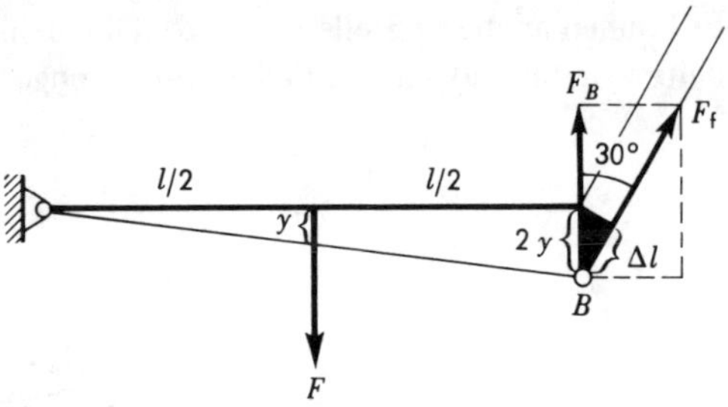

Abb. 9-13

Daraus folgt unmittelbar für das Seil

$$c_S = \frac{F}{\Delta l} = \frac{E \cdot A}{l}$$

$$c_S = \frac{6 \cdot 10^4\ \text{N/mm}^2 \cdot 60\ \text{mm}^2}{2 \cdot 10^3\ \text{mm}} \cdot \frac{10^3\ \text{mm}}{\text{m}} = 1{,}8 \cdot 10^6\ \text{N/m}\,.$$

Die geometrischen Zusammenhänge zeigt die Abbildung 9-13. Es ist notwendig, einen Zusammenhang zwischen F und y herzustellen. Die Momentengleichung für das Gelenk liefert

$$F \cdot \frac{l}{2} = F_B \cdot l\,.$$

Dabei sind

$$F_B = F_f \cdot \cos 30^\circ$$
$$F_f = c_S \cdot \Delta l$$
$$\Delta l = 2\,y \cdot \cos 30^\circ\,.$$

Oben eingesetzt ergibt das

$$F \cdot \frac{1}{2} = c_S \cdot 2\,y \cdot \cos^2 30^\circ\,.$$

Die Konstante einer Feder, die an der Masse angebracht, das gleiche elastische Verhalten bewirken würde wie die Seilaufhängung, ist

$$c_A = \frac{F}{y} = 4 \cdot c_S \cdot \cos^2 30^\circ$$
$$c_A = 4 \cdot 1{,}80 \cdot 10^6\ \text{N/m} \cdot \cos^2 30^\circ = 5{,}40 \cdot 10^6\ \text{N/m}\,.$$

Es ist jetzt die Frage zu klären, wie die elastischen Elemente „Bühne“ und „Aufhängung“ miteinander gekoppelt sind. Verglichen mit einem festen Auflager rechts, sind die Deformationen durch die Seilaufhängung größer geworden. Es handelt sich demnach um eine Hintereinanderschaltung nach Abschnitt 9.1.2. Nach Gleichung 9-11 ist die Ersatzfederkonstante

$$\frac{1}{c_e} = \frac{1}{c_A} + \frac{1}{c_B} = \left(\frac{1}{5{,}40 \cdot 10^6} + \frac{1}{4{,}28 \cdot 10^6}\right) \frac{\text{m}}{\text{N}}\,,$$

$$c_e = 2{,}39 \cdot 10^6\ \text{N/m}\,.$$

Der oben zitierten Stahltabelle entnimmt man für den Träger I140 eine Masse von 14,4 kg/m. Für beide Träger ist

$$m_{Tr} \approx 2 \cdot 3\ \mathrm{m} \cdot 14{,}4\ \mathrm{kg/m} \approx 86\ \mathrm{kg}\ .$$

Dieser Wert erscheint zu groß, um vernachlässigt zu werden. Nach Abschnitt 9.1.1 (Abb. 9-8b) werden für den Fall einer unelastischen Lagerung das 0,486fache der Trägermasse als voll mitschwingend angenommen. Da durch das Seil die Federkonstante der Bühne etwa halbiert wird (2,39 gegenüber 4,28) und damit die rechten Teile der Bühne verstärkt an der Schwingung teilnehmen, erscheint es sinnvoll, die volle Trägermasse als mitschwingend zu betrachten.

Damit ist

$$\mathrm{m} = 486\ \mathrm{kg}\ .$$

Nach den Gleichungen 9-2/7 erhält man für die Eigenfrequenz

$$\omega_0 = \sqrt{\frac{c_e}{m}} = \sqrt{\frac{2{,}39 \cdot 10^6\ \mathrm{N/m}}{486\ \mathrm{kg}}} = 70{,}1\ \mathrm{s}^{-1}\ ,$$

$$\mathrm{f}_0 = \frac{\omega_0}{2\pi} = \mathbf{11{,}2\ s^{-1}}\ .$$

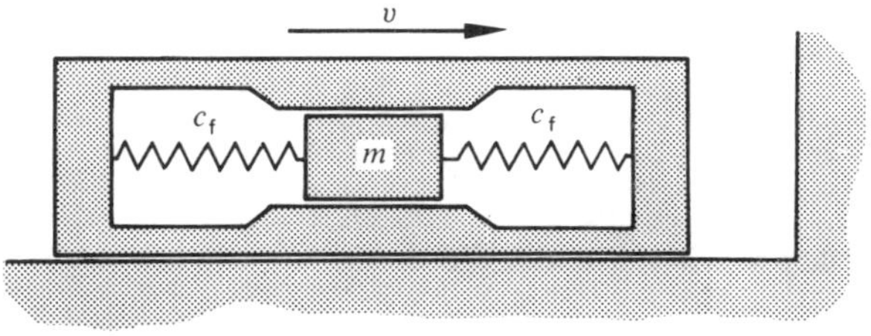

Abb. 9-14

Beispiel 2 (Abb. 9-14)

In diesem Beispiel soll modellhaft die federnde Lagerung einer Masse (z.B. empfindliches Gerät) behandelt werden. Die Federung c soll so ausgelegt werden, daß bei einem Stoß auf ein festes Hindernis mit der Geschwindigkeit v in Richtung der Federn, die auf die Masse m wirkende Kraft einen vorgegebenen Wert F nicht übersteigt. Bei diesem Vorgang soll keine Feder ausknicken, d.h. auf Druck belastet werden. Für diese Bedingung sind gesucht:

a) die Konstante der Einzelfeder c_f
b) die notwendige Vorspannlänge für c_f
c) die Vorspannkraft für die Federn c_f.

Die Lösung soll allgemein erfolgen und dann für

$$m = 1{,}0\ \mathrm{kg} \qquad v = 0{,}50\ \mathrm{m/s} \qquad F = 25\ \mathrm{N}$$

ausgewertet werden.

Lösung

Im Moment des Stoßes setzt eine harmonische Schwingung ein. Dabei ist $v = v_{max}$ die Geschwindigkeit im 0-Durchgang. Es gilt (Gleichungen 9-2/8/9)

$$|F_{max}| = F = m \cdot a_{max} = m \cdot A \cdot \omega_0^2 = m \cdot v \cdot \omega_0$$

$$F = m \cdot v \cdot \sqrt{\frac{c}{m}} = v \cdot \sqrt{c \cdot m} \, .$$

Nach Umwandlungen ist für c_f = 0,50 c (Parallelschaltung nach Abb. 9-9)

$$c_f = \frac{\mathbf{F}^2}{\mathbf{2 \cdot v^2 \cdot m}} \, . \tag{1}$$

Wenn die Federn immer unter Zugbelastung stehen sollen, muß die Vorverlängerung mindestens gleich der Schwingungsamplitude sein. Mit der Gleichung 9-8 ist

$$A = \frac{v}{\omega_0} = v \cdot \sqrt{\frac{m}{2 \cdot c_f}} = v \cdot \sqrt{\frac{m^2 \cdot v^2}{F^2}} \, .$$

Nach dem Einsetzen der Gleichung (1) erhält man

$$\mathbf{A} = \frac{\mathbf{v^2 \cdot m}}{\mathbf{F}} \, . \tag{2}$$

Die für diese Verlängerung notwendige Kraft ist

$$F_v = c_f \cdot A \, .$$

Nach dem Einsetzen der Gleichungen (1) und (2) ergibt sich

$$\mathbf{F_v} = \frac{\mathbf{1}}{\mathbf{2}} \cdot \mathbf{F} \, .$$

Die Zahlenauswertung liefert folgende Ergebnisse

$$c_f = \frac{25^2 \text{ N}^2}{2 \cdot 0{,}50^2 \text{ m}^2/\text{s}^2 \cdot 1{,}0 \text{ kg}} \cdot \frac{1 \text{ m}}{100 \text{ cm}} = \mathbf{12{,}5 \text{ N/cm}}$$

$$\mathbf{A} = \frac{0{,}50 \text{ m}^2/\text{s}^2 \cdot 1{,}0 \text{ kg}}{25 \text{ N}} \cdot \frac{100 \text{ cm}}{1 \text{ m}} = \mathbf{1{,}0 \text{ cm}}$$

$$\mathbf{F_v = 12{,}5 \text{ N}} \, .$$

Kontrolle $c_f \cdot A$ = 12,5 N .

Die Eigenfrequenz des Systems ist

$$\omega_0 = \sqrt{\frac{2 \, c_f}{\text{m}}} = \sqrt{\frac{2 \cdot 1\,250 \text{ N/m}}{1{,}0 \text{ kg}}} = 50{,}0 \text{ s}^{-1}$$

$$\mathbf{f_0} = \frac{\omega_0}{2\pi} = \mathbf{7{,}96 \text{ s}^{-1}} \, .$$

9.1.3 Der Massenpunkt im Schwerefeld

In diesem Abschnitt sollen Schwingungen untersucht werden, bei denen die Rückstellkraft ganz oder zum Teil von der Gewichtskraft aufgebracht wird. Darunter fällt die Behandlung des *mathematischen Pendels.* Abb. 9-15 zeigt ein solches Pendel im ausschwingenden Zustand. Die Rückstellkraft ist die Gewichtskomponente $m \cdot g \cdot \sin\varphi$, und die d'ALEMBERTsche Trägheitskraft ist $m \cdot a = m \cdot l \cdot \ddot{\varphi}$. Als Gleichgewichtsbedingung erhält man

$$m \cdot l \cdot \ddot{\varphi} + m \cdot g \cdot \sin\varphi = 0 .$$

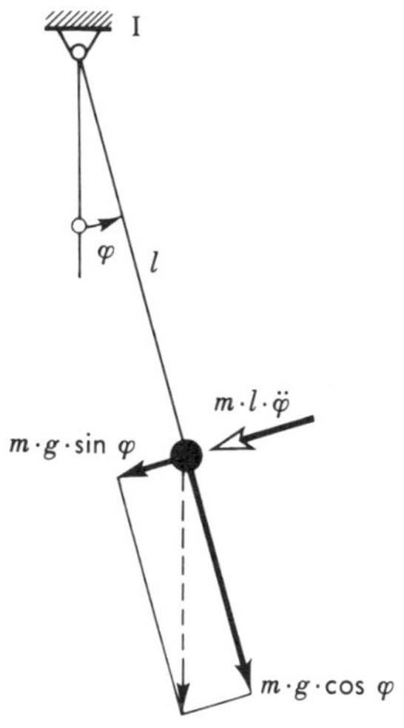

Abb. 9-15

Mit einfachen Mitteln ist diese Gleichung nur für kleine Amplitudenwinkel φ lösbar. Es gilt dann $\varphi \approx \sin\varphi$,

$$l \cdot \ddot{\varphi} + g \cdot \varphi = 0 .$$

Im Aufbau entspricht diese Beziehung der Gleichung 9-1. Für die Lösung wird analog vorgegangen

$$\ddot{\varphi} + \frac{g}{l} \cdot \varphi = 0 ,$$

$$\ddot{\varphi} + \omega_0^2 \cdot \varphi = \mathbf{0}, \qquad \omega_0 = \sqrt{\frac{\mathrm{g}}{\mathrm{l}}} . \qquad \text{Gl. 9-12}$$

Damit beträgt die Zeit für eine Vollschwingung

$$\omega_0 \cdot T = 2\pi ,$$

$$\mathbf{T} = \mathbf{2}\,\pi \cdot \sqrt{\frac{\mathrm{l}}{\mathrm{g}}} . \qquad \text{Gl. 9-13}$$

Das gilt für kleine Amplituden. Allgemein kann man schreiben

$$T = k \cdot 2\pi \cdot \sqrt{\frac{l}{g}} ,$$

wobei k ein Korrekturfaktor ist, der in der nachfolgenden Tabelle für verschiedene Amplitudenwinkel gegeben ist.

$\varphi = 0$	10°	20°	30°	60°	90°	120°	150°	180°
$k = 1{,}000$	1,002	1,008	1,017	1,073	1,180	1,373	1,762	∞

Bis zu einem Ausschlag von 20° ist der Fehler, den man bei Verwendung der Näherungsgleichung 9-13 begeht, kleiner als 1 %.

Beispiel (Abb. 9-16)

Für bestimmte Schwingungsmeßgeräte braucht man Schwinger mit sehr niedriger Eigenfrequenz. Für einen solchen Schwinger nach Abb. 9-16 sind die Federkonstanten c so zu bestimmen, daß die Eigenfrequenz $f = 3{,}0$ Hz beträgt.

$$m = 1{,}0 \text{ kg} , \qquad l = 0{,}30 \text{ m} .$$

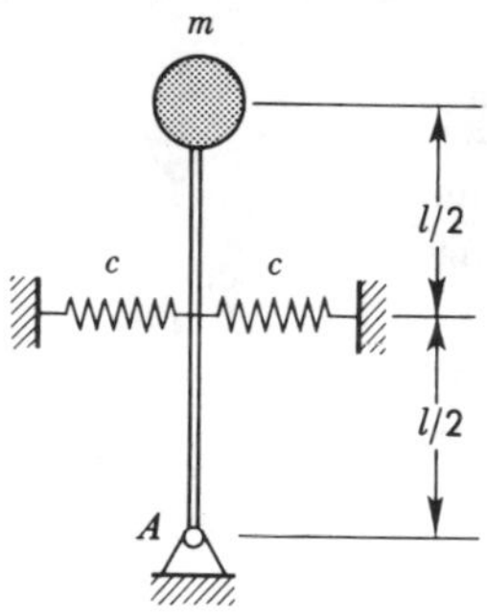

Abb. 9-16

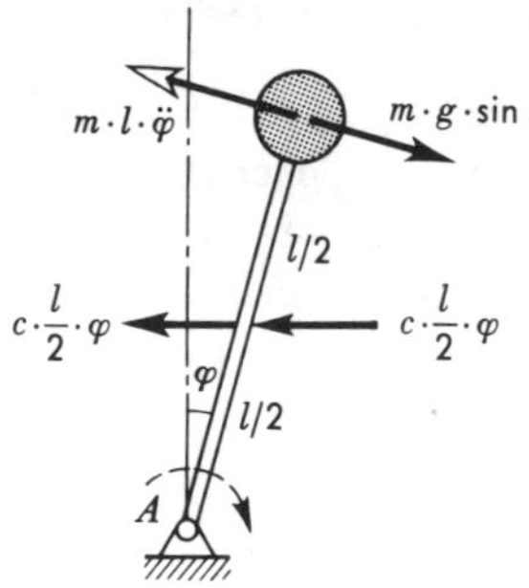

Abb. 9-17

Lösung (Abb. 9-17)

Das System wird im ausgeschwungenen Zustand freigemacht. Die Berechnung wird für kleine Amplituden durchgeführt, d.h.

$$\sin\varphi \approx \varphi, \qquad \cos\varphi \approx 1\,.$$

Die Momentengleichung für den Pol A ist die Differentialgleichung der Schwingung.

$$m\cdot l^2\cdot\ddot{\varphi} + 2\cdot c\cdot\left(\frac{l}{2}\right)^2\cdot\varphi - m\cdot g\cdot\varphi\cdot l = 0\,,$$

$$\ddot{\varphi} + \frac{c}{2\,m}\cdot\varphi - \frac{g}{l}\cdot\varphi = 0\,,$$

$$\ddot{\varphi} + \left(\frac{c}{2\,m} - \frac{g}{l}\right)\varphi = 0\,.$$

Aus dem Vergleich mit Gleichung 9-12 erkennt man, daß

$$\omega_0^2 = \frac{c}{2\,m} - \frac{g}{l} = (2\,\pi\cdot f)^2$$

ist. Da $\omega_0^2 > 0$ sein muß, gilt $\frac{c}{2\,m} > \frac{g}{l}$. Ist diese Bedingung nicht erfüllt, dann kippt infolge zu geringer Rückstellkräfte das System zur Seite.

$$c = \left[(2\,\pi\cdot f)^2 + \frac{g}{l}\right]\cdot 2\,m$$

$$c = \left[(2\,\pi\cdot 3)^2\ \mathrm{s}^{-2} + \frac{9{,}81}{0{,}30}\ \mathrm{s}^{-2}\right]\cdot 2\ \mathrm{kg}$$

$$\mathrm{c} = 776\ \mathrm{N/m} = \mathbf{7{,}76\ N/cm}\,.$$

9.1.4 Die Drehschwingung des starren Körpers

Die Translationsschwingung (Schiebung) eines starren Körpers kann man nach dem Schwerpunktsatz wie die Schwingung des Massenpunktes behandeln. Es gelten sinngemäß alle Beziehungen der vorigen Abschnitte. Im Rahmen dieses Buches werden Schwingungen mit einem Freiheitsgrad behandelt. Dazu gehört die Drehschwingung um eine feste Achse.

Eine starre Scheibe ist drehbar auf der Achse A gelagert und wird von einer Torsionsfeder gehalten (Abb. 9-18). Diese erzeugt bei Auslenkung ein Rückstellmoment, das proportional zum Verdrehwinkel φ ist, d.h.

$$M \sim \varphi .$$

Nach Einführung der Proportionalitätskonstante ist

$$M = c_T \cdot \varphi ,$$

$$\mathbf{c_T = \frac{M}{\varphi}} . \qquad \textbf{Gl. 9-14}$$

c_T ist die Federkonstante für Verdrehung. Sie hat die Dimension eines Drehmomentes.

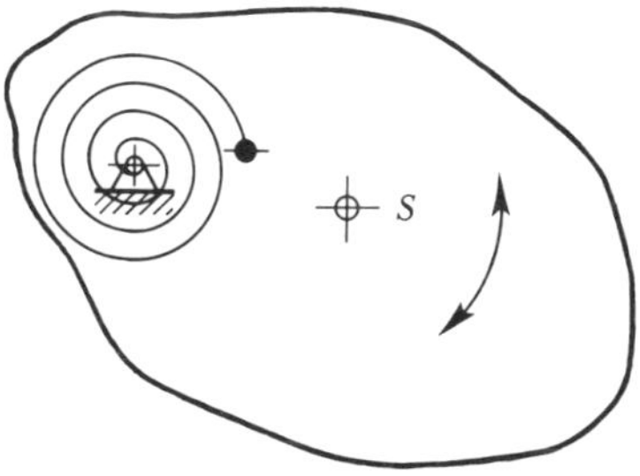

Abb. 9-18

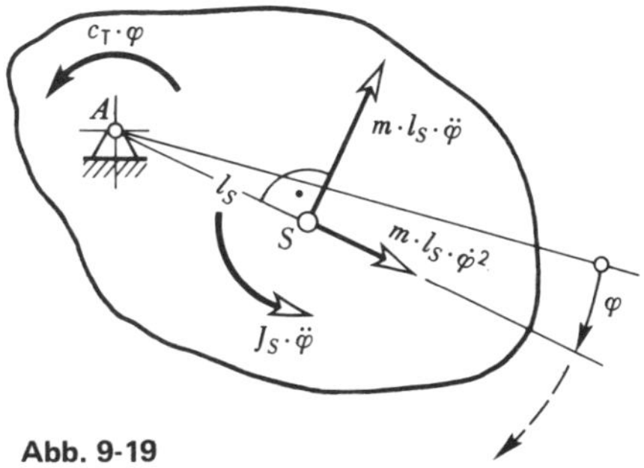

Abb. 9-19

Um die Schwingungsgleichung aufstellen zu können, ist es notwendig, das System im ausgelenkten Zustand freizumachen (Abb. 9-19). Es werden im Schwerpunkt die d'ALEMBERTschen Reaktionen eingeführt, wobei zu beachten ist, daß die Gewichtskraft von einer entsprechenden Vorspannung der Feder aufgenommen wird (siehe Abb. 7-26 und Gleichung 3-13/14). Die Momentengleichung für A ergibt

$$m \cdot l_S^2 \cdot \ddot{\varphi} + J_S \cdot \ddot{\varphi} + c_T \cdot \varphi = 0 ,$$

$$\ddot{\varphi} \, (J_S + m \cdot l_S^2) + c_T \cdot \varphi = 0 .$$

Der Ausdruck in der Klammer ist gleich dem Massenträgheitsmoment bezogen auf A (STEINER),

$$\ddot{\varphi} \cdot J_A + c_T \cdot \varphi = 0 ,$$

$$\mathbf{\ddot{\varphi} + \frac{c_T}{J_A} \cdot \varphi = 0} . \qquad \textbf{Gl. 9-15}$$

Diese Beziehung entspricht der Gleichung 9-3 und bestätigt nochmals die vielfach zitierte Analogie der einzelnen Größen von Schiebung und Drehung. Es muß gelten

$$\omega_0 = \sqrt{\mathbf{\frac{c_T}{J_A}}} \qquad \textbf{Gl. 9-16}$$

und

$$T = \frac{2\pi}{\omega_0} = 2\pi\sqrt{\frac{J_A}{c_T}} \qquad f = \frac{1}{T} = \frac{1}{2\pi}\sqrt{\frac{c_T}{J_A}}. \qquad \text{Gl. 9-17}$$

Die maximale Winkelgeschwindigkeit des Schwingers beim Null-Durchgang ist analog zur Gleichung 9-8

$$\omega_{max} = \dot{\varphi}_{max} = \varphi_A \cdot \omega_0, \qquad \text{Gl. 9-18}$$

wobei φ_A der Amplitudenwinkel der Schwingung ist. Die maximale Winkelbeschleunigung ist entsprechend (Gleichung 9-9)

$$\alpha_{max} = \ddot{\varphi}_{max} = \varphi_A \cdot \omega_0^2. \qquad \text{Gl. 9-19}$$

Für die Berechnung der Eigenfrequenz kann man mit einem vereinfacht nach Abb. 9-20 freigemachten System arbeiten, in dem nur das Moment $J_A \cdot \ddot{\varphi}$ und das Rückstellmoment $c_T \cdot \varphi$ enthalten sind. Die Momentengleichung für den Pol A ist die Differentialgleichung der Schwingung. Dieses System darf jedoch nicht dazu benutzt werden, Kräfte zu bestimmen (vergleiche Abb. 6-50 und Abb. 7-27 und dazugehörige Diskussion).

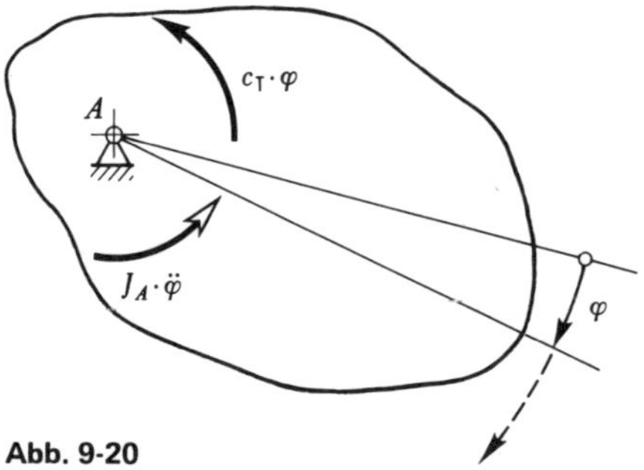

Abb. 9-20

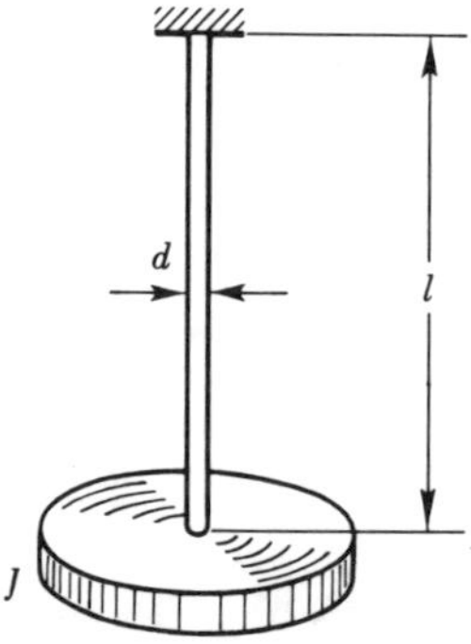

Abb. 9-21

Für einen Torsionsstab nach Abb. 9-21 berechnet man die Federkonstante aus der Verdrehungsgleichung (Band 2, Kapitel 7)

$$\left.\begin{aligned} \varphi &= \frac{M \cdot l}{G \cdot I_t}, \\ c_T &= \frac{M}{\varphi} = \frac{G \cdot I_t}{l}, \\ \omega_0 &= \sqrt{\frac{G \cdot I_t}{l \cdot J}}. \end{aligned}\right\} \qquad \text{Gl. 9-20}$$

G ist der *Gleitmodul* (Stahl: $G = 8 \cdot 10^4$ N/mm^2).

Für den Kreisquerschnitt ist der *Verdrehwiderstand* I_t gleich dem polaren Flächenträgheitsmoment $I_p = \frac{\pi}{32} \cdot d^4$. I_t hat für andere Querschnitte keinen Zusammenhang mit dem Flächenträgheitsmoment. Für die wichtigsten Anwendungsfälle ist I_t in der Tabelle 12 Band 2 gegeben. Für hintereinander angeordnete Torsionsstäbe gilt die Gleichung 9-11.

Sind an einem Torsionsstab beidseitig Massen angebracht, dann kann eine Drehschwingung dadurch eingeleitet werden, daß man an den Enden den Stab mit entgegengesetzten Momenten verdreht und losläßt (Abb. 9-22). Da vorhder der Drall null war, muß er es in jeder Schwingungsphase auch sein (Satz von der Erhaltung des Dralls). Es muß deshalb gelten

$$J_A \cdot \dot{\varphi}_A - J_B \cdot \dot{\varphi}_B = 0,$$

$$J_A \cdot \dot{\varphi}_A = J_B \cdot \dot{\varphi}_B .$$

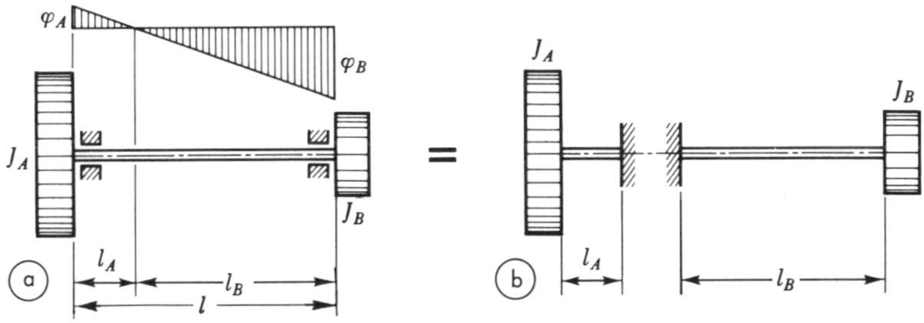

Abb. 9-22

Bei der gegenseitigen Verdrehung der Massen während der Schwingung wird ein Querschnitt des Stabes nicht verdreht. Diesen Schnitt nennt man *Knoten.* Aus geometrischen Beziehungen erhält man (Abb. 9-22)

$$\frac{\varphi_A}{\varphi_B} = \frac{l_A}{l_B}$$

und damit nach der Differentation der Winkel nach der Zeit

$$\frac{\dot{\varphi}_A}{\dot{\varphi}_B} = \frac{l_A}{l_B} = \frac{J_B}{J_A} .$$

Der Knoten teilt den Stab in zwei Abschnitte ein, deren Längen sich umgekehrt wie die dazugehörigen Massenträgheitsmomente verhalten. Der Knoten liegt näher an dem Schwinger mit dem größeren Trägheitsmoment.

Man kann den Knoten, da er keine Bewegung ausführt, auch als Einspannung eines Teilsystems auffassen (Abb. 9-22b). Aus

$$\omega_{0A} = \sqrt{\frac{c_T}{J_A}} = \sqrt{\frac{G \cdot I_t}{l_A \cdot J_A}} ,$$

$$\omega_{0B} = \sqrt{\frac{c_T}{J_B}} = \sqrt{\frac{G \cdot I_t}{l_B \cdot J_B}}$$

erhält man mit der obigen Proportion das einleuchtende Ergebnis

$$\omega_{0A} = \omega_{0B} = \omega_0 .$$

Beide Massen schwingen, was man sich leicht klar machen kann, jeweils entgegengesetzt mit gleicher Frequenz.

Führt man in $l_A + l_B = l$ die Beziehung $l_A = l_B \cdot \frac{J_B}{J_A}$ ein und setzt l_B in die Gleichung für $\omega_{0B} = \omega_0$ ein, dann erhält man für das System

$$\omega_0 = \sqrt{c_T \left(\frac{1}{J_A} + \frac{1}{J_B} \right)}. \qquad \textbf{Gl. 9-21}$$

Für einen eingespannten Schwinger nach Abb. 9-21 ergibt sich mit $J_B \to \infty$ die Gleichung 9-20.

Beispiel 1 (Abb. 9-23)

Für einen Propeller soll das Trägheitsmoment für die Drehachse bestimmt werden. Dazu wird der Propeller wie skizziert an einem Torsionsstab aus Stahl aufgehängt. Der Stab ist 50 cm lang und hat einen Durchmesser von $d = 4$ mm. Die Zeit für 20 Halbschwingungen (von Umkehrpunkt zu Umkehrpunkt) wurde mit 44,0 s gestoppt.

Lösung

Nach Gleichung 9-20 ist mit $I_t = I_p = \frac{\pi}{32} \cdot d^4$

$$\omega_0 = \sqrt{\frac{G \cdot I_t}{l \cdot J}} = \frac{2\pi}{T} = \sqrt{\frac{G \cdot \pi \cdot d^4}{32 \cdot J \cdot l}},$$

$$J = \left(\frac{T}{2} \cdot d^2 \right)^2 \cdot \frac{G}{32\,\pi \cdot l}, \quad T = \frac{44\text{ s}}{10} = 4{,}4\text{ s},$$

$$J = (2{,}2\text{ s} \cdot 16\text{ mm}^2)^2 \cdot \frac{8 \cdot 10^4\text{ N/mm}^2}{32\,\pi \cdot 500\text{ mm}} \cdot \frac{1\text{ m}}{10^3\text{ mm}},$$

$$J = 1{,}97\text{ kg m}^2.$$

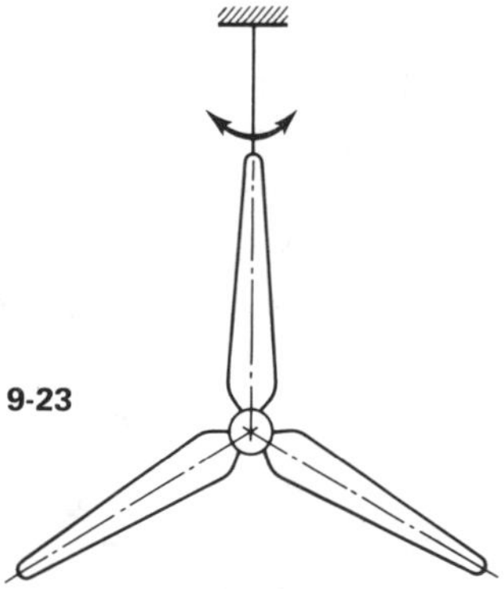

Abb. 9-23

Jede Blattachse ist Symmetrie- und damit Hauptachse. Für 3 oder mehr Hauptachsen in der Ebene schrumpft der Trägheitskreis nach MOHR zu einem Punkt zusammen, und es gilt

$$J_{max} = J_{min} = J$$

für alle Achsen in der Ebene (siehe Abschnitt 6.3.1). Für die Schwerpunktachse z senkrecht zur Zeichenebene ist dann (s. Gleichung 6-15)

$$J_z = 2J = \mathbf{3{,}94\text{ kg m}^2}.$$

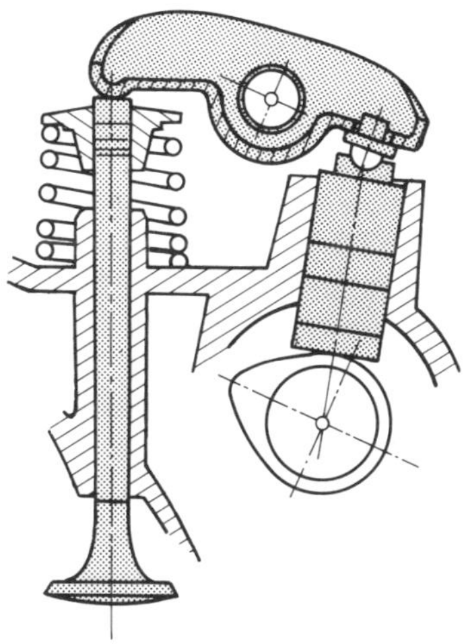

Abb. 9-24

Beispiel (Abb. 9-24)

Für den abgebildeten Ventiltrieb sind alle Daten bekannt. Zu bestimmen sind

a) die Eigenfrequenz des Systems,
b) die maximal zulässige Beschleunigung am Nockentrieb bei einsetzender Schließbewegung des Ventils (Stößel voll angehoben) so, daß der Stößel nicht vom Nocken abhebt,
c) für den Grenzfall b) die Gelenkkräfte in A ohne Berücksichtigung von Reibungskräften.

Massen	Ventil	m_V	$= 130$ g
	Feder	m_F	$= 63$ g
	Kipphebel	m_K	$= 115$ g
	Stößel	m_{St}	$= 65$ g
Trägheitsmoment Stößel (bezogen auf Schwerpunkt)		J_S	$= 5{,}50 \cdot 10^{-5}$ kg m²
Federkonstante		c	$= 30{,}0$ N/mm
Geometrie nach Abb. 9-25/26		r_V	$= 40$ mm $\quad r_{St} = 28$ mm
Abstand Schwerpunkt-Drehachse		r_S	$= 6{,}0$ mm
Winkel $\delta = 17°$			

Zusammendrückung der Feder bei angehobenem Stößel (Ventil voll geöffnet) $\Delta l = 25$ mm.

Lösung

Zunächst wird die Schrägstellung von Stößel und Kipphebel untersucht (Abb. 9-25). Der Kugelkopf ist im Kipphebel radial verschieblich. Wegen der Schrägstellung der Stößelbahn unterliegt der Stößl einer Beschleunigung $r_{St} \cdot \ddot{\varphi}/\cos\delta$ und einer entsprechenden Trägheitskraft. Wegen der längsverschieblichen Führung kann nur die senkrecht zum Radius wirkende Komponente $m \cdot r_{St} \cdot \ddot{\varphi}$ auf den Kipphebel über-

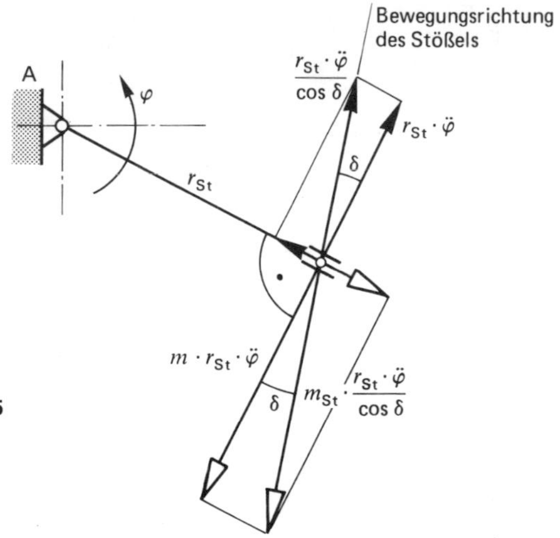

Abb. 9-25

tragen werden. Mit dieser Überlegung wird das System nach Abb. 9-26 freigemacht. Die Momentengleichung für die Drehachse liefert für solche Systeme die Differentialgleichung der Schwingung. Die Federmasse wird zu einem Drittel als voll mitschwingend angenommen (s. Abschnitt 9.1.1 Abb. 9-7). Zur Vorzeichenfrage wird auf die Abb. 9-1 und die dazugehörige Diskussion verwiesen.

$$\left(m_v + \frac{m_F}{3}\right) \cdot r_v^2 \cdot \ddot{\varphi} + m_K \cdot r_S^2 \cdot \ddot{\varphi} + J_S \cdot \ddot{\varphi} + m_{St} \cdot r_{St}^2 \cdot \ddot{\varphi} + c \cdot r_v^2 \cdot \varphi = 0 .$$

Um die in dieser Gleichung enthaltene Eigenfrequenz zu eliminieren, muß man die Beziehung in die Normalform Gl. 9-3 bzw. 9-15/16 bringen.

$$\ddot{\varphi}\left[\left(m_v + \frac{m_F}{3}\right) r_v^2 + m_K \cdot r_S^2 + J_S + m_{St} \cdot r_{St}^2\right] + c \cdot r_v^2 \cdot \varphi = 0 ,$$

$$\ddot{\varphi} + \frac{c \cdot r_v^2}{\left(m_v + \frac{m_F}{3}\right) r_v^2 + m_K \cdot r_S^2 + J_S + m_{St} \cdot r_{St}^2} \cdot \varphi = 0 .$$

Der Quotient ist das Quadrat der Eigenfrequenz.

$$\omega_0^2 = \frac{c}{m_v + \frac{m_F}{3} + m_K \cdot \left(\frac{r_S}{r_v}\right)^2 + \frac{J_S}{r_v^2} + m_{St} \cdot \left(\frac{r_{St}}{r_v}\right)^2} .$$

Man erkennt, daß im Nenner die auf die Achse Ventil-Feder reduzierten Massen stehen. Man hätte auch von

$$\omega_0^2 = \frac{c}{m} ,$$

ausgehen und nach Gl. 6-12a die Massen reduzieren können. Jedoch sollen hier zusätzlich die während der Schwingung auftretenden Kräfte berechnet werden. Dafür ist ein freigemachtes System notwendig.

Mit den oben gegebenen Werten erhält man

$$\omega_0 = 369{,}4\ \mathrm{s}^{-1} \quad \text{und} \quad \mathbf{f_0} = \frac{\omega_0}{2\pi} = \mathbf{58{,}8\ s^{-1}}\ .$$

Im Grenzfall „keine Berührung Stößel/Nocken" ist das System ein freier Schwinger mit einer Amplitude Δl am Ventil, denn um diesen Beitrag ist die Feder insgesamt bei voll geöffnetem Ventil zusammengedrückt. Aus dieser Überlegung kann man die Beschleunigung ausrechnen, mit der die Feder den Schließvorgang einleitet. Nach Gl. 9-19 ist

$$\ddot{\varphi}_{max} = -\ \omega_0^2 \cdot \varphi_A \qquad \varphi_A = \text{Amplitudenwinkel}$$

$$\ddot{\varphi}_{max} = -\ \omega_0^2\ \frac{\Delta l}{r_V} = 369{,}4^2\ \mathrm{s}^{-2} \cdot \frac{25\ \mathrm{mm}}{40\ \mathrm{mm}}$$

$$\ddot{\varphi}_{max} = -\ 8{,}53 \cdot 10^4\ \mathrm{s}^{-2}\ .$$

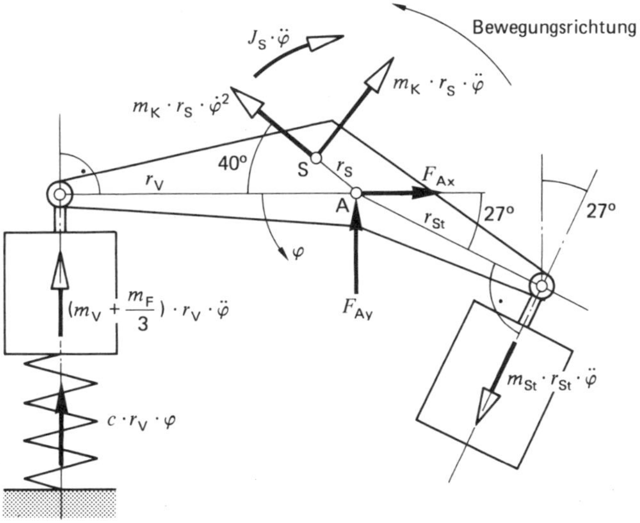

Abb. 9-26

Damit erhält man eine maximale Beschleunigung des Stößels, mit der dieser der wegdrehenden Nocke nachfolgen könnte (s. Abb. 9-25).

$$a_{max\,St} = \frac{r_{St} \cdot \ddot{\varphi}_{max}}{\cos\delta} = \frac{0{,}028\ \mathrm{m} \cdot 8{,}53 \cdot 10^4\ \mathrm{s}^{-2}}{\cos 17^\circ}\ ,$$

$$\mathbf{a_{max\,St} = 2\,497\ m/s^2}\ .$$

Dieser Wert gilt nur für die hier untersuchte Position.

Für die Berechnung der Kräfte im Gelenk A werden die noch verfügbaren Gleichgewichtsbedingungen für das System Abb. 9-26 aufgestellt.

$$\Sigma F_x = 0$$

$$F_{Ax} + m_K \cdot r_S \cdot \ddot{\varphi}_{max} \cdot \sin 40^\circ - m_{St} \cdot r_{St} \cdot \ddot{\varphi}_{max} \cdot \sin 27^\circ = 0$$

$$F_{Ax} = - \ddot{\varphi}_{max}(m_K \cdot r_S \cdot \sin 40^\circ - m_{St} \cdot r_{St} \cdot \sin 27^\circ)\,.$$

$$F_{Ax} = + 8{,}53 \cdot 10^4\ s^{-2}\ (0{,}115 \cdot 0{,}006 \cdot \sin 40^\circ - 0{,}065 \cdot 0{,}028 \cdot \sin 27^\circ)\ \text{kg m}$$

$$\mathbf{F_{Ax} = - 32{,}6\ N} \leftarrow .$$

$$\Sigma F_y = 0$$

$$F_{Ay} + c \cdot \Delta l + \left(m_v + \frac{m_F}{3}\right) \cdot r_v \cdot \ddot{\varphi}_{max} + m_K \cdot r_S \cdot \ddot{\varphi}_{max} \cos 40^\circ - m_{St} \cdot r_{St} \cdot \ddot{\varphi}_{max} \cdot \cos 27^\circ = 0\,.$$

$$F_{Ay} = - c \cdot \Delta l - \ddot{\varphi}_{max}\left[\left(m_v + \frac{m_F}{3}\right) r_v + m_K \cdot r_S \cdot \cos 40^\circ - m_{St} \cdot r_{St} \cdot \cos 27^\circ\right].$$

Die gegebenen Zahlenwerte führen auf

$$\mathbf{F_{Ay} = - 328{,}0} \downarrow$$

$$\mathbf{F_A = 330\ N}\,.$$

Dieser Wert gilt nur für die untersuche Position und den Grenzfall des Abhebens des Stößels vom Nocken. Es ging bei diesem Beispiel darum, modellhaft die dynamischen Lagerbelastungen bei einer Schwingung zu berechnen.

Beispiel 3 (Abb. 9-27)

Das skizzierte System besteht aus den beiden Massen J_A und J_C, die über eine spielfreie Zahnradübersetzung miteinander verbunden sind. Die Trägheitsmomente der Zahnräder sind vernachlässigbar klein. Für dieses System ist die Eigenfrequenz der Torsionsschwingung zu berechnen. Dazu soll es in einen kinetisch gleichwertigen Schwinger nach Abb. 9-22a umgewandelt werden. Diesen nennt man *Ersatzsystem* oder *Bildwelle*. Die Lösung soll allgemein erfolgen und dann für

$J_A = 0{,}50\ \text{kg m}^2$	$J_C = 0{,}80\ \text{kg m}^2$	$r_C/r_A = 2{,}0$
$l_A = 300\ \text{mm}$	$l_C = 400\ \text{mm}$	
$d_A = 40\ \text{mm}$	$d_C = 50\ \text{mm}$	

ausgewertet werden.

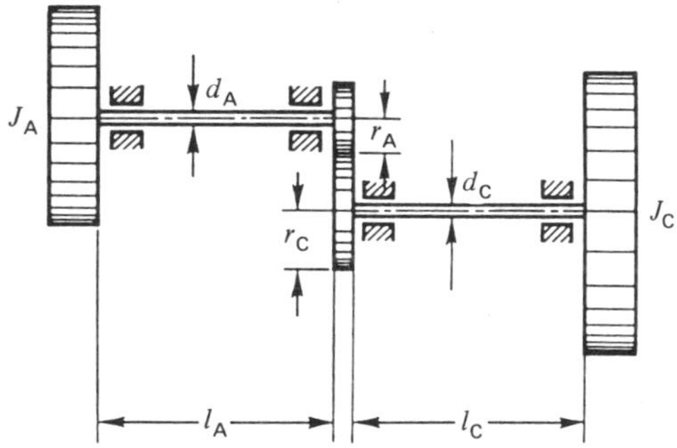

Abb. 9-27

Lösung (Abb. 9-28)

Für das Ersatzsystem berechnet sich die Eigenkreisfrequenz nach der Gleichung 9-21. Die Ersatzfederkonstante muß das gleiche elastische Verhalten haben wie das gegebene System. Es ist grundsätzlich gleich, auf welche Welle umgerechnet wird. Hier soll der Teil C auf die Welle A übertragen werden. Dazu denkt man sich die Masse C eingespannt und leitet an der Masse A ein Moment M_A ein. In der Abb. 9-28 sind die dabei entstehenden Verdrehwinkel über der Wellenachse aufgetragen. Die Gesamtverdrehung der Welle C ist φ_C. Durch den Zahnradeingriff wird φ_C im Verhältnis der Übersetzung geändert auf die Welle A übertragen. Die Verdrehung der Welle A ($\Delta\varphi_A$) baut sich auf diesem Wert auf. So ergibt sich

$$\varphi_A = \Delta\varphi_A + \frac{r_C}{r_A} \cdot \varphi_C \, .$$

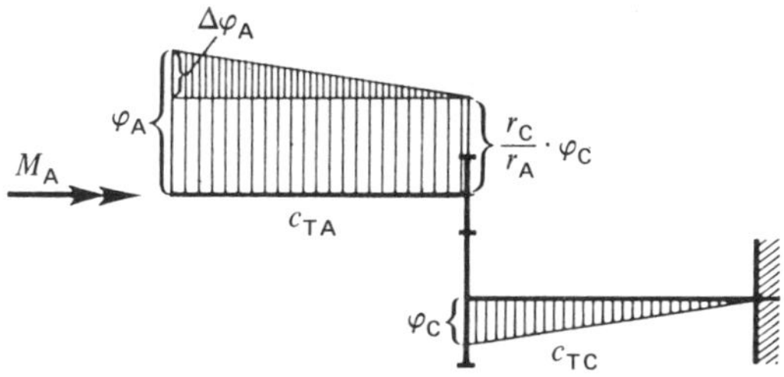

Abb. 9-28

Das Ersatzsystem hat das gleiche elastische Verhalten, wenn sich bei Belastung durch M_A der gleiche Verdrehwinkel φ_A ergibt. Dabei ist zu beachten, daß in der Welle C infolge der Übersetzung das Moment $M_A \cdot r_C/r_A$ wirkt

$$\frac{M_A}{c_{Te}} = \frac{M_A}{c_{TA}} + \frac{r_C}{r_A} \cdot \frac{M_A \cdot r_C/r_A}{c_{TC}} \, .$$

Somit erhält man für die Ersatzfederkonstante

$$\frac{1}{c_{Te}} = \frac{1}{c_{TA}} + \left(\frac{r_C}{r_A}\right)^2 \frac{1}{c_{TC}} \, .$$

Für die gestellte Aufgabe ist mit

$$c_{TA} = \frac{G \cdot I_{pA}}{l_A} = \frac{8 \cdot 10^4\ \text{N/mm}^2 \cdot \pi \cdot 40^4\ \text{mm}^4}{300\ \text{mm} \cdot 32} \cdot \frac{1\ \text{m}}{10^3\ \text{mm}} = 6{,}70 \cdot 10^4\ \text{Nm}$$

$$c_{TC} = \frac{G \cdot I_{pC}}{l_C} = \frac{8 \cdot 10^4\ \text{N/mm}^2 \cdot \pi \cdot 50^4\ \text{mm}^4}{400\ \text{mm} \cdot 32} \cdot \frac{1\ \text{m}}{10^3\ \text{mm}} = 1{,}23 \cdot 10^5\ \text{Nm}$$

$$\frac{1}{c_{Te}} = \left(\frac{1}{6{,}70 \cdot 10^4} + \frac{4}{1{,}23 \cdot 10^5}\right) \frac{1}{\text{Nm}}$$

$$c_{Te} = 2{,}10 \cdot 10^4\ \text{Nm}\ .$$

Die Umrechnung der Masse C auf die Welle A erfolgt nach Gleichung 6-24

$$J_B = J_C \cdot \left(\frac{r_A}{r_C}\right)^2 .$$

Mit den gegebenen Werten erhält man

$$J_B = 0{,}80\ \text{kg m}^2 \cdot \frac{1}{4} = 0{,}200\ \text{kg m}^2\ .$$

Die Eigenkreisfrequenz des Ersatzsystems Abb. 9-22 errechnet man aus

$$\omega_0 = \sqrt{c_T\left(\frac{1}{J_A} + \frac{1}{J_B}\right)}$$

$$\omega_0 = \sqrt{2{,}10 \cdot 10^4\ \text{Nm}\left(\frac{1}{0{,}50} + \frac{1}{0{,}20}\right)\frac{1}{\text{kg m}^2}}$$

$$\omega_0 = 384\ \text{s}^{-1}$$

$$f_0 = \frac{\omega_0}{2\pi} = \mathbf{61{,}1\ s^{-1}}.$$

9.1.5 Der starre Körper im Schwerefeld

In diesem Abschnitt sollen Schwingungen untersucht werden, bei denen die Rückstellkraft ganz oder z.T. von der Gewichtskraft aufgebracht wird. Hierunter fällt auch die Behandlung des *physischen Pendels.* Abb. 9-29 zeigt ein solches freigemachtes Pendel im ausgeschwungenen Zustand. Im Schwerpunkt werden, neben den Gewichtskomponenten, die d'ALEMBERTschen Reaktionen entgegengesetzt der Bewegungsrichtung eingetragen,

$$m \cdot a_t = m \cdot l_S \cdot \ddot{\varphi}; \qquad m \cdot a_n = m \cdot l_S \cdot \dot{\varphi}^2; \qquad J_S \cdot \alpha = J_S \cdot \ddot{\varphi}\ .$$

Die Momentengleichung für den Aufhängepunkt *A* lautet

$$J_S \cdot \ddot{\varphi} + m \cdot l_S{}^2 \cdot \ddot{\varphi} + m \cdot g \cdot l_S \cdot \sin \varphi = 0.$$

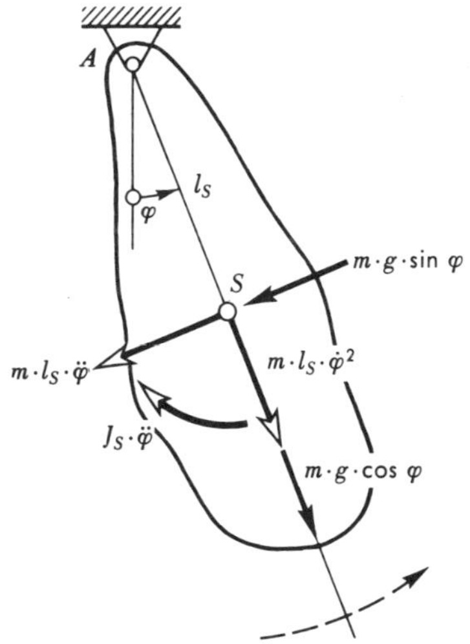

Abb. 9-29

Wie beim mathematischen Pendel ist die Gleichung mit einfachen Mitteln nur für kleine Amplituden lösbar, d.h. für $\sin\varphi \approx \varphi$. Mit $J_A = J_S + m\cdot l_S^2$ (STEINER) erhält man

$$J_A\cdot\ddot\varphi + m\cdot g\cdot l_S\cdot\varphi = 0,$$

$$\ddot\varphi + \frac{m\cdot g\cdot l_S}{J_A}\cdot\varphi = 0.$$

Diese Beziehung entspricht der Gleichung 9-15. Die Eigenkreisfrequenz ist also

$$\omega_0 = \sqrt{\frac{m\cdot g\cdot l_S}{J_A}}. \qquad \text{Gl. 9-22}$$

Es ist zweckmäßig, den Trägheitsradius i einzuführen (vergleiche Gleichung 6-12)

$$J_A = m\cdot i^2,$$

$$\omega_0 = \sqrt{\frac{m\cdot g\cdot l_S}{m\cdot i^2}},$$

$$\omega_0 = \sqrt{\frac{g\cdot l_S}{i^2}}. \qquad \text{Gl. 9-23}$$

Ein mathematisches Pendel gleicher Schwingungsdauer müßte die Länge

$$l_{red} = \frac{i^2}{l_S}$$

haben. Das ist die *reduzierte Pendellänge* eines physischen Pendels. Man kann schreiben

$$\omega_0 = \sqrt{\frac{g}{l_{red}}}.$$

Mit Hilfe der Beziehungen für das physische Pendel lassen sich besonders einfach *experimentell die Massenträgheitsmomente von Körpern ermitteln.* Dazu wird der Körper beliebig aufgehängt, in Schwingungen kleiner Amplitude versetzt und die Schwingungszeit für mehrere Schwingungen gemessen (Mittelwertbildung). Mit $\omega_0 = 2\,\pi/T$ kann man aus der Gleichung 9-22 das Massenträgheitsmoment für die Pendelachse bestimmen. Für andere Achsen erfolgt die Umrechnung mit dem STEINERschen Satz. Man beachte dabei, daß die Umrechnung immer über die Schwerpunktachse erfolgen muß.

Beispiel (Abb. 9-30)

Für einen Balken mit ungleichmäßiger Massenverteilung soll das Massenträgheitsmoment für eine Schwerpunktachse bestimmt werden. Dazu wird der Balken auf eine umgekippte Tonne so gelegt, daß er gerade horizontal liegt. Dann wird er durch Anstoßen zu Schwingungen kleiner Amplitude angefacht. Für 10 Vollschwingungen wird eine Zeit von 21,7 s gestoppt. Der Balken hat eine Masse von 22 kg, die Tonne einen Durchmesser von 0,60 m.

Abb. 9-30

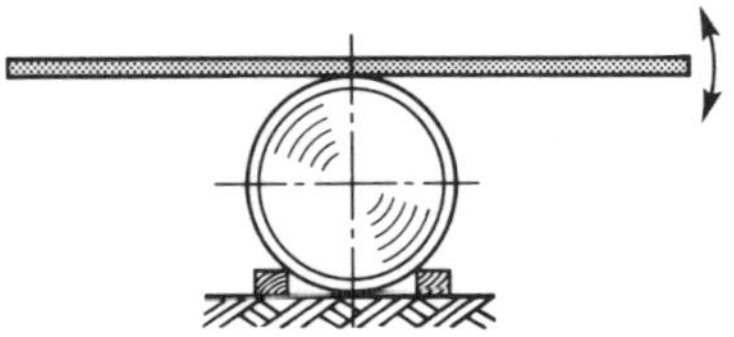

Lösung (Abb. 9-31)

Für den ausschwingenden Zustand (Abb. 9-31) wird nach Einführung der Gewichtskraft und des Momentes $J \cdot \ddot{\varphi}$ die Momentengleichung für den momentanen Drehpol A aufgestellt,

$$J_S \cdot \ddot{\varphi} + m \cdot g \cdot r \cdot \varphi = 0,$$

$$\ddot{\varphi} + \frac{m \cdot g \cdot r}{J_S} \cdot \varphi = 0.$$

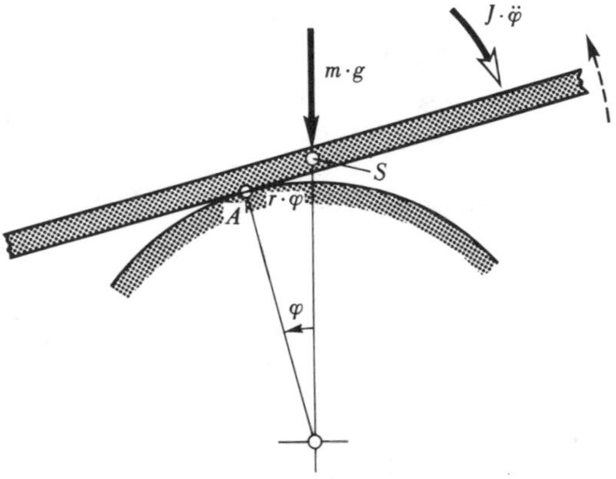

Abb. 9-31

Aus dem Vergleich mit der allgemeinen Schwingungsgleichung 9-12 folgt

$$\omega_0 = \sqrt{\frac{m \cdot g \cdot r}{J_S}} = \frac{2\,\pi}{T},$$

$$J_S = m \cdot g \cdot r \left(\frac{T}{2\,\pi}\right)^2,$$

$$= 22\ \text{kg} \cdot 9{,}81\ \frac{\text{m}}{\text{s}^2} \cdot 0{,}3\ \text{m} \cdot \left(\frac{2{,}17}{2\,\pi}\right)^2 \text{s}^2,$$

$$\mathbf{J_S = 7{,}72\ kg\ m^2.}$$

Der Drehpunkt A ist nicht identisch mit dem Schwerpunkt. Der Einfluß ist jedoch sehr gering, da wegen der kleinen Amplituden das Zusatzglied $m \cdot (r \cdot \varphi)^2$ im STEINERschen Satz vernachlässigbar ist.

9.2 Die geschwindigkeitsproportional gedämpfte Schwingung

Eine Schwingung verläuft dann *gedämpft*, wenn dem Schwingungssystem *Energie entzogen* wird. Das kann gewollt durch den Einbau eines Schwingungsdämpfers geschehen, oder ungewollt durch die unvermeidbaren Reibungskräfte außen am Schwinger oder im Werkstoff der Feder. Die im vorigen Abschnitt abgeleiteten Beziehungen für den ungedämpften Schwinger gelten demnach nicht exakt für ein wirkliches System, sondern mit guter Näherung für geringe Dämpfung und für eine Zeitdauer, in der der Energieentzug noch nicht zu groß ist.

Der Energieentzug kann durch trockene Reibung, durch Luft- bzw. Flüssigkeitsreibung und durch innere Reibung im Federwerkstoff erfolgen. In den meisten Fällen werden diese Einflüsse gemeinsam auftreten und nur schwierig oder gar nicht zu trennen sein. Die trockene Reibung ist konstant. Die Flüssigkeitsreibung ist im laminaren Bereich (z.B. Ölfilm in Führung) linear von der Geschwindigkeit und im turbulenten Bereich (z.B. umgebende Luft) vom Quadrat der Geschwindigkeit abhängig. Die innere Reibung des Werkstoffes wird maßgeblich von der Amplitude beeinflußt. Es ist für die praktische Anwendung der Schwingungsberechnung unmöglich, alle Einflüsse gleichzeitig und in den richtigen Verhältnissen zu berücksichtigen. Aus diesem Grunde ist es notwendig, einen Ansatz zu suchen, der für die meisten Anwendungsfälle den Haupteinfluß richtig wiedergibt. Die in diesem Abschnitt behandelte *geschwindigkeitsproportionale Dämpfung* tut das weitgehend. Sie hat den weiteren Vorteil, eine Gleichung zu liefern, die leicht lösbar ist.

Die Abb. 9-32 zeigt einen Schwinger, der geschwindigkeitsproportional gedämpft ist. Das geschieht durch den in der Flüssigkeit eintauchenden Kolben. Mit dem Drosselventil D kann die Größe der Dämpfungskraft, die immer entgegengesetzt zur Bewegung gerichtet ist, eingestellt werden. Nach den Voraussetzungen ist die Dämpfungskraft

$$F_D \sim \dot{y}, \qquad F_D = b \cdot \dot{y}.$$

Die Proportionalitätskonstante b wird *Dämpfungskonstante* genannt. Aus dem Kräftesystem Abb. 9-35 erhält man aus $\Sigma F_y = 0$

$$\mathbf{m \cdot \ddot{y} + b \cdot \dot{y} + c \cdot y = 0.} \qquad \textbf{Gl. 9-24}$$

Das ist eine homogene, lineare Differentialgleichung, die durch folgenden Ansatz gelöst wird (siehe einschlägige Literatur)

$$y = e^{\lambda \cdot t}, \qquad \dot{y} = \lambda \cdot e^{\lambda \cdot t}, \qquad \ddot{y} = \lambda^2 \cdot e^{\lambda \cdot t}.$$

Der Ansatz wird in die Ausgangsgleichung eingesetzt:

$$m \cdot \lambda^2 \cdot e^{\lambda \cdot t} + b \cdot \lambda \cdot e^{\lambda \cdot t} + c \cdot e^{\lambda \cdot t} = 0,$$

$$m \cdot \lambda^2 + b \cdot \lambda + c = 0,$$

$$\lambda^2 + \frac{b}{m} \cdot \lambda + \frac{c}{m} = 0.$$

Das ist eine Gleichung für λ, deren 2 Lösungen lauten

$$\lambda_{1/2} = -\frac{b}{2m} \pm \sqrt{\left(\frac{b}{2m}\right)^2 - \frac{c}{m}}.$$

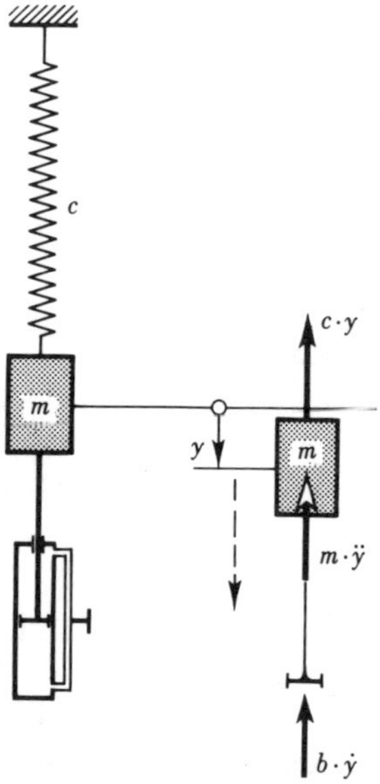

Abb. 9-32

Die Schwingung klingt um so schneller ab, je größer die Dämpfungskonstante b und je kleiner die Masse m ist. Man definiert deshalb als *Abklingkonstante*

$$\delta = \frac{\mathbf{b}}{\mathbf{2\,m}}. \qquad \textbf{Gl. 9-25}$$

Diese Konstante hat die gleiche Dimension wie ω (Zeit^{-1}). Weiterhin ist $\frac{c}{m} = \omega_0^2$ die Eigenkreisfrequenz des ungedämpften Systems. Damit erhält man als Lösung

$$y = C_1 \cdot e^{\lambda_1 \cdot t} + C_2 \cdot e^{\lambda_2 \cdot t},$$

$$y = C_1 \cdot e^{(-\delta + \sqrt{\delta^2 - \omega^2{}_0}) \cdot t} + C_2 \cdot e^{(-\delta - \sqrt{\delta^2 - \omega^2{}_0}) \cdot t}.$$

Für die Lösung sind 3 Fälle zu unterscheiden. Für das Verhältnis $\frac{\delta}{\omega_0}$ wird der Begriff *Dämpfungsgrad* eingeführt,

$$\vartheta = \frac{\delta}{\omega_0} . \qquad \text{Gl. 9-26}$$

1. $\vartheta > 1$; $\delta > \omega_0$; die Wurzeln sind reell. Die Dämpfung ist so stark, daß eine *Schwingung nicht entsteht.* Die ausgelenkte Masse kriecht nach der e-Funktion langsam zur statischen Gleichgewichtslage und nähert sich ihr asymptotisch (aperiodischer Fall).
2. $\vartheta = 1$; $\delta = \omega_0$; für λ erhält man eine Doppelwurzel. Ein solches System nennt man *kritisch gedämpft.* Es erreicht die statische Ruhelage in der kürzesten Zeit, ohne jedoch eine Schwingung auszuführen. Diese Dämpfung ist z.B. für Meßgeräte besonders günstig, da der Zeiger ohne zu schwingen in der kürzesten Zeit sich auf den Anzeigewert einstellt (aperiodischer Grenzfall).
3. $\vartheta < 1$; $\delta < \omega_0$. Die Wurzeln sind konjugiert komplex,

$$y = C_1 \cdot e^{(-\delta + i\sqrt{\omega_0{}^2 - \delta^2})t} + C_2 \cdot e^{(-\delta - i\sqrt{\omega_0{}^2 - \delta^2})t} .$$

Über die EULERschen*) Formeln

$$e^{ix} = \cos x + i \cdot \sin x ,$$
$$e^{-ix} = \cos x - i \cdot \sin x$$

kann man diese Gleichung in die reelle Form

$$y = e^{-\delta \cdot t} \cdot \left[A_I \cdot \sin\left(\sqrt{\omega_0^2 - \delta^2} \cdot t\right) + A_{II} \cdot \cos\left(\sqrt{\omega_0^2 - \delta^2} \cdot t\right)\right] \qquad \text{Gl. 9-27}$$

bringen. Die Amplitude nimmt mit der e-Funktion ab (Abb. 9-33). Die Eigenkreisfrequenz des gedämpften Systems ist

$$\omega_d = \sqrt{\omega_0^2 - \delta^2} = \omega_0 \sqrt{1 - \vartheta^2} . \qquad \text{Gl. 9-28}$$

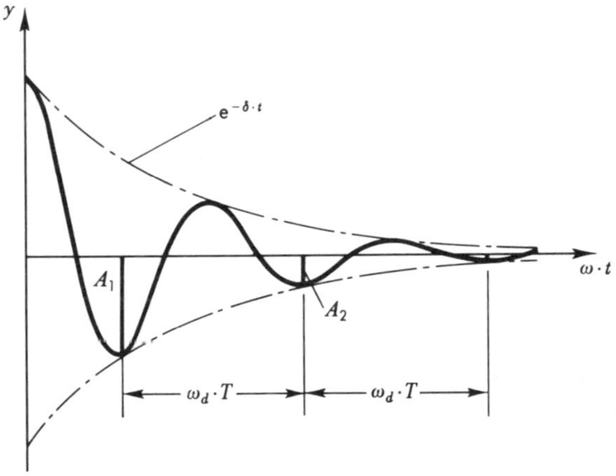

Abb. 9-33

*) EULER (1707 - 1783), schweizer Mathematiker.

Aus den Gleichungen 9-27/28 ersieht man:

1. Die Eigenfrequenz des gedämpften Systems ist von der Amplitude unabhängig,
2. Die Dämpfung setzt die Eigenkreisfrequenz immer herab, jedoch ist für kleine Dämpfungsgrade der Einfluß verschwindend ($\omega_d \approx \omega_0$).

Das Verhältnis von 2 Ausschlägen A nach der Schwingungszeit T ist

$$\frac{A_1}{A_2} = \frac{e^{-\delta \cdot t}}{e^{-\delta (t+T)}} = \frac{e^{\delta \cdot t} \cdot e^{\delta \cdot T}}{e^{\delta \cdot t}} = e^{\delta \cdot T};$$

$$\text{mit } T = \frac{2\pi}{\omega_d} \text{ ist } \frac{A_1}{A_2} = e^{\frac{2\delta \cdot \pi}{\omega_d}} .$$

Das Verhältnis von 2 aufeinanderfolgenden Amplituden ist für einen Schwinger unabhängig von der Zeit, d.h. konstant.

Um die e-Funktion zu eliminieren, logarithmiert man diese Gleichung

$$\ln \frac{A_1}{A_2} = \frac{2\,\delta \cdot \pi}{\omega_d} = \Lambda. \qquad \textbf{Gl. 9-29}$$

Λ nennt man das *logarithmische Dekrement.* Nach Weiterentwicklung erhält man (Gl. 9-26/28)

$$\Lambda = \frac{2 \cdot \vartheta \cdot \omega_0 \cdot \pi}{\omega_d} = \frac{2 \cdot \vartheta \cdot \omega_0 \cdot \pi}{\omega_0 \sqrt{1-\vartheta^2}}$$

$$\Lambda = \frac{2\,\pi \cdot \vartheta}{\sqrt{1-\vartheta^2}} .$$

Für *kleine Dämpfung* $\vartheta^2 \ll 1$ ergibt sich die Beziehung

$$\Lambda = 2\,\pi \cdot \vartheta = \frac{2\,\pi \cdot \delta}{\omega_0} = \frac{\pi \cdot b}{\sqrt{c \cdot m}} \qquad \textbf{Gl. 9-30}$$

Die Gleichung 9-24 wird durch die Masse m dividiert

$$\ddot{y} + \frac{b}{m} \cdot \dot{y} + \frac{c}{m} \cdot y = 0 .$$

Diese Fassung führt mit den Gleichungen 9-2/25/26 auf

$$\ddot{y} + 2\,\vartheta \cdot \omega_0 \cdot \dot{y} + \omega_0^2 \cdot y = 0 . \qquad \textbf{Gl. 9-31}$$

Das ist die Grundgleichung einer harmonischen, geschwindigkeitsproportional gedämpften Schwingung.

Alle hier abgeleiteten Beziehungen gelten auch für Verdrehschwingungen (φ anstatt y).

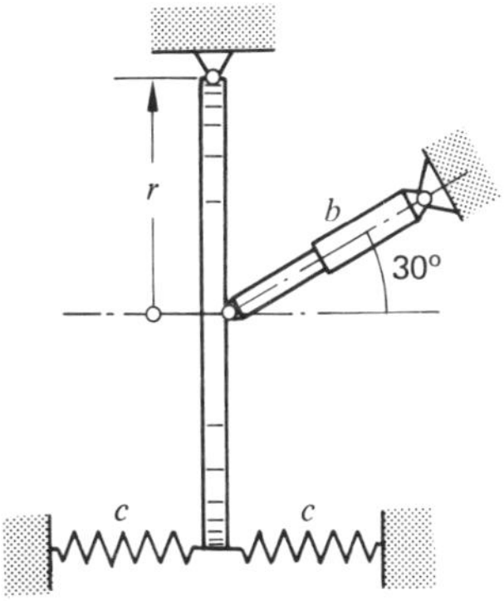

Abb. 9-34

Beispiel (Abb. 9-34)

Eine kreisförmige, homogene Prallplatte ist federnd und mit einem Schwingungsdämpfer gestützt, nach Skizze gelagert. Zu bestimmen sind für kleine Amplituden:

a) die Eigenfrequenz, der Dämpfungsgrad, das logarithmische Dekrement,
b) die Schwingungsamplitude nach zwei Vollschwingungen, wenn das Ende der Platte durch einen Stoß um A_0 ausgelenkt wurde.

Die Lösung soll allgemein erfolgen und für folgende Daten ausgewertet werden

Platte	$m = 100$ kg	$r = 200$ mm
Konstante für Einzelfeder		$c = 25$ N/cm
Dämpfungskonstante des Schwingungsdämpfers		$b = 1\,000$ N/(m/s)
Anfangsamplitude		$A_0 = 5{,}0$ mm

Lösung (Abb. 9-35/36)

Nachdem im Beispiel 1 des Abschnittes 9.1.2 die schräge Feder behandelt wurde, soll hier ein schräg eingebauter Schwingungsdämpfer in seiner Wirkung berechnet werden. Nach Abbildung 9-35 beträgt bei einer Winkelgeschwindigkeit $\dot{\varphi}$ der Platte die Geschwindigkeit am Schwingungsdämpfer

$$v_D = \dot{\varphi} \cdot r \cdot \cos 30^\circ \; .$$

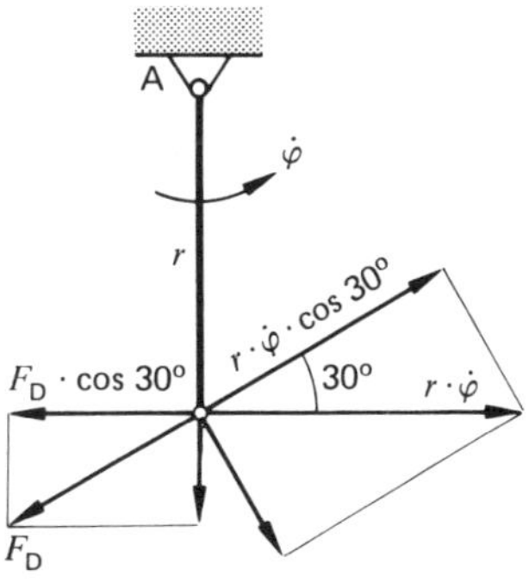

Abb. 9-35

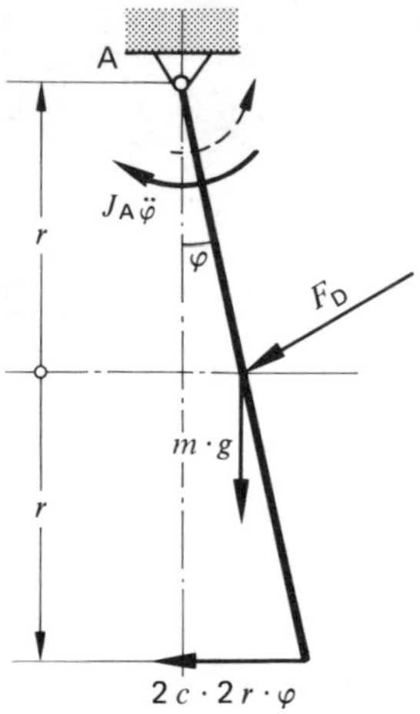

Abb. 9-36

Damit ist

$$F_D = b \cdot \dot{\varphi} \cdot r \cdot \cos 30° ,$$

und das durch die Kraft um den Aufhängepunkt verursachte Moment

$$M_D = F_D \cdot \cos 30° \cdot r$$
$$M_D = b \cdot r^2 \cdot \cos^2 30° \cdot \dot{\varphi} .$$

Das System wird im ausschwingendem Zustand freigemacht (Abb. 9-36). Die Momentengleichung für die Gelenkachse liefert die Differentialgleichung der Schwingung

$$J_A \cdot \ddot{\varphi} + b \cdot r^2 \cdot \cos^2 30° \cdot \dot{\varphi} + 2c \cdot (2r)^2 \cdot \varphi + m \cdot g \cdot r \cdot \varphi = 0 .$$

Dabei ist

$$J_A = m \cdot \frac{r^2}{4} + m \cdot r^2 = \frac{5}{4} \cdot m \cdot r^2 .$$

Die Division der Ausgangsgleichung durch J_A führt auf

$$\ddot{\varphi} + \frac{4 \cdot b \cdot \cos^2 30°}{5 \cdot m} \dot{\varphi} + \left(\frac{32 \cdot c}{5 \cdot m} + \frac{4 \cdot g}{5 \cdot r} \right) \varphi = 0 .$$

Der Vergleich dieser Beziehung mit der Grundgleichung 9-31 liefert

$$\omega_0 = \sqrt{\frac{4}{5} \left(\frac{8 \cdot c}{m} + \frac{g}{r} \right)}$$

$$2 \vartheta \cdot \omega_0 = \frac{4 \cdot b \cdot \cos^2 30°}{5m}$$

$$\vartheta = \frac{2 \cdot b \cdot \cos^2 30°}{5 m \cdot \sqrt{\frac{4}{5} \left(\frac{8c}{m} + \frac{g}{r} \right)}} .$$

Für den vorliegenden Fall ausgewertet erhält man

$$\omega_0 = \sqrt{\frac{4}{5}\left(\frac{8 \cdot 2\,500 \text{ N/m}}{100 \text{ kg}} + \frac{9{,}81 \text{ m/s}^2}{0{,}20 \text{ m}}\right)} = \mathbf{14{,}12\ s^{-1}}\ ,$$

$$\vartheta = \frac{2 \cdot 10^3 \text{ N/(m/s)} \cdot \cos^2 30°}{5 \cdot 100 \text{ kg} \cdot 14{,}12 \text{ s}^{-1}} = \mathbf{0{,}213}\ .$$

Mit Gleichung 9-28 ist

$$\omega_d = \omega_0 \sqrt{1 - \vartheta^2} = 14{,}12 \text{ s}^{-1} \sqrt{1 - 0{,}213^2} = \mathbf{13{,}8\ s^{-1}}$$

und

$$f_d = \frac{\omega_d}{2\pi} = \mathbf{2{,}20\ s^{-1}}\ .$$

Das logarithmische Dekrement (Gleichung 9-30) ist

$$\Lambda = \frac{2\pi \cdot \vartheta}{\sqrt{1 - \vartheta^2}} = \frac{2\pi \cdot 0{,}213}{\sqrt{1 - 0{,}213^2}} = \mathbf{1{,}370}\ .$$

Der Ansatz für die Berechnung der Amplitude nach zwei Vollschwingungen lautet (vergl. Ansatz für Gl. 9-29)

$$\frac{A_0}{A_2} = e^{\delta \cdot 2T}\ .$$

Das führt nach einfachen Umwandlungen (Gl. 9-26/28/30) auf

$$\frac{A_0}{A_2} = e^{2\Lambda} \Rightarrow A_2 = A_0 \cdot e^{-2\Lambda},$$

mit der Auswertung

$$A_2 = 5{,}0 \text{ mm} \cdot e^{-2 \cdot 1{,}370} = \mathbf{0{,}32\ mm}\ .$$

Die Platte kommt nach diesem Stoß nach zwei Schwingungen praktisch zur Ruhe.

9.3 Die erzwungene Schwingung

Eine freie gedämpfte Schwingung kommt zur Ruhe, wenn die am Anfang im System vorhandene Energie durch die Dämpfung aufgezehrt ist. Wird dem Schwingungssystem in geeigneter Weise Energie zugeführt, dann bleibt ein Schwingungsvorgang erhalten, der jedoch weitgehend von der Art der Energiezufuhr abhängt. In diesem Abschnitt soll ein gedämpftes Feder-Masse-System untersucht werden, das nach einer harmonischen Funktion angeregt wird *(harmonische Erregung)*.

Ein solches System ist in Abb. 9-37 gezeigt. Die Kurbel der Kreuzschleife dreht sich mit der Winkelgeschwindigkeit ω_e *(Erregerkreisfrequenz)*. Die Nullinie der Schwingung entspricht der statischen Ruhelage der Masse für $\varphi = 0$. Zur Aufstellung der Gleichgewichtsbedingungen wird die Masse nach unten durchschwingend betrachtet, wobei die Kreuzschleife um den Betrag $\varphi = \omega_e \cdot t$ gedreht ist. Die Verlängerung der Feder beträgt jetzt, da der Aufhängepunkt der Feder um $r \cdot \sin(\omega_e \cdot t)$ nach unten gewandert ist, $y - r \cdot \sin(\omega_e \cdot t)$. Man erhält aus $\Sigma F_y = 0$

$$m \cdot \ddot{y} + b \cdot \dot{y} + c\,[y - r \cdot \sin(\omega_e \cdot t)] = 0,$$

$$m \cdot \ddot{y} + b \cdot \dot{y} + c \cdot y = c \cdot r \cdot \sin(\omega_e \cdot t).$$

Hält man die Masse in der Nullage fest und dreht von $\varphi = 0$ aus die Kurbel um 90°, dann wird die Feder um den Betrag r deformiert. Es entsteht dabei eine Federkraft $c \cdot r$. Man kann die rechte Seite der Gleichung als *Erregerkraft* F_e deuten, die sich harmonisch mit $\sin(\omega_e \cdot t)$ ändert,

$$\mathbf{m \cdot \ddot{y} + b \cdot \dot{y} + c \cdot y = F_e \cdot \sin(\omega_e \cdot t).} \qquad \textbf{Gl. 9-32}$$

Das ist eine inhomogene, lineare Differentialgleichung. Die rechte Seite $F_e \cdot \sin(\omega_e \cdot t)$ nennt man *Störfunktion.* Die allgemeine Lösung enthält auch die Lösung der *homogenen Gleichung* (vergleiche Abschnitt 9.2),

$$m \cdot \ddot{y} + b \cdot \dot{y} + c \cdot y = 0,$$

d.h. die allgemeine Lösung muß auch für den Spezialfall $F_e = 0$ gelten. Die homogene Gleichung wurde im vorigen Abschnitt behandelt. Als Lösung erhielt man die mit $e^{-\delta \cdot t}$ abklingende Schwingung, deren Amplituden nach relativ kurzer Einschwingzeit praktisch verschwinden. *Es verbleibt eine Schwingung, die den Anteil der freien Schwingung nicht mehr enthält und nur von der Störfunktion $F_e \cdot \sin(\omega_e \cdot t)$ bestimmt wird (eingeschwungener Zustand).* Dieser Vorgang wird von der *partikularen Lösung* der Gleichung dargestellt. Da diese selbst eine Funktion $\sin(\omega_e \cdot t)$ enthalten muß (Schwingungsvorgang), wird angesetzt

$$y = A \cdot \sin(\omega_e\, t - \varphi).$$

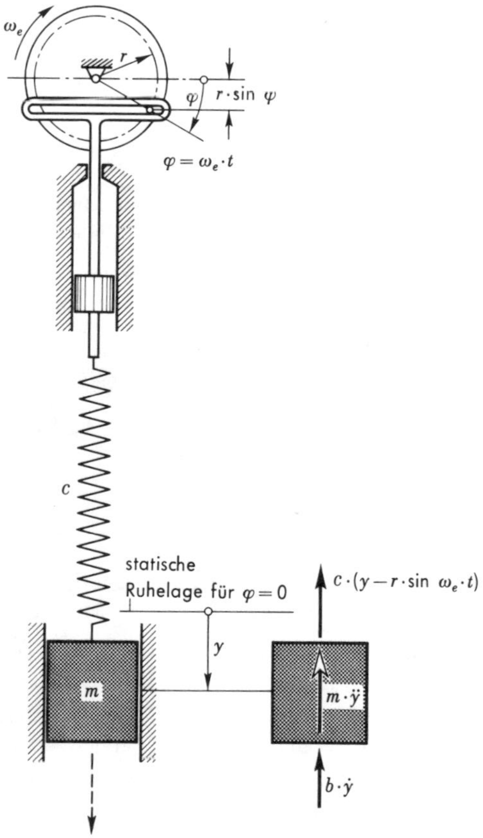

Abb. 9-37

Dieser Ansatz wird in die Ausgangsgleichung eingesetzt. Dazu ist es notwendig, $\dot{y}$ und $\ddot{y}$ zu bilden,

$$\dot{y} = \omega_e \cdot A \cdot \cos(\omega_e \cdot t - \varphi), \qquad \ddot{y} = -\omega_e^2 \cdot A \cdot \sin(\omega_e \cdot t - \varphi).$$

Diese Werte werden in Gl. 9-32 eingesetzt

$$-m \cdot \omega_e^2 \cdot A \cdot \sin(\omega_e\, t - \varphi) + b \cdot \omega_e \cdot A \cdot \cos(\omega_e \cdot t - \varphi) +$$
$$+ c \cdot A \cdot \sin(\omega_e \cdot t - \varphi) = F_e \cdot \sin \omega_e \cdot t.$$

Aus dieser Beziehung sollen die im Ansatz enthaltene unbekannte Amplitude A und der Phasenwinkel φ berechnet werden. Die Gleichung muß für beliebige Werte $\omega_e \cdot t$ gelten. Es werden gewählt

$$\omega_e \cdot t - \varphi = 0, \qquad \omega_e \cdot t = \varphi,$$
$$b \cdot \omega_e \cdot A = F_e \cdot \sin \varphi, \tag{1}$$

$$\omega_e \cdot t - \varphi = \frac{\pi}{2}, \qquad \omega_e \cdot t = \varphi + \frac{\pi}{2}, \qquad \sin \omega_e \cdot t = \cos \varphi,$$
$$-m \cdot \omega_e^2 \cdot A + c \cdot A = F_e \cdot \cos \varphi. \tag{2}$$

Die Gleichungen 1 und 2 werden quadriert und addiert

$$b^2 \cdot \omega_e^2 \cdot A^2 + (c \cdot A - m \cdot \omega_e^2 \cdot A)^2 = F_e^2 (\sin^2 \varphi + \cos^2 \varphi) = F_e^2,$$

$$A = \frac{F_e}{\sqrt{(c - m \cdot \omega_e^2)^2 + b^2 \cdot \omega_e^2}}.$$

Den Phasenwinkel φ erhält man aus der Division der Gleichungen (1) und (2),

$$\tan \varphi = \frac{b \cdot \omega_e}{c - m \cdot \omega_e^2}.$$

In die Beziehungen für A und φ soll der Dämpfungsgrad ϑ eingeführt werden. Die Gleichung für A wird im Zähler und Nenner durch c dividiert,

$$A = \frac{\dfrac{F_e}{c}}{\sqrt{\left(1 - \dfrac{m}{c}\,\omega_e^2\right)^2 + \dfrac{b^2 \cdot \omega_e^2}{c^2}}}.$$

Das 2. Glied unter der Wurzel wird mit $4\,m^2$ erweitert. Mit

$$\delta = \frac{b}{2\,m}, \qquad \frac{\delta}{\omega_0} = \vartheta, \qquad \omega_0^2 = \frac{c}{m}$$

erhält man

$$\mathbf{A} = \frac{\dfrac{\mathbf{F_e}}{\mathbf{c}}}{\sqrt{\left[1 - \left(\dfrac{\omega_e}{\omega_0}\right)^2\right]^2 + 4\,\vartheta^2 \cdot \left(\dfrac{\omega_e}{\omega_0}\right)^2}} \qquad \textbf{Gl. 9-33}$$

und auf analogem Wege

$$\tan\varphi = \frac{2\,\vartheta\cdot\left(\frac{\omega_e}{\omega_0}\right)}{1-\left(\frac{\omega_e}{\omega_0}\right)^2}\,. \qquad \text{Gl. 9-34}$$

Der Fall der Bewegung des Aufhängepunktes mit der Amplitude r bzw. der damit eingleitenden Erregerkraft $F_e = c\cdot r$ soll hier als *Federkrafterregung* bezeichnet werden. In der Technik werden Schwingungen oft durch Unwuchten rotierender Massen verursacht. Diesen Fall nennt man *Massenkrafterregung.* Als Modell dafür kann ein mit Unwucht rotierender Motor aufgefaßt werden, der auf einem federnden, senkrecht geführten Fundament steht (Abb. 9-38). Es ist

$$F_e = m_e\cdot e\cdot\omega_e^2$$

und

$$\frac{F_e}{c} = \frac{m_e}{c}\cdot e\cdot\omega_e^2\,.$$

Man erweitert den Bruch mit m.

Es ist

$$\omega_0^2 = \frac{c}{m}\,;$$

$$\frac{F_e}{c} = \frac{m_e}{m}\cdot e\cdot\left(\frac{\omega_e}{\omega_0}\right)^2.$$

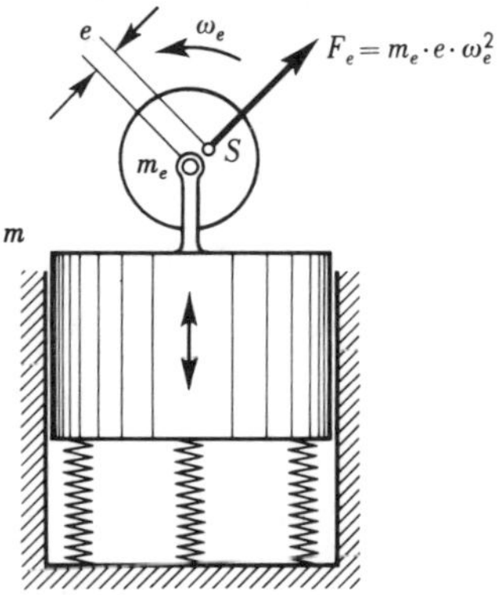

Abb. 9-38

Für eine durch *Massenunwucht* verursachte Schwingung beträgt die Amplitude nach diesen Überlegungen

$$A = \frac{\frac{m_e}{m}\cdot e\cdot\left(\frac{\omega_e}{\omega_0}\right)^2}{\sqrt{\left[1-\left(\frac{\omega_e}{\omega_0}\right)^2\right]^2 + 4\cdot\vartheta^2\cdot\left(\frac{\omega_e}{\omega_0}\right)^2}}\,. \qquad \text{Gl. 9-35}$$

Allgemein ist die Bewegungsgleichung der erzwungenen Schwingung

$$y = \frac{\frac{F_e}{c}}{\sqrt{\left[1-\left(\frac{\omega_e}{\omega_0}\right)^2\right]^2 + 4\cdot\vartheta^2\cdot\left(\frac{\omega_e}{\omega_0}\right)^2}}\cdot\sin(\omega_e\cdot t - \varphi)\,. \qquad \text{Gl. 9-36}$$

Das System schwingt unabhängig von der Eigenfrequenz ω_0 mit der Erregerfrequenz ω_e. Die Schwingungsamplituden kann man allgemein durch folgende Ansätze ausdrücken

Federkrafterregung $A = V_1 \cdot r$, mit $r = F_e/c$ Gl. 9-37

Massenkrafterregung $A = V_3 \cdot \frac{m_e}{m} \cdot e.$ Gl. 9-38

Die Faktoren V_1 und V_3 werden Vergrößerungsfaktoren genannt. Nach den abgeleiteten Beziehungen gilt

$$V_1 = \frac{1}{\sqrt{\left[1 - \left(\frac{\omega_e}{\omega_0}\right)^2\right]^2 + 4 \cdot \vartheta^2 \cdot \left(\frac{\omega_e}{\omega_0}\right)^2}} \qquad \text{Gl. 9-39}$$

für kleine Dämpfung

$$V_1 = \frac{1}{\pm\left[1 - \left(\frac{\omega_e}{\omega_0}\right)^2\right]}, \qquad \text{Gl. 9-39a}$$

$$V_3 = \frac{\left(\frac{\omega_e}{\omega_0}\right)^2}{\sqrt{\left[1 - \left(\frac{\omega_e}{\omega_0}\right)^2\right]^2 + 4 \cdot \vartheta^2 \cdot \left(\frac{\omega_e}{\omega_0}\right)^2}}, \qquad \text{Gl. 9-40}$$

für kleine Dämpfung

$$V_3 = \frac{\left(\frac{\omega_e}{\omega_0}\right)^2}{\pm\left[1 - \left(\frac{\omega_e}{\omega_0}\right)^2\right]}. \qquad \text{Gl. 9-40a}$$

Die Bewegung der Masse m ist nicht immer in Phase mit der Erregerkraft. Im Modell Abb. 9-37 heißt das, daß Kreuzschleife und Masse sich nicht jeweils gleichzeitig in eine Richtung bewegen müssen, sondern die zeitlichen Abläufe der Kreuzschleife und der Masse um den Winkel φ verschoben sein können. Eine bessere Einsicht in die Vorgänge erhält man bei Auftragung des Vergrößerungsfaktors V_1 und des Phasenwinkels φ über dem Verhältnis ω_e/ω_0 (Abb. 9-39). Das erste Diagramm nennt man *Vergrößerungsfunktion* oder *Frequenzgang des Vergrößerungsfaktors.*

Es soll ein Schwinger geringer Dämpfung ($\vartheta \ll 1$), z.B. ein Pendel betrachtet werden. Dieses Pendel mit der Eigenkreisfrequenz ω_0 wird durch harmonische Bewegung des Aufhängepunktes erregt (Abb. 9-40). Zunächst erfolgt diese Bewegung sehr langsam ($\omega_e \ll \omega_0$ bzw. $\omega_e/\omega_0 \to 0$). Nach dem Diagramm ist $V_1 \approx 1$ und $\varphi \approx 0$, d.h. die Amplitude des Pendels entspricht fast der des Aufhängepunktes. Für höhere Erregerfrequenzen ω_e werden wegen $V_1 > 1$ die Amplituden größer, das Pendel ist aber wegen $\varphi \approx 0$ noch in Phase mit der Erregung, d.h. Masse und Aufhängepunkt bewegen sich jeweils in gleicher Richtung.

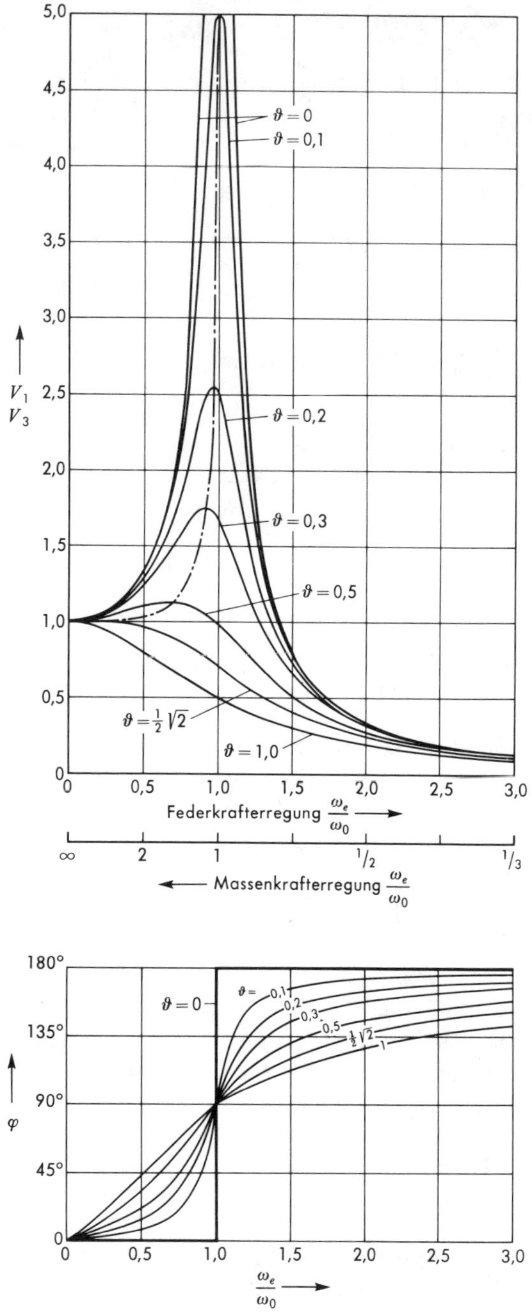

5,0
4,5
4,0
3,5
3,0
2,5
2,0
1,5
1,0
0,5
0
V_1
V_3
$\vartheta = 0$
$\vartheta = 0,1$
$\vartheta = 0,2$
$\vartheta = 0,3$
$\vartheta = 0,5$
$\vartheta = \frac{1}{2}\sqrt{2}$
$\vartheta = 1,0$
0 0,5 1,0 1,5 2,0 2,5 3,0
Federkrafterregung $\frac{\omega_e}{\omega_0}$
∞ 2 1 1/2 1/3
Massenkrafterregung $\frac{\omega_e}{\omega_0}$
180°
135°
90°
45°
0
φ
$\vartheta = 0$
$\vartheta =$ 0,1
0,2
0,3
0,5
$\frac{1}{2}\sqrt{2}$
1
0 0,5 1,0 1,5 2,0 2,5 3,0
$\frac{\omega_e}{\omega_0}$

Abb. 9-39

Für

$$\omega_e = \omega_0$$

werden die Amplituden sehr groß ($V_1 \to \infty$ für $\vartheta = 0$). Diesen Zustand nennt man *Resonanz*. Bei der weiteren Steigerung der Erregerfrequenz werden die Amplituden wieder kleiner und Masse und Aufhängepunkt bewegen sich entgegengesetzt ($\varphi \approx 180^\circ$). Sehr großen Erregerfrequenzen kann die Masse nicht mehr folgen und bleibt praktisch stehen ($V_1 \to 0$), während der Aufhängepunkt sich bewegt.

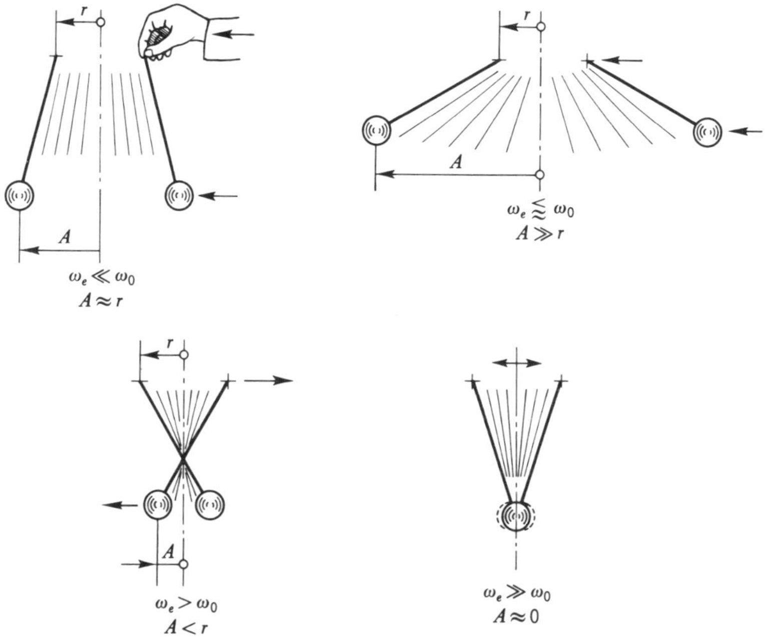

Abb. 9-40

Das gleiche Diagramm kann man für die Massenerregung (V_3) verwenden, wenn man an der Abszisse eine Reziprokskala anbringt.

Für *Dämpfung* gilt grundsätzlich das Gleiche. Das *Maximum der Amplitude* wandert für V_1 zu *kleineren Verhältnissen* ω_e/ω_0 und für V_3 zu größeren Verhältnissen. Es gilt (Beweis durch Differentiation)

$$\left.\begin{aligned} &\text{Federkrafterregung:} && \left(\frac{\omega_e}{\omega_0}\right)^2_{\text{extr}} = 1 - 2\,\vartheta^2, \\ &\text{Massenkrafterregung:} && \left(\frac{\omega_e}{\omega_0}\right)^2_{\text{extr}} = \frac{1}{1 - 2\,\vartheta^2}\,. \end{aligned}\right\} \qquad \text{Gl. 9-41}$$

Für ein Feder-Masse-System ohne zusätzliche Dämpfung ist dieser Einfluß immer vernachlässigbar. Die maximale Amplitude für *kleine Dämpfung im Resonanzfall* $\omega_e = \omega_0$ erhält man aus Gleichung 9-33/35

$$\left.\begin{aligned} &\text{Federkrafterregung:} \quad A_{max} = \frac{\frac{F_e}{c}}{2\vartheta} = \frac{r}{2\vartheta}, \\ &\text{Massenkrafterregung:} \quad A_{max} = \frac{\frac{m_e}{m}\cdot e}{2\vartheta} \;. \end{aligned}\right\} \qquad \text{Gl. 9-42}$$

Aus diesen Beziehungen kann man experimentell durch Erregung im Resonanzfall den Dämpfungsgrad bestimmen. Da in Resonanznähe die Amplituden sich sehr stark mit $\frac{\omega_e}{\omega_0}$ ändern, ist die Durchführung schwierig.

Für $\vartheta > \frac{1}{2}\sqrt{2}$ findet kein Aufschaukeln der Schwingungen statt.

Viele praktische Anwendungen im Maschinenbau erfordern die Bestimmung der vom Schwinger auf seinen Befestigungspunkt (Fundament o.ä.) ausgeübten maximalen Kräfte. Für beide hier behandelten Erregerarten gilt

$$F = c \cdot \Delta l \qquad \Delta l = \text{Verlängerung der Feder} .$$

Zu dieser Kraft kommen u.U. Gewichtskräfte hinzu. Dabei gilt für die maximale Verlängerung der Feder

Federkrafterregung	Massenkrafterregung
$\Delta l = A - r$	$\Delta l = A$
(Auflagepunkt verlagert sich um r)	

Mit Hilfe der Gleichungen 9-37/39 bzw. 9-38/40 erhält man nach Einführung von $\omega_0^2 = c/m$ und einfachen Umwandlungen

$$F = m \cdot r \cdot \omega_0^2 \cdot V_3 \qquad F = m_e \cdot e \cdot \omega_0^2 \cdot V_3$$

oder Gl. 9-43

$$F = m \cdot r \cdot \omega_e^2 \cdot V_1 \qquad F = m_e \cdot e \cdot \omega_e^2 \cdot V_1$$

Federkrafterregung Massenkrafterregung

Für einen Schwinger (z.B. Exzenter auf gefedertem Fundament) sind Masse, Abstand und Eigenkreisfrequenz Konstanten des Systems. Bei Hochfahren der Anlage ändern sich deshalb für beide Fälle die auf die Halterung übertragene Kräfte nach dem V_3-Frequenzgang Abb. 9-47.

Man kann folgende Schlußfolgerungen ziehen:

1. Wird ein System hoher Eigenfrequenz mit kleiner Frequenz erregt ($\omega_e/\omega_0 \ll 1$), dann können die auftretenden Deformationen aus der Beziehung (Statik)

$$\Delta l = \frac{F_e}{c}$$

berechnet werden.

2. Bei Erregung in *Resonanznähe* verursachen bei fehlender oder ungenügender Dämpfung schon *kleine erregende Kräfte sehr große Amplituden.* Dieser Zustand muß in Maschinen vermieden werden, weil schwere Erschütterungen und hohe Beanspruchungen der einzelnen Teile auftreten. Man macht sich jedoch diesen Effekt bei Antrieb von Schwingförderern, Vibrationsverdichtern usw. zu Nutze. In diesen Maschinen werden Feder-Masse-Systeme durch Unwuchten in der Nähe der Resonanz angeregt, wobei schon kleine Unwuchten und damit Antriebsleistungen genügen. Wie man den Diagrammen Abb. 9-39 entnehmen kann, wird *im Resonanzbereich die Amplitude durch die Dämpfung sehr wirksam herabgesetzt.*

3. Schwingt ein federkrafterregtes System mit einer Frequenz, die größer als etwa die 1,5 fache Eigenfrequenz ist, dann werden die Schwingungsamplituden kleiner als die Deformation, die die Erregerkraft am ruhenden System verursacht, bzw. kleiner als die Amplitude der Erregung ($V_1 < 1$). *Bei großer Erregerfrequenz oder kleiner Eigenfrequenz* ($\omega_e \gg \omega_0$) *werden die Amplituden sehr klein* (weiche Lagerung). *Die Dämpfung ist in diesem Bereich wirkungslos,* weil alle Kurven V_1 fast zusammenlaufen und somit sich unabhängig vom Dämpfungsgrad etwa gleiche Schwingungsamplituden ergeben.

4. Eine rotierende Unwucht muß weich gelagert werden, wenn möglichst kleine Kräfte auf das Fundament übertragen werden sollen. Nach Gl. 9-43 bzw. Abb. 9-47 ist für $\omega_0 \ll \omega_e$ $V_3 \approx 1$. Damit hängt F nur von c/m ab. Das optimale Fundament besteht aus einer schweren, weich gefederten Platte.

Es gibt zwei Analogien zwischen mechanischen und elektrischen Schwingungen, die es gestatten, mechanische Schwingungssysteme mit elektrischen Bauelementen (Spule, Kondensator, Widerstand, Spannungsquelle) nachzubilden. Vor allem bei komplizierten Schwingungssystemen mit mehreren Freiheitsgraden bieten sich damit experimentelle Methoden für die Bestimmung der Eigenfrequenzen an. Die Analogien gewinnt man durch den Vergleich von Differentialgleichung mit gleichem Aufbau. Da Schwingungen mit mehreren Freiheitsgraden in diesem Buch nicht behandelt werden, sei hier nur auf diese Möglichkeit und die weiterführende Literatur hingewiesen.

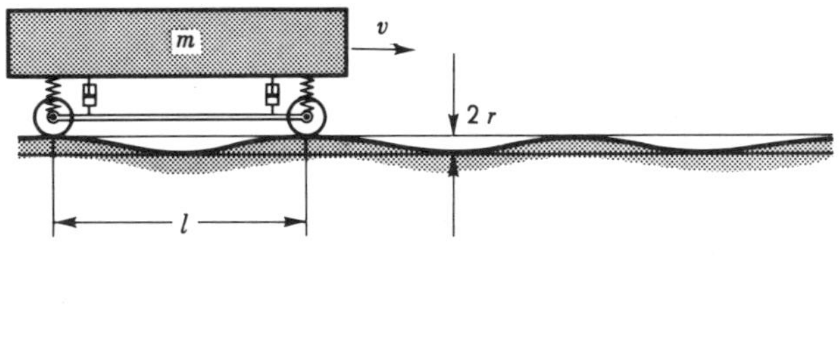

Abb. 9-41

Beispiel 1 (Abb. 9-41)

Auf ein leichtes Fahrgestell mit gedämpfter Federung ist eine Masse gelagert. Der Wagen führt über eine wellige Fahrbahn, die näherungsweise als sin-Kurve angenommen wird. Der Radstand entspricht der Wellenlänge der Fahrbahn. Die Fahrbahnvertiefung ist $2 \cdot r$. Für die nachfolgend gegebenen Werte sind für verschiedene Dämpfungen zu bestimmen:

a) die Amplituden der Masse bei einer Fahrgeschwindigkeit von $v = 10$ m/s,
b) die kritischen Fahrgeschwindigkeiten v_k, bei denen sich der Wagen am stärksten aufschaukelt und die Amplituden bei diesen Fahrgeschwindigkeiten,
c) für die kleinste Dämpfung ist die Zuordnung von Fahrbahn und Schwerpunktbahn der Masse für $v \gtrless v_k$ zu skizzieren,

$$m = 100 \text{ kg}, \qquad c_{ges} = c = 100 \text{ N/cm}, \qquad 2r = 4{,}0 \text{ cm},$$

$$\vartheta = 0{,}01, \quad 0{,}1, \quad 0{,}5, \quad \tfrac{1}{2}\sqrt{2}. \qquad l = 2{,}0 \text{ m}$$

Lösung

Zu a) Zunächst müssen die Abhängigkeiten der Erregerfrequenz von der Fahrgeschwindigkeit und die Eigenfrequenz des ungedämpften Systems bestimmt werden. Eine Schwingungsperiode ist durchlaufen, wenn der Wagen die Länge l zurückgelegt hat,

$$T = \frac{l}{v} = \frac{2\pi}{\omega_e}, \qquad \omega_0 = \sqrt{\frac{c}{m}},$$

$$\omega_e = \frac{2\pi \cdot v}{l}, \qquad \omega_0 = \sqrt{\frac{100 \text{ N/cm}}{100 \text{ kg}} \cdot \frac{100 \text{ cm}}{\text{m}}},$$

$$= \frac{2\pi \cdot 10 \text{ m/s}}{2 \text{ m}}, \qquad \omega_0 = 10{,}0 \text{ s}^{-1},$$

$$\omega_e = 31{,}4 \text{ s}^{-1},$$

$$\frac{\omega_e}{\omega_0} = 3{,}14;$$

Nach Gleichung 9-39 ist

$$V_1 = \frac{1}{\sqrt{\left[1 - \left(\frac{\omega_e}{\omega_0}\right)^2\right]^2 + 4\,\vartheta^2 \cdot \left(\frac{\omega_e}{\omega_0}\right)^2}}$$

$\vartheta = 0{,}01$ (leichte Dämpfung),

$V_1 = 0{,}11, \qquad$ **A** $= V_1 \cdot r =$ **2,2 mm**,

$\vartheta \approx 0{,}1$ (mittlere Dämpfung),

$V_1 \approx 0{,}11, \qquad$ **A** $\approx$ **2,2 mm**,

$\vartheta = 0{,}5$ (starke Dämpfung),

$V_1 = 0{,}1063, \qquad \mathbf{A = 2{,}13\ mm},$

$\vartheta = 0{,}707$ (sehr starke Dämpfung),

$V_1 = 0{,}10, \qquad \mathbf{A = 2{,}0\ mm}.$

Obwohl das Verhältnis ω_e/ω_0 nicht groß ist, ist die Dämpfung praktisch unwirksam, d.h. man erhält für alle Dämpfungsgrade fast die gleiche Amplitude von ≈ 2 mm. Die Masse läuft demnach verhältnismäßig ruhig, etwa 90% der Unebenheit werden von der Federung geschluckt.

Zu b) Für leichte und mittlere Dämpfung kann mit genügender Genauigkeit angenommen werden, daß die maximale Amplitude bei $\omega_e = \omega_0$ entsteht. Es kann die Gleichung 9-42 angewendet werden

$$A_{max} = \frac{r}{2\,\vartheta}$$

für

$$\vartheta = 0{,}01, \qquad A_{max} = \frac{1\ \text{cm}}{0{,}01} = \mathbf{100\ cm}.$$

Dieser Wert wäre nicht realisierbar, die Masse würde vorher abheben,

$$\vartheta = 0{,}1, \qquad A_{max} = \mathbf{10\ cm}.$$

Hier zeigt sich im Gegensatz zu vorhin der sehr hohe Einfluß der Dämpfung.

Der Zusammenhang zwischen Kreisfrequenz und Geschwindigkeit ist (s.o.)

$$v = \frac{\omega_e \cdot l}{2\pi} = \frac{\omega_e}{\omega_0} \cdot \frac{l}{2\pi} \cdot \omega_0 .$$

Für die Bedingung $\omega_e = \omega_0$ ist

$$\left.\begin{matrix} \vartheta = 0{,}01 \\ \\ \vartheta = 0{,}1 \end{matrix}\right\} \quad v_k = \frac{2\ \text{m}}{2\pi} \cdot 10\ \text{s}^{-1} = \mathbf{3{,}18\ \frac{m}{s}} .$$

Für starke Dämpfung muß vorher die Lage des Maximums festgelegt werden. Nach Gleichung 9-41 ist

$$\left(\frac{\omega_e}{\omega_0}\right)^2_{extr} = 1 - 2\,\vartheta^2 .$$

Mit

$$\vartheta = 0{,}50 \ \text{ist} \ \left(\frac{\omega_e}{\omega_0}\right)^2_{extr} = \frac{1}{2} .$$

Dieser Wert muß in die Gleichung für V_1 eingesetzt werden (Gl. 9-39),

$$V_1 = \frac{1}{\sqrt{\left(1 - \frac{1}{2}\right)^2 + 4 \cdot 0{,}25 \cdot \frac{1}{2}}} = \frac{1}{\sqrt{0{,}75}} = 1{,}15 .$$

Damit erhält man

$$A_{max} = 1{,}15 \cdot 2\ \text{cm} = \mathbf{2{,}3\ cm}.$$

Die dazugehörige Geschwindigkeit beträgt

$$\left(\frac{\omega_e}{\omega_0}\right)_{extr} = \frac{1}{2}\sqrt{2} \qquad v_k = \frac{1}{2}\sqrt{2} \cdot \frac{l}{2\pi} \cdot \omega_0 = \mathbf{2{,}25\ \frac{m}{s}}.$$

Für $\vartheta = \frac{1}{2}\sqrt{2}$ ergeben sich folgende Werte

$$\frac{\omega_e}{\omega_0} = 0 \quad \text{und} \quad V_1 = 1; \qquad A_{max} = \mathbf{2{,}0\ cm} \qquad v_k = \mathbf{0}.$$

Bei dieser Dämpfung erfolgt kein Aufschaukeln mehr.

Die Dämpfung hat die Aufgabe, im Resonanzbereich die großen Ausschläge zu verhindern, und dort ist sie auch besonders wirksam. Außerhalb dieses Bereichs ist sie fast ohne Einfluß auf die Amplituden der Schwingung, da die Ausschläge und damit die im Dämpfer umgesetzte Energie klein sind. Für die größte Dämpfung gibt es keine kritische Geschwindigkeit mehr.

Zu c) Es muß die Gleichung 9-34 ausgewertet werden,

$$\tan\varphi = \frac{2\vartheta \cdot \frac{\omega_e}{\omega_0}}{1 - \left(\frac{\omega_e}{\omega_0}\right)^2}.$$

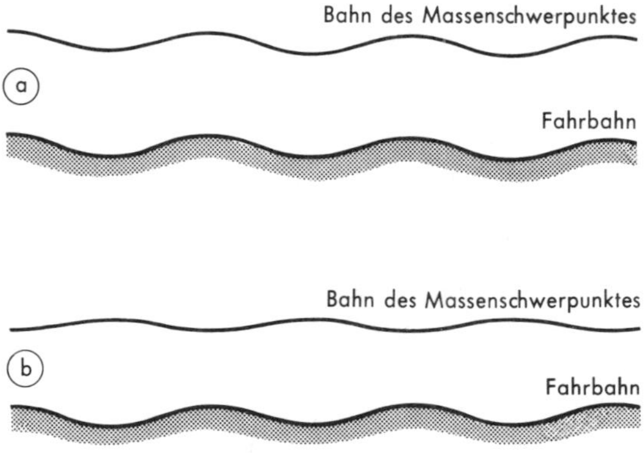

Abb. 9-42

Für kleine Geschwindigkeiten $\omega_e \ll \omega_0$ wird φ sehr klein, d.h. Massenbahn und Fahrbahn laufen parallel und sind damit in Phase (Abb. 9-42a). Für große Geschwindigkeiten $\omega_e \gg \omega_0$ ist $\tan\varphi$ auch sehr klein, aber negativ, d.h. $\varphi \to 180°$. Die Bahnen des Schwerpunktes und der Fahrbahn sind um diesen Betrag verschoben (Abb. 9-42b).

Wenn der Wagen auf der Fahrbahn die Unebenheit hinauffährt, bewegt sich die Masse entgegengesetzt nach unten.

Beispiel 2 (Abb. 9-43)

Am Ende eines eingespannten I 100-Trägers läuft ein Motor m = 20 kg mit einer Drehzahl von $n = 1400 \text{ min}^{-1}$. Der Schwerpunkt der umlaufenden Masse $m_e = 10$ kg liegt $e = 0{,}2$ mm außerhalb der Drehachse. Zu bestimmen ist die Schwingungsamplitude des Systems. Welcher Drehzahlenbereich muß vermieden werden, wenn die Amplitude nicht größer als 1 mm werden soll? Wie groß ist in diesem Grenzfall die Zunahme der Spannung in der Einpsannstelle des Trägers?

Abb. 9-43

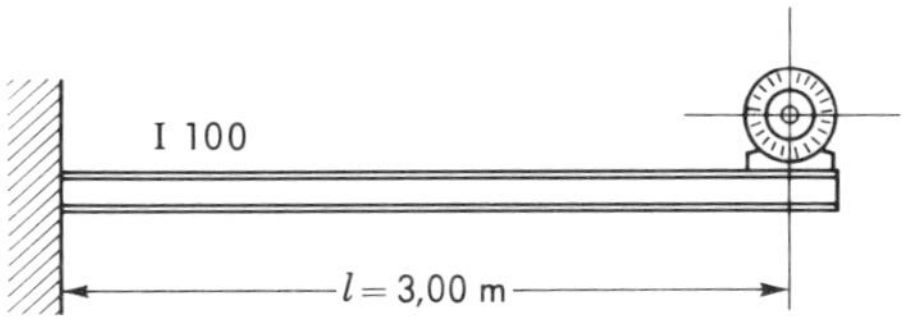

Lösung

Am Ende des Trägers wird das 0,236-fache der Trägermasse vereinigt gedacht (vergleiche Abschnitt 9.1.1, Abb. 9-8). Nach der Stahltabelle (z.B. Band 2, Tabelle 10a) erhält man

$$m_{\text{Träger}} = 8{,}32 \ \frac{\text{kg}}{\text{m}} \cdot 3 \text{ m} = 25 \text{ kg},$$

Zusatzmasse $\Delta m = 0{,}236 \cdot 25 \text{ kg} \approx 6 \text{ kg}$.

Damit ist

$$m_{\text{ges}} = 26 \text{ kg}.$$

Die Federkonstante ist

$$c = \frac{3 \cdot E \cdot I}{l^3} \quad \text{mit} \quad \begin{aligned} I &= 171 \text{ cm}^4, \\ E &= 2{,}1 \cdot 10^5 \text{ N/mm}^2, \end{aligned}$$

$$c = \frac{3 \cdot 2{,}1 \cdot 10^5 \text{ N/mm}^2 \cdot 171 \cdot 10^4 \text{ mm}^4}{3^3 \cdot 10^9 \text{ mm}^3}.$$

$$c = 40 \ \frac{\text{N}}{\text{mm}}.$$

Damit ist die Eigenkreisfrequenz

$$\omega_0 = \sqrt{\frac{c}{m}} = \sqrt{\frac{40 \text{ N/mm}}{26 \text{ kg}} \cdot \frac{1000 \text{ mm}}{\text{m}}} = 39{,}2 \text{ s}^{-1}.$$

Die Erregerkreisfrequenz erhält man aus der Drehzahl

$$\omega_e = 2\pi \ \frac{1400}{60} \text{ s}^{-1} = 147 \text{ s}^{-1}.$$

Damit ist

$$\left(\frac{\omega_e}{\omega_0}\right)^2 = \left(\frac{147}{39{,}2}\right)^2 = 14{,}1\,.$$

Für das vorliegende System kann man die Dämpfung vernachlässigen. Der Vergrößerungsfaktor ist nach Gleichung 9-40a (wegen $\omega_e/\omega_0 > 1$ gilt das negative Vorzeichen)

$$V_3 = \frac{\left(\frac{\omega_e}{\omega_0}\right)^2}{-\left[1-\left(\frac{\omega_e}{\omega_0}\right)^2\right]} = \frac{14{,}1}{13{,}1} = 1{,}076\,.$$

Die Schwingungsamplitude ist dann

$$A = V_3 \cdot \frac{m_e}{m} \cdot e = 1{,}076 \cdot \frac{10}{26} \cdot 0{,}2 \text{ mm}$$

$$A = 0{,}083 \text{ mm}.$$

Das ist die Schwingungsamplitude bei Betriebsdrehzahl.

Soll die Amplitude $A = 1$ mm sein, dann muß der Vergrößerungsfaktor nach Gl. 9-38

$$V_3 = \frac{A}{e} \cdot \frac{m}{m_e} = \frac{1}{0{,}2} \cdot \frac{26}{10} = 13$$

gesetzt werden. Aus dieser Bedingung wird der zu vermeidende Drehzahlenbereich ausgerechnet (Gl. 9-40).

$$13 = \frac{\left(\frac{\omega_e}{\omega_0}\right)^2}{\pm\left[1-\left(\frac{\omega_e}{\omega_0}\right)^2\right]}\,.$$

Je nach Vorzeichen erhält man 2 Gleichungen,

+	–
$13 - 13\left(\frac{\omega_e}{\omega_0}\right)^2 = \left(\frac{\omega_e}{\omega_0}\right)^2,$	$-13 + 13\left(\frac{\omega_e}{\omega_0}\right)^2 = \left(\frac{\omega_e}{\omega_0}\right)^2,$
$\frac{\omega_e}{\omega_0} = \sqrt{\frac{13}{14}},$	$\frac{\omega_e}{\omega_0} = \sqrt{\frac{13}{12}},$
$\omega_e = \sqrt{\frac{13}{14}} \cdot 39{,}2 \text{ s}^{-1},$	$\omega_e = \sqrt{\frac{13}{12}} \cdot 39{,}2 \text{ s}^{-1},$
$\omega_e = 37{,}8 \text{ s}^{-1},$	$\omega_e = 40{,}8 \text{ s}^{-1},$
$\mathbf{n_{min} = 361 \text{ min}^{-1}},$	$\mathbf{n_{max} = 390 \text{ min}^{-1}}.$

Soll die Schwingungsamplitude von 1 mm nicht überschritten werden, dann darf der Motor nicht längere Zeit im oben angegebenen Bereich laufen. Es ist jedoch möglich, ihn schnell zu durchfahren, da das Aufschwingen eine gewisse Zeit in Anspruch nimmt.

Die durch die Schwingung verursachten zusätzlichen Spannungen berechnet man hier am einfachsten nicht nach der Gl. 9-43, sondern mit dem Ansatz

$$F = c \cdot A = 40\ \text{N/mm} \cdot 1{,}0\ \text{mm} = 40\ \text{N} .$$

Mit dem Biegemoment $F \cdot l = 1{,}2 \cdot 10^4$ Ncm und dem Widerstandsmoment von $34{,}2\ \text{cm}^3$ erhält man

$$\Delta\sigma = \frac{M_\text{b}}{W} = \frac{1{,}2 \cdot 10^4\ \text{Ncm}}{34{,}2\ \text{cm}^3} = 351\ \text{N/cm}^2 = 3{,}5\ \text{N/mm}^2 .$$

Das ist ein vernachlässigbarer Wert.

9.4 Die kritische Drehzahl

9.4.1 Das Einmassensystem

Eine Welle mit einer Masse (Abb. 9-44) stellt einen einfachen mechanischen Schwinger dar. Da die Drehachse und Schwerpunktachse nie exakt zusammenfallen, entsteht eine mit der Welle umlaufende Kraft $F = m \cdot e \cdot \omega_\text{e}^2$. Es liegt demnach der Fall einer *massenkrafterregten Schwingung* vor (siehe vorigen Abschnitt). Im Resonanzbereich werden die Amplituden wegen der geringen Dämpfung sehr groß und können Welle und Lager gefährden. Die Drehzahl, die dem Resonanzfall entspricht, wird kritische Drehzahl genannt,

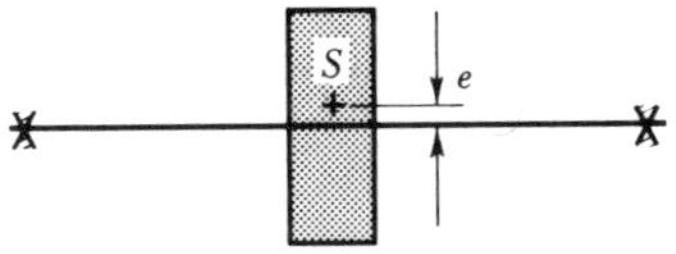

Abb. 9-44

$$\omega_\text{K} = \omega_0 = \sqrt{\frac{c}{m}} ,$$

$$n_\text{K} = \frac{1}{2\pi}\sqrt{\frac{c}{m}} . \qquad \textbf{Gl. 9-44}$$

Der Bereich um diese Drehzahl ist immer zu vermeiden.

Die Bestimmung der Federkonstanten c wurde im Abschnitt 9.1.2 behandelt. Es muß die Durchbiegung y_F der Welle an der Stelle der Masse unter einer beliebigen Kraft F ermittelt werden. Die Federkonstante ist dann $c = F/y_\text{F}$. Für Wellen mit veränderlichem Querschnitt wendet man das MOHRsche Verfahren an (Band 2, Abschnitt 5.5.4). Bestimmt man die Durchbiegung unter der Einwirkung der Gewichtskraft, dann gilt

$$c = \frac{m \cdot g}{y_F}$$

und damit

$$n_K = \frac{1}{2\pi} \sqrt{\frac{g}{y_F}}\ .$$

Für $g = 981\ \mathrm{cm/s^2}$ erhält man für n_K als Näherung folgende Formel:

$$\mathbf{n_K \approx \frac{300}{\sqrt{y_F}}}\ .$$

n_K	y_F
min^{-1}	cm

Es soll nochmals betont werden, daß es nur auf die Federkonstante und die rotierende Masse ankommt und nicht auf die an der Welle tatsächlich auftretende Durchbiegung. Daraus folgt:

1. **Die kritische Drehzahl wird von den auf die Welle übertragenen Kräften (Zahnkräfte; Riemenkräfte) nicht beeinflußt.** Die durch diese verursachten Durchbiegungen dürfen nicht in diese Gleichung eingesetzt werden.
2. **Die kritische Drehzahl ist von der Lage der Welle unabhängig,** d.h. sie ist z.B. für horizontalen und vertikalen Einbau gleich.

Die mitschwingende Wellenmasse kann man für Welle ($d \approx$ konst) mit 2 Außenlagern und Masse in der Mitte angenähert dadurch berücksichtigen, daß man sie zur Hälfte der Hauptmasse zuschlägt. Das wurde im Abschnitt 9.1.1 erläutert. Ein genaueres Verfahren wird im nächsten Abschnitt besprochen.

Folgendes ist noch bei der Ermittlung der Federkonstanten zu beachten: Aufgeschrumpfte Ringe, Buchsen und Naben haben für die Welle eine versteifende Wirkung, die die Durchbiegung verkleinern und die kritische Drehzahl erhöhen. Man kann diesen Einfluß näherungsweise dadurch erfassen, daß man die aufgeschrumpften Teile für das MOHRsche Verfahren als zur Welle gehörig betrachtet.

Bei einer Reihe von tiefen Eindrehungen entsteht der umgekehrte Effekt (Abb. 9-45). Die äußeren Werkstoffteile haben kaum Anteil an der Übertragung des Biegemomentes. Eine solche Welle verhält sich in bezug auf die Durchbiegung etwa wie eine glatte Welle mit dem Durchmesser d.

Die kritische Drehzahl wird durch eine elastische Lagerung immer herabgesetzt. Die Eigenelastizität der verschiedenen Lagerkonstruktionen kann in einer Berechnung kaum berücksichtigt werden. Sitzen die Lager auf elastischen Unterlagen, dann be-

Abb. 9-45

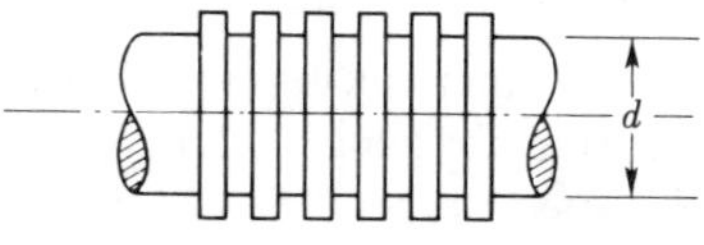

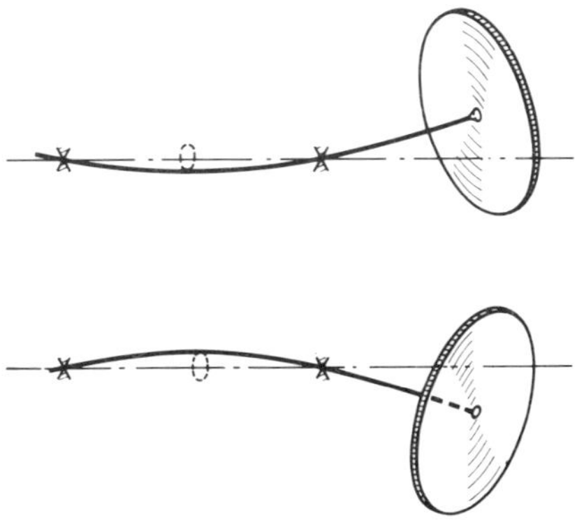

Abb. 9-46

stimmt man entweder die Gesamtdurchbiegung oder die Ersatzfederkonstante (vgl. Abschnitt 9.1.2).

Alle oben angestellten Überlegungen gelten für eine Punktmasse. Es ist zu klären, ob sich eine Scheibe wie eine Punktmasse verhält. In Abb. 9-46 ist eine Welle mit einer Scheibe am Ende in 2 Bewegungsphasen skizziert. Die Scheibe muß eine taumelnde Bewegung ausführen, d.h. ihre Drehachse im Raum ist nicht in Ruhe. Bei genügend hoher Drehzahl kann man die Scheibe mit einem Kreisel vergleichen, der versucht, seine Lage im Raum beizubehalten. Es entsteht ein Moment (Kreiselmoment Abschnitt 6.3.7), das dieser Taumelbewegung entgegenwirkt und damit die Durchbiegungen verkleinert. Durch diesen Einfluß wird die kritische Drehzahl erhöht.

Es soll untersucht werden, wie sich die Schwingungsamplituden einer rotierenden Welle mit zunehmender Drehzahl ändern. Dabei kann die Wirkung der Dämpfung vernachlässigt werden. Auskunft darüber gibt die Vergrößerungsfunktion für die Massenkrafterregung (Gleichung 9-40 a)

$$V_3 = \frac{\left(\frac{\omega_e}{\omega_0}\right)^2}{\pm\left[1 - \left(\frac{\omega_e}{\omega_0}\right)^2\right]} .$$

Diese Funktion ist in Abb. 9-47 aufgetragen. Bei von Null ausgehender, zunehmender Drehzahl wird infolge der umlaufenden Erregerkraft die Durchbiegung größer, dadurch wieder die Fliehkraft usw. Dieser Vorgang steigert sich durch den gegenseitigen Verstärkereffekt so, daß für $\omega_e = \omega_0$ ein Kräftegleichgewicht nicht mehr möglich ist. In diesem Bereich tritt jedoch eine Phasenverschiebung von 180° ein (siehe Abb. 9-39 b). Diese äußert sich durch Drehung der Scheibe um 180°, so daß der Schwerpunkt sich in Richtung Drehachse verschiebt. Durch den verminderten Achsabstand verringert sich die Erregerkraft. Dadurch wird bei weiter zunehmender Drehzahl die Amplitude wieder kleiner. Für sehr hohe Drehzahlen wird $V_3 \rightarrow 1$, d.h. wegen $m_e = m$ nähert sich die Amplitude dem Wert e. Das bedeutet, daß der Schwerpunkt praktisch in der Drahachse liegt. Diesen Vorgang nennt man *Selbstzentrierung*.

Wegen der Selbstzentrierung der Massen laufen Wellen überkritisch immer ruhiger (weiche Welle). Die auf die Lager übertragenen Kräfte sind verglichen mit einer steifen Welle im Verhältnis $(\omega_0/\omega_e)^2$ verkleinert (siehe vorigen Abschnitt). Die *Resonanzbereiche* müssen möglichst *schnell durchfahren* werden, um ein Aufschaukeln auf große Amplituden zu verhindern.

Große, unvermeidbare Unwuchten erfordern eine besonders „weiche" Lagerung. Das System hat dann eine sehr niedrige kritische Drehzahl und das Verhältnis ω_e/ω_0 wird sehr groß. Der Schwerpunkt liegt fast genau in der Drehachse. Obwohl das System dem Ansehen nach stark schlägt, läuft es, da die Erregerkräfte fast verschwinden, ruhig. Die Fliehkraftmomente drehen die Masse so, daß die Drehung um die Hauptachse erfolgt und damit auch keine umlaufenden Momente auftreten. Ein Beispiel für eine solche Lagerung ist eine Wäscheschleuder.

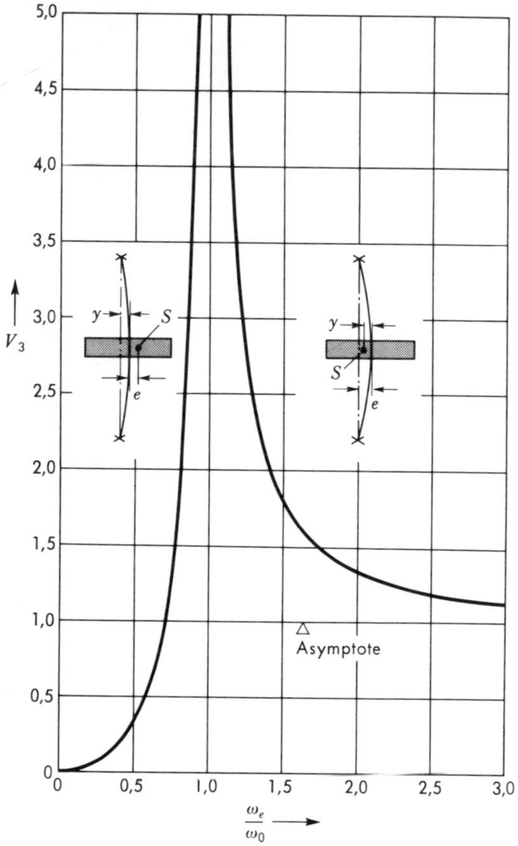

Abb. 9-47

Da im Fall einer rotierenden Welle die Bewegung kreisförmig im Raum erfolgt, kann man der Auffassung sein, daß es sich nicht um eine Schwingung handelt, wie sie Gegenstand dieses Kapitels ist. Der Vorgang soll deshalb vom Kräftegleichgewicht ausgehend nochmal kurz behandelt werden. In Abb. 9-48 ist die ausgelenkte Welle skizziert. Bei der Drehung müssen Federkraft und Fliehkraft im Gleichgewicht sein,

$$c \cdot y = m \cdot (e + y) \cdot \omega_e^2 ,$$

$$\frac{c}{m} \cdot y = (e + y) \cdot \omega_e^2 ,$$

$$\frac{\omega_0^2}{\omega_e^2} \cdot y = e + y ,$$

$$y = \frac{\left(\frac{\omega_e}{\omega_0}\right)^2}{1 - \left(\frac{\omega_e}{\omega_0}\right)^2} \cdot e .$$

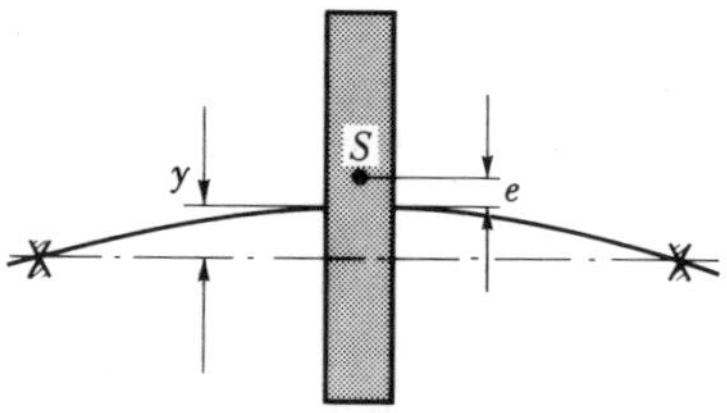

Abb. 9-48

Auch auf diesem Wege erhält man den Vergrößerungsfaktor V_3 und die Aussage, daß im Resonanzfall bei fehlender Dämpfung Gleichgewicht nicht möglich ist.

Beispiel (Abb. 9-49)

Für die abgebildete Welle ist die kritische Drehzahl zu bestimmen. Das Schwungrad hat eine Masse von 1000 kg.

Lösung

Gegenüber der Schwungradmasse kann die Wellenmasse vernachlässig werden. Im Band 2, Abschnitt 5.5.4., ist das MOHRsche Verfahren für diese Welle durchgeführt. Für eine Kraft von 15,0 kN beträgt die Durchbiegung $y_F = 0{,}61$ mm. Die Federkonstante ist demnach

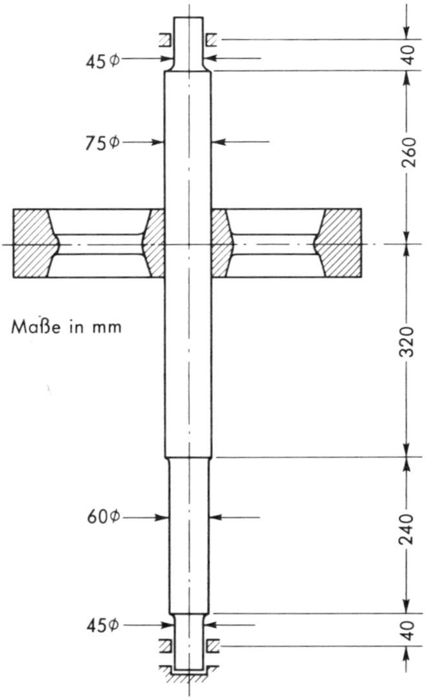

Abb. 9-49

$$c = \frac{F}{y_F} = \frac{15 \cdot 10^3 \text{ N}}{0{,}61 \cdot 10^{-3} \text{ m}} = 24{,}6 \cdot 10^6 \frac{\text{N}}{\text{m}}.$$

Die Eigenkreisfrequenz beträgt

$$\omega_0 = \sqrt{\frac{c}{m}} = \sqrt{\frac{24{,}6 \cdot 10^6 \text{ N/m}}{10^3 \text{ kg}}}$$

$$\omega_0 = 157 \text{ s}^{-1}.$$

Damit ist

$$n_K = \frac{\omega_0}{2\pi} = \frac{157 \text{ s}^{-1}}{2\pi} = 25{,}0 \text{ s}^{-1}$$

$$\mathbf{n_K \approx 1500\ min^{-1}}.$$

9.4.2 Das Mehrmassensystem

Ein mit n Punktmassen besetzter Stab kann in n Formen Biegeschwingungen ausführen. Als Beispiel ist in Abb. 9-50 ein Stab mit 4 Massen gezeigt. Zunächst bewegen sich alle Massen jeweils in eine Richtung. Dieser Zustand entspricht der tiefsten Frequenz (*Grundschwingung*). Die erste Oberschwingung tritt auf, wenn ein Punkt der Stabachse in Ruhe bleibt (*Knoten*). Die Anzahl der Knoten entspricht der Anzahl der Oberschwingungen. Dieser Abschnitt befaßt sich mit der Ermittlung der Frequenz der Grundschwingung.

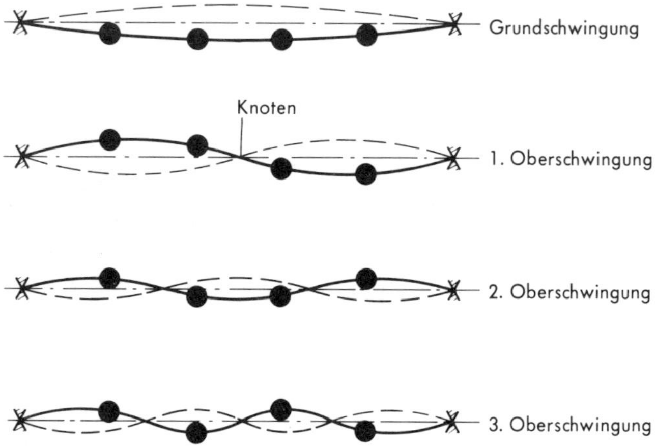

Abb. 9-50

Es wird auf die Energiebetrachtung des Abschnittes 9.1.1 zurückgegriffen. Die elastische Energie der Welle im durchgeschwungenen Zustand muß gleich sein der kinetischen Energie beim Null-Durchgang,

$$\sum E_{el} = \sum E_{kin} .$$

Dabei sind (Gleichung 8-15) $E_{el} = \frac{c}{2} y^2,$

(Gleichung 9-8) $E_{kin} = \frac{m}{2} (y \cdot \omega_0)^2 .$

Da die Massen an verschiedenen Stellen sitzen, sind auch die Federkonstanten verschieden (Abb. 9-51),

$$\frac{c_1}{2} y_1^2 + \frac{c_2}{2} y_2^2 + \ldots = \frac{m_1}{2} \omega_0^2 \cdot y_1^2 + \frac{m_2}{2} \omega_0^2 \cdot y_2^2 + \ldots$$

Die Federkonstanten werden mit der Gewichtskraft bestimmt

$$c = \frac{G}{y}, \qquad c \cdot y = G.$$

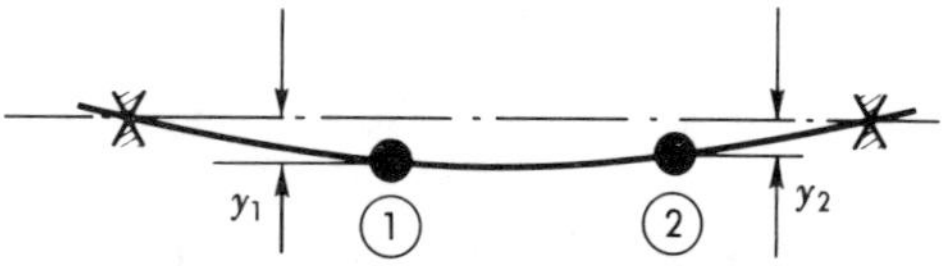

Abb. 9-51

Damit ist

$$G_1 \cdot y_1 + G_2 \cdot y_2 + \ldots = \frac{\omega_0^2}{g} \left(G_1 \cdot y_1^2 + G_2 \cdot y_2^2 + \ldots\right).$$

Für n Massen

$$\sum_1^n G_i y_i = \frac{\omega_0^2}{g} \cdot \sum_1^n G_i y_i^2 ,$$

$$\omega_0 = \sqrt{\frac{\mathbf{g} \cdot \sum_1^n \mathbf{G_i} \cdot \mathbf{y_i}}{\sum_1^n \mathbf{G_i} \cdot \mathbf{y_i^2}}} . \qquad \textbf{Gl. 9-45}$$

Für eine Masse erhält man nach Umwandlung die Gleichung 9-44 (Kontrolle).

Die bei der Schwingung entstehende Biegelinie entspricht sehr genau der Biegelinie der Welle im Ruhezustand. Da die Federkonstanten durch die Gewichtskräfte ausgedrückt wurden, muß die elastische Linie bei Belastung durch Gewichtskräfte ermittelt werden. $G_i \cdot y_i$ sind dann jeweils zugeordnete Werte. Für das Mehrmassensystem gilt grundsätzlich alles, was im vorigen Abschnitt über die kritische Drehzahl gesagt wurde. Die Gleichung 9-45 ermöglicht die Berücksichtigung der Wellenmasse beim 1-Massen-System. Das ist vor allem notwendig, wenn beide von gleicher Größenordnung sind. Dazu denkt man sich einzelne Wellenabschnitte als Massenpunkte zusammengefaßt. Ergibt die Berechnung eine kritische Drehzahl, die über der Betriebsdrehzahl liegt, dann interessieren die Oberschwingungen nicht. Diese liegen immer erheblich über der Grundschwingung, so daß man selbst, wenn diese Bedingung nicht erfüllt ist, in vielen Fällen abschätzen kann, ob eine Oberschwingung gefährlich werden kann.

Bei Anwendung dieses Verfahrens für eine fliegende Lagerung ist folgendes zu beachten. Bei Rotation eines solchen Systems wirken die Fliehkräfte entgegengesetzt, verstärken sich demnach gegenseitig in ihrer Wirkung (Abb. 9-52). Aus diesem Grunde ist es notwendig, die elastische Linie mit entgegengesetzt gerichteten Gewichtskräften zu ermitteln.

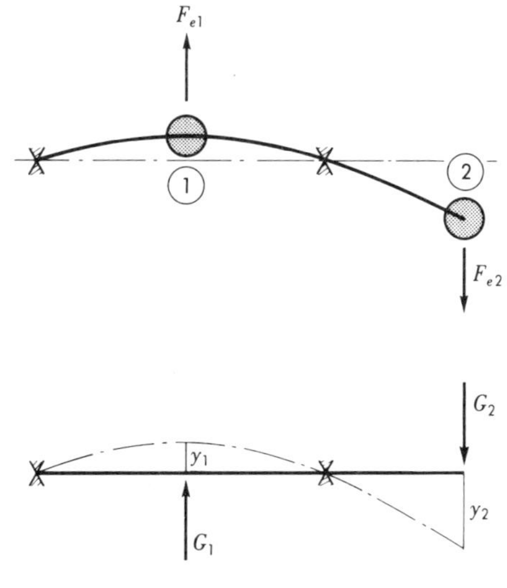

Abb. 9-52

Beispiel (Abb. 9-53)

Für die skizzierte Welle ist die tiefste kritische Drehzahl zu bestimmen. Die angegebenen Gewichtskräfte enthalten die einzelnen Teilabschnitte der Welle. Mittlere Biegesteifigkeit $E \cdot I = 10^{11}$ Ncm^2.

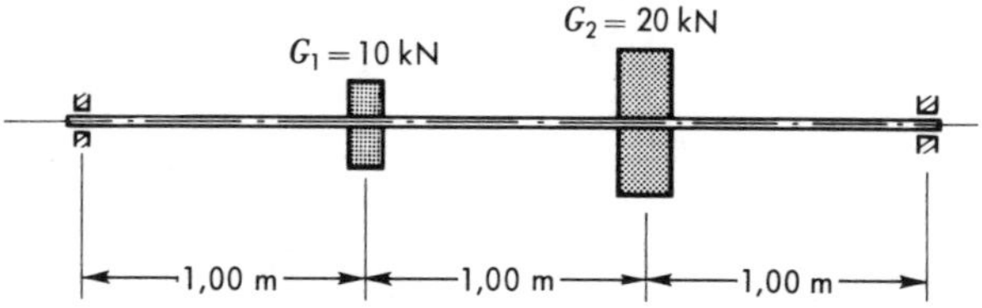

Abb. 9-53

Lösung

Die Durchbiegungen werden zuerst jeweils für je eine Gewichtskraft mit Hilfe der Biegegleichungen berechnet und dann überlagert (Band 2, Abschnitt 5.5.2 und Tabelle 11). Die Gesamtdurchbiegungen betragen:

$$y_1 = 0{,}122 \text{ cm}, \qquad y_2 = 0{,}128 \text{ cm}.$$

Damit ist

$$\omega_0 = \sqrt{\frac{g \cdot \Sigma\, G_i \cdot y_i}{\Sigma\, G_i \cdot y_i^2}}$$

$$= \sqrt{\frac{981 \text{ cm/s}^2 \,(10^4 \text{ N} \cdot 0{,}122 \text{ cm} + 2 \cdot 10^4 \text{ N} \cdot 0{,}128 \text{ cm})}{10^4 \text{ N} \cdot 0{,}122^2 \text{ cm}^2 + 2 \cdot 10^4 \text{ N} \cdot 0{,}128^2 \text{ cm}^2}}$$

$$\omega_0 = 88 \text{ s}^{-1}.$$

Daraus ergibt sich eine kritische Drehzahl von

$$\mathbf{n_k} = \frac{\omega_0}{2\pi} = 14{,}0 \text{ s}^{-1} = \mathbf{840\ min^{-1}}.$$

Es empfiehlt sich, durch eine Überschlagsrechnung mit der Näherungsgleichung das Ergebnis zu kontrollieren. Für eine mittlere Durchbiegung von etwa 0,125 cm erhält man

$$n_k \approx \frac{300}{\sqrt{0{,}125}} \text{ min}^{-1} \approx 850 \text{ min}^{-1}.$$

Die sehr gute Übereinstimmung im vorliegenden Fall darf jedoch nicht zu dem Schluß führen, daß diese Gleichung grundsätzlich für Mehrmassensysteme anwendbar ist.

9.4.3 Das Auswuchten

Wenn bei Drehung eines starren Körpers *Drehachse und Hauptachse nicht zusammenfallen, entstehen zusätzliche Belastungen der Lager* durch umlaufende Kräfte und Kräftepaare (siehe Abschnitt 7.2.5). Als Beispiel sei hier der Läufer nach Abb. 9-54 betrachtet. Der Schwerpunkt S liegt zunächst um den Betrag e außerhalb der Drehachse. Bei Drehung entsteht eine zusätzliche umlaufende Kraft, die mit dem Quadrat der Drehzahl ansteigt und so bei hohen Drehzahlen große zusätzliche Belastungen verursachen kann. Diesen Fehler könnte man bei genügend hoher Empfindlichkeit der Lager durch Auspendeln und Anbringen von Gegengewichten beseitigen. Diesen Vorgang nennt man *statisches Auswuchten*, das allerdings jetzt nur noch in Ausnahmefällen durchgeführt wird. Selbst wenn es mit dieser Methode gelänge, den Schwerpunkt genau in die Drehachse zu verschieben, so sind damit noch nicht alle zusätzlichen Belastungen der Lager ausgeschlossen. Das folgt aus der einfachen Überlegung, daß nicht alle Schwerpunktachsen Hauptachsen sind. Man kann sich den Körper in zwei Teilkörper zerlegt denken, von denen die Teilschwerpunkte wie angedeutet liegen. Bei der Drehung entstehen 2 verschieden große Kräfte, die man im Schwerpunkt zu einer Kraft und einem Moment zusammenfassen kann. *Den Kraftanteil nennt man statische, den Momentenanteil dynamische Unwucht.* Der Ausgleich beider erfolgt in zwei konstruktiv vorgesehenen Ebenen (z.B. Stirnseiten). Dort müssen 2 Ausgleichsmassen so angebracht werden, daß für einen beliebigen Punkt Kräfte und Momente verschwinden. In diesem Zustand *fallen Haupt- und Drehachse zusammen.* Die beiden Teilschwerpunkte liegen jetzt auch in der Drehachse.

Die Aufgabe der dynamischen Wuchtung ist es, Haupt- und Drehachse zur Deckung zu bringen. Die gebräuchlichen Auswuchtmaschinen arbeiten nach folgendem Prinzip. Der Rotor wird, wie es z.B. Abb. 9-55 zeigt, auf Rollen gelagert. Je nach Art der Maschine wird die im Rotor vorhandene Unwucht die Lager zum Schwingen bringen.

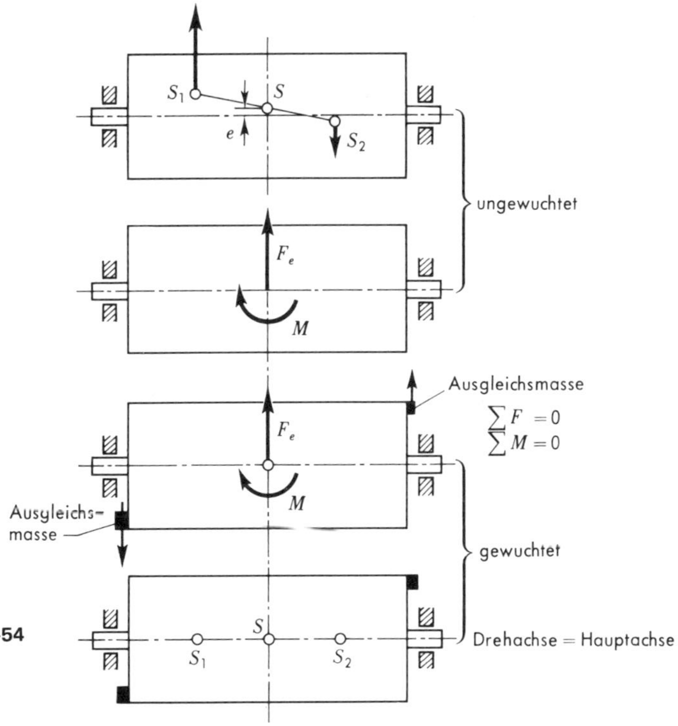

Abb. 9-54

Abb. 9-55 Auswuchtmaschine für Rotoren bis 10000 kg Masse. Unterkritischer Lauf auf starren Lagerständern. Vor dem Antriebsmotor Meßgerät mit 2 Lichtpunkt-Vektormessern. Antrieb des Rotors über ausgewuchtete Gelenkwelle.

Mit empfindlichen und sehr genau anzeigenden Schwingungsmeßgeräten wird die Schwingung der Auflager des Rotors außerhalb der Resonanz gemessen. Man umgeht damit die Schwierigkeit der sehr starken Änderung der Phasenverschiebung im Resonanzbereich. Ist man genügend weit unterhalb des Resonanzgebietes (harte Lagerung), dann liegen Ausschlag (Amplitude) und Unwucht (Erregerkraft) gleich, d.h. in Phase (Abb. 9-39). Es wird z.B. piezoelektrisch die Kraft $m \cdot e \cdot \omega^2$ gemessen. Ein Phasengeber, der synchron mit dem Wuchtkörper umläuft, gibt die Lage der Unwucht an (siehe Abschnitt 9.6).

Bei weicher Lagerung läuft der Rotor überkritisch. Es wird nicht die Kraft, sondern die Amplitude der schwingenden Lager gemessen. Diese nähert sich dem Wert der Exzentrizität des Schwerpunktes. Maximaler Ausschlag und Lage der Unwucht sind um 180° verschoben. Die Lage wird von einem Phasengeber angezeigt.

9.5 Die Massenkräfte am Kurbeltrieb

Zur Bestimmung der Massenkräfte am Kurbeltrieb ist es notwendig, die Beschleunigung des Kolbens zu berechnen. In Abb. 9-56 ist ein Kurbeltrieb skizziert. Der Weg x wird vom linken Totpunkt aus gemessen,

$$x = l + r - r \cdot \cos\varphi - l \cdot \cos\beta .$$

Nach dem sin-Satz ist das Schubstangenverhältnis λ

$$\lambda = \frac{r}{l} = \frac{\sin\beta}{\sin\varphi}; \qquad \sin\beta = \lambda \cdot \sin\varphi .$$

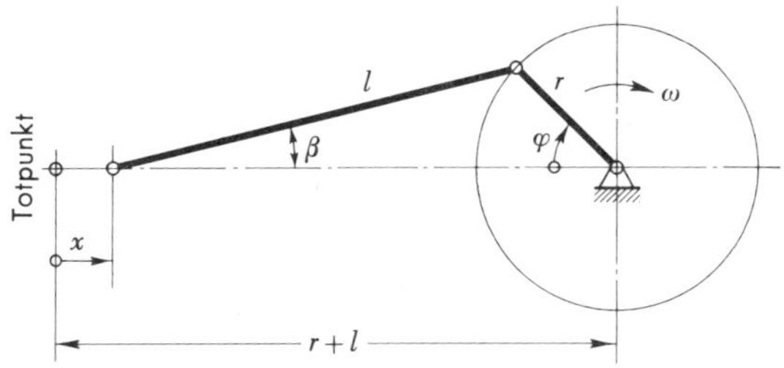

Abb. 9-56

Mit

$$\cos\beta = \sqrt{1 - \sin^2\beta} \text{ ergibt sich}$$

$$\cos\beta = \sqrt{1 - \lambda^2 \cdot \sin^2\varphi}.$$

Für den Wurzelwert wird näherungsweise geschrieben (Reihenentwicklung)

$$\sqrt{1 - \lambda^2 \cdot \sin^2\varphi} \approx 1 - \frac{1}{2}\lambda^2 \cdot \sin^2\varphi.$$

Nach dem Einsetzen in die Ausgangsgleichung erhält man

$$x = l + r - r \cdot \cos\varphi - l\left(1 - \frac{1}{2}\lambda^2 \cdot \sin^2\varphi\right)$$

$$= r - r \cdot \cos\varphi + \frac{1}{2}\, l \cdot \lambda^2 \cdot \sin^2\varphi\,.$$

Mit $l \cdot \lambda = r$ ist

$$x = r\left(1 - \cos\varphi + \frac{\lambda}{2}\sin^2\varphi\right).$$

Die Geschwindigkeit erhält man durch Differentiation

$$v = \dot{x} = r\left(\frac{\mathrm{d}\varphi}{\mathrm{d}t} \cdot \sin\varphi + \frac{\lambda}{2} \cdot 2\sin\varphi \cdot \cos\varphi \cdot \frac{\mathrm{d}\varphi}{\mathrm{d}t}\right).$$

Unter Beachtung von $2\sin\varphi \cdot \cos\varphi = \sin 2\varphi$ und $\frac{\mathrm{d}\varphi}{\mathrm{d}t} = \omega$ ergibt sich

$$\mathbf{v = r \cdot \omega\left(\sin\varphi + \frac{\lambda}{2} \cdot \sin 2\varphi\right).} \qquad \textbf{Gl. 9-46}$$

Auf gleichem Wege erhält man die Beschleunigung

$$a = \ddot{x} = r \cdot \omega\left(\cos\varphi \cdot \frac{\mathrm{d}\varphi}{\mathrm{d}t} + \frac{\lambda}{2}\cos 2\varphi \cdot 2\frac{\mathrm{d}\varphi}{\mathrm{d}t}\right)$$

$$\mathbf{a = r \cdot \omega^2 (\cos\varphi + \lambda \cdot \cos 2\varphi).} \qquad \textbf{Gl. 9-47}$$

Das ist die Beschleunigung des Kolbens in Abhängigkeit vom Schubstangenverhältnis und vom Winkel φ.

Zunächst soll angenommen werden, daß die Massen des Kurbeltriebs einmal im Abstand r an der Kurbelwelle (m_R), zum zweiten im Kolben (m_H) vereinigt sind (Abb. 9-57). Der Index R steht für die rotierende Masse, der Index H für die hin und her bewegte Masse. Das Pleuel ist anteilmäßig an beiden beteiligt. Die an der Kurbel umlaufende Massenkraft $m_R \cdot r \cdot \omega^2$ kann sehr einfach durch eine entsprechende Gegenmasse aufgehoben werden.

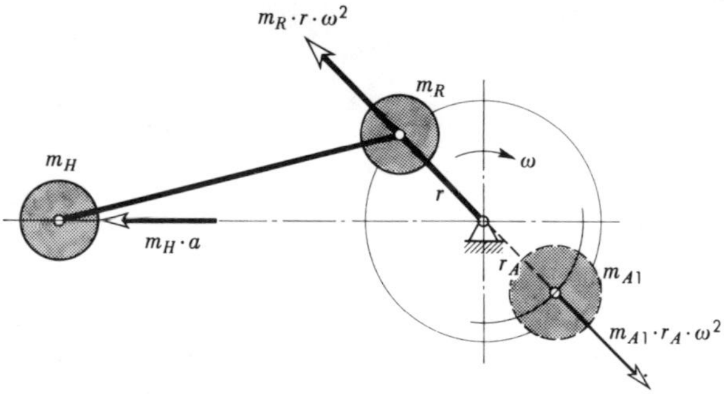

Abb. 9-57

Diese muß die gleiche Kraft erzeugen. Es gilt deshalb

$$m_R \cdot r \cdot \omega^2 = m_{A1} \cdot r_A \cdot \omega^2,$$

$$m_{A1} = \frac{r}{r_A} \cdot m_R \;.$$

Wesentlich schwieriger ist der Ausgleich der Massenkraft $m_H \cdot a$, deren Gegenkraft am Gehäuse Erschütterungen verursacht. Ihre Größe ist

$$F_H = m_H \cdot a = m_H \cdot r \cdot \omega^2 \cdot \cos\varphi + m_H \cdot r \cdot \omega^2 \cdot \lambda \cdot \cos 2\varphi,$$

$$F_H = F_I \cdot \cos\varphi + F_{II} \cdot \cos 2\varphi \;.$$

Die Kraft F_I wirkt als hin- und hergehende Kraft im Takt der Drehung (*Massenkraft 1. Ordnung*). Die Kraft F_{II} wirkt wie F_I, jedoch mit halber Periode, d.h. sie wechselt doppelt so schnell ihre Richtung (*Massenkraft 2. Ordnung*).

Es gibt Konstruktionen, die sowohl die Kräfte I. als auch II. Ordnung ausgleichen. Sie sind jedoch verhältnismäßig aufwendig und werden deshalb normalerweise nicht ausgeführt.

Einen teilweisen Ausgleich der Kräfte I. Ordnung erhält man durch Vergrößerung der oben beschriebenen Ausgleichsmasse m_{A1}. Es wird zusätzlich nach Abb. 9-58 eine Masse m_{A2} angebracht, deren Fliehkraftkomponente in x-Richtung immer der Massenkraft $F_I \cdot \cos\varphi$ entgegenwirkt und sie so z.T. aufhebt. In x-Richtung verbleibt eine Kraft

$$F_x = m_H \cdot r \cdot \omega^2 \cdot \cos\varphi - m_{A2} \cdot r_A \cdot \omega^2 \cdot \cos\varphi,$$

$$F_x = \omega^2 \cdot \cos\varphi \, (m_H \cdot r - m_{A2} \cdot r_A).$$

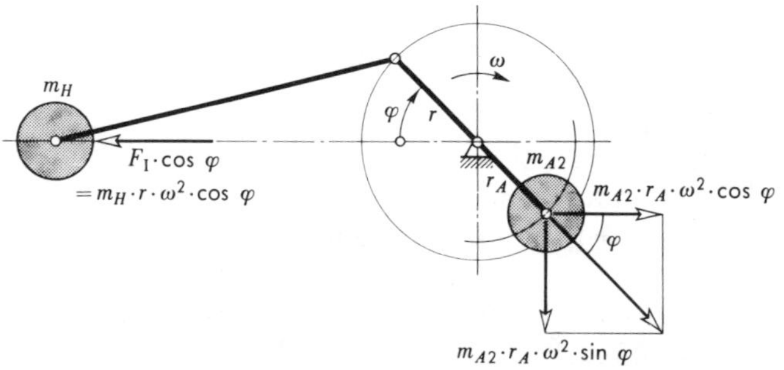

Abb. 9-58

Die Ausgleichsmasse erzeugt eine zusätzliche Kraft in y-Richtung,

$$F_y = m_{A2} \cdot r_A \cdot \omega^2 \cdot \sin \varphi .$$

Man erhält den besten Ausgleich, wenn die resultierende Kraft F konstant ist und nicht von der Lage des Kurbeltriebes, d.h. von φ abhängt,

$$F_x^2 + F_y^2 = F^2,$$

$$(m_H \cdot r - m_{A2} \cdot r_A)^2 \cdot \omega^4 \cdot \cos^2 \varphi + m_{A2}^2 \cdot r_A^2 \cdot \omega^4 \cdot \sin^2 \varphi = F^2,$$

$$(m_H^2 \cdot r^2 - 2\, m_H \cdot m_{A2} \cdot r \cdot r_A + m_{A2}^2 \cdot r_A^2) \cos^2 \varphi + m_{A2}^2 \cdot r_A^2 \cdot \sin^2 \varphi = \frac{F^2}{\omega^4}.$$

Mit $\sin^2 \varphi + \cos^2 \varphi = 1$ erhält man

$$(m_H^2 \cdot r^2 - 2\, m_H \cdot m_{A2} \cdot r \cdot r_A) \cos^2 \varphi + m_{A2}^2 \cdot r_A^2 = \frac{F^2}{\omega^4} .$$

Soll F von φ unabhängig sein, dann muß die Klammer null sein,

$$m_H^2 \cdot r^2 - 2\, m_H \cdot m_{A2} \cdot r \cdot r_A = 0 ,$$

$$m_{A2} = \frac{1}{2}\, \frac{r}{r_A} \cdot m_H .$$

Die Ausgleichsmasse (beide Kurbelhälften) hat die Größe

$$m_A = m_{A1} + m_{A2}$$

$$\mathrm{m_A} = \frac{\mathrm{r}}{\mathrm{r_A}} \left(\mathrm{m_R} + \frac{1}{2}\, \mathrm{m_H}\right) .$$

Es ist jetzt zu klären, welche Massen in m_R und m_H enthalten sind. Die rotierende Masse m_R setzt sich zusammen aus

1. der auf den Radius r reduzierten Kurbelmasse $m_{\text{Kurbel}} \cdot \frac{r_S}{r}$ (r_S Schwerpunktlage der Kurbel),
2. der Masse des Pleuelkopfes an der Kurbel,
3. aus 2/3 der Masse der Pleuelstange.

Die Masse m_H besteht aus

1. der Kolbenmasse (mit Kolbenbolzen),
2. der Masse des Pleuelkopfes am Kolben,
3. aus 1/3 der Masse der Pleuelstange.

Zur Berücksichtigung der Pleuelmasse gibt es genauere Verfahren.

9.6 Zusammenfassung

Die Schwingungsgleichung einer *harmonischen Schwingung* lautet

$$y = A_I \cdot \sin(\omega_0 \cdot t) + A_{II} \cdot \cos(\omega_0 \cdot t) \qquad \text{Gl. 9-4}$$

oder

$$y = A \cdot \sin(\omega_0 \cdot t - \varphi). \qquad \text{Gl. 9-5}$$

Die Amplitude beträgt dabei $A = \sqrt{A_I^2 + A_{II}^2}$.

Die Eigenkreisfrequenz ist unabhängig von der Amplitude

$$\omega_0 = \sqrt{\frac{c}{m}}. \qquad \text{Gl. 9-2}$$

Die Überlagerung harmonischer Schwingungen gleicher Frequenz ergibt eine neue harmonische Schwingung unveränderter Frequenz, deren Amplitude vektoriell aus den Ausgangsschwingungen ermittelt wird.

Die maximale Geschwindigkeit beim Null-Durchgang ist

$$v_{max} = A \cdot \omega_0, \qquad \text{Gl. 9-8}$$

die maximale Beschleunigung im Umkehrpunkt

$$a_{max} = A \cdot \omega_0^2. \qquad \text{Gl. 9-9}$$

Der Einfluß der Federmassen auf die Eigenfrequenz kann durch Zuschläge zur schwingenden Masse berücksichtigt werden.

Die Federkonstanten werden allgemein aus der Beziehung

$$c = \frac{F}{y}$$

berechnet. Dabei ist F eine beliebige Kraft, die an der Stelle der schwingenden Masse angreift und dabei die Deformation y verursacht. Aus dieser Ausgangsgleichung kann für alle Federanordnungen die Ersatzfederkonstante ermittelt werden. Für parallel geschaltete Federn erhält man

$$c_e = \sum c \qquad \text{Gl. 9-10}$$

für hintereinandergeschaltete

$$\frac{1}{c_e} = \sum \frac{1}{c}. \qquad \text{Gl. 9-11}$$

Die Eigenkreisfrequenz und Schwingungszeit eines *mathematischen Pendels* sind für kleine Amplituden

$$\omega_0 = \sqrt{\frac{g}{l}}, \qquad \text{Gl. 9-12}$$

$$T = 2\pi \cdot \sqrt{\frac{l}{g}}. \qquad \text{Gl. 9-13}$$

Für *Drehschwingungen* erhält man für die Eigenkreisfrequenz analog zu Gleichung 9-2

$$\omega_0 = \sqrt{\frac{c_T}{J_A}} \qquad \textbf{Gl. 9-16}$$

und für ein *physisches Pendel*

$$\omega_0 = \sqrt{\frac{g \cdot l_S}{i^2}} . \qquad \textbf{Gl. 9-23}$$

Mit der reduzierten Pendellänge $l_{red} = i^2/l_S$ ergibt diese Beziehung die Gleichung für das mathematische Pendel

$$\omega_0 = \sqrt{\frac{g}{l_{red}}} .$$

Die Behandlung der *geschwindigkeitsproportional gedämpften Schwingungen* erfordert die Definition der Begriffe

Dämpfungskonstante $b = \dfrac{F_D}{y}$,

Abklingkonstante $\delta = \dfrac{b}{2m}$, Gl. 9-25

Dämpfungsgrad $\vartheta = \dfrac{\delta}{\omega_0}$. **Gl. 9-26**

Der Dämpfungsgrad ist eine Zahl (Dimension 1).

Man unterscheidet 3 Fälle:
$\vartheta > 1$ Die Dämpfung ist so groß, daß eine Schwingung nicht möglich ist (aperiodische Bewegung ohne Null-Durchgang),
$\vartheta = 1$ kritische Dämpfung. Die Dämpfung ist für eine Schwingung immer noch zu groß. Es erfolgt eine aperiodische Bewegung mit einem Null-Durchgang (aperiodischer Grenzfall).
$\vartheta < 1$ es erfolgt eine Schwingung, deren Amplitude nach der *e*-Funktion abnimmt

$$y = e^{-\delta \cdot t} \left[A_I \cdot \sin\left(\sqrt{\omega_0^2 - \delta^2} \cdot t\right) + A_{II} \cdot \cos\left(\sqrt{\omega_0^2 - \delta^2} \cdot t\right)\right]. \qquad \textbf{Gl. 9-27}$$

Dabei ist die Eigenkreisfrequenz gegenüber der der ungedämpften Schwingung herabgesetzt und von der Amplitude unabhängig

$$\omega_d = \sqrt{\omega_0^2 - \delta^2} = \omega_0 \sqrt{1 - \vartheta^2}. \qquad \textbf{Gl. 9-28}$$

Für kleine Dämpfung kann jedoch $\omega_d \approx \omega_0$ angenommen werden.

Das logarithmische Dekrement ist

$$\Lambda = \ln \frac{A_1}{A_2} = \frac{2\pi \cdot \vartheta}{\sqrt{1 - \vartheta^2}} . \qquad \textbf{Gl. 9-30}$$

Wird einem Schwinger Energie zugeführt, dann spricht man von *erzwungener,* bzw. *erregter Schwingung.* Nach einer relativ kurzen Übergangsperiode schwingt ein erregtes System mit der Frequenz der Erregung ω_e unabhängig von der Eigenfrequenz ω_0.

$$y = \frac{\frac{F_e}{c}}{\sqrt{\left[1-\left(\frac{\omega_e}{\omega_0}\right)^2\right]^2 + 4\cdot\vartheta^2\cdot\left(\frac{\omega_e}{\omega_0}\right)^2}}\cdot\sin(\omega_e\cdot t-\varphi). \qquad \text{Gl. 9-36}$$

Man unterscheidet zwischen Federkraft- und Massenkrafterregung. Die Schwingungsamplitude (Faktor von $\sin(\omega_e\cdot t - \varphi)$ in Gleichung 9-36) beträgt

Federkrafterregung $A = V_1\cdot r, \quad r = F_e/c$ Gl. 9-37

Massenkrafterregung $A = V_3\cdot\frac{m_e}{m}\cdot e.$ Gl. 9-38

Dabei sind die Vergrößerungsfaktoren V_1 und V_3

$$V_1 = \frac{1}{\sqrt{\left[1-\left(\frac{\omega_e}{\omega_0}\right)^2\right]^2 + 4\cdot\vartheta^2\cdot\left(\frac{\omega_e}{\omega_0}\right)^2}} \qquad \text{Gl. 9-39}$$

für kleine Dämpfung:

$$V_1 = \frac{1}{\pm\left[1-\left(\frac{\omega_e}{\omega_0}\right)^2\right]}, \qquad \text{Gl. 9-39a}$$

$$V_3 = \frac{\left(\frac{\omega_e}{\omega_0}\right)^2}{\sqrt{\left[1-\left(\frac{\omega_e}{\omega_0}\right)^2\right]^2 + 4\cdot\vartheta^2\cdot\left(\frac{\omega_e}{\omega_0}\right)^2}} \qquad \text{Gl. 9-40}$$

für kleine Dämpfung:

$$V_3 = \frac{\left(\frac{\omega_e}{\omega_0}\right)^2}{\pm\left[1-\left(\frac{\omega_e}{\omega_0}\right)^2\right]}. \qquad \text{Gl. 9-40a}$$

Für $\vartheta \to 0$ werden die Amplituden im *Resonanzfall* $\omega_e = \omega_0$ unendlich groß. Bei zunehmender Dämpfung verlagert sich der kleiner werdende maximale Ausschlag.

Die Erregerfrequenzen für die maximalen Amplituden kann man aus folgender Gleichung berechnen

Federkrafterregung $\left(\frac{\omega_e}{\omega_0}\right)^2_{\text{extr}} = 1 - 2\,\vartheta^2,$ **Gl. 9-41**

Massenkrafterregung $\left(\frac{\omega_e}{\omega_0}\right)^2_{\text{extr}} = \frac{1}{1 - 2\,\vartheta^2}$.

Bei kleiner Dämpfung ist mit sehr guter Näherung

$$\left(\frac{\omega_e}{\omega_0}\right)_{\text{extr}} = 1 .$$

Zwischen Erregung und Schwingung stellt sich eine Phasenverschiebung von

$$\tan\varphi = \frac{2\cdot\vartheta\cdot\left(\frac{\omega_e}{\omega_0}\right)}{1-\left(\frac{\omega_e}{\omega_0}\right)^2} \qquad \textbf{Gl. 9-34}$$

ein. Für $\frac{\omega_e}{\omega_0} < 1$ sind Erregung und Schwingung in Phase, für $\frac{\omega_e}{\omega_0} > 1$ laufen beide jeweils entgegengesetzt. Im Bereich $\omega_e \approx \omega_0$ (Resonanz) tritt eine starke Änderung der Phasenwinkel ein.

V_1, V_3 und $\tan\varphi$ sind über $\left(\frac{\omega_e}{\omega_0}\right)$ im Diagramm Abb. 9-39 aufgetragen. Diesen Kurven entnimmt man u.a.

1. Im Bereich der Resonanz ($\omega_e = \omega_0$) treten bei kleiner Dämpfung schon bei geringer Erregung sehr große Schwingungsamplituden auf.

2. Die Dämpfung ist für die Schwingungsminderung im Resonanzbereich sehr wirksam, sonst fast unwirksam.

3. Für sehr hohe Erregerfrequenz ($\omega_e \gg \omega_0$) gehen die Amplituden bei

   Federkrafterregung $\to 0$ $(V_1 \to 0)$

   Massenkrafterregung $\to \frac{m_e}{m}\cdot e$ $(V_3 \to 1)$

   In beiden Fällen bedeutet das, daß der Schwerpunkt der Masse seine Lage nicht ändert.

4. Eine mit Unwucht laufende Maschine muß weich gelagert werden, weil damit ω_0 klein wird. Auf das Fundament wird nur der $\left(\frac{\omega_0}{\omega_e}\right)^2$-fache Anteil der Unwucht (Erregerkraft) übertragen.

Die von einem Schwinger auf seinen Befestigungspunkt übertragene maximale Kraft ist

Federkrafterregung	Massenkrafterregung	
$F = m \cdot r \cdot \omega_0^2 \cdot V_3$	$F = m_e \cdot e \cdot \omega_0^2 \cdot V_3$	Gl. 9-43

Die Drehzahl eines Welle-Masse-Systems, die der Eigenkreisfrequenz entspricht, nennt man *kritische Drehzahl*

$$\omega_k = \omega_0,$$

$$n_k = \frac{1}{2\pi}\sqrt{\frac{c}{m}}. \qquad \text{Gl. 9-44}$$

Im Bereich dieser Drehzahl werden die Ausschläge der rotierenden Welle sehr groß.

Die Eigenkreisfrequenz der Grundschwingung eines Mehrmassen-Systems ist

$$\omega_0 = \sqrt{\frac{g \cdot \Sigma G_i \cdot y_i}{\Sigma G_i \cdot y_i^2}}. \qquad \text{Gl. 9-45}$$

Dabei sind y_i die durch die Gewichtskräfte G_i verursachten Durchbiegungen. Die kritische Drehzahl ist unabhängig von der Lage der Welle und von u.U. auf die Welle übertragenen Kräften (z.B. Zahnkräfte).

Die Aufgabe des *Auswuchtens* ist es, Drehachse und Hauptachse möglichst genau zur Deckung zu bringen. Die umlaufenden Kräfte und Momente, die zusätzlich von den Lagern aufgenommen werden müssen, werden durch das Auswuchten klein. Die Lage der kritischen Drehzahl bleibt unverändert, da die Vergrößerungsfunktionen V_3 unabhängig von der Größe der Erregerkraft ist.

Für den Weg, die Geschwindigkeit und die Beschleunigung am *Kurbeltrieb* gelten die Gleichungen

$$x = r\left(1 - \cos\varphi + \frac{\lambda}{2} \cdot \sin^2\varphi\right),$$

$$v = r \cdot \omega\left(\sin\varphi + \frac{\lambda}{2} \cdot \sin 2\varphi\right), \qquad \text{Gl. 9-46}$$

$$a = r \cdot \omega^2 (\cos\varphi + \lambda \cdot \cos 2\varphi). \qquad \text{Gl. 9-47}$$

Es entstehen Massenkräfte 1. Ordnung ($\cos\varphi$) und 2. Ordnung ($\cos 2\varphi$). Mit einfachen Vorrichtungen ist nur die Massenkraft 1. Ordnung durch Vergrößerung des Kurbelgegengewichts teilweise auszugleichen (Abschnitt 9.5).

Weiterführendes Schrifttum

1. Marguerre, K. Technische Mechanik, Springer, Berlin
2. Biezeno, Grammel, Technische Dynamik. Springer, Berlin
3. Klotter, Schwingungslehre. Springer, Berlin
4. Pestel, Technische Mechanik. Bd. 206/207 B.I., Mannheim
5. v. Sauten, Mechanische Schwingungen. Philips Technische Bibliothek
6. Ziegler, Mechanik II/III. Birkhäuser, Basel
7. Neuber, H. Technische Mechanik, Springer, Berlin

Tabelle: Massenträgheitsmomente homogener Körper

Körper	Massenträgheitsmomente
Dünne Platte	Flächenträgheitsmoment gleicher Achse multipliziert mit Wanddicke und Dichte.
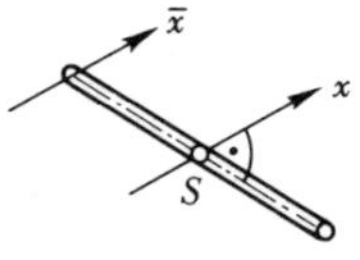 **Stab**	$J_{\bar{x}} = m \cdot \frac{l^2}{3}$ $J_x = m \cdot \frac{l^2}{12}$
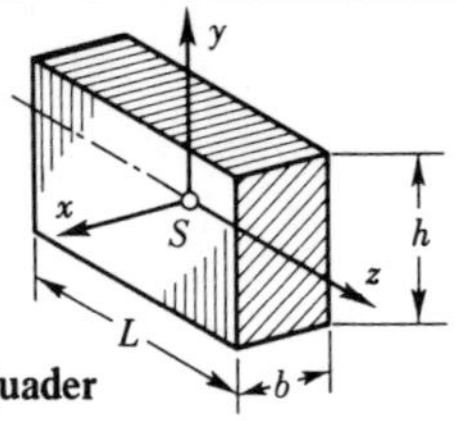 **Quader**	$J_x = \frac{m}{12}(L^2 + h^2)$ $J_y = \frac{m}{12}(L^2 + b^2)$ $J_z = \frac{m}{12}(b^2 + h^2)$ Dünne Platte (L sehr klein) $J_x = m \cdot \frac{h^2}{12}$ $J_y = m \cdot \frac{b^2}{12}$ $J_z = \frac{m}{12}(b^2 + h^2)$
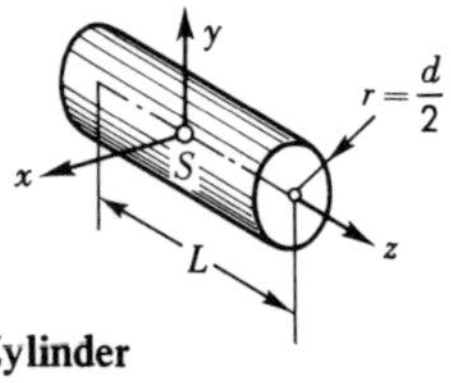 **Zylinder**	$J_x = J_y = \frac{m}{16}(d^2 + \frac{4}{3} L^2) = \frac{m}{12}(3 r^2 + L^2)$ $J_z = m \cdot \frac{d^2}{8} = m \cdot \frac{r^2}{2}$ Dünne Kreisplatte (L sehr klein) $J_x = J_y = m \cdot \frac{d^2}{16} = m \cdot \frac{r^2}{4}$; $J_z = m \cdot \frac{d^2}{8} = m \cdot \frac{r^2}{2}$
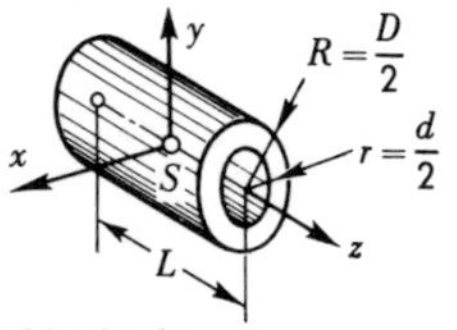 **Hohlzylinder**	$J_x = J_y = \frac{m}{16}(D^2 + d^2 + \frac{4}{3} L^2) = \frac{m}{12}(3 R^2 + 3 r^2 + L^2)$ $J_z = \frac{m}{8}(D^2 + d^2) = \frac{m}{2}(R^2 + r^2)$
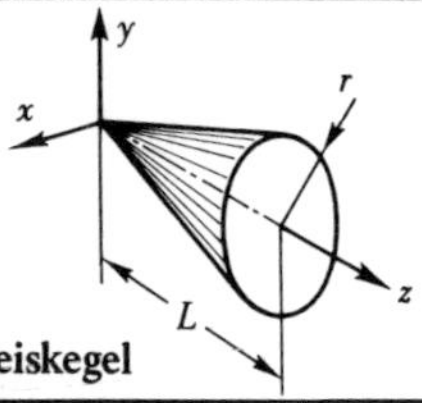 **Kreiskegel**	$J_x = J_y = \frac{3}{5} m \left(\frac{r^2}{4} + L^2\right)$ $J_z = \frac{3}{10} m \cdot r^2$
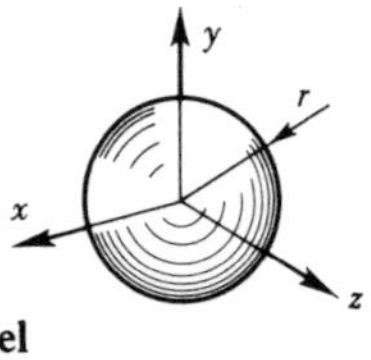 **Kugel**	$J_x = J_y = J_z = \frac{2}{5} m \cdot r^2$

Anhang

Integration und Differentiation mit Hilfe des FÖPPL-Symbols

Ortskoordinate, Geschwindigkeit und Beschleunigung hängen über Integration bzw. Differentiation zusammen. Die praktische Auswertung wird sehr oft durch Unstetigkeitsstellen wesentlich erschwert. FÖPPL hat einen Rechenformalismus vorgeschlagen, der in einem solchen Falle das abschnittsweise Schreiben der Gleichungen vermeidet und der bei der Integration die Übergangsbedingungen erfüllt, ohne daß neue Integrationskonstanten bestimmt werden müssen.

Eine Funktion nach Abb. A-1 wird nach dieser Methode folgendermaßen *in einer Gleichung* erfaßt. Dabei wird die Steigung der einzelnen Geradenteile mit *m* bezeichnet. Die spitze Klammer ist das FÖPPL-Symbol, der Exponent 0 stellt einen Sprung, der Exponent 1 einen Knick mit nachfolgendem linearen Verlauf dar.

$$y = \langle x - a\rangle^0 \cdot (y_a - 0) + \langle x - b\rangle^1 \cdot (m_2 - m_1) + \langle x - c\rangle^1 \cdot (m_3 - m_2)$$

$$y = \langle x - a\rangle^0 \cdot y_a + \langle x - b\rangle \cdot m_2 + \langle x - c\rangle (m_3 - m_2)$$

Sprung an der Stelle a	Knickung an der Stelle b	Knickung an der Stelle c

Der Gültigkeitsbereich für die verschiedenen Terme wird durch folgende Rechenregel erfüllt

$$\langle x - a\rangle^n \begin{array}{ll} = 0 & \text{für } x \leqslant a \\ = (x - a)^n & \text{für } x > a \end{array}$$

Für $n = 0$ folgt daraus

$$\langle x - a\rangle^0 \begin{array}{ll} = 0 & \text{für } x \leqslant a \\ = 1 & \text{für } x > a\,. \end{array}$$

Wird z.B. in die obige Gleichung $x = c$ eingesetzt, ergibt sich

$$y_c = 1 \cdot y_a + (c - b) \cdot m_2 + 0\,,$$

was offensichtlich richtig ist.

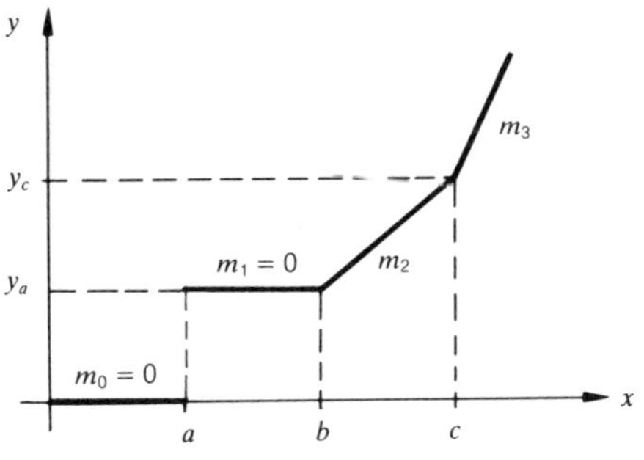

Abb. A-1

Eine so aufgestellte Gleichung kann man „durchgehend“ differenzieren und integrieren, wenn man die FÖPPL-*Klammer wie eine Größe (Buchstabe) geschlossen behandelt*:

$$\frac{d}{dx}\langle x-a\rangle^n = n\langle x-a\rangle^{n-1}$$

$$\int \langle x-a\rangle^n \cdot dx = \frac{1}{n+1}\langle x-a\rangle^{n+1} + C\,.$$

Demnach gilt für den vorgegebenen Graph

$$y' = 0 + 1\cdot\langle x-b\rangle^0 \cdot m_2 + 1\cdot\langle x-c\rangle^0\,(m_3 - m_2)$$

$$\int y\cdot dx = \langle x-a\rangle\, y_a + \langle x-b\rangle^2\frac{m_2}{2} + \langle x-c\rangle^2\frac{m_3-m_2}{2} + C\,.$$

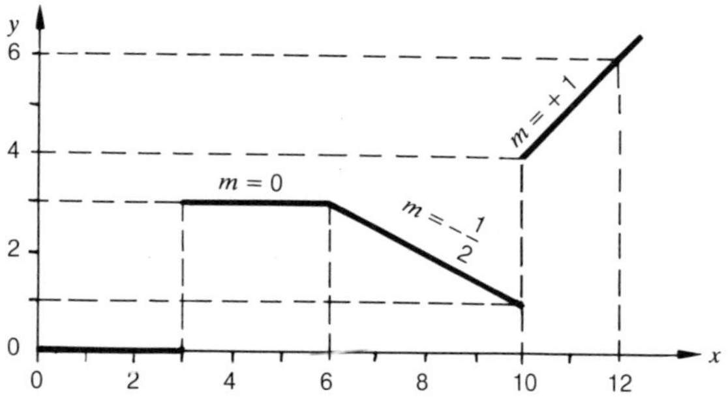

Abb. A-2

Beispiel 1

Für die Funktion nach Abb. A-2 ist die Gleichung aufzustellen, zu integrieren und zu differenzieren. Die Gleichungen sind in Diagrammen darzustellen.

Lösung

$$y = \langle x-3\rangle^0\cdot 3 + \langle x-6\rangle\left(-\tfrac{1}{2}-0\right) + \langle x-10\rangle^0\,(4-1) + \langle x-10\rangle\left[1-\left(-\tfrac{1}{2}\right)\right]$$

Sprung bei $x = 3$	Knick bei $x = 6$	Sprung bei $x = 10$	Knick bei $x = 10$

$$y = \langle x-3\rangle^0\cdot 3 - \langle x-6\rangle\cdot\tfrac{1}{2} + \langle x-10\rangle^0\cdot 3 + \langle x-10\rangle\cdot\tfrac{3}{2}$$

$$y' = 0 - \langle x-6\rangle^0\cdot\tfrac{1}{2} + 0 + \langle x-10\rangle^0\cdot\tfrac{3}{2}$$

$$\int y\cdot dx = \langle x-3\rangle\cdot 3 - \langle x-6\rangle^2\cdot\tfrac{1}{4} + \langle x-10\rangle\cdot 3 + \langle x-10\rangle^2\cdot\tfrac{3}{4} + C$$

Die Randbedingung $x = 0; y = 0$ ergibt $C = 0$

Die Auswertung erfolgt tabellarisch, die Diagramme zeigt Abb. A-3.

x	0	3	6	8	10	11	12
$\langle x-3\rangle$	0	0	3	5	7	8	9
$\langle x-6\rangle$	0	0	0	2	4	5	6
$\langle x-10\rangle$	0	0	0	0	0	1	2
y'	0	0	$0 \mid -\frac{1}{2}$	$-\frac{1}{2}$	$-\frac{1}{2} \mid +1$	+1	+1
$\int y \cdot dx$	0	0	9	14	17	21,5	27

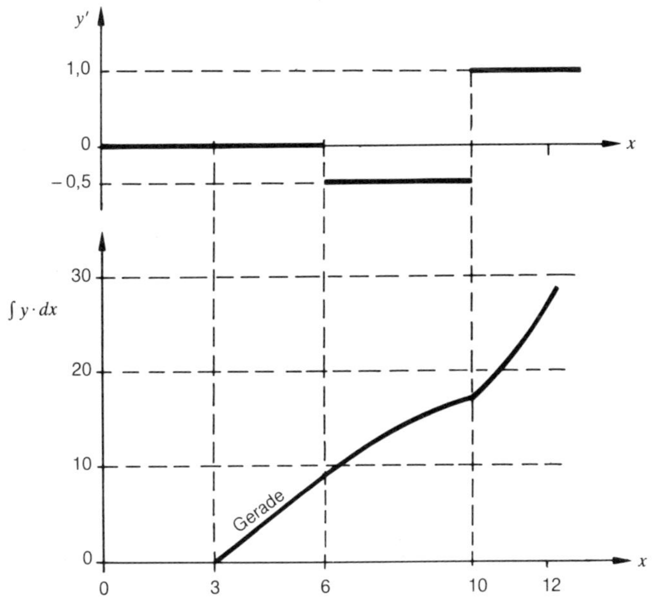

Abb. A-3

Zu beachten ist, daß der Term $\langle x-a\rangle^0$ einen „Sprung“ an der Stelle a darstellt. Aus diesem Grunde werden dort zwei Werte errechnet, einer für $x = a$ und einer für einen beliebig kleinen Zuwachs zu a. Das gilt hier z.B. für die y'-Funktion an der Stelle $x = 6$ und $x = 10$. Einmal ist die FÖPPL-Klammer gerade noch 0, einmal gleich 1.

Die Aufstellung der Gleichungen ist verblüffend einfach, genau wie die nachfolgende Differentiation und Integration. Der rechnerische Auswertungsaufwand ist kleiner als es die Gleichungen vermuten lassen, da die Terme bereichsweise null werden. Das FÖPPL-Symbol eignet sich auch sehr gut für eine Programmierung, wo es einer Verzweigungsstelle entspricht.

Sachwortverzeichnis